畜禽规模场标准化减抗养殖技术

◎ 于本良 顾贵波 江志阳 主编

辽宁大学出版社 | 沈阳

图书在版编目（CIP）数据

畜禽规模场标准化减抗养殖技术/于本良，顾贵波，江志阳主编. --沈阳：辽宁大学出版社，2024.12.
ISBN 978-7-5698-1708-9

Ⅰ.S815

中国国家版本馆CIP数据核字第2024K0T070号

畜禽规模场标准化减抗养殖技术

CHUQIN GUIMO CHANG BIAOZHUNHUA JIANKANG YANGZHI JISHU

出 版 者：	辽宁大学出版社有限责任公司
	（地址：沈阳市皇姑区崇山中路66号　邮政编码：110036）
印 刷 者：	鞍山新民进电脑印刷有限公司
发 行 者：	辽宁大学出版社有限责任公司

幅面尺寸：185mm×260mm

印　　张：17.75

字　　数：436千字

出版时间：2024年12月第1版

印刷时间：2024年12月第1次印刷

责任编辑：于盈盈

封面设计：韩　实

责任校对：吴芮杭

书　　号：ISBN 978-7-5698-1708-9

定　　价：69.00元

联系电话：024-86864613
邮购热线：024-86830665
网　　址：http://press.lnu.edu.cn

本书编委会

主　编：

于本良　辽宁省动物疫病预防控制中心
顾贵波　辽宁省动物疫病预防控制中心
江志阳　中国科学院沈阳应用生态研究所

副主编：（排名不分先后）

李树博　辽宁省动物疫病预防控制中心
付守鹏　吉林大学
魏静元　辽宁省检验检测认证中心
兰德松　辽宁省动物疫病预防控制中心

编　者：（排名不分先后）

唐　浩　联合国粮食与农业组织
康京丽　中国动物卫生与流行病学中心
徐全刚　中国动物卫生与流行病学中心
沈朝建　中国动物卫生与流行病学中心
周　维　辽宁省动物疫病预防控制中心
吴洪涛　辽宁省动物疫病预防控制中心
贾　皓　内蒙古自治区动物疫病预防控制中心
张淼洁　北京中科基因技术股份有限公司
刘春国　山东信得科技股份有限公司
张　毅　遵义医科大学

胡桂秋	吉林大学
郭文晋	吉林大学
曹宇	吉林大学
陈颖钰	华中农业大学
杨　振	南京农业大学
李　梦	南京农业大学
陈南华	扬州大学
李鹤然	中国医科大学
李汝会	中国科学院沈阳应用生态研究所
陈诗蕊	辽宁省肿瘤医院
张文雯	东港市农业综合行政执法队
钱汉超	辽宁省牧经种牛繁育中心有限公司
张文博	营口市科技创新服务中心

目 录

第一章　畜禽抗微生物药使用减量化技术概述 ………………………………… 1

　　第一节　畜禽抗微生物药物与抗微生物药耐药性 ……………………………… 1
　　第二节　抗微生物药减量化养殖技术的发展 …………………………………… 3

第二章　减抗养殖技术 ……………………………………………………………… 10

　　第一节　养殖模式、饲养环境 …………………………………………………… 10
　　第二节　畜禽的饲养管理 ………………………………………………………… 12
　　第三节　种源管理 ………………………………………………………………… 20
　　第三节　营养管理 ………………………………………………………………… 21

第三章　合理使用抗菌药 …………………………………………………………… 28

　　第一节　细菌耐药性相关概念 …………………………………………………… 28
　　第二节　抗生素的种类和作用 …………………………………………………… 30
　　第三节　抗菌药的种类和作用 …………………………………………………… 48
　　第四节　抗菌药与抗生素的异同 ………………………………………………… 61
　　第五节　耐药性产生的原因与耐药机制 ………………………………………… 62
　　第六节　用药原则 ………………………………………………………………… 71
　　第七节　控制生物危害性物质的重要性 ………………………………………… 79
　　第八节　控制抗生素耐药性的建议 ……………………………………………… 85
　　第九节　动物使用抗菌药物产生耐药性的风险分析 …………………………… 90
　　第十节　抗菌药物耐药性监测计划 ……………………………………………… 94

第四章 抗生素替代技术 …… 99

第一节 兽用抗生素的使用现状 …… 99
第二节 抗生素升级替代策略 …… 100
第三节 在畜牧业生产中减抗替抗策略 …… 101

第五章 养殖场生物安全管理技术 …… 139

第一节 生物安全的基本概念 …… 139
第二节 生物安全目标 …… 140
第三节 生物安全措施 …… 141

第六章 畜禽动物疫病防控 …… 148

第一节 动物防疫工作基本原则 …… 148
第二节 疫情报告和诊断 …… 149
第三节 免疫接种 …… 154
第四节 药物预防 …… 161
第五节 畜禽传染病的治疗 …… 163
第六节 检疫 …… 167
第七节 隔离和封锁 …… 170

第七章 兽医流行病学调查 …… 175

第一节 兽医流行病学概述 …… 175
第二节 兽医流行病学的因果关联（病因论） …… 177
第三节 动物疫病频率测量、发生模式和分布 …… 179
第四节 流行病学调查数据信息的采集 …… 186
第五节 流行病学调查抽样 …… 188
第六节 流行病学抽样调查方案的设计 …… 200
第七节 流行病学调查问卷的设计 …… 202
第八节 流行病学调查结果分析和报告 …… 206

第八章 畜禽及其产品药物残留检测技术 ………………………………… 211

第一节 样品前处理 ………………………………… 211
第二节 分析检测技术 ………………………………… 223
第三节 药残检测分析 ………………………………… 229

第一章 畜禽抗微生物药使用减量化技术概述

第一节 畜禽抗微生物药物与抗微生物药耐药性

长期以来，兽用抗微生物药被广泛应用于畜禽生产，特别是规模化养猪生产过程中。抗微生物药既是预防动物疫病和促进动物生长的重要手段，也是治疗动物疾病的首选。但是，抗微生物药的不规范、不合理使用，打破了抗微生物药物和微生物耐药之间的平衡，带来了药物残留、微生物的耐药性和动物产品质量安全等诸多问题。加强兽用抗微生物药全面整治，开展减量化试点工作，规范药物的使用，从源头上解决动物源微生物耐药、兽药残留超标的问题，全面提升畜禽绿色健康养殖水平，促进畜牧业高质量发展，维护畜牧业生产安全、动物源性食品安全、公共卫生安全和生物安全，是今后畜牧业健康发展的必然选择。

目前，抗微生物药和抗寄生虫药在兽药市场上占据较大比例。2005—2009 年，抗感染药在全球动物保健品分类产值中约占 15%，抗寄生虫药约占 28%，抗微生物药和抗寄生虫药两大类药约占 43%。除此之外，1987—2013 年，国内共批准新兽药约 850 种，这两大类药占化学药品的 50% 以上（Nakajima et al，2012；Li et al，2017）。近几年，畜禽养殖业发展迅猛，抗微生物药和抗寄生虫药在养殖业中所达到的预防效果引起了广泛关注，如治疗由球虫、线虫、血吸虫等造成的动物疾病，使畜禽免受疾病之苦，促进产业的发展。但是，这些药物在发挥药理作用的同时也导致了一系列问题，如药物被排放到环境中会造成污染，如药物在畜禽体内蓄积，会危害人类健康。动物饲料中兽药的使用应遵循农业部的相关规定，不合理用药会加重兽药在动物体内的残留，危害人体健康，如青霉素类药物引起过敏，磺胺类损伤肾脏，苯并咪唑类对肝脏造成损害，聚醚类伤害血管系统等，兽药不规范使用给动物食品所带来的危害也逐渐引起人们的关注，故兽药残留检测也越来越受到人们的重视。

抗微生物药和抗寄生虫药是目前我国使用最多的两类兽药，在治疗和预防畜禽疾病及提高饲料利用率方面，发挥着极其重要的作用。但是在实际生产中，兽药不合理使用易造成药物在动物体内蓄积，直接或间接地对人类健康造成威胁。虽然众多国家针对兽药残留问题制定了相应的最高残留限量，但是残留问题仍难以彻底根除。因此，建立抗微生物药和抗寄生虫药的残留检测显得尤其重要。

为减少兽用抗微生物药（antimicrobial drug，AMD）的使用对全球抗微生物药耐药性（antimicrobial resistance，AMR）问题的影响，第一个措施为预警原则（precautionary principle），包括禁止在动物使用某些 AMD 和/或限制使用某些对人至关重要的 ADM，这是一种非科学的措施。第二个措施为预防原则（prevention principle），包括采取积极行动，如修改给药方案、增加抗微生物药敏感性试验（antimicrobial susceptibility testing, AST）和优先使用窄谱 AMD。这些措施能确保兽用 AMD"谨慎使用"。然而，以上两种措施都不能为兽用抗菌药对人的 AMR 问题提供完整答案，因为这两种措施都是旨在消除动物的病原。它们忽视了这样一个事实，即耐药性的主要来源不是病原微生物而是共生微生物（commensal microbiome）。

兽医面临三种 AMR：特殊动物病原菌、人畜共患病原菌和共生细菌。虽然和特殊动物病原菌有关的 AMR 会引起特殊治疗困难，但是不会对人类健康产生直接影响，原因有两个：（1）这些病原菌（耐药或敏感）非人畜共患；（2）病原菌数量和共生菌相比可忽略。而后者在治疗中也暴露于 AMD。因此，第一种兽医来源的 AMR 对人医产生的间接作用仅发生在使用二线药物和与人医严重感染有关的更至关重要的抗生素。

一、人畜共患病原菌对抗微生物药耐药性的影响

食源性人畜共患病原菌如沙门菌、弯曲菌和部分大肠埃希菌引起的 AMR 更加严重。然而，人医临床中大多数沙门菌病和弯曲菌病不需要 AMD 治疗；由于卫生措施的实施沙门菌病爆发的情况减少；在欧盟/美国，大多数食源性的人畜共患沙门菌和弯曲菌对氟喹诺酮类、第三代头孢菌素和大环内酯类（后者针对弯曲菌病）敏感；人医临床中对人畜共患病原菌耐药仅是个例而并非生态学危害。因此，兽用 AMD 的使用对人畜共患食源性病原菌的影响并不重要。

二、共生菌对抗微生物药耐药性的影响

动物胃肠道（gastrointestinaltract，GIT）和皮肤共生微生物的耐药对环境的危害影响更大。这两种环境的细菌生态系统由于其生物量巨大而影响非常显著。其生物量远高于特殊动物或人畜共患病原菌。预先存在或新出现的耐药基因的扩增与细菌量成正比关系。例如，在患巴斯德菌病的奶牛，肺中的病原菌量至多为几毫克，而相应的共生微生物有几千克，比例至少有 10^6。因此，在治疗肺部感染的过程中产生的风险来自暴露于 AMD 的肠道菌群。

此外，肠道菌群通过粪便定期排到环境中，导致细菌包括含耐药基因的细菌扩散到环境中。例如，一头母猪一年排泄的粪便有 20 吨。这是目前为止动物和人耐药组中与耐药菌基因传播最为关联的途径。

动物在治疗之前，共生菌群就已经有耐药基因（耐药组），兽用 AMD 的使用可以增加对这些耐药基因的选择和扩增，由此可能传染给人。到达人 GIT 的细菌可作为"木马元素"，将它们的耐药基因传递给人的共生菌群，然后通过水平扩散到人的非病原菌和一些特殊或条件致病菌，最终导致感染。

目前正在使用的兽用 AMD 可以改变 GIT 菌群的耐药组。在食品生产动物中，AMD 的给药方式主要是口服。最广泛使用的 AMDs 的系统生物利用度很低。因此，未被吸收的药物主要存在于盲肠和结肠，而这两个部位的细菌最为密集；这些未被吸收的 AMD 在通过粪便消除以前的 24~36 小时有选择作用。大多数系统给药（肌肉、皮下注射）的 AMD 通过消化道消除。排放入粪便和尿液的 AMD 可以继续对废物、烂泥和堆肥以及环

境基质（水和土壤）中的微生物产生选择压力。70%用于食品生产动物的 AMD 可以作为活性物质排放到环境中；此外，一些 AMD 在环境中可以稳定存在几周甚至几个月。

三、新型绿色抗微生物药的特性

基于以上考虑，一种绿色的抗微生物药需同时具备药动学（PK）和药效学（PD）选择性。首先，它必须主要分布到靶病原菌的所在部位。其次，它须对受治疗的动物的共生微生物以及环境生态系统没有药效作用。药效选择性即使用窄谱抗生素不能作为消除兽药对人 AMR 的贡献的唯一手段，因为共生菌群包括革兰阳性和革兰阴性菌。对公共健康影响最小的选择性要通过药物的 PK 性质决定；防止药物分布到共生菌群。

达到减少兽用抗微生物药的目标，不仅要开发新的抗微生物药种类，而且要考虑现有的兽用抗微生物药种类，并结合兽医兽药、生物安全措施、益生菌等综合手段开展兽用抗微生物药减量化行动。

第二节 抗微生物药减量化养殖技术的发展

自 1994 年我国农业部（现农业农村部）首次发布《饲料药物添加剂允许使用品种目录》，批准将抗生素用作饲料添加剂使用以来，兽药残留超标、细菌耐药性等兽药过量使用事件屡禁不止，严重影响了我国畜禽养殖业的可持续发展。2020 年，长江流域抗生素污染调查发现，长三角地区约有 40% 孕妇尿液中检出抗生素，80% 儿童尿液中检出兽用抗生素，且部分在临床中已被禁用的抗生素可能会严重损害人体免疫力。欧美畜牧业发达国家过去也普遍受到兽用抗生素使用过量、细菌耐药性频发的困扰，之后主要通过立法、改良畜禽养殖环境、寻找抗生素替代品等措施来减少使用兽用抗生素，并取得了极大成效，这对我国开展兽用抗生素减量化行动有借鉴意义。

一、兽用抗生素减量化实施进展

（一）国外兽用抗生素减量化实施进展

自 1940 年青霉素应用于临床后，开始出现大量耐青霉素金黄色葡萄菌株。同时，自 1950 年美国食品与药品监管局（Food and Drug Administration，FDA）首次批准将抗生素用于饲料添加剂后，抗生素被广泛应用于各国畜禽养殖业，进一步加速了细菌耐药性发展，如大肠杆菌、葡萄球菌、沙门菌等均具有多重抗药性，这不仅会使免疫系统紊乱，而且耐药病原菌还可通过食物链感染人体或将耐药基因转移给人体病原菌，造成人用抗生素疗效下降甚至失败。基于此，多个国家或地区开始陆续禁止在饲料中使用促生长兽用抗生素，如瑞典（1986 年开始禁止）、丹麦（2000 年开始禁止）、欧盟（2006 年开始禁止）、韩国（2011 年开始禁止）、美国（2017 年开始禁止）等。

（二）中国兽用抗生素减量化实施进展

近年来，虽然我国畜禽养殖规模化程度不断加深，但是我国畜禽养殖业从业人员仍存在整体素质不高、使用兽用抗生素不规范等问题，多数从业人员仅凭经验使用兽用抗生素，兽用抗生素残留危害人的身体健康的负面事件也越来越多。因此，国家陆续开展了兽用抗生素减量化行动，如 2015 年开始在食品动物中禁止使用洛美沙星、培氟沙星、氧氟沙星、诺氟沙星 4 种人畜共用抗生素（农业农村部第 2292 号公告）；2016 年，禁止硫酸黏菌素预混剂用于动物促生长（农业农村部第 2428 公告）；2017 年，禁止非泼罗尼用于食品动物（农业农村部第 2583 号公告）和禁止在饲料中添加硫酸黏杆菌素，并在同年印发了《全国遏制动物源细菌耐药行动计划（2017—2020 年）》，明确要求药物饲料添加剂应在 2020 年全部退出市场；2018 年，禁止喹乙醇、氨苯胂酸、洛克沙胂用于食品动物（农业农村部第 2638 号公告），并制定了《兽用抗菌药使用减量化行动试点工作方案（2018—2021 年）》；2020 年，正式启动饲料端"禁抗"（农业农村部第 194 号公告）；2021 年 10 月，农业农村部发布的《全国兽用抗菌药使用减量化行动方案（2021—2025 年）》指出，要确保"十四五"时期全国动物产品兽用抗菌药的使用量保持下降趋势。通过实施以上行动，自 2014 年以来，我国兽用抗生素使用总量逐年下降。2020 年，中国使用的兽用抗菌药总量较 2014 年下降了 52.7%。虽然我国兽用抗生素使用总量在不断减少，但是兽用抗生素危害消费者身体健康的情况仍存在，兽用抗生素减量化行动与欧美等畜牧业发达国家相比仍有较大差距。

二、国外兽用抗生素减量化实践经验

欧美等发达国家或地区畜牧业发展起步较早，现代化程度较高，兽用抗生素减量化行动明显快于我国，已经积累了一些成熟的实践经验。如丹麦，自 2000 年全面禁止在饲料中使用促生长兽用抗生素以来，其兽用抗生素使用总量呈先增长后下降趋势，这可能与禁止促生长兽用抗生素初期，促生长用途兽用抗生素减少，治疗用途兽用抗生素增加有关，随后养殖户经过一段时间适应调整后，2019 年兽用抗生素使用量相比 2009 年下降了 25.4%。

（一）联合国粮食与农业组织（Food and AgricultureOrganization，FAO）的倡议

FAO 在"同一健康（One Health）"背景下出台了《关于抗生素耐药性的行动计划》，呼吁协调众多国际部门和行为方，包括各国人类医学、兽医学、农业、财政、环境等部门以及充分知情的消费者等联合起来推动兽用抗生素减量化进程，以降低细菌耐药性。主要从以下 4 个方面减少兽用抗生素使用量。

第一，提高各利益相关者实施兽用抗生素减量化意识。兽用抗生素不规范、不科学使用主要是因为潜在细菌耐药性风险未被养殖户、兽医和消费者等大多数利益相关者熟知。因此，FAO 呼吁各国农业及卫生部门开发针对不同人群的宣传产品，有针对性地传播关键信息，提升不同利益相关者对兽用抗生素风险的认知力。

第二，开展兽用抗生素使用监测活动。了解畜禽生产过程中兽用抗生素使用量及畜产品兽用抗生素残留情况，对于衡量各国兽用抗生素减量化行动具体进展十分重要。FAO 旨在通过各国上报的兽用抗生素使用和耐药性相关数据，逐渐生成包含全世界的监测数据库，并与世界卫生组织（World Health Organization，WHO）和世界动物卫生组织（World Organization for Animal Health，WOAH）密切合作，以促进全球兽用抗生素使用及耐药性监测数据实现共享。

第三，提供政治、资金和技术等方面支持。政府在推动兽用抗生素减量化进程中具有不可替代的作用，如 WOAH 成员国可根据养殖业抗生素使用量监测指南收集大量客观

信息，用于评估各种动物使用抗生素的模式、药物分类、药物效能及使用类型等，最终用于抗生素暴露评价；FAO 在政策、资金和技术等方面为各国开展治理兽用抗生素耐药性行动给予帮助，如在兽用抗生素可替代品的研究、经济评估、耐药性及解决措施等方面。

第四，研究总结推广兽用抗生素减量化实践经验生产实践表明，只有形成一套可复制和推广的兽用抗生素减量化行动方案，才能真正达成减少兽用抗生素用量的目的，但在推行过程中应注意不能影响畜禽生产力及养殖户收益。FAO 呼吁各国在食品和农业领域制定兽用抗生素减量化行动方案，如改善养殖过程内部和外部生物安全，以降低畜禽感染的可能性；引导养殖户提前预防畜禽疫病和使用部分抗生素替代品（如益生菌、酶和植物精油等）；做好养殖场卫生状况管理，防止细菌耐药性扩散等。

（二）欧洲药品管理局（European Medicines Agency，EMA）应对兽用抗生素减量化的举措

为应对日益严峻的细菌耐药性问题，EMA 联合健康与消费者保护司（Directorate General for Health and Consumers）、欧洲食品安全局（European Food Safety Authority，EFSA）和欧洲疫病预防与控制中心（European Centre for Disease Prevention and Control，ECDC）等部门共同规范兽用抗生素的使用，主要从以下 3 个方面指导欧盟成员国减少兽用抗生素在畜禽生产中的使用量。

一是制定兽用抗生素分类指导标准。EMA 为了规范兽医及养殖户科学使用兽用抗生素，在综合考虑兽用抗生素种类、药物特性、给药途径、耐药性风险及可能对公众产生的潜在影响等方面制定出了明确的兽用抗生素分类指导标准，主要分为以下 4 类：A 类（避免使用）包括当前未获准用于兽用的抗生素，这些药物不能用于食用动物生产，只能在特殊情况下用于宠物治疗；B 类（限制使用）包括喹诺酮、第 3 代和第 4 代类头孢菌素及多黏菌素，主要限制在动物中使用对人类医学至关重要的抗生素；C 类（注意使用）包括通常存在可供人类使用的替代类抗生素，但是在某些兽医适应证中仅有很少的替代品，且仅在 D 类中没有合适的抗生素时才能使用它们；D 类（审慎使用）包括所有可以谨慎在动物中使用的抗生素。

二是制订农场动物健康管理指导计划为预防动物疫病，从源头上减少兽用抗生素的使用。EMA 指出，每个农场都必须在农场主、兽医及其他专业人士的指导下，以改善农场畜禽动物管理为主，制订出详细的农场动物健康管理计划。在预防疫病方面，需要做到以下预防标准：①限制病原体进入农场，尤其是要做好农场外部生物安全；②为了减少病毒在农场内部传播，需要在做好内部生物安全的同时加强农场的清洁和消毒程度；③为了增强动物免疫力，需要使用疫苗和提高农场的动物福利水平。

三是科学研发并持续追踪管理兽用抗生素替代品。虽然目前已有诸多兽用抗生素的可替代物，并且一些在应用中也显示出极大潜力，如有机酸、益生菌和植物精油等，但是仍需进一步研究，尤其需要重点评估替代品对消费者、环境及畜禽可能造成的潜在威胁。目前，EMA 已经制定相关监管措施来管理这些不属于兽药产品或饲料添加剂定义范围的替代品，以减少兽用抗生素的使用量。

（三）丹麦兽用抗生素减量化实践经验

丹麦养猪业发展水平较高，有"养猪王国"之称，其自 2000 年开始禁止使用促生长

用途兽用抗生素，之后不断更新全国兽用抗生素减量行动计划，并在2018年提前达成兽用抗生素用量减少20%的目标。丹麦兽用抗生素减量化实践经验主要体现在以下5个方面。

1. 构建便于管理的一体化养猪合作社

丹麦养猪合作社负责生猪生产、屠宰加工、贮运销售整个生猪产业链全过程。在丹麦，需在丹麦农学院经过5年农场教育并获得绿色证书之后才可申请成为农场主，学习内容包含理论知识学习和农场实践课两部分。丹麦养猪户高素质、专业性和其独特的组织机构，使丹麦在推广兽用抗生素减量化行动时更便利，更多养猪户愿意加入养猪合作社。

2. 实行严格的无特定病原体（specific pathogen free，SPF）系统

确保疾病无法传入养殖场是减少兽用抗生素使用量的重要途径，丹麦严格的生物安全措施和SPF系统保障本国不发生多种动物疫病，同时有助于对患病畜禽进行控制，避免疫病在不同圈舍之间传播。1971年，丹麦养猪业就与各个大学的专家合作开发SPF系统，这一系统至今仍在养殖场卫生防控和改善领域发挥着重要作用。此外，"丹麦式入口"也有效阻止了疫病传入养殖场，其将一个房间分隔成清洁区和非清洁区，人通过非清洁区进入房间前，须先洗手并更换衣服和靴子，然后才能穿过清洁区进入养殖场。

3. 加强兽医与养殖户深度合作程度

丹麦兽医行业在1995年经历大幅改革，新法规定兽医不得再向养殖户出售兽药，兽医仅可提供用于初始治疗的药品，后续治疗所需药品只能凭处方从药店购买，同时丹麦有足够数量的药店满足养殖户购药需求。自2010年开始，所有大型猪场必须签订"兽医咨询服务合同"，该合同要求猪场每年必须完成12次现场卫生检查，在猪群卫生管理、动物福利、疾病预防等方面发挥着重要作用。根据丹麦法律，兽用抗生素不得用于预防，所有兽用抗生素必须凭兽医处方使用，同时兽用抗生素只能作为治疗或补救性措施，仅能用于已发生感染的潜伏期内，且必须在兽医监督下使用。丹麦兽医与食品管理局通过走访、现场检查、公告和网络信息等形式为养殖户提供指导。此外，为保证所有养殖户和兽医都遵守法规，相关管理部门还采取以下检查方式：定期开展常规检查，内容包括所有法规；按照风险标准（如以往检查结果）开展重点检查；按照每年公布的重点养猪场，组织专家开展检查，从而达到降低兽用抗生素使用量的目的。

4. 实行"黄牌"规定，规范养猪户用药行为

"黄牌"规定是指对养猪户超量使用兽用抗生素的行为实行一定比例的经济制裁。丹麦"黄牌举措"瞄准那些抗生素消费量过高的养殖场，且在该规定实施1年后，超量使用兽用抗生素的养殖场平均利润下降了1%，主要是养殖户为使兽用抗生素使用量回落到阈值之下，加大了圈舍、动物福利、疫苗、优质饲料和兽医服务等方面的投资，表明兽用抗生素使用量较高的养殖场通过提高对疾病预防的重视，可减少兽用抗生素使用量。2013年，丹麦将兽药税率由0.84%提高至5.5%，其中第3、第4代类头孢（抗生素类药物）和喹诺酮类药物税率提高至10.8%，用来约束养殖户过量使用兽用抗生素行为。

5. 逐步停用兽用抗生素，给养猪户留足"适应期"

2000年，丹麦逐步停用抗生素生长促进剂后发现，减少养猪业兽用抗生素使用量并维持低用量和高产出是可行的，不会对猪群健康或福利产生不良影响，养殖成本增加也不明显。分析丹麦取得成功的原因，是逐步停用促生长用兽用抗生素，使养殖户有充足

时间对养殖环境、生物安全和动物福利等方面进行改善。

（四）美国兽用抗生素减量化实践经验

虽然美国兽用抗生素减量化行动相比欧盟成员国开展较晚，但其"工厂化"养殖模式与我国目前推行的畜牧业集约化、现代化养殖特征十分相似，因此其兽用抗生素减量化行动对我国减量化有更实际的意义。美国主要从以下4个方面实施兽用抗生素减量化。

1. 多部门与机构联合，从国家政策层面助推兽用抗生素减量化

美国兽药管理工作主要由FDA和美国农业部（United States Department of Agriculture，USDA）负责，疾病控制和防治中心（Centers for Disease Control and Prevention，CDC）、环境保护局（Environmental Protection Agency，EPA）、州药事委员会（State Board of Pharmacy，SBP）、美国兽医协会（American Veterinary Medical Association，AVMA）、国家卫生研究院（National Institute of Health，NIH）及USDA下设食品安全检验局（Food Safety and Inspection Service，FSIS）、动植物健康检验局（Animal and Plant Health Inspection Service，APHIS）和农业研究局（Agricultural Research Service，ARS）都参与抗生素耐药性管理和监控。美国农业部通过监测在畜牧业生产中可能影响人体健康的兽用抗生素细菌的耐药性，改进食源性疫病调查的流行病研究方法，与公共卫生机构（包括疫病控制和预防中心、食品药品管理局）合作调研食源性疫情以保护社会公众健康；同时与私营部门、非政府组织、商品和工业组织、大学以及州和联邦机构合作，共同制定抗生素药物使用指导方案，以减少食品中病原体和细菌的耐药性。美国猪肉委员会制定了以下准则指导兽医和养殖户合理使用抗生素：①使用专业兽医意见作为所有抗生素决策的基础；②只有通过临床诊断或畜群病史证明需要使用抗生素时，才允许将抗生素用于预防、控制和治疗疾病；③限制动物直接使用抗生素，只有当动物病危时，才允许少数动物间接使用抗生素；④只有在经过仔细审查和诊断后，才能让动物使用对治疗人感染有效果的抗生素；⑤立法明确动物生产者混合使用多种抗生素是违法行为；⑥对于抗生素类兽药，在使用后应合理处置，以降低其对环境的影响。

2. 密切联系兽医与养殖户，从养殖环节助力兽用抗生素减量化

兽医对促进兽用抗生素合理使用具有重要的指导作用。兽医通过与养殖户建立密切合作关系，实施疾病预防策略，从而达到减少兽用抗生素使用量并减缓细菌耐药性，同时还可以保证为畜禽提供高质量医疗服务。兽医可以帮助设计畜群健康生产计划，以减少疾病提高动物生产性能，生产出安全、高质畜产品。养殖户与兽医紧密合作有助于养殖户确定何时需要使用兽用抗生素来治疗、控制和预防动物疾病，并得到关于如何改善农场规模、饲养管理、环境及减少兽用抗生素使用量的相关建议。

3. 做好兽药使用记录，从畜产品安全方面促进兽用抗生素减量化兽医及养殖户做好兽药使用及治疗流程记录有助于防止兽药残留，提高食品安全保障水平

美国对于兽医开具兽药及养殖户使用兽药方面均有具体规定，其中兽医需要记录所用药物名称、被处理动物物种、给动物服用药物每次使用日期及使用剂量、处方单、养殖户姓名、治疗时间和休药期时限等信息；养殖户需要记录药品名称、购买或使用日期、使用剂量、给药方式、使用期限、供应商姓名和地址等信息。

4. 利用先进技术，从兽用抗生素使用环节提供指导

美国的畜禽一般处于高度集约化、高密度养殖化的"工厂化"养殖环境中，其疫病发生风险较高，如果不进行仔细分析、监测、培训和改进，盲目减少兽用抗生素使用量会造成严重经济损失。因此，美国养猪业利用其先进技术水平，开发出多种有助于监控与预防的动物疫病系统，来减少医用重要抗菌剂（medical important antibiotic，MIA）的使用。自 2017 年美国《兽医饲料指令》生效以来，美国猪肉生产商使用猪肉质量保证（Pork Quality Assurance，PQA）Plus 项目来管控兽用抗生素使用量，这一项目在《猪肉行业负责任使用抗生素指南》中得到全国猪肉生产商理事会认可。然而，猪呼吸系统疾病（porcine respiratory disease complex，PRDC）仍是养猪业一大难题，由于其复杂性，病因往往很难确定，而疫病控制解决方案取决于生产系统，减少兽用抗生素使用需要系统了解有关畜禽生产管理以及相关疾病情况。因此，猪研究小组重点关注呼吸系统疾病、研发 ResPig 系统，通过预防疾病来帮助养殖户减少抗生素使用。此外，该小组还启动 B－eSecure 项目，利用信息和通信技术客观分析养殖场内人员流动情况，以控制养殖场疫病发生，从而减少兽用抗生素用量。

三、兽用抗微生物药使用减量化指导原则

养殖场（户）应根据畜禽养殖环节动物疫病发生流行特点和预防、诊断、治疗的实际需要，树立健康养殖、预防为主、综合治理的理念，从"养、防、规、慎、替"五个方面，建立完善管理制度、采取有效管控措施、狠抓落实落地，提高饲养管理和生物安全防护水平，推动实现本场（户）养殖减抗目标。

一是"养"，即精准把好养殖管理"三个关口"。把好饲养模式关，明确不同畜禽品种的饲养方式，精细管理饲养环境条件；把好种源关，有条件的应选取优良品种和品牌厂家的畜禽，要按批次严格检查检测苗种健康状况，防止携带垂直传播的病原微生物；把好营养关，根据畜禽不同阶段的营养需求，制订科学合理的饲料配方，保证营养充足均衡，实现提高畜禽个体抵抗力和群体健康水平的目的。

二是"防"，即全面防范动物疫病发生传播风险。落实动物防疫主体责任，牢固树立生物安全理念，着力改善养殖场所物理隔离、消毒设施等动物防疫条件，严格执行生物安全防护制度和措施，按计划积极实施疫病免疫和消杀灭源，从源头减少病毒性、细菌性等动物疫病影响。

三是"规"，即严格规范使用兽用抗微生物药。严格执行兽药安全使用各项规定，严禁使用禁止使用的药品和其他化合物、停用兽药、人用药品、假劣兽药；严格执行兽用处方药、休药期等制度，按照兽药标签说明书标注事项，对症治疗、用法正确、用量准确，实现"用好药"。

四是"慎"，即科学审慎使用兽用抗菌药。高度重视细菌耐药问题，清楚掌握兽用抗菌药类别，坚持审慎用药、分级分类用药原则，根据执业兽医治疗意见、药敏试验检测结果等，精准选择敏感性强、效果好的兽用抗菌药产品；谨慎联合使用抗菌药，能用一种抗菌药治疗绝不同时使用多种抗菌药；分类分级选择用药品种，能用一般级别抗菌药治疗绝不使用更高级别抗菌药，能用窄谱抗菌药就不用广谱抗菌药；增加动物个体精准治疗用药，减少动物群体预防治疗用药，实现"少用药"。

五是"替",即积极应用兽用抗菌药替代产品。以高效、休药期短、低残留的兽药品种,逐步替代低效、休药期长、易残留的兽药品种。根据养殖管理和防疫实际,推广应用兽用中药、微生态制剂等无残留的绿色兽药,替代部分兽用抗菌药品种,并逐步提高使用比例,实现畜禽产品生态绿色。

第二章　减抗养殖技术

养殖业既是农业经济结构中的支柱产业，也是农民增收、农产业增效的主要途径。同时，养殖业规范程度也是一个国家农业发展水平的重要标志。近年来，我国为保证养殖业能够满足日益增长的畜禽产品需求供应，通过较大量使用抗菌药物等手段来控制和预防疾病的发生和传播，这也导致部分畜禽产品存在药物残留的风险。这不仅给食用者身体健康带来安全隐患，也给我国进军绿色养殖业带来了严峻挑战。因此，科学合理的养殖方案对于减少抗菌药物的使用至关重要。

第一节　养殖模式、饲养环境

一、养殖模式

我国幅员辽阔，由于不同的维度、海拔、地势以及其他自然因素和社会环境因素的影响，草原、草地、草坡分布的不均衡，以及生活习惯等的不同，分别形成牧区、半农半牧区、农区等耕作方式，畜禽的饲养方式也相应形成了放牧、半放牧半舍饲和舍饲等方式。不同养殖模式影响着畜禽食物的来源。因此，应根据实际的养殖模式制订相应的减抗养殖策略。

（一）放牧饲养

放牧饲养既是一种比较原始而粗放的饲养方式，也是最接近无抗养殖的饲养模式。通常在地广人稀的天然草原地区、丘陵地区或高山地区等地采用。畜禽全年靠放牧，很少补饲。这种饲养方式，不需要任何设备，节省人力、物力，饲养成本低，在草场面积较大的情况下，饲养规模可达到每群200～500只。但这种饲养方式管理粗放，畜禽的饲养管理生长随着牧草的季节性的生长和枯萎呈现由肥到瘦的交替变化，生产的水平低。这种"靠天养畜"的饲养方式，容易受季节、气候等因素的影响发生草畜矛盾，过度放牧还会破坏草场。此法一般适用于在牧草较茂盛的夏、秋季，对不做种用的畜禽进行短期育肥。如果能够合理规划利用草场，并结合贮草、草场改良和补饲，放牧饲养也能收到较好的经济效益。

（二）半放牧半舍饲

这种饲养方式也较简单、灵活，既适合农区，也适合于半农半牧区，结合当地实际情况，饲养的规模也灵活调整。畜禽舍修建在离牧地较近的地方，农户将饲养畜禽和种田相结合。白天在路边、田边、河滩或山坡放牧，晚上根据白天放牧情况补饲干草、精料或农副产品。这种饲养方式，使畜禽既得到了运动和充足的营养，也利用了农副产品，降低了饲养成本，适宜于小家庭的饲养。

（三）舍饲（圈养）

舍饲是城市工况区、城郊区和农业发达而土地资源有限的地区采用的一种饲养方式。常采取规模化、集约化的生产体系，要求从圈舍的设计、畜禽品种的选择、繁殖、饲料、饲养、防疫到产品的生产都要有高的起点，实行科学的管理。这种饲养方式除了每天补饲精料以外，还需要饲草。饲草的来源一是靠人工种植优质、高产的牧草晒制干草，加工成草粉。二是利用农作物秸秆、农副产品，进行青贮、氨化或微贮处理。目前，在一些地区为了避免片面追求经济效益造成草场的过度放牧，保护生态环境，同时又满足人们对畜禽肉的需求，在一些大、中城市的郊县已经采用了这种饲养方式，实行工业化畜禽肉生产。

二、饲养环境

畜禽饲养环境不仅直接影响着畜禽的生长健康，同时，良好的畜禽饲养环境也有利于减抗养殖策略的实施。因此，应根据实际情况合理科学选择和建设畜禽养殖场地和设施。

（一）选择良好的养殖场地

养殖场地的选择是决定减抗养殖效能的关键因素之一。最佳的养殖环境是未受到过污染的场地，所以在搭建养殖设施以及选择养殖场地时，要对当地自然环境做好检测，从源头上防止病原微生物以及相关的病害对畜禽造成危害，保障饲养环境的良好。环境监测人员在检测饲养环境时，要根据国家的相关规定和标准进行，养殖场要根据检测结果彻底消除养殖环境中可能出现的不良因素。此外，在选择养殖场时还需要避开被污染或有害物质侵袭的场所，例如废旧养殖场、化工废旧场地等，这些场所都难以达到饲养环境的质量。

（二）饲养场地的设施建设要具备科学性

有效减少外界因素对畜禽造成的影响，在饲养场的建设过程中，首先应当考虑采用无毒害的建筑材料。其次，要在饲养场外围设置一定的绿化带，从根本上降低病原的侵入，保障饲养场地的绿化环境。特别是要注重对饲养场的消毒管理，对饲养员的出入情况进行有效控制。

（三）降低饲养密度

畜禽高密度的饲养虽然能够增加圈舍的利用率，但是也会导致圈舍内环境更为恶劣，增加了畜禽的患病率。因此，为畜禽提供适宜的饲养密度，保证畜禽的进食和活动空间能够更好地发掘畜禽的生产潜力。

（四）科学使用饲料添加剂

科学配料是减少畜禽养殖过程中氮和磷产生的主要方式之一。在不影响动物生长和养殖效益的情况下，降低饲料中的粗蛋白含量，添加合成氨基酸，可显著减少畜禽氮和磷的排放。同时，建议使用不含高铜和锌的绿色饲料，科学加配饲料添加剂。也应注意饲料添加剂的来源和储存，以防带有抗生素来源饲料添加剂或饲料添加剂发生霉变最终影响减抗养殖管理的实施。

（五）建立畜禽粪便和污水处理系统

应科学设计和构建畜禽粪便储存、排放以及排污体系。应建立存放固体粪便的固定粪便槽或棚，避免雨水和粪便混合后发生外渗或污染畜禽舍饲环境。定期做好有毒有害物质的检测，防止水、土壤和空气污染。

第二节 畜禽的饲养管理

一、猪

（一）种公猪

优质的种公猪能为猪场提供优质的精液以获得优质的仔猪，为猪场的发展提供基础。因此，培育优良的种公猪对于猪场的发展至关重要。在成年种公猪生命历程中，其每年交配任务为30~40头母猪，其后代可达千万头以上。因此，对种公猪的饲养管理是生猪养殖的重要环节。种公猪应在干净卫生且舒适的环境中生活，其饲料要求营养全面且营养成分高，易于种公猪的消化。根据实际情况每天饲喂2~3次，保持适当的种用体型。另外，还要做到以下几点：

1. 在公猪饲养过程中应建立良好的生活制度

应制定固定的时间对种公猪进行饲喂、采精或配种、运动和清洁等各项日常工作以形成规律性的生活制度。

2. 除恶劣天气，每天应保证种公猪的运动

正常情况下，种公猪每天应在上午和下午分别进行户外运动，每次1.5~2小时。

3. 在饲喂过程中，应添加适量的多汁饲料和青绿饲料以增强公猪的食欲

在交配季节，应在日粮中添加适量的动物性蛋白质饲料，确保种公猪精液质量。

4. 应定期对种公猪的精液进行抽检，以检验饲养管理是否合适并对劣质精液的种公猪进行淘汰

5. 适度采精或交配

种公猪应在8月龄以上，体重120公斤以上开始使用。5岁以上的公猪，年老体衰，可每隔1~2天使用1次。所有的配种工作应在早饲或晚饲之前进行，以免饱腹影响配种效果。在整个配种季节，一定要注意公猪的营养，在配种后可喂其1个鸡蛋，使身体保持强壮。

（二）妊娠期母猪

母猪在妊娠期间不可过肥过瘦，喂料量应采用"前高后低"的饲养原则。就瘦肉型猪而言，怀孕后30天，喂料量应控制在1.8千克以下，并随着妊娠天数的增加喂料量应逐渐增加，直至产前30天，喂料量应增加至2.2~2.5千克并改饲喂哺乳母猪料，以保证母猪有足够的营养物质供给胎猪生长发育所需。此外，母猪妊娠期间应保证圈舍干净舒适，不可对母猪进行鞭打、惊吓和追赶等行为，以免造成母猪流产。在夏冬季节应做好避暑和防寒工作，尽量把圈舍温度控制在16℃~22℃，湿度控制在60%~75%。圈舍温度过高或过低均易引起母猪厌食以及各类应激的发生，极易导致母猪流产。

（三）仔猪

由于仔猪身体弱抵抗力差，仔猪在分娩后30天内处于死亡率较高时期。因此，制订科学的饲养管理方法对于仔猪的存活和正常生长发育至关重要。

1. 初生仔猪对温度极其敏感

根据仔猪出生后的不同阶段可适当调整圈舍温度以保证仔猪处于最适的生活环境。仔猪最适的环境温度为：1～7日龄为28℃～32℃；8～30日龄为28℃～25℃；31～60日龄为23℃～25℃。

2. 猪初乳中含有丰富的免疫球蛋白

出生后的仔猪对免疫球蛋白的吸收能力很强。因此，尽早吃初乳提高仔猪免疫系统机能，以保证仔猪的高存活率。

3. 由于母猪可生产多只仔猪，当仔猪数量超过母猪有效乳头或母猪泌乳不足时，应对仔猪采取寄养措施以保证仔猪存活

（1）寄养时，应将所寄养母猪的尿液、粪便或乳汁擦拭于仔猪体表，以防母猪伤害寄养仔猪。

（2）寄养的仔猪应吃足2～3次初乳，并保证寄养母猪和原生母猪分娩日期不超过3日。

（3）若仔猪在患有传染病的情况下，不可寄养。

4. 应保证仔猪铁元素的稳定食源

初生仔猪极易缺铁，进而引发仔猪缺铁性贫血、生长不良或拉稀。而仔猪从母乳中获得的铁也极为稀少，因此在临床上应多加关注仔猪的补铁情况。

5. 仔猪出生后4～5日应饲喂少量饲料以刺激仔猪酶和胃肠系统的发育

对仔猪进行去势和断尾等行为应尽量在断奶前完成，以免在断奶时产生应激反应。

二、牛

（一）犊牛的饲养管理

1. 犊牛护理

（1）刚分娩的犊牛应及时清理犊牛口鼻中的黏液或对犊牛进行人为诱导呼吸的方法确保犊牛呼吸正常。

（2）犊牛出生后应对脐带进行消毒。若脐带无法自然扯断，应在距犊牛腹部15厘米处将脐带剪断并进行消毒。

（3）对犊牛做好登记并使用刻有数字的颈环或进行标记。

2. 尽早适量进食初乳

初乳营养丰富，含有犊牛所需的免疫球蛋白和多种溶菌酶，提高犊牛的免疫力。且初乳酸度较高，能够抑制有害菌的繁殖。此外，初乳还能诱导真胃中分泌大量的消化酶以促进肠胃发育。但进食过多初乳会引起犊牛消化紊乱。

3. 保持圈舍卫生环境

对于犊牛圈舍要及时进行清理，保持清洁。

4. 适时断奶

根据犊牛的体重和对饲料的进食情况确定犊牛的断奶时间。目前，根据饲养效果来

看,对于35~45千克重的初生牛犊采用60天断奶,就能达到良好的效果。体重低于30千克的可70~91天断奶。犊牛断奶后,继续喂开食料到4月龄,4月龄后方可换成育成牛或青年牛精料,以确保其正常的生长发育。

(二)育成牛的饲养管理

自犊牛断奶后至初次配种是牛第二性征发育最为迅速的阶段,应参照月龄、体重对育成牛进行分群饲喂。在这一时间,除给予足够的营养和水外,还要给予优良牧草、干草或多汁饲料,同时还必须适当补充一些精饲料。在12~18月龄,奶牛消化器官容积更加增大。日粮应以粗饲料和多汁饲料为主,其重量约占日粮总量的75%,其余的25%为混合精料,约2~2.5千克,以补充能量和蛋白质的不足。在18~24月龄为奶牛交配受胎阶段,自身的生长发育逐渐变得缓慢。这一阶段应以喂给奶牛青绿饲料、青储饲料和块根类饲料为主,精料为辅。

(三)干奶期牛的饲养管理

奶牛干奶期是指奶牛停止挤奶到分娩前的一段时间。这个阶段的饲养管理主要是为了使奶牛恢复体质为下一个产奶期做准备。奶牛的干奶期应根据其体质、体况等因素来确定,通常为45~75天,平均为60天。同时,干奶期这段时间是治疗隐性乳房炎的最佳时机。

(1)根据奶牛产奶量的大小,干奶可分为快速干奶法(一般适用于中、低产牛)和骤然干奶法(高产牛)。

奶牛干奶后应立即向乳头中注射抗生素并封闭乳头。若发现奶牛烦躁不安、乳腺肿胀应立即停止干奶待症状减轻后重新干奶。

(2)干奶前期饲喂。

干奶前期一般是指奶牛分娩前的21~60天。干奶前期奶牛消耗的干物质预计占体重的1.8%~2.0%(650千克的奶牛消耗干物质11.5~13千克)。应给干奶前期奶牛饲喂含粗蛋白(11%~12%)、低钙(<0.7%)、低磷(<0.15%)含量的禾本科长杆干草。给干奶牛饲喂优质矿物质,硒、维生素E的日饲喂量应分别达到4~6毫克/头及500~1000国际单位/头。

(3)干奶末期饲喂。

干奶末期指奶牛分娩前的21天那段时间。与干奶前期奶牛相比,干奶末期奶牛的采食总量下降15%(即一头650千克奶牛的干物质摄入量减少10~11千克),干奶末期奶牛的干物质平均采食量为体重的1.5%~1.7%。干奶牛在分娩前2~3周的干物质摄入量估计每周下降5%,在分娩前3~5天内,最多可下降30%。

(4)增强奶牛锻炼,锻炼能使奶牛保持良好的体况。

未经锻炼的奶牛,与分娩相关的疾病,如乳腺炎、腿部疾病等的发病率要高于经过锻炼的奶牛。应单独饲喂干奶牛,干奶牛与其他奶牛同槽采食时,因竞争力差,而限制了其在干奶期这一关键时期的采食量,从而增加了发生代谢问题的危险性。保持奶牛在整个干奶期直至分娩的体重,防止出现肥胖干奶牛,将瘦干奶牛的增重率限制在0.45千克/日。

(四) 产后的饲养管理

1. 泌乳前期的饲养管理

在泌乳前期，由于母牛在刚分娩后进食量减少，而合成乳汁和维持自身均需大量能量供给。因此，此阶段奶牛的饲养管理对于母牛的健康至关重要。哺乳期母牛饲料的能量、钙、磷、蛋白质都较其他生理阶段的母牛有不同程度的增加。日产7～10千克乳的500千克母牛需进食干物质9～11千克，可消化养分5.4～6千克，净能71～79兆焦，日粮中粗蛋白含量为10%～11%，并以优质的青绿饲料为主，且组成多样。添加非降解蛋白量高的饲料，如增喂棉籽（1.5千克/头天）。在高产奶牛日粮精料中每天每头添加氧化镁50克和碳酸氢钠100克组成的缓冲剂或其他缓冲剂。日粮营养水平原则上控制在：干物质进食量占体重的2.5%～3.5%，精粗料贮比6∶4。及时配种。一般奶牛产后30～45天，生殖器官已逐渐复原，有的开始有发情表现，这时可进行直肠检查，及早配种。不同母牛因个体差异的不同，其产奶量也不同。因此，应根据母牛产奶量制订不同的饲养策略。

（1）预付饲养

从产后10～15天开始，除按饲养标准给予饲料外，每天应额外多给1～2千克的饲料，以满足产奶量继续提高的需要。只要奶量能随精料增加而上升，就应继续增加。待到增料而奶量不再上升时，才将多余的精料降下来。"预付"饲养对一般产奶牛增奶效果比较明显。

（2）引导饲养

母牛产犊后，继续按每天增加450克精料，直到产奶高峰，待泌乳高峰过后，奶量不再上升时，按产奶量、体重、体况等情况调整精料喂养。"引导"饲养适用于高产奶牛，低产奶牛采用引导饲养容易过胖。

（3）分群饲养

按泌乳的不同阶段对奶牛进行分群饲养，可做到按奶牛的生理状态科学配方、合理投料，而且日常管理方便。

（4）适当增加挤奶次数

有条件的牛场，对于高产奶牛，可改变原日挤3次为4次，有利于提高整个泌乳期的奶量。

2. 泌乳中期的饲养管理

泌乳中期是指泌乳盛期过后到泌乳后期之前的一段时间，一般为分娩101～200天。该期是奶牛泌乳量组建下降、体况组间恢复的重要时期。泌乳中期奶牛多处于妊娠早期和中期，每天产奶量仍然很高，是获得全期稳定高产的重要时期，泌乳量应力争达到全期泌乳量的30%～35%。该时期的饲养管理的目标是最大限度地增加奶牛采食量，促进奶牛体况恢复，延缓泌乳量的下降速度。

泌乳中期奶牛食欲最旺，日粮干物质进食量达到最高时，泌乳量由高峰逐渐下降。为使奶牛泌乳量维持在一个较高水平不致下降太快，使体重逐步恢复而不致增重太多，在饲养上应做到以下几点：第一，按"料跟奶走"的原则，即随着泌乳量的减少而逐步相应减少精料的用量。第二，喂给多元化、适口性好的全价日粮。在精料逐渐减少的同时，尽可能增加粗饲料用量，以满足奶牛的营养需要。第三，对瘦弱牛要稍微增加精料，以利于恢复体况；对中等偏上体况的牛，要适当减少精料，以免出现过度肥胖。第四，该时期应加强日常管理，应加强运动、坚持按摩乳房并保证充足饮水等管理措施，以保证奶牛的高产和稳产。

3. 泌乳后期的饲养管理

泌乳后期奶牛一般处于妊娠期。因此，在饲养管理上除考虑泌乳外，还应考虑妊娠。该时期奶牛对营养物质的利用效率比干奶期高，因此要利用此期调节牛的膘情。一般泌乳后期日泌乳量明显下降到最低水平，食入营养主要用于维持、泌乳、修补组织、胎儿生长和妊娠沉积等方面。所以，该阶段应以粗饲料为主，防止奶牛过度肥胖。日粮应以青粗饲料特别是青干草为主，适当搭配精料。同时，降低精料中非降解蛋白特别是过瘤胃蛋白或氨基酸的添加量，并停止添加过瘤胃脂肪，限制小苏打等添加剂的饲喂，以节约饲料成本。

三、羊

（一）种公羊

1. 非配种期

在此阶段，公羊虽然没有配种任务，但为了下一次配种的顺利进行，应加强饲养管理，保证饲草饲料供应的多样性，做到粗饲料和精饲料搭配，青草和干草搭配。此外，还应给公羊一定量的混合饲料以补充维生素和矿物质等营养因子。同时，在此期间应保持圈舍清洁以保证公羊的健康。在配种前两个月应在饲粮中增加精料占比。

2. 配种期

种公羊的配种期应分为预配种期和配种期两个阶段。在预配种期，应对公羊进行驱虫，彻底消除种公羊体内外的寄生虫。在此阶段，种公羊应单独饲养，尤其要远离母羊，以减少母羊和公羊间的干扰，防止公羊打斗和爬跨等行为。在此阶段，种公羊会异常兴奋，饲喂时应做到少给勤添，多次饲喂。在配种期，种公羊的营养和体力消耗很大，要经常检查精液的品质，发现问题及时调整日粮的结构。除了适当增加饲料中动物性蛋白质的含量外，还应注意能量、矿物质和维生素的供应。日粮要求营养完全适口性好，品质好，易于消化，粗饲料应以优质豆科牧草为主，同时增加精料的喂量（每天每只0.7～1千克），并补饲鸡蛋2～3枚。每只公羊每天可采精2～3次，连续采精4～5天后，应休息1～2天。配种期每天还应喂一定的青绿多汁饲料，坚持有足够的运动时间，给予充足而清洁的饮水。此外，还要给种公羊每日刷拭，及时修蹄，及时防疫，定期称重，合理利用。

（二）哺乳期母羊

母乳是羔羊生长发育所需营养的主要来源。因此，保证母羊的营养供应对于羔羊的存活至关重要。因为在我国大部分地区，母羊分娩时间正处于植被的枯草期，所以应更加注意饲养过程中的饲喂工作。通常情况下，哺乳期可划分为哺乳前期和哺乳后期。在哺乳前期，由于母羊分娩后体质和消化功能较弱，因此应给予母羊优质易消化且营养丰富的饲料（如干草）和食盐水。在条件允许的情况下应给母羊麸皮汤以恢复体力。随着羔羊的生长以及对奶量的需求，精料添加量也应逐渐增加。青贮饲料和多汁饲料具有催乳作用，应适量饲喂。在冬季还可给母羊饲喂胡萝卜和黑麦草等饲料确保泌乳高峰期的持续性，保持奶水充足。在哺乳后期，伴随着母羊泌乳力的减弱，羔羊可饲喂饲草和精料。同时，还要保证圈舍清洁，勤换垫草。

（三）羔羊

刚出生的羔羊主要依赖于饮食母乳得以生存和生长。应尽快让羔羊饮食初乳，提升羔羊的存活率。同时，在此期间应保证母羊的奶水充足。此外，在羔羊出生10天后应对羔羊进行早期诱食和补饲。这不仅能促进羔羊胃肠机能的发育，也能尽早降低羔羊对母羊的依赖性。开食料的饲喂时间应设于早晚两次，主要成分应为精料和少量青干草，一个月以后，可以补喂少量的青绿饲料或优质青贮料。

在羔羊2月龄左右应采用一次性断奶法，即将母、仔分开后（羔羊留在原圈），不再合群。母仔隔离一周后，断奶即可成功，但还是不要合群放牧或运动。断奶后的羔羊要统一驱虫，按性别、体质强弱分群，转入育成羊阶段，按照育成羊饲养管理方法要求进行饲养。断奶后的母羊，要少喂给青贮、块根等多汁饲料，促进母羊快速干奶。在断奶的最初几天，若母羊乳房膨大时，要每天人工排乳1次，但不要挤得太干净，挤到乳房不太膨胀即可。

四、鸡

（一）育雏鸡

雏鸡是指从孵化到6周龄的小鸡。在此阶段，雏鸡的生长发育情况直接关系到育成鸡的整齐度和合格率，间接地影响成年母鸡的生产性能。因此，育雏是为了整个鸡生产周期打基础的关键阶段。该阶段的饲养任务是保证雏鸡正常生长发育并尽可能使雏鸡群体型均匀。

1. 鸡舍要求

在育雏前应做好育雏鸡舍的检查工作。第一，检查鸡舍的密闭性，保证鸡舍门窗封闭良好且具有合适的通风和光照条件。第二，检查鸡舍饮用水的清洁度和充足情况。第三，育雏前应对鸡舍进行熏蒸或火碱水溶液杀菌消毒，彻底消灭以前存在的致病病原菌、病毒和寄生虫，保证育雏期间雏鸡的身体健康。

雏鸡采食量少，消化能力强，若限制采食时间，会导致部分雏鸡吃不上食物，进而影响全群鸡的整齐度。在鸡群规模大，食槽数量又有限的情况下，会导致鸡群发育不均匀。因此，饲养雏鸡应提供足够的食槽和水槽。育雏期间每只雏鸡的平均应有食槽位置2.5厘米，饮水位置1.5厘米。采取自由采食制度，饲料应采用多次且少量添加以防饲养浪费的情况发生。

2. 合理的饲养密度

雏鸡的饲养密度对雏鸡的生长具有较大的影响。若饲养密度过大，食槽等设施数量不足会导致大量雏鸡无法进食。同时，若个别雏鸡患病，极易增加疾病的传染率。

3. 光照的控制

光照的强度和时间对育雏鸡的生长至关重要。光照时间过长或逐渐增加光照时间，会使鸡提早性成熟和开产，而过早的开产会导致产蛋持久性短、产蛋率低且蛋重量小。因此，育雏期的光照时间应随着雏鸡日龄的增长，每天的光照时间保持不变或稍减少且强度不宜过强也不宜过弱。

4. 开食管理和强化饮水

雏鸡进入鸡舍后应给予足够的饮水。尤其在夏季，应保证饮水的充足和卫生。若雏鸡出现脱水状态，可在水中添加开食补盐，持续饮用3天可缓解雏鸡脱水症状。雏鸡超过3周龄后可以喂食中期料，应控制喂食量，避免雏鸡出现应激。在此期间应特别关注雏鸡的体重，确保增长速度的持续性。

5. 分群

随着雏鸡日龄逐渐增大，其体型也越来越大，这会导致鸡群拥挤，不利于雏鸡的生长发育。因此，平时给雏鸡填料时应注意观察雏鸡对给料的反应和采食速度，弱小或过强的雏鸡均应分群饲养以保持鸡群的均一性。

(二) 育成鸡

鸡的育成期为孵化后7~20周龄之间的一段时间。该时期的饲养主要目标是提高鸡的成活率，提高鸡群的整齐度。因此要加强对育成鸡的饲养管理。

1. 体重控制

育成鸡处于生长发育阶段，体重是反映饲养管理的重要标准。若育成鸡超重易导致育成鸡提前开产，早衰或发育不良则导致推迟开产，会引起鸡的产蛋周期缩短、产蛋高峰低，从而最终导致经济效益低下。因此，这一阶段应对育成鸡隔周进行称重，并对育成鸡进行限制饲喂。

(1) 限质法，即降低日粮中的营养物质以达到在采食量相同的情况下限制鸡的生长速度。

(2) 限量法，即对育成鸡群采食量的调控以达到控制其体重的目的。

每天限饲法即每天给育成鸡提供的饲料仅为80%且在饲喂后停喂1天。

每周限饲法即每周给鸡群禁食两天。

综合饲喂法即根据实际情况，灵活使用每天限饲法和每周限饲法。以达到控制育成鸡体重的目的。

2. 光照的控制

在鸡的育成阶段，过长的光照会使鸡各器官系统在未发育成熟的情况下，生殖器官过早地发育，性成熟过早。由于身体未发育成熟，特别是骨骼和肌肉系统，过早开始产蛋，体内积累的无机盐和蛋白质不充分，饲料中的钙磷和蛋白质水平又跟不上产蛋的需要，母鸡出现早产早衰，甚至有部分母鸡在产蛋期间就出现过早停产换羽的现象。为了防止育成鸡的过早成熟，育成期间一般采用渐减的光照制度，以每天8~9小时的光照为宜。这种光照制度只适用于密闭式的鸡舍使用。

在开放式鸡舍饲养育成鸡，利用自然光照。不同季节的自然日照时数不同，无法进行控制。春季育雏正好处于日照增加的时期，与育成鸡所需的光照时间正好相反，秋季育雏处于日照缩短的时期，与育成鸡所需的光照制度基本相符。即使如此，光照的长度仍然超过10~11小时。因此，在光照不能控制的条件下，只能通过限制给料量或降低日粮中的蛋白质水平，以控制育成鸡的发育，从而延迟鸡的开产日龄。

3. 其他管理措施

(1) 环境管理

环境的管理主要是对温度、湿度、通风等因素进行人为干预。通常鸡舍的温度应控制在20℃～25℃之间，鸡舍内的湿度控制在40%左右，过高的湿度易导致饲料变质以及病原微生物的生长。同时，鸡舍内应有良好的通风设施，在饲养过程中以排出不断产生的有害气体。

（2）垫料管理

对于平养方式饲养育成鸡的鸡舍，垫料的更换对于鸡的健康尤为重要。由于鸡的饲养数量较大，应确保垫料松软以避免鸡群出现腿部疾病。此外，对垫料的更换也能改善鸡舍的清洁度。

（3）控制饮水

科学的控水有利于垫料保持松软状态。控水应在进食后12小时进行，此时鸡对水已达到其所需。需要注意的是，在空料日不能控水；炎热的夏季也不能控水。

（三）产蛋期母鸡

母鸡在开产时虽然已达到性成熟，但是其体成熟还未发育完全。因此，在开产初期母鸡仍处于生长发育阶段。而科学的饲养管理对于维持产蛋时间尤为重要。

1. 转群

开产母鸡应在特定的鸡舍进行生产。在转舍前应对鸡舍进行消毒并对母鸡进行免疫接种和断喙处理。在此期间仍要关注母鸡的体重变化，使母鸡处于健康的状态。

2. 换料

进入预产期后，要将育成鸡料换成预产鸡料，预产鸡料要根据预产期种鸡的生理特点和以后的生产要求进行配制。其营养水平比育成鸡料要高的多，与产蛋鸡料接近（钙含量越低），这样能改善种母鸡的营养状况，增加必要的营养贮备。在鸡的体重保持在建议范围内，应适量增加每日喂料量，在此期间应密切关注鸡的体重变化以适度改变喂料量，谨防鸡的体重增加过快。

3. 环境管理

鸡群开产后，鸡舍应保持安静的环境。同时，应增加光照时间，育成期是为了控制种鸡的性成熟，采取了限制光照的措施，但从18周龄左右开始要进行增光刺激，以便鸡群及时开产。实施增光刺激要注意与成熟体重一致起来，即如果鸡群出现体成熟推迟或性成熟提前时，应推迟1～2周进行增光刺激；如果鸡群体成熟和性成熟同步提前，则应提前增加光照刺激。

4. 公母同栏分饲

种用公鸡和母鸡存在体质上的差别，这也导致种用公鸡和母鸡对营养需求和体重增加速度的不一致。通常情况下，种用公鸡的采食速度和采食量均高于种用母鸡，若不加以管理易导致种用公鸡体重增加过快影响繁殖体况。因此，种用公鸡和母鸡在混群饲养到20周龄时应实行公母分栏同饲的方式。方法是母鸡用料槽喂料。料槽上装有宽4.2～4.5厘米的栅格，使公鸡的头伸不出去，而母鸡的头则能伸进采食；公鸡使用料桶，并将料桶吊起41～46厘米，以不让母鸡够着采食，公鸡立起脚能够采食为原则。

5. 药物管理

在此期间，应尽量避免对鸡群使用各类药物。如磺胺类、呋喃类、喹乙醇等类药物对鸡群的影响较大，会引起鸡群产蛋率下降甚至停产，应严禁在产蛋期给母鸡用药。

第三节 种源管理

一、切实强化种畜禽管理，确保种畜禽达到质量要求

（一）健全种畜禽生产的各项资料

各种畜禽场要严格按照《中华人民共和国畜牧法》和《种畜管理条例》等法律、法规的规定，建立、健全种畜禽生产过程中的各项资料，做到生产的种畜禽标识明确、系谱清楚、各期生长发育测定数据齐全、准确。各级畜牧兽医主管部门要定期组织相关部门对种畜禽进行监督检查，认真核查种畜禽生产的各项资料等主要内容。

（二）加强种畜禽的疫病监督监测工作

各种畜禽场使用和计划出场的种畜禽，须严格按照《动物防疫法》和相关规定要求，主动与当地县级畜牧兽医主管部门联系，按规定进行疫病检测和开展产地检疫工作，确保种畜禽安全。

（三）实行种畜禽良种登记制度

对出场的种畜禽实行良种登记制度，对出场种畜禽逐头（只）进行鉴定，进行良种登记；各乡镇区域所要加强种畜禽场出场种畜禽的监管工作，如发现种畜禽场出场的种畜禽未附《种畜禽合格证》《检疫合格证》且未经良种登记，按《中华人民共和国畜牧法》相关规定，从严查处。严防假冒伪劣种畜禽扩散。

二、采取有效措施，规范种畜禽引进和推广行为

认真贯彻畜牧法、《种畜禽管理条例》、种畜禽管理办法，采取有效措施，规范种畜禽引进和推广行为。各地引进的种畜禽，实行良种登记及跟踪调查，对引进种畜禽生长发育、利用情况和改良效果进行跟踪调查和测定，做出客观评价。

三、实行《种畜禽生产经营许可证》制度，规范种畜禽市场

推广使用的种畜禽，必须来源于已取得《种畜禽生产经营许可证》的种畜禽生产单位；未取得《种畜禽生产经营许可证》的种畜禽场、个人，不得从事种畜禽生产、经营工作，以确保种畜禽质量符合标准；加强技术指导，帮助生产、经营者规范种畜选育和生产行为，建立养殖档案，对种畜生长发育进行定期测定和记录，并负责对计划出售的种畜进行鉴定，鉴定合格的发放《种畜禽合格证》，进行良种审核登记之后方可作为种畜销售。

四、认真履行职责，加大种畜管理执法力度

规范种畜禽生产经营行为，维护种畜禽市场秩序，保护好养殖户切身利益是《中华人民共和国畜牧法》赋予各级畜牧兽医行政主管部门的职责。各级畜牧兽医行政主管部门一定要充分认识加强种畜禽管理的重要性，切实加大种畜禽管理执法力度，充分发挥各级畜禽监督管理部门的作用，组织人力、物力，强化辖区内各种畜禽场和种畜禽销售市场的监管，严厉打击种畜禽生产和经营中的各类违法行为，加强对种畜禽场的监管，规范种畜禽场生产经营行为，从而提高种畜禽质量。

第四节 营养管理

一、饲料

（一）饲料原料质量控制

饲料贮存与加工是与精准营养相配套的关键环节。目前在我国各种畜禽疫病流行和无抗饲料全面实施的情况下，进入养殖场或饲料厂的饲料原料和成品的贮存是非常重要的。饲料原料的质量控制和贮存方式关系到饲料成品质量的优劣。制订严格的生产过程工艺标准，确保每一道工序都符合设计要求，避免交叉污染。

升级仓储场地条件、严格分区、干燥避光、防虫防鼠等。确保进出记录完善，遵守先进后出原则。

1. 原料入仓前的检测

（1）感官检测

对于将要入仓的原料，应观察原料的色相纯正程度、均匀度、味道、气味和触感。应保证原料颜色均一、气味清新及其所含水分和颗粒性状且不掺杂其他成分（沙、石、霉菌或动物粪便等污染物）。

（2）营养成分检测

即对原料的饲料成分进行检测，检测指标主要包含水分、粗蛋白、粗脂肪、粗纤维和粗灰分等。若原料中水分过高会导致物料失重损失资金，还易滋生霉菌毒素，从而降低该批饲料的价值利用度。粗蛋白的检测通常采用凯氏定氮法，从而准确掌握原料中粗蛋白含量，有利于饲料配方时对其合理利用。脂肪是畜禽饲料中重要的原料，但极易变质。因此，对原料中游离脂肪酸的检测有利于评价原料中油脂的品质。

（3）特殊成分检测

饲料中的特殊成分主要包括乳糖、尿素、棉酚、农药、重金属和微生物等潜在对畜禽生长有害的物质。对饲料中特殊成分的检测有利于畜禽养殖的饲养管理。

（4）纯度检测

饲料的纯度可通过体视镜和生物镜进行检测，饲料的纯度检测可鉴定饲料的主要成分，确保饲料的纯度以防混入掺杂物影响畜禽生长；必要时还需对购进的原料进行除杂处理以保证原料的清洁度和纯度。

（5）新鲜度检测

原料的新鲜程度直接影响畜禽饲料的营养价值。因此，在预购原料时应对原料产地进行检查，进场后需进一步检测原料的新鲜度。

2. 原料的贮存

在对进厂的原料进行贮存时，应严格记录进仓和出仓时间并标记原料的贮存期限。若由于某种原因导致贮藏时间延长或贮藏不当，会导致原料品质下降，甚至导致畜禽发

生中毒情况。因此,对于贮存的原料应定期抽检,以便采取措施避免损失扩大。在原料贮藏时应注意以下几点:

(1) 原料性状

畜禽饲料原料的形状、酸碱度、纯净度、含水量和熟化度均可引起贮藏期间原料品质的变化。因此,应对不同的畜禽饲料原料进行记录和检测。

(2) 贮存仓库的温度和湿度

在特定环境下,原料自身代谢体系会被激活,加之在微生物的协同作用下,极易导致原料中的碳水化合物和蛋白质被降解,引起营养成分的变化,最终导致原料品质的降低,而仓库的湿度和温度极易导致原料性质变化。

(3) 光线

光线对原料的某些成分具有催化作用,引发脂肪氧化,进而破坏原料的营养成分如维生素和蛋白质。因此,在贮存原料的仓库应注意避免阳光照射,做好饲料的避光措施。

(4) 虫害

大部分食谷昆虫发育时间较短且繁殖率较高。昆虫适宜的繁殖温度为29℃左右,16℃以下排卵减少,5℃会使昆虫进入休眠状态,超过43℃昆虫不能存活。因此,在对贮存原料的防虫处理时可通过改变仓储温度的方法控制原料的虫害。若发现昆虫,可对谷物进行药物熏蒸或使用防霉剂以减少虫害。

(5) 霉变

原料中霉菌毒素主要有黄曲霉素、赭曲霉毒素和镰刀霉菌毒素,是原料霉菌所分泌的代谢物。进食后会导致畜禽发生中毒反应,导致畜禽生长受阻、饲料利用率低,严重者会造成代谢器官损害并导致畜禽死亡。因此,在饲料原料贮存过程中应对原料的霉变进行预防并加强监测。霉菌毒素可通过高压液相色谱和薄层层析法进行定量分析,而多数饲料厂不具备该种检测方法条件,一般较为适用的方法是利用紫外线法测定原料是否发生霉变,该方法价格低廉且操作简单。原料一旦发生霉变,虽然能阻止霉菌毒素的产生,但是不能消除饲料中已存在的霉菌毒素。目前常用物理分离、热处理、辐射、微生物降解、生物酶技术以及化学处理等诸多方法对受霉菌污染的原料进行脱毒或灭活。

(二) 饲料原料预处理

原料的预处理在畜禽无抗日粮生产过程具有重要作用。预处理后原料由于其理化结构的改变可增加畜禽对日粮的消化利用率和适口性。同时,在预处理过程中会提前降解原料中部分大分子和难消化的物质。在发酵的过程中产生的有益微生物、酶、维生素、有机酸等益生因子。此外,也能消灭原料中有害微生物,减少或消除抗营养因子。目前对原料预处理的方式主要是以下三类。

(1) 粉碎处理,如超微粉碎等。

(2) 水热处理,主要指膨化(如大豆)、压片和制粒(如牧草)等。

(3) 生物处理,主要指酶解、发酵和菌酶联合处理等。

(三) 饲料无抗检测

饲料中添加抗菌药物的检测方法主要有以下三种。

(1) 高效液相色谱法。

(2) 高效液相色谱—串联质谱法。

(3) 微生物管碟法。

二、饲料种类及其营养特性

(一) 青贮饲料

青贮饲料是指由新鲜的天然植物性饲料，或是在新鲜的植物性饲料中加各种辅料（如麦麸、玉米粉、尿素、糖蜜）、防腐剂及其他青贮添加剂后，在厌氧环境下，让乳酸菌大量繁殖，将饲料中的糖类转化为乳酸。当乳酸积累到一定浓度而使青贮物种的PH值下降到3.8～4.2时，可抑制其他有害微生物（如腐败菌、霉菌等）的繁殖，达到长期保存青绿饲料的目的。

青贮饲料的营养特性：青贮饲料本身干物质的营养成分与原饲料有很大差别。青贮饲料的粗蛋白主要由非蛋白氮组成；而无氮浸出物中，糖分极少，乳酸和醋酸含量相当高。青贮饲料与原料相比，蛋白质的消化率非常接近，但青贮饲料中的粗蛋白被动物利用的效率比原料要低。这可能是由于青贮饲料中能量物质含量不高，"供能"不足，降低了瘤胃中微生物蛋白质合成效率的缘故。因此，在饲喂青贮饲料时，必须添加易发酵的碳水化合物，以满足微生物对非蛋白氮的利用。制作良好的青贮饲料代谢能值（以干物质计）为10～12.5兆焦/千克，这主要取决于收割时的成熟阶段和保藏方法。青贮饲料代谢能在维持和育肥时利用效率分别为68%和43%。

(二) 青绿饲料

青绿饲料主要包括天然牧草、农作物秸秆、树叶及林产类、叶菜、瓜果类、根茎类等。青绿饲料是指水分含量在60%以上的青绿多汁饲料。

青绿饲料的影响特性：第一，含水量高。陆生植物的含水量为75%～90%，而水生植物约95%。因此，鲜草的能量含量低，如以干物质作基础计算，其能量含量为8400～12600千焦/千克。第二，蛋白质含量高，质量好。青绿饲料中蛋白质含量丰富，以干物质计，禾本科牧草和蔬菜类含量为13%～15%，豆科牧草中含量为18%～24%。蛋白质中氨化物占总氮量的30%～60%。第三，粗纤维含量变化大。幼嫩的青绿饲料粗纤维含量较低，木质素少，无氮浸出物高。但随着植物得到生长和老化，其粗纤维和木质素含量逐渐增加，动物对其消化率下降。第四，钙磷比例适宜。青绿饲料中钙磷含量占鲜样的1.5%～2.5%，是家畜的良好来源，且其比例适宜。第五，维生素含量丰富。特别是胡萝卜素含量较高，每千克饲料中含50～80毫克。在正常采食情况下，放牧家畜采食的胡萝卜素可超过其需要量的100倍。另外，B族维生素、维生素C、维生素E、维生素K含量也较多，但缺乏维生素B6及维生素D。

(三) 能量饲料

干物质中粗纤维含量小于18%活细胞壁含量小于35%，同时粗蛋白含量大于20%的谷实类（如小麦、玉米、大麦、高粱、稻谷等）、糠麸类（如麦麸、米糠、玉米皮等）、淀粉质的块根块茎类（如马铃薯、木薯、甘薯等）、糟渣类（如醋渣、酒糟、甜菜渣等）均属能量饲料。

能量饲料的营养特性：第一，能量高。这类饲料中无氮浸出物含量均较高（糠麸类除外），且其中主要是淀粉，可利用能值高，每千克的消化能为10.5～14.3兆焦。第二，粗蛋白和必需氨基酸含量低，按干物质计算，粗蛋白大约为8.9%～13.5%。同时，蛋白质的品质差，主要表现在必需氨基酸不平衡，尤其缺乏赖氨酸和色氨酸。第三，粗纤维含量低。粗纤维含量为 1.5%～12%，故有机物质消化率高且适口性好。第四，粗灰分含量低，粗灰分含量一般为 1%～4%，其中钙低于 0.1%，磷稍微高些，但大多为植酸磷，利用率仅为总磷的 1/3。因此在日粮中应注意钙和磷的补加。第五，维生素含量不平衡。这类饲料维生素 A 和维生素 D 含量不足，但富含 B 族维生素和维生素 E，如糠麸类中 B 族维生素较丰富。

1. 玉米

玉米是主要的能量饲料，能量含量高、纤维少、适口性好、消化率高。在日粮中的配比可达 40%～60%。玉米中亚油酸含量高达 2%，能满足畜禽对亚油酸的需要量。黄玉米中胡萝卜素和叶黄素含量较多。但玉米蛋白质含量低、质量差，钙、磷及 B 族维生素含量低。

2. 高粱

高粱含有丰富的淀粉，蛋白质含量比玉米稍高，但外壳坚硬不易消化，又含单宁酸，适口性差，喂多了易便秘，可碾碎或浸水发芽后饲喂。用量不能太大，一般占日粮的 5%～10%。

3. 小麦

小麦营养价值很高，含能量和蛋白质也多，氨基酸比其他谷物完善，B 族维生素也较丰富，含钙很低，适口性较好。一般可占日粮的 5%～10%。

4. 麸皮

麸皮的粗蛋白和 B 族维生素含量较多，适口性好，有轻泻作用。但麸皮能量低，纤维含量高，钙磷比例不平衡，一般占日粮的 3%～5%。

5. 南瓜

南瓜含有丰富的胡萝卜素，各种养分完全，消化率高，味甜，一般煮熟喂给，用量占日粮的 50%左右。

（四）粗饲料

凡饲料干物质中粗纤维含量在 18%以上的都属于粗饲料。粗饲料主要包括干草、纤维性农副产品（秸秆、秕壳等）和林业产品（秸枝、树叶）3 大类。

粗饲料的营养特性：第一，豆科牧草干草的蛋白质和矿物质比禾本科干草的丰富。苜蓿是一种非常重要的豆科牧草，营养价值较高，许多国家都能用它来调制干草。第二，农副产品和林业类粗饲料，粗纤维含量高（30%～35%）。它通过动物消化道的速度非常缓慢，适口性差，大多动物不愿采食，在饲喂时要限制其用量。第三，秸秆类饲料蛋白质含量低，特别是禾本科秸秆的粗蛋白含量只有 3.2%～11%。另外，粗饲料中胡萝卜素含量较低，一般为 2～5 毫克/千克。第四，粗饲料是一种大容积性饲料，这种饲料可刺激动物的消化道充分发育，使其具有较大的生理有效容量。另外，胃肠道的整肠蠕动、粪便的正常形成和排出都需要一定量的粗纤维性物质。

1. 青干草

青干草是青草或其他青绿饲料植物在未结籽前刈割下来，经晒干或其他方法干制而成。一般青干草含有 85%～90%的干物质，优质干草呈绿色，柔韧，有芳香味，适口性好，并且含有较多的蛋白质和矿物质。

2. 秸秆

秸秆主要是农作物收获籽食后的副产品，种类多，资源极为丰富。其容积大，适口性差，粗蛋白仅占 3%～8%，钙磷含量低。其中，玉米秸、麦秸、稻草最为常用，玉米秸和麦秸营养价值、适口性较差，稻草质地柔软，适口性好。

3. 秕壳类

常见的有稻壳、花生壳、豆荚、谷壳等，一般秕壳的营养价值高于秸秆。另外，花生壳、棉籽壳、玉米芯和玉米穗叶等也常用于饲料。

4. 树叶类饲料

多数树木的叶子及嫩枝和果实均可作为饲料。其中，优质紫穗槐叶、槐树叶、松针等均是畜类蛋白质和维生素很好的来源。树叶虽为粗饲料，但蛋白质含量高，达干物质的 20% 以上。

5. 糟渣类

生产酒、糖、醋、酱油等的工业副产品，如醋渣、酒渣、甜味渣、啤酒渣、白酒渣、豆腐渣等，都可以作为畜禽的饲料。

（五）蛋白质饲料

干物质中粗纤维含量小于 18%，同时粗蛋白含量在 20% 以上的饲料，均属蛋白质饲料。生产中常用的蛋白质饲料主要有：植物性蛋白质饲料、动物性蛋白质饲料、非蛋白氮及单细胞蛋白质饲料。

1. 植物性蛋白质饲料

植物性蛋白质饲料主要指饼粕类。油籽压榨取油后的副产品称为饼，如大豆饼、菜子饼等。预榨—浸提取油后的副产品称为豆粕，如豆粕、棉籽等。

植物性蛋白饲料的营养特性如下：

（1）大豆饼、粕

大豆粕、去皮大豆粕和大豆饼是我国目前使用量最多使用最为广泛的植物性蛋白质饲料。大豆粕的品质也是饼粕中蛋白质含量高且氨基酸的成分较为均衡，消化率高。作为饲料，大豆粕除了蛋白质营养价值高，其消化能也可达到 14.27 兆焦/千克。由于生大豆或生大豆饼、粕中含有抗营养因子，若误与尿素同食极易引起氨中毒。因此在生产中，应注意要使用熟度适中的豆粕。

（2）棉籽饼、粕

棉籽饼、粕是棉籽经脱壳或部分脱壳去油后的加工副产品，其营养价值在于棉籽脱壳率。完全脱壳的棉籽饼、粕其蛋白质含量在 40% 以上，部分脱壳的蛋白质在 34% 左右，而未脱壳的蛋白质仅有 22%。棉籽饼、粕中赖氨酸含量较低，而精氨酸含量相对较高。需要注意的是，棉酚对猪和鸡等畜禽有毒，而对牛和羊没有太大影响，但添加过多会影响饲料口感。因此，应在饲料中添加些糖蜜以增强适口感。

（3）花生饼、粕

花生饼、粕的蛋白质和能量均较高。但花生饼、粕中氨基酸组成不够平衡，赖氨酸和蛋氨酸都较豆粕低，而精氨酸含量是植物性饲料中最高的。值得注意的是，花生饼、粕极易霉变，因此在储存过程中应加强对仓储中的花生饼、粕进行监测。

(4) 亚麻饼

亚麻饼为亚麻籽去油后的副产物，富含B族维生素和微量矿物质元素硒。此外，亚麻饼中含有黏性的碳水化合物，有利于畜禽通便。

(5) 菜籽饼

菜籽饼是油菜籽去油后的副产品，菜籽饼中粗蛋白含量为35.7%，接近大豆粕。但菜籽饼中含有多种有害物质，如硫葡萄糖苷、芥子碱、单宁等。同时，由于菜籽饼中含有硫葡萄糖等辛辣物质会影响畜禽的采食量。因此，在实际生产中应适量添加。

(6) 葵花籽饼

目前，葵花籽饼有两种，一种为部分脱壳（壳仁比为35：65），一种为完全脱壳。对于部分脱壳的葵花籽饼其粗蛋白质为29%，粗纤维高达20%。

(7) 玉米蛋白粉

玉米蛋白粉为玉米除粉、胚芽和玉米外皮后剩余的部分，大约占玉米原料的5%~8%。玉米蛋白粉可按其所含蛋白质含量分为40%、50%和60%不同蛋白质等级的产品。含有较高的蛋氨酸，精氨酸含量较低。

(8) 豆科籽

目前，常用于畜禽饲料的豆科籽多指大豆籽实及其粕类产品，具有较高含量的蛋白质和能量。应注意的是，大豆粕在饲喂时应对其进行炒熟，一方面能增加饲料的适口性。另一方面，熟化处理后能减少大豆中的抗营养因子。

2. 动物性饲料

动物性饲料主要指肉食加工副产品、渔业加工副产品、乳及乳品工业副产品等，包括乳、脱脂乳、鱼粉、血粉、肉粉、肉骨粉、蚕蛹、羽毛粉、蚯蚓、食蛆及单细胞蛋白质（如酵母等食用微生物）。动物性蛋白质饲料中蛋白质含量高、质优。所含氨基酸丰富且较为均衡，特别是所含必需氨基酸较为丰富。同时，矿物质和维生素也较为丰富。因此，动物性蛋白质饲料属优质饲料。

3. 非蛋白氮

非蛋白氮主要是指蛋白质之外的其他含氮物，如尿素、双缩脲、硫酸铵、磷酸氢二铵等。非蛋白氮类饲料含有较高含量的氮。反刍动物采食后会在瘤胃的作用下转化为菌体蛋白，之后在肠道消化酶作用下被消化利用。因此，饲喂非蛋白氮可提高饲料中粗蛋白含量。非蛋白氮味苦，适口性较差且不含能量。因此，在生产应用中应适量添加且应注意补充硫和磷等矿物质。

4. 单细胞蛋白质

单细胞蛋白质是利用糖、氮类等物质，通过工业方式，培养能利用这些物质的细菌、酵母等微生物制成的蛋白质，如饲料酵母。这种蛋白质的生物效价高，生产率高，世界各国对单细胞蛋白质的生产都十分重视。

单细胞蛋白质的营养特性：第一，由于单细胞蛋白质是由每个能独立自下而上的单细胞构成，所以产品中含丰富的酶系，各种营养成分也比较协调。第二，含丰富的B族维生素、氨基酸和矿物质，粗纤维含量较低。第三，单细胞蛋白质中赖氨酸含量高，蛋氨酸含量低。第四，单细胞蛋白质具有独特的风味，对增进动物的食欲有良好的效果。

（六）维生素饲料

维生素饲料即工业提取的或人工合成的饲用维生素，如维生素 A 醋酸酯、胆钙化醇醋酸酯等。

维生素饲料的营养特性：第一，维生素在饲料中的用量非常小。第二，常以单独一种或复合维生素的形式添加到配合饲料中，用以补充其不足。

（七）矿物质饲料

凡天然可供饲用的矿物质（如白云石、大理石、石灰石等）、动物性加工副产品（贝壳粉、蛋壳粉、骨粉等）和矿物盐类均属矿物质饲料。

矿物质饲料的营养特性：矿物质饲料可以补充动植物饲料中某些矿物质元素含量的不足。如钙源性饲料常用来补充钙元素元素的不足；磷源性饲料用来补充磷的不足；其他矿物质如硫酸铜、硫酸亚铁、硫酸锌、硫酸锰、硫酸镁、亚硒酸钠、碘化钾等都可补充相应金属元素的不足。

（八）饲料添加剂

所谓饲料添加剂，是在配制饲料时，除常规饲料外，加入的具有某种特殊目的以完善饲料的全价性的少量物质。饲料添加剂能够提高畜禽饲料的利用率，减少饲料的营养流失。

饲料添加剂的营养特性：第一，补充饲料营养成分。如氨基酸添加剂、维生素添加剂、矿物质添加剂等。第二，促进饲料所含成分的有效利用。如抗生素、生长促进剂、食欲增进剂等。第三，防止饲料品质下降。如防霉剂、黏结剂等。

1. 氨基酸添加剂

目前人工合成的氨基酸主要是蛋氨酸和赖氨酸。蛋氨酸和赖氨酸是限制性氨基酸，饲料中添加蛋氨酸和赖氨酸可节省动物性饲料的用量。

2. 微量元素添加剂

在临床应用中常采用复合微量元素，因部分地区可能缺乏某种微量元素（如硒等），微量元素添加剂的使用能够弥补畜禽采食的不足。

3. 维生素添加剂

维生素添加剂分单一制剂和复合维生素制剂两大类。维生素添加剂能够弥补畜禽对维生素的需求，保证畜禽机体健康。

第三章 合理使用抗菌药

中国是畜禽、水产养殖大国，生产畜禽肉类总量约占全球肉类总量的50%，水产品总产量占世界的60%以上，家禽饲养量、禽蛋产量已连续多年保持世界第一，禽肉产量世界第二。

中国是兽用抗菌药物生产和使用大国。2020年，中国兽用抗菌药使用量为3.28万吨，较2019年的3.09万吨同比增长6.1%；各品类兽用抗菌药物使用中，首先，四环素类使用量居首位，达10002.73吨，占兽用抗菌药物总使用量的30.5%；其次磺胺类及增效剂、β-内酰胺类及抑制剂使用量均超4000吨，占比分别为13.1%、12.5%。

兽用抗菌药物在防治动物疾病、提高养殖效益、保障畜禽水产品有效供给中，发挥了重要作用。但是，兽用抗菌药物市场秩序不够规范、养殖环节使用不尽合理、从业人员科学用药意识不强、公众对细菌耐药性认知度不高等问题依然存在，加之国家动物源细菌耐药性风险评估和防控体系薄弱，细菌耐药形势日趋严峻。动物源细菌耐药率上升，导致兽用抗菌药物治疗效果降低，迫使养殖环节用药量增加，从而加剧兽用抗菌药物毒副作用和残留超标风险，严重威胁畜禽水产品质量安全和公共卫生安全，给人类和动物的健康带来安全隐患。当前亟须构建动物源细菌耐药性控制和残留超标治理体系，提高风险管控能力。

第一节 细菌耐药性相关概念

1941年，青霉素应用于临床后，在控制感染性疾病方面起到了巨大的作用，对细菌感染来说几乎药到病除。但几年后，葡萄球菌最先适应，对青霉素产生耐药性。20世纪50年代初期，欧美一些发达国家已经将青霉素、磺胺、链霉素、金霉素等作为加速生长剂加入到牛、猪和鸡的饲料中。我国大量使用抗菌药物于畜牧业生产是在20世纪80年代以后。如今，青霉素对很多细菌已经不灵了。虽然后来人类不断研发出新的抗生素（比如红霉素、链霉素），但是研发抗生素的速度，最终还是无法赶上细菌变异的速度。

一、最小（低）杀菌浓度（MBC）

最小杀菌浓度（minimum bactericidal concentration，MBC），是以杀灭细菌为评定标准时，杀死99.9%的供试微生物所需的最低药物浓度，称为最小（低）杀菌浓度。有些药物的MBC与其最低抑菌浓度（MIC）非常接近，如氨基糖苷类。有些药物的MBC比MIC大，如β内酰胺类。如果受试药物对供试微生物的MBC≥32倍的MIC，可判定该微生物对受试药物产生了耐药性。包括抗生素在内的大多数抗菌药物，低浓度时为抑菌作用，高浓度时为杀菌作用。

二、最小（低）抑菌浓度（MIC）

MIC 是 minimum inhibitory concentration 缩写，指最小（低）抑菌浓度。最小（低）抑菌浓度是测量抗菌药物的抗菌活性大小的一个指标，指在体外培养细菌 18 至 24 小时后能抑制培养基内病原菌生长的最小（低）药物浓度。

在微生物学，最低抑菌浓度是一种抗菌的最低浓度（如抗真菌，抗菌或抑菌）药物能抑制过夜培养后的微生物明显增长。最小（低）抑菌浓度可对固体培养基（称为琼脂板确定，显示在"柯比鲍尔药敏试验"原子）或肉汤稀释法（液体生长介质，所示）纯培养后分离。例如，通过肉汤稀释法确定的最低抑菌浓度，相同的剂量的细菌培养在威尔斯的液体培养基中含有逐渐较低浓度的药物。

三、耐药性

耐药性又称抗药性，是指病原体对于药物的抵抗性，有天然耐药性（或固有耐药性）和获得耐药性之分。天然耐药性是指病原菌对某种抗菌药表现出的先天性不敏感，属细菌的遗传特性，由病原菌自身生物学特性所决定。如链球菌、金黄色葡萄球菌等革兰氏阳性菌（G^+）对链霉素敏感性较差，大肠杆菌等革兰氏阴性菌（G^-）对洁霉素类抗生素一般不敏感，铜绿假单胞菌对大多数抗菌药均不敏感。一般所说的耐药性是指获得耐药性，即病原菌在多次接触化疗药后，产生了结构、生理及生化功能的改变而形成具有抗性的变异菌株，尤其在药物浓度低于 MIC 水平时更容易形成耐药菌株，从而导致病原菌对药物的敏感性下降甚至消失。

四、多重耐药（MDR，MAR）

多重耐药（multidrug resistant，MDR；multiple antibiotic resistance，MAR），是对一种药物耐药的同时，对其他两种结构和机制不同的药物也产生耐药性的现象。是抗感染治疗失败的主要原因之一。

五、交叉耐药性

某种病原菌对一种药物产生耐药性后，往往对同一类的药物也具有耐药性，这种现象称为交叉耐药性。交叉耐药性有完全交叉耐药性及部分交叉耐药性之分。完全交叉耐药性是双向的，如多杀性巴氏杆菌对磺胺嘧啶产生耐药性后，对其他磺胺类药物均产生耐药性；部分交叉耐药性是单向的，如氨基糖苷类药物中，对链霉素耐药的细菌，对庆大霉素、卡那霉素、新霉素仍然敏感，而对庆大霉素、卡那霉素、新霉素耐药的细菌，对链霉素也耐药。

六、抗生素

抗生素是由某些微生物（包括细菌、真菌、放线菌属等）在生命活动过程中所产生的、具有抗病原体或其他活性的一类次级代谢产物或人工合成、半合成的类似化合物，能干扰或影响特定生物细胞的正常生长发育及功能。自 1940 年青霉素应用于临床至今，抗生素已有几千种之多。

七、抗菌药

顾名思义，抗菌药是指具有杀灭细菌或抑制细菌活性的一类药物，包括各种抗细菌类抗生素及磺胺类、咪唑类、硝基咪唑类、喹诺酮类等化学合成药物。

八、抗菌活性

抗菌活性指抗菌药抑制或杀灭病原微生物的能力。不同种类抗菌药的抗菌活性有所差异，即各种病原菌对不同的抗菌药物具有不同的敏感性药物的抗菌活性或病原菌敏感性一般是通过体外方法进行测定，即药敏试验。常用的测定方法有稀释法（如试管法、微量法、平板法等）和扩散法（如纸片法）等。兽医临床在选用抗菌药时，一般应做药敏试验，选择对病原菌最敏感的药物。根据抗菌活性的强弱，临床上把抗菌药分为抑菌药和杀菌药。

九、抑菌药

抑菌药指仅能抑制病原菌的生长繁殖而无杀灭作用的药物，如四环素类、酰胺醇类和磺胺类药物等。

十、杀菌药

杀菌药指具有杀灭病原菌作用的药物，如 β-内酰胺类、氨基糖苷类和氟喹诺酮类等。

十一、青霉素结合蛋白（PBPs）

青霉素结合蛋白（penicillin binding proteins，PBPs），是细菌表面的一种微小蛋白质，1972 年 Suginaka 等第一次报道 PBPs，能和青霉素共价结合，使青霉素具有完全的抗原性。PBPs 是一类在肽聚糖合成中起着重要作用的酶类，当外源青霉素或其他 β-内酰胺类抗生素作为青霉素结合蛋白底物（细胞正常代谢过程中，本应与青霉素结合蛋白反应结合的物质）的结构类似物，竞争性地与青霉素结合蛋白共价结合，就可以引起细菌细胞壁合成相关酶的缺乏，从而干扰细菌细胞壁的合成，以达到杀灭细菌的作用。一旦青霉素结合蛋白的数量、种类或者与抗生素的亲和力发生变化将会影响细菌的形态或细菌对抗生素的敏感性。细菌青霉素结合蛋白改变引起的细菌对抗生素的耐药性目前仍是研究的热点之一，其研究对抗生素的改造、新抗生素的设计均有指导意义。

第二节　抗生素的种类和作用

一、β-内酰胺类抗生素

β-内酰胺类抗生素（β-Lactams）系指分子结构中含有 β-内酰胺环的一大类抗生素，包括青霉素类、头孢菌素类以及近二十年发展起来的一系列非典型 β-内酰胺类抗生素，后者包括头孢霉素类、氧头孢类、碳头孢烯类、碳青霉烯及青霉烯类、单环 β-内酰胺类以及 β-内酰胺酶抑制剂。目前临床使用的 β-内酰胺类抗生素中除极少数为纯天然品外，绝大多数是由培养液中获取母核，再经半合成改造制得，形成了许多抗菌谱和临床药理学特性各异的抗生素。β-内酰胺类抗生素具有高效、低毒、广谱等优点，在临床上得到大量使用。

β-内酰胺类抗生素通过抑制细菌细胞壁合成、激活细菌自溶酶而杀菌。其抗菌活性强、毒性低，兽医临床应用广泛。细菌产生 β-内酰胺酶，水解 β-内酰胺环使药物失活。产生一种或多种 β-内酰胺酶的细菌有：①革兰氏阴性菌如大肠杆菌、肺炎克雷伯杆菌、阴沟肠杆菌、奇异变形杆菌、杆菌属、铜绿假单胞菌、流感嗜血杆菌、卡他莫拉菌等；②革兰氏阳性菌如金黄色葡萄球菌；③厌氧菌如脆弱类杆菌等。

（一）青霉素类

青霉素类抗生素自 20 世纪 40 年代投入使用以来，为人类和动物感染性疾病的防治提供了高效、低毒的有力武器。青霉素类包括天然青霉素和半合成青霉素。天然青霉素包括青霉素钠和青霉素钾，抗菌谱窄，仅对革兰氏阳性菌、革兰阴性球菌放线菌和螺旋体有较强杀灭作用，价廉、毒性低，兽医临床首选防治革兰氏阳性菌感染，广为应用。但其对多数革兰氏阴性杆菌、分枝杆菌、铜绿假单胞菌、衣原体、立克次体、奴卡菌、真菌和原虫无效。且易被胃酸破坏而不能内服，易被细菌如金黄色葡萄球菌产生的青霉素酶或 β-内酰胺酶水解而耐药。半合成青霉素包括：①口服耐酸青霉素，如青霉素 V 等；②耐青霉素酶青霉素，如苯唑西林、氯唑西林等；③广谱青霉素，有氨苄西林、阿莫西林等；④抗革兰氏阴性菌青霉素，如美西林；⑤抗铜绿假单胞菌青霉素，如羧苄西林等。

1. 青霉素（Benzylpenicillin；Penicillin）

别名苄青霉素。它是由青霉菌（*Penicillium notatum*）等培养液中分离制得的一种有机酸，难溶于水，常用于其钠盐、钾盐、普鲁卡因盐和苄星盐。钠（钾）盐为白色结晶性粉末，无臭或微有特殊臭，具引湿性，极易溶于水，溶于乙醇，不溶于脂肪油及液状石蜡，但在水溶液中极不稳定，遇酸、碱或氧化物迅速分解失效。作用机制是抑制细菌细胞壁的合成，使细菌细胞壁缺损而失去屏障保护作用，引起菌体膨胀、变形，最后破裂、溶解死亡。

青霉素对繁殖期细菌有杀菌作用。对多种革兰氏阳性菌（包括球菌和杆菌）、部分革兰阴性球菌、螺旋体、梭状芽孢杆菌（如破伤风杆菌）、放线菌等有强大的作用，但对革兰氏阴性杆菌作用很弱，对结核杆菌、立克次体、病毒等无效。临床上主要用于革兰氏阳性菌引起的各种感染，如败血症、肺炎、肾炎、乳腺炎、子宫内膜炎、创伤感染、猪丹毒、猪淋巴结肿胀、兔禽葡萄球菌病、链球菌病、炭疽、恶性水肿、气肿疽、马腺疫等，也可用于治疗放线菌及钩端螺旋体病。还可局部应用，如乳管内、子宫内及关节腔内注入以治疗乳房炎、子宫内膜炎及关节炎等。

本类抗生素包括由发酵液得到的天然青霉素和半合成青霉素两类。前者（最常用的是青霉素 G）杀菌力强、疗效高、毒性低、价格低廉，是治疗许多敏感细菌感染的首选药物，但抗菌谱窄，在水溶液中极不稳定，易被胃酸和青霉素酶（β-内酰胺酶）水解破坏；后者则系对天然青霉素进行结构改造即半合成而得，具有广谱、耐 β-内酰胺酶和抗假单胞菌的特点，常用的有氨苄西林、羟氨苄西林和羧苄青霉素。

2. 青霉素 V（Penicillin V）

青霉素 V，别名苯氧甲基青霉素（Phenoxymethyl pencillin）。常用其钾盐或钙盐，为白色结晶或结晶性粉末，无臭或带微臭味，微苦，易溶于水，微溶于乙醇，不溶于苯、乙醚、非挥发油和液体石蜡。

抗菌谱与青霉素 G 相同，主要作用于细菌繁殖期而起抗菌作用，对敏感的链球菌、肺炎球菌及葡萄球菌等革兰氏阳性菌具有明显的抗菌作用，本品不仅口服吸收良好，且被青霉素酶破坏的速度较青霉素 G 为慢，故对耐药金葡萄菌比后者作用强，本品可用于敏感菌所致的扁桃体炎、咽喉炎、猩红热、肺炎、气管炎、中耳炎及各种脓肿症等。

3. 普鲁卡因青霉素（Procaine Benzylpenicillin）

普鲁卡因青霉素又称长效苄星青霉素。抗菌谱及适应证与青霉素相似，水溶性差，作用时间长。本品肌注局部水解释放青霉素，缓慢吸收，达峰时间较长，血中浓度较低，但维持时间较长。主要用于高度敏感菌引起的轻症或预防感染，或作维持剂量用。为能在较短时间内升高血药浓度，可与青霉素钠（钾）混合制成注射剂，以兼顾长效和速效。

4. 氨苄西林（Ampicillin）

氨苄西林别名安比西林、氨苯青霉素、氨卡青霉素，为半合成的广谱青霉素，其钠盐为白色或类白色的粉末或结晶，无臭或微臭，味微苦，有引湿性。在水中易溶，在乙醇中略溶，在乙醚中不溶。10%水溶液的 pH 值为 8～10。受潮或水溶液中不稳定，除降解外，还发生聚合反应，生成可致敏的聚合物。

对革兰氏阳性菌的作用略逊于青霉素 G。由于青霉素 G 侧链 α 位引入氨基后，使抗革兰氏阴性菌的活性增强，从而对多种革兰氏阴性菌有抑杀作用，但易产生耐药性。其主要用于敏感菌引起的肺部、肠道、胆道、尿路等感染和败血症。

5. 苯唑西林（Oxacillin）

抗菌谱与青霉素相似。其化学结构上有较大的侧链取代基，通过空间位阻，保护其体内酰胺免受 β-内酰胺酶破坏，故本品对产青霉素酶的耐药金黄色葡萄球菌具有强大杀菌作用，对不产 β-内酰胺酶的革兰氏阳性菌不及青霉素；对链球菌作用不及青霉素。主要用于耐青霉素的金黄色葡萄球菌所致的败血症、肺炎、乳腺炎、烧伤创面感染等。本品内服可吸收但不完全，食物降低其吸收速率和吸收量；肌注吸收迅速，能透过胎盘屏障，透入脑脊液。其消除半衰期分别为：马 0.6 小时、犬 0.5 小时、黄牛 1.34 小时和猪 0.96 小时。

6. 氨苯西林（Ampicillin）

氨苯西林又名氨苯青霉素。抗菌谱广，耐酸不耐酶。其特点体现在对革兰氏阴性菌优于青霉素，对大肠杆菌、变形杆菌、沙门氏菌、嗜血杆菌、布氏杆菌和巴氏杆菌等有一定抑杀作用，但对大多数革兰氏阳性菌的抑杀作用不及青霉素，对耐青霉素金黄色葡萄球菌无效；对铜绿假单胞菌无效。用于敏感菌所致感染，如鸡白痢，禽伤寒，猪传染性胸膜肺炎，驹、犊肺炎，牛巴氏杆菌病等。

7. 阿莫西林（Amoxicillin）

阿莫西林又名羟氨苄青霉素。其抗菌谱、适应证同氨苯西林，杀菌作用较强，对肠球菌属和沙门菌效力比氨苯西林强 2 倍，对肺炎球菌和变形杆菌也较氨苯西林强，与氨苄西林完全交叉耐药。

8. 阿莫西林（Amoxicillin）

阿莫西林别名羟氨苄西林，为白色或类白色结晶性粉末，味微苦，微溶于水，几乎不溶于乙醇，0.5%水溶液 pH 为 3.5~5.5，酸性环境中稳定。本品的钠盐为白色或类白色粉末或结晶，无臭或微臭，味微苦，有引湿性。在水或乙醇中易溶，在乙醚中不溶。10%水溶液的 pH 值为 8.0~10.0。

阿莫西林穿透细胞壁的能力较强，能抑制细菌细胞壁的合成，使细菌迅速成为球形体而破裂溶解，故对多种细菌的杀菌作用较氨苄西林迅速。其主要用于敏感菌所引起的呼吸道、消化道、泌尿道及软组织感染，对肺部细菌感染有较好疗效，亦可用于治疗乳房炎及子宫内膜炎。

9. 海他西林（Hetacillin）

海他西林别名缩酮氨苄西林，为白色或类白色粉末或结晶。在水、乙醇和乙醚中不溶。其钾盐易溶于水和乙醇。其特点耐酸，在胃酸环境中比氨苄西林、阿莫西林更稳定。本身无抗菌活性，在体内外的稀释水溶液和中性 pH 液体中迅速水解为氨苄西林而显抗菌活性，在体内一般在 15~30 分钟内水解。其适应证同氨苄西林。

10. 苯唑西林（Oxacillin）和氯唑西林（Cloxacillin）

苯唑西林，别名新青霉素Ⅱ（Proctaphlin）、苯唑青霉素（Bictocil）、苯甲异恶唑青霉素（Bristopen），为白色或结晶性粉末，无臭或微臭，易溶于水，极微溶于丙酮或丁醇，几乎不溶于石油醚或乙酸乙酯，水溶液 pH 5.0~7.0。

氯唑西林，别名邻氯青霉素、氯唑青霉素，为白色或结晶性粉末，微臭，味苦，有引湿性，易溶于水，溶于乙醇，几乎不溶于乙酸乙酯，10%水溶液 pH5.0~7.0。

苯唑西林和氯唑西林为半合成、耐青霉素酶、耐酸青霉素，可口服与注射给药。其主要用于耐青霉素葡萄球菌所致的各种感染，如败血症、心内膜炎、烧伤、骨髓炎、呼吸道感染、脑膜炎、软组织感染等，也可用于奶牛的乳腺炎。

苯唑西林抗菌谱及抗菌性与氯唑西林类似。

11. 甲氧西林（Methicillin）

甲氧西林别名甲氧苯青霉菌素（Staphcillin），敏感菌有金黄色葡萄球菌、肺炎球菌、淋球菌、脑膜炎双球菌等。

12. 萘夫西林（Nafcillin）

萘夫西林别名新青霉素Ⅲ，乙氧萘青霉素，为半合成的广谱青霉素，常用其钠盐。其耐酸耐酶，用于耐药金黄色葡萄球菌，包括心膜炎、败血症、骨髓炎等，亦用于奶牛乳腺炎。

13. 美西林（Mecillinam）

美西林别名氮西林、氮卓西林、氮脒青霉素、氮卓脒青霉素，为第三代广谱半合成青霉素。美西林最早由丹麦的 Leo 公司研制开发，并于 1979 年首先在爱尔兰和丹麦上市，其后在瑞士、荷兰、日本、美国、德国、加拿大等国上市。美西林目前在国内没有正式上市，仅有几家企业作为兽药在进行生产。

美西林对革兰氏阳性菌作用弱，对革兰氏阴性菌有较好抗菌作用，对革兰氏阴性菌，包括大肠杆菌、志贺菌、沙门菌、克雷白杆菌、枸橼酸杆菌及部分沙雷杆菌等有良好的抗菌作用。与其他青霉素或头孢菌素类药物联合应用，可产生协同抗菌作用，如与氨苄西林合用则抗菌范围可扩大，对革兰氏阳性菌亦有良好抗菌活性。与头孢唑肟合用可增强抗菌活性。其临床主要用于大肠杆菌和敏感肠杆菌属细菌所致的肾盂肾炎、尿路感染，以及由此而引起的败血症，亦可用于预防和治疗母牛子宫内膜炎。

（二）头孢菌素类

头孢菌素类抗生素系指化学结构中有 7-氨基头孢烷酸（7-ACA）母核的一类广谱抗生素，又名先锋霉素类抗生素。其特点是抗菌谱较青霉素广、抗菌作用强、对内酰胺酶的稳定性高于青霉素、变态反应少、毒性小。天然品由头孢子菌（*CephaLospoHum acerenwmium*）培养液中获得；将 7-ACA 侧链加以半合成改造而得到一系列抗菌谱广、杀菌力强、对胃酸稳定、耐 β-内酰胺酶、过敏反应少的抗生素。常用的约 30 种，兽医临床应用不广，仅有头孢噻吩、头孢氨苄、头孢羟氨苄、头孢噻呋、头孢匹林等少数品种。按头孢菌素类抗生素发明年代先后和抗菌特性可分三代或四代。

第一代头孢菌素的抗菌谱同广谱青霉素，对肾脏有一定毒性。对青霉素酶稳定，但仍可被多数革兰氏阴性菌产生的 β-内酰胺酶所分解，因此主要用于革兰氏阳性菌（链球菌、产酶葡萄球菌等）和少数革兰氏阴性菌（大肠杆菌、嗜血杆菌、沙门菌等）的感染。主要品种有头孢噻吩（Cefalotin）、头孢噻啶（Cefaloridine）、头孢唑啉（Cefazolin）、头孢匹林（Cefapirin）及内服用的头孢氨苄（Cefadroxil）、头孢拉定（Cefaradine）、头孢羟氨苄（Cefadroxil）。

第二代头孢菌素对革兰氏阳性菌的抗菌活性与第一代相近或稍弱，对肾脏的毒性较第一代为轻。抗菌谱广，能耐大多数 β-内酰胺酶，对革兰氏阴性菌的抗菌活性增强，其主要品种有头孢孟多（Cefamandole）、头孢替安（Cefatiam）、头孢呋辛（Cefuroxime）、头饱克洛（Cefaclor）等。

第三代头孢菌素对肾脏基本无毒性，耐 β-内酰胺酶的性能强。虽抗金黄葡萄球菌等革兰氏阳性菌的活性不如第一、二代（个别除外），但对革兰氏阴性菌的作用优于第二代，可有效地抑杀一些对第一、二代耐药的革兰氏阴性菌菌株。主要品种有头孢噻肟（Cefotaxime）、头孢唑肟（Ceftizoxime）、头孢曲松（Ceftriaxone）等。

20 世纪 90 年代又有第四代新头孢菌素问世，如头孢匹罗（Cefopirome）、头孢吡肟（Cefepime）等，其抗菌特点是抗菌谱广，对 β-内酰胺酶稳定，对金葡菌等革兰阳性球菌的抗菌活性增强。

1. 头孢氨苄（Cefalexin）

第一代头孢菌素、别名头孢菌素Ⅳ、先锋霉素Ⅳ、头孢力新，为半合成的第一代头孢菌素。本品为白色或微黄色结晶性粉末，微臭，微溶于水，不溶于乙醇、氯仿或乙醚。0.5% 水溶液 pH3.5～5.5。

对革兰氏阳性菌、革兰氏阴性菌均有作用，但对革兰氏阳性菌（除肠球菌外）抗菌活性较强，敏感菌有耐药金黄色葡萄球菌、溶血性链球菌、肺炎球菌、白喉杆菌等；对部分大肠杆菌、克雷伯菌、奇异变形杆菌、沙门菌属、志贺菌属和梭杆菌属也有作用；对铜绿假单胞菌、支原体、真菌等无效。抗菌谱相仿于头孢噻吩，但抗菌活性稍差。常用于牛、羊、猪敏感菌所致呼吸道、泌尿道、软组织等感染，对奶牛乳房注入可用于乳腺炎治疗。

2. 头孢匹林（Cephapirin）

头孢匹林别名先锋Ⅶ、头孢吡硫，为半合成的第一代头孢菌素，常用苄星青霉素 G 或钠盐剂型。其抗菌谱与头孢噻吩及头孢噻啶相似，对许多革兰氏阳性菌和一些革兰氏阴性菌有效，对肺炎球菌和肠球菌有药效。其主要用于呼吸系统、尿路和软组织等部位感染，亦用于奶牛乳腺炎和宫腔内膜炎治疗。

3. 头孢噻呋（Ceftiofur）

动物专用第三代头泡菌素。抗菌活性强，抗菌谱广，对革兰氏阴性菌如大肠杆菌、沙门杆菌、多杀性和溶血性巴氏杆菌、胸膜肺炎放线杆菌等有强效；抗革兰氏阳性菌作用弱于第一、二代；对产伏内酰胺酶菌株及厌氧菌有效。用于敏感菌引发的动物呼吸道、泌尿道感染，如牛运输热和肺炎，猪黄痢，嗜血性放线杆菌引发猪传染性胸膜肺炎，链球菌引起的马呼吸道感染，大肠杆菌与奇异变形菌引起的犬泌尿道感染，鸡大肠杆菌感染等。

4. 头孢喹肟（Cefquinome）

头孢喹肟又名头孢喳诺、克百特。动物专用第四代头孢菌素。其抗菌活性强于头孢噻呋，抗菌谱广，对头孢菌素类敏感的革兰氏阳性菌和革兰氏阴性菌（包括产 β-内酰胺酶菌）有很强杀灭作用。本品内服吸收很少，肌内和皮下注射吸收迅速，体内分布并不广泛，消除较快，马、牛、山羊、猪和犬体内消除半衰期介于 0.5～2 小时，各动物生物利用度均高于 93%，是主要以原型从尿排出的药物。乳房灌注时，药物快速分布于整个乳房组织，且能维持高浓度，随乳汁排泄。用于敏感菌引起的牛、猪呼吸系统感染等疾病，如牛支气管肺炎、奶牛乳腺炎、猪放线杆菌性胸膜肺炎、渗出性皮炎及母猪子宫炎－乳房炎－无乳综合征。

5. 头孢羟氨苄（Cefadroxil）

第一代头孢菌素。作用和适应证同头孢氨苄，作用较强，内服吸收较好，且不受食物影响。其他作用参照头孢氨。

6. 头孢维星（Cefovecin）

动物专用第三代头孢菌素，主要用于犬、猫皮肤和软组织感染，对皮肤和皮下创伤、脓肿、脓皮病有效。其禁用于哺乳期、8月龄以下或配种12周内的犬、猫；禁用于豚鼠和兔。

7. 头孢乙氰（Cephacetrile）

头孢乙氰别名头孢赛曲、头孢氰甲、氰甲头孢菌素、头孢菌素Ⅶ，为第一代半合成头孢菌素，抗菌谱和头孢噻吩及头孢噻啶相似，但对大肠杆菌的抗菌作用比头孢噻吩强 5～10 倍。其对大肠杆菌和产气杆菌等产生的 β-内酰胺酶特别稳定。其临床主要用于敏感菌引起的肾盂肾炎、尿路感染及呼吸道感染等。

8. 头孢洛宁（Cephalonium）

头孢洛宁别名头孢烟酰、烟酰头孢菌素、头孢罗宁，为第一代半合成头孢菌素。其仅用作兽药，可有效治疗奶牛乳腺炎。

9. 头孢唑啉（Cefazolin）

头孢唑啉别名先锋霉素 V、先锋唑啉钠、先锋啉、西孢唑啉、凯复卓、唑啉头孢菌素，属第一代头孢菌素，抗菌谱与青霉素 G 相似，可有效治疗奶牛乳腺炎。因化学结构中含有硫甲基二氮唑侧链,可发生"戒酒硫"样反应。

10. 头孢噻吩（Cephalothin）

头孢噻吩别名先锋霉素Ⅰ、头孢金素、头孢菌素Ⅰ、噻孢霉素、头孢娄新,为半合成的第一代头孢菌素。本品为白色或类白色结晶性粉末,几乎无臭,易溶于水,微溶于乙醇,在氯仿或乙醚中不溶。10%水溶液的pH值4.5~7.0。

抗菌谱与头孢氨苄相似,但对革兰氏阳性菌活性较强,对革兰氏阴性菌相对较弱。其主要用于耐青霉素酶金黄葡萄球菌及一些敏感革兰氏阴性菌所引起的呼吸道、泌尿道、软组织等感染及奶牛乳腺炎和败血症等。

11. 头孢西丁（Cefoxitin）

头孢西丁别名甲氧头孢噻吩、噻吩甲氧头孢菌素、美福仙、先锋美吩、头孢甲氧噻吩、头孢甲氧霉素、头霉噻吩、头霉甲氧噻吩,属第二代头孢菌素,是由链霉菌（Streptomyces lactamdurans）产生的甲氧头孢菌素C（Cephamycin C）,经半合成制得的一类新型抗生素。其对革兰氏阴性菌有较强的抗菌作用,具有高度抗β-内酰胺酶性质。

12. 头孢呋辛（Cefuroxime）和头孢呋辛酯（Cefuroxime axetil）

头孢呋辛和头孢呋辛酯属第二代头孢菌素,抗革兰氏阳性菌活性低于第一代头孢菌素,对革兰氏阴性菌较强,耐β内酰胺酶。其临床主要用于泌尿道、呼吸道、软组织及宫腔感染。

13. 头孢哌酮（Cefoperazone）

头孢哌酮别名头孢氧哌唑、头孢氧哌羟苯唑、先锋必、先锋哌酮、先锋松、先锋必素、先锋培酮、氧哌羟苯唑头孢菌素、哌酮头孢菌素、哌酮四唑头孢菌素、达诺欣,为第三代头孢菌素类抗生素。本品为白色或类白色结晶性粉末或冻干的块状物或粉末,无臭,结晶性粉末有引湿性,易溶于水,微溶于乙醇,不溶于丙酮及乙酸乙酯,25%溶液pH值5.0~6.5。

头孢哌酮对多数革兰氏阳性菌和某些革兰氏阴性菌有良好作用,对绿脓杆菌及肠杆菌属作用强,脆弱拟杆菌对本品耐药。其临床主要用于敏感菌所致的各种感染如肺炎及其他下呼吸道感染、尿路感染、胆道感染、皮肤软组织感染、败血症、腹膜炎、盆腔感染等,后两者宜与抗厌氧菌药联合应用。

14. 头孢噻呋（Ceftiofur）

头孢噻呋是兽医专用的第三代头孢菌素,本品为白色至灰黄色粉末,常用其钠盐或盐酸盐,易溶于水,水溶液在15℃~30℃可保存12小时,2℃~8℃可保存9天,冷冻可保存8周,其干燥粉末较为稳定,有效期可达2年以上。

头孢噻呋抗菌谱广,抗菌活性强,对革兰氏阳性菌、革兰阴性及一些厌氧菌都有很强的抗菌活性。其主要用于治疗肉牛、奶牛、猪、狗、马、鸡的慢性呼吸道疾病和多种伴随症状,急慢性交叉坏死病（烂蹄,蹄皮炎）及一日龄雏鸡的疾患。

15. 头孢喹诺（Cefquinome）

头孢喹诺别名克百特,兽医专用的第三代头孢菌素。其抗菌谱广,抗菌活性强,对革兰氏阳性菌、革兰氏阴性菌有效。其主要用于治疗牛巴氏杆菌引起的呼吸道感染,具有全身症状的急性大肠杆菌性乳房炎、趾部皮炎、传染性坏死和急性趾间坏死杆菌病（蹄腐烂）、犊牛大肠杆菌性败血症、猪的细菌性呼吸道感染、母牛或猪子宫炎、乳房炎、无乳综合征等。

（三）β-内酰胺酶抑制剂

β-内酰胺酶抑制药的代表药物包括克拉维酸、舒巴坦等。本类药物结构与β-内酰胺类药物相似，但自身仅有很弱的抗菌活性，能不可逆地与β-内酰胺酶结合而使其失活，常与青霉素类和头孢菌素类抗生素联用，恢复增强其对耐药菌株的杀菌效力。一般不单独应用，联用时宜考虑β-内酰胺酶抑制剂与β-内酰胺类药的药代动力学特点尽量相同。

1. 克拉维酸（Clavulanic acid）

克拉维酸又名棒酸，常用其钾盐。克拉维酸钾对金黄色葡萄球菌等产生的伊内酰胺酶有强大的抑制作用。其自身抗菌作用弱，常与β-内酰胺类药物联用，防治敏感菌引起的呼吸道和泌尿道感染，如防治产酶和不产酶金黄色葡萄球菌、葡萄球菌、链球菌、大肠杆菌等引起的犬、猫皮肤和软组织感染。其别名克拉呋酸、克拉布兰酸、棒酸，是由棒状链霉菌（Streptomyces clavuligerus）所产生的一种新型β-内酰胺酶抑制药。其本身仅有微弱抗菌活性，但具有强效广谱抑酶作用，与β-内酰胺类抗生素如阿莫西林、替卡西林分别合用后，制成酶抑制剂联合制剂，可在不同程度上保护与其联合的β-内酰胺类抗生素不被β-内酰胺酶灭活，从而提高该抗生素抗产酶耐药菌的作用，提高临床疗效。

克拉维酸钾与β-内酰胺类抗生素合用，可抑制葡萄球菌、流感嗜血杆菌、卡他球菌、大肠杆菌、克雷白杆菌、奇异变形杆菌、普通变形杆菌、淋球菌、军团菌、脆弱拟杆菌等微生物产生的β-内酰胺酶对β-内酰胺类抗生素的破坏，因此对上述病原菌的产酶或不产酶株有效。本品对不产β-内酰胺酶的肺炎链球菌、化脓性链球菌、绿色链球菌、梭状芽孢杆菌、消化球菌、消化链球菌等也有一定抗菌作用。

2. 舒巴坦（Sulbactam）

舒巴坦别名青霉烷砜、青霉砜、舒巴克坦。竞争型不可逆β-内酰胺酶抑制药，最初从链霉素培养液中提取，现通过合成法制取。其抑β-内酰胺酶范围较克拉维酸广，抑制头孢菌素耐药菌产β-内酰胺酶作用略强于克拉维酸，对质粒和染色体导入的β-内酰胺酶均有抑制作用，多与氨苄西林联用治疗敏感菌所致的呼吸道、泌尿道、皮肤软组织、腹部、骨和关节等部位感染以及败血症等。对葡萄球菌、卡他球菌、奈瑟淋球菌、大肠杆菌、克雷白杆菌、嗜血杆菌及拟杆菌等的抗菌活性显著增强。本品内服吸收很少，注射后分布快且广，主要经肾排泄。

（四）氨基糖苷类

氨基糖苷类（Aminoglycosides）是一类由氨基糖与氨基环醇以苷键相结合的碱性抗生素，由链霉菌或小单孢菌培养液中提取，或以天然品为原料半合成制取而得的一类水溶性较强的碱性抗生素。本品包括链霉素、双氢链霉素、新霉素、庆大霉素、卡那霉素、阿米卡星、阿布拉霉素、斑伯霉素、妥布霉素、壮观霉素等。由于其分子结构中都有一个氨基环醇环和一个或多个氨基糖分子，由配糖键相连接，因此最好称为氨基糖苷-氨基环醇类（Aminoglycoside-Aminocyclitol）抗生素，但因氨基糖苷类抗生素这一名称沿用已久，故仍用此名。

氨基糖苷类抗生素对革兰氏阴性杆菌作用范围大，强而持久，且还具有较长的抗菌后效作用。从抗菌作用的特点看，氨基糖苷类是一类较优良的抗生素，然而，该类药物的治疗浓度范围窄，不良反应较常见，主要为肾毒性、耳毒性、神经肌肉阻滞、造血系统毒性反应和过敏性反应，其中有些是不可逆毒性。

本品包括天然和半合成两大类，天然氨基糖苷类有链霉素、卡那霉素、庆大霉素、新霉素、大观霉素及安普霉素等半合成氨基糖苷类包括阿米卡星等，多用其硫酸盐。本类药物抗菌谱较广，对革兰氏阴性菌活性强，有明显的抗菌后效应（PAE），缺点是无抗厌氧菌活性，口服不吸收及毒性较严重。

氨基糖苷类抗生素是一类杀菌性细菌蛋白质合成抑制剂，作用机制为抑制蛋白质合成，并增强细胞膜通透性，使胞内钾离子、核苷酸等重要物质外漏。其抗菌谱较广、抗菌活性强，对需氧革兰氏阴性杆菌如大肠杆菌、沙门菌、巴氏杆菌、变形杆菌属、肠杆菌属、志贺菌属等有强大的杀菌作用，对铜绿假单胞菌也有效，对革兰氏阳性菌作用较弱，对少数耐药金黄色葡萄球菌作用较强，但对链球菌和厌氧菌无效，是防治需氧革兰氏阴性杆菌感染的首选药物。

本类药物内服很少吸收，但不被破坏，胃肠道内保持活性，可用于肠道感染。肌注吸收迅速而完全，分布广泛，多数组织中的药物浓度低于血药浓度，可透过胎盘屏障，约90%以原型由尿排出，多次给药肾皮质聚集，浓度高达血药浓度数十倍，肾功能障碍时消除半衰期延长，排泄减缓。

细菌通过质粒介导产生修饰或灭活氨基糖苷类抗生素的转移酶或钝化酶或改变胞膜通透性，或细胞内转运异常，或氨基糖苷类抗生素靶位的改变等耐药。不同氨基糖苷类药物可被同一种酶所钝化，一种药物也可被多种酶钝化，本类药物间有部分或完全交叉耐药。

本类药物不良反应有：①耳毒性，致前庭功能失调作用，强弱表现为卡那霉素＞链霉素＞庆大霉素＞妥布霉素，致耳蜗神经损害作用，卡那霉素＞阿米卡星＞庆大霉素＞妥布霉素；②肾毒性，损害肾脏近曲小管上皮细胞，一般不影响肾小球；③神经～肌肉接头阻滞作用，表现为心肌抑制、血压下降、呼吸骤停等，引起严重后果，作用强度为链霉素＞卡那霉素或阿米卡星＞庆大霉素或妥布霉素，动物临床时有发生，可注射新斯的明和钙剂救治；④易损害肠壁绒毛器官，影响脂肪、蛋白质、糖、铁等吸收，严重者引发脂肪性腹泻、营养不良及二重感染，兔尤易发，应禁用。

1. 链霉素（Streptomycin）

静止期广谱杀菌剂，常用硫酸盐，为白色或类白色粉末，有引湿性，易溶于水，水溶液较稳定。其主要对需氧革兰阴性菌，尤其是革兰氏阴性杆菌作用较强，抗结核杆菌作用属本类药物中最强，对钩端螺旋体、放线菌也有一定作用；对革兰阳性球菌如金葡菌作用差，对链球菌、铜绿假单胞菌无效。口服因极性及解离度较大，吸收极少；不同动物肌注，消除半衰期马3.05小时、水牛2.36小时、黄牛4.07小时、奶山羊4.73小时、猪3.79小时，其排泄速率可随肾功能的减退或年龄的增加而逐渐减慢。本品临床主要用于敏感菌所致的急性感染，如大肠杆菌引起的各种腹泻、乳腺炎、子宫炎、败血症、膀胱炎等；巴氏杆菌引起的牛出血性败血症、犊牛肺炎、猪肺疫、禽霍乱等；猪布氏杆菌病、鸡传染性鼻炎、马志贺菌引发脓毒败血症、棒状杆菌引发的幼驹肺炎；单独用于兔热病的治疗，效果良好。

2. 双氢链霉素（Dihydrostreptomycin）

链霉素和双氢链霉素虽然对肾毒性反应稍轻，但是可引起神经性紊乱，如听力减退、耳鸣或耳部胀滞、眩晕、麻木、针刺感、面部灼伤感；偶可发生生理性减退、皮疹、乏力、呼吸困难等。

3. 庆大霉素（Gentamycin）

庆大霉素是氨基糖苷混合物，主要有 C_1、C_2、C_{1a}，常用其硫酸盐，为白色或类白色结晶性粉末，无臭，有引湿性。在水中易溶，在乙醇、乙醚、丙酮或氯仿中不溶。其4%水溶液的pH为4.0~6.0。

体外抗菌活性在本类药物中最强，主要用于大肠杆菌、痢疾杆菌、克雷白肺炎杆菌、变形杆菌、绿脓杆菌等革兰氏阴性菌引起的系统或局部感染（对中枢感染无效）；对支原体有一定作用；对结核杆菌、真菌、阿米巴原虫无效。主要用于敏感菌所致呼吸道、肠道、泌尿道感染和败血症等。细菌耐药性维持时间较短，停药后易恢复敏感。本品内服和子宫灌注极少吸收；肌内注射吸收迅速而完全；皮下注射血药浓度达峰较肌注慢；局部冲洗经体表吸收一定量；新生仔畜及肾功能障碍患畜排泄显著减慢。发热使本品血药浓度降低，贫血使本品血药浓度升高。

近年来，由于庆大霉素应用广泛，耐药菌株逐渐增多，绿脓杆菌、克雷白杆菌、沙雷杆菌和呼噪阳性变形杆菌的耐药率较高。

4. 安普霉素（Apramycin）

动物专用氨基糖苷类药物。其抗菌谱同庆大霉素，主要用于幼龄畜禽大肠杆菌、沙门菌感染、猪密螺旋体性痢疾及支原体病，对断奶仔猪腹泻有良效。内服有少量吸收，幼龄动物吸收相对较多，仍不超过10%。

5. 卡那霉素（Kanamycin）

卡那霉素有A、B、C三种组分，其中卡那霉素A为主要成分，常用其硫酸盐，为白色或类白色结晶性粉末，无臭，有引湿性。在水中易溶，在氯仿或乙醚中几乎不溶。水溶液稳定，于100℃、30分钟灭菌效价不减。细菌易耐药，与链霉素单向交叉耐药，与新霉素完全交叉耐药。卡那霉素主要用于治疗动物呼吸道、乳腺炎、尿路等感染。与青霉素及其他抑制细胞壁合成的抗生素如杆菌肽、头孢噻吩、万古霉素等联用，有加强抗草绿色链球菌性心内膜炎和肠球菌感染的作用，用于治疗牛、马呼吸道疾病。口服用于治疗敏感菌所致的肠道感染。

卡那霉素对耳毒性、肾毒性的发生率较高，仅次于新霉素。用药过程中应密切观察动物的反应。本品肌注吸收迅速且完全，马、犬生物利用度分别为100%和89%，胆汁、唾液、支气管分泌物及脑脊液中含量低。其有40%~80%以原型由尿排出。

6. 新霉素（Neomycin）

新霉素有A、B、C三种组分，其中新霉素B为主要成分（90%以上），常用其硫酸盐，为白色或类白色粉末，无臭，有引湿性，极易溶于水。

新霉素属广谱氨基苷类抗生素，毒性大，对耳蜗神经及肾脏损害较严重，一般不注射给药。口服很少被吸收，大部分以原型随粪便排出。内服用于大肠杆菌感染、子宫或乳管注入防治奶牛、母猪子宫内膜炎和乳腺炎；外用治疗敏感菌引起的皮肤、眼、耳感染。与其他抗生素如土霉素、竹桃霉素、林可霉素和氢化泼尼松联用，治疗奶牛的乳腺炎。细菌耐药性产生较慢，与链霉素、卡那霉素和庆大霉素部分或完全交叉耐药。将其添加饲料中对动物促生长有作用。

7. 大观霉素（Spectinomycin）

大观霉素又名壮观霉素，用其盐酸盐，为白色或类白色结晶性粉末，易溶于水，1%溶液的pH为3.8~5.6。

本品对需氧革兰阴性菌作用较强，对革兰氏阳性菌作用较弱，对支原体有一定作用。本品适用于对青霉素、四环素等耐药的病例。本品多用于防治大肠杆菌病、禽霍乱、禽沙门菌病；常与林可霉素联用防治仔猪腹泻、支原体肺炎和鸡慢性呼吸道病；与氯霉素或四环素同用呈拮抗作用。虽然本品耳毒性和肾毒性低于其他氨基糖苷类抗生素，但是能引起神经肌肉阻滞作用，引起肝、肾和血液系统紊乱。鸡产蛋期禁用本品。

8. 小诺霉素（Micronomicin）

本品多用硫酸庆大小诺霉素，对氨基糖苷乙酰转移酶稳定，对卡那霉素、阿米卡星和庆大霉素等耐药菌仍有效。

9. 阿米卡星（Amikacin）

阿米卡星又名丁胺卡那霉素，半合成氨基糖苷类药物。本品是抗菌谱最广的氨基糖苷类抗生素，抗菌作用与卡那霉素相似或略优，比庆大霉素差。本药最突出的优点是对多种细菌产生的多种钝化酶稳定，常作为防治耐氨基糖苷类菌株所致感染的首选药物。其对耐庆大霉素、卡那霉素的铜绿假单胞菌、大肠杆菌、变形杆菌等仍有效；对耐药金黄色葡萄球菌效果较好。本品临床用于耐药菌引起的菌血症、败血症、呼吸道感染、腹膜炎及敏感菌感染；子宫灌注用于子宫内膜炎、子宫炎和子宫蓄脓。本品β-内酰胺类抗生素联合可获得协同抗菌作用，如与羧苄西林联用协同抗铜绿假单胞菌，但不宜混合应用。本品与环丙沙星联用会产生变色沉淀。本品不宜静注给药。

10. 妥布霉素（Tobramycin）

妥布霉素为氨基糖苷类广谱抗生素，主要对革兰氏阴性菌，如绿脓杆菌、大肠杆菌、克雷白杆菌、肠杆菌属、变形杆菌、枸橼酸杆菌有效。本品主要用于敏感细菌引起的严重感染，如革兰氏阴性菌特别是绿脓杆菌、大肠杆菌及肺炎杆菌等引起的烧伤感染、败血症、呼吸系统感染、泌尿系统感染、胆囊胆道感染及软组织严重感染等。其游离碱为白色或类白色粉末，易溶于水，极微溶解于乙醇，几乎不溶于氯仿或乙醚，10%溶液的pH为9.0~11.0。

妥布霉素对听神经和肾脏有一定毒性，耳毒性约为庆大霉素的一半。其还可引起恶心、呕吐、转氨酶升高、血小板减少、粒细胞减少、皮疹、静脉炎以及神经肌肉接头阻滞、二重感染等不良反应。

11. 斑伯毒素（Bambermycin）

斑伯毒素又称黄霉素、富乐霉素（Flavomycin），欧盟使用名Flavophospolipol（黄磷脂素），为一种磷酸多糖类抗生素，主要来自斑伯氏链丝菌的发酵产物。斑伯霉素是一种复杂的抗生素，它至少由默诺霉素（Moenomycin）A、B_1、B_2和C 4种活性物质组成，其中默诺霉素A是主要的物质。它纯品无色，呈非晶体盐，易溶于水和小分子醇，不溶于其他有机溶剂，在中性环境中稳定。

斑伯霉素的抗菌作用是阻止敏感性细菌的细胞壁合成，一种制菌作用。但是在临床应用上不用制菌作用，而当作生长促进剂。

12. 阿布拉霉素（Apramycin）

阿布拉霉素属氨基环醇类抗生素（Aminocyclitols），为棕褐色结晶性粉末，易溶于水，微溶于乙醇。本品对革兰氏阳性菌和部分阴性菌均有效，最敏感的是大肠杆菌、沙门菌、金色葡萄球菌和支原体，对断奶后小猪下痢有特效。其有促进动物增重和提高饲料转化率的作用。

（五）四环素类

四环素类（Tetracyclines）抗生素是一类碱性广谱抗生素。本品包括从链霉菌属培养物提取的四环素、土霉素、金霉素以及多种半合成四环素，如强力霉素、美他霉素、米诺环素等。四环素类早在20世纪的六七十年代即广泛应用，在兽医上尤为滥用，以致细菌对四环素类的耐药现象颇为严重，一些常见病原菌的耐药率很高。

四环素、土霉素等盐类，内服能吸收，但不完全，而四环素、土霉素碱吸收更差。四环素类对多种革兰阳性和阴性菌及立克次体属、支原体属、螺旋体等均有效，其抗菌作用的强弱次序为米诺环素＞多西环素＞金霉素＞四环素＞土霉素。

本类药物对大多数革兰阳性和阴性球菌与杆菌，对立克次体、支原体、衣原体、螺旋体和某些原虫都有抑制作用。其抗菌机制主要为与细菌核蛋白体30S亚基在A位特异性结合，阻止aa－tRNA在该位置上的联结，从而阻止肽链延伸和细菌蛋白质合成，其次还可引起细胞膜通透性改变，使胞内的核苷酸和其他重要成分外漏，从而抑制DNA复制。但目前细菌对其耐药情况已较严重，本类药物间也有明显的交叉耐药性，但半合成四环素与其他四环素之间不全如此。四环素可全身应用于敏感菌所致的呼吸道、肠道、泌尿道及软组织等部位感染和某些支原体病。金霉素现仅供局部应用，亦可与土霉素一样作为饲料药物添加剂用于畜牧生产。

1. 土霉素（Oxytetracycline）

土霉素又名氧四环素。常用其盐酸盐，为淡黄色的结晶性或无定形粉末，无臭，在日光下颜色变暗，在碱性溶液中易破坏失效，在乙醇中微溶，在氢氧化钠溶液和稀盐酸中易溶。抗菌谱与四环素相同，但对阿米巴原虫的作用较强。对革兰氏阳性菌和革兰阴性菌均有较强抗菌作用；对立克次体、衣原体、支原体、螺旋体、放线菌和某些原虫亦有效。本品用于大肠杆菌或沙门菌引起的犊牛白痢、羔羊痢疾、仔猪黄痢和白痢、雏鸡白痢；多杀性巴氏杆菌引起的牛出败、猪肺疫、禽霍乱等；支原体引起的牛肺炎、猪气喘病、鸡慢性呼吸道病等；局部用于子宫脓肿、子宫内膜炎等；也用于泰勒焦虫病、放线菌病、钩端螺旋体病。其常用作饲料药物添加剂，除可一定程度地防治疾病外，还能改善饲料的利用效率和促进增重。

本品内服吸收不完全，抑制反刍动物瘤胃微生物活性，肌注给药吸收迅速；吸收后广泛分布于机体各组织和体液中，易渗入胸腔、腹腔、胎畜及乳汁中，不易透过血脑屏障，主要以原型经肾脏排泄，部分经肝肠循环，胆汁和尿中浓度高。

2. 四环素（Tetracycline）

灰黄色结晶性粉末，常用其盐酸盐。盐酸四环素为黄色结晶性粉末，无臭，味苦，有引湿性，遇光色渐变深，在碱性溶液中易破坏失效，在水和稀酸溶液中溶解，在乙醇中略溶，在氯仿或乙醚中不溶。

本品为广谱抗生素，作用与适应证与土霉素相似，对革兰氏阳性杆菌作用稍强。与土霉素交叉耐药。内服后血药浓度较土霉素略高，组织透过率亦较高，易透入胸腹腔、胎盘屏障及乳汁中。其用于回归热、立克次体病、支原体肺炎、布氏杆菌和霍乱治疗的首选药，也用于淋巴肉芽肿、螺旋体病、衣原体病，应可用于敏感的革兰氏阳性菌和阴性菌所引起的轻症感染，如呼吸道感染、胆道感染、尿路感染、皮肤软组织感染。其外用于表皮感染、创伤、结膜炎等。

3. 多西环素（Doxycycline）

多西环素又名脱氧土霉素、强力霉素，为土霉素的脱氧衍生物，抗菌谱及适应证同土霉素，抗菌活性比土霉素强。本品具有速效、强效和长效的特点，现已取代天然四环素类作为各种适应证的首选或次选药物。本品内服吸收迅速而完全，受食物影响小，有效血药浓度维持时间长，分布广泛，肝肠循环显著，肝内大部分灭活后，从粪便排出，不易引起二重感染，对动物胃肠菌群及消化功能无明显影响，肾功能障碍不易蓄积。其在肾脏排出时，因其脂溶性强，易被重吸收，排泄缓慢。

4. 金霉素（Chlortetracycline）

常用其盐酸盐，为黄褐色至黄色结晶粉末，味苦，其水溶液在四环素类中最不稳定，在中性或碱性溶液中很快被破坏，溶于稀酸溶液中，略溶于乙醇，不溶于氯仿或乙醚。其作用机制及适应证与土霉素几乎一致，对耐青霉素金黄色葡萄球菌感染作用比土霉素强。

虽然其抗菌谱与土霉素相近，但是金霉素在消化道中吸收率低于土霉素。本品因刺激性强，稳定性差，现已不用于全身感染，仅供局部应用或饲料添加剂，多作为外用制剂和饲料药物添加剂的原料。对畜禽肠道疾病和慢性呼吸道疾病具有明显的防治作用，并促进生长和提高饲料利用率。

5. 强力霉素（Doxycycline）

本品为淡黄色或黄色结晶性粉末，无臭，味苦，室温中稳定，遇光变质，在水或甲醇中易溶，在乙醇或丙酮中微溶，在氯仿中几乎不溶。

其抗菌谱与四环素、土霉素基本相同，抗菌力略强于四环素。本品主要用于敏感的革兰氏阳性菌和革兰氏阴性菌所致的上呼吸道感染、胆道感染、淋巴结炎、蜂窝组织炎等，也用于治疗斑疹伤寒、羔虫病、支原体肺炎等。本品可用于治疗霍乱，也可用于预防恶性疟疾和钩端螺旋体感染。

（六）氯霉素类（酰胺醇类）

酰胺醇类又称氯霉素类抗生素，包括氯霉素、甲砜霉素和氟苯尼考，已人工全合成。氯霉素因可对人造成致死性再生障碍性贫血，已被禁止在食品动物中使用。氟苯尼考为动物专用。

本类药物为广谱快效抑菌剂，对阴性菌、阳性菌、支原体、钩端螺旋体及立克次体均有一定的抑杀作用，不仅可有效地对抗各种需氧菌和厌氧菌感染，而且对革兰氏阴性菌作用强于阳性菌；肠杆菌、伤寒和副伤寒杆菌对本类药物高度敏感。其作用机制是与细菌核糖体 50S 亚基受体不可逆结合，抑制肽链延伸和蛋白质合成而抑菌。细菌因产生灭活酶或改变细胞膜通透性而耐药。甲砜霉素和氟苯尼考之间完全交叉耐药。

1. 氯霉素（Chloramphenicol）

氯霉素是一种广谱抗生素，具有良好的抗菌和药理特性，被广泛应用于各类家禽、家畜、水生动物（鱼、虾等）及蜜蜂等动物的各种传染病的防治。但是氯霉素对人有严重的副作用，可导致再生障碍性贫血。美国、欧盟等国规定在动物源食品中检出氯霉素不超过 $0.15\mu g/kg$。

氯霉素为白色针状或微带黄绿色的针状、长片状结晶或结晶性粉末，味苦，易溶于甲醇、乙醇、丙酮、丙二醇，微溶于水。本品干燥时稳定，其2.5%水溶液的酸碱度为4.5～7.5，在弱酸性和中性溶液中较稳定，煮沸不见分解，遇碱类易失效。熔点149℃～153℃。

2. 甲砜霉素（Thiamphenicol）

甲砜霉素为白色结晶性粉末，无臭。其在二甲基甲酰胺中易溶，在无水乙醇中略溶，在水中微溶，熔点为163℃～167℃。

甲砜霉素抗菌谱和抗菌作用与氯霉素相仿，体外抗菌作用比氯霉素略差。但体内比氯霉素强，具有较强的免疫抑制作用，是氯霉素的2.5～5倍。本品主要抑制细菌蛋白质合成和抑制抗体的生成，在畜牧业中用于预防和治疗牛、家禽呼吸道和肠道疾病。对革兰氏阴性菌作用强于阳性菌。敏感菌有革兰氏阴性菌如大肠杆菌、沙门菌、产气荚膜梭菌、布氏杆菌及巴氏杆菌等；革兰氏阳性菌有炭疽杆菌、链球菌、棒状杆菌、肺炎球菌、葡萄球菌等；对支原体、钩端螺旋体及立克次体也有一定作用；对铜绿假单胞菌无效。本品用于仔猪副伤寒、黄痢、白痢，幼驹副伤寒、大肠杆菌病，禽副伤寒、雏鸡白痢等；鱼类嗜水气单胞菌、肠炎菌引发的败血症、肠炎等，以及河蟹、鳖、虾、蛙等敏感菌感染。

3. 氟苯尼考（Florfenicol）

氟苯尼考又名氟甲砜霉素，是氯霉素的第二代替代品，为白色或类白色的结晶性粉末，无臭。其在二甲基甲酰胺中极易溶解，在甲醇中溶解，在冰醋酸中略溶，在水或氯仿中极微溶解。本品在0.5%水溶液的pH值为4.5～6.5。动物专用。其抗菌谱同甲砜霉素，氟苯尼考的结构与甲砜霉素相似，但抗菌活性、抗菌谱及不良反应方面明显优于甲砜霉素，其抗菌能力可达甲砜霉素的10倍之多。其对部分耐氯霉素和甲砜霉素的大肠杆菌、志贺菌、沙门菌、克雷伯菌及耐氨苄西林嗜血杆菌仍有效。本品主要用于牛、猪、鸡和鱼类的细菌性疾病，如牛的呼吸道感染、乳腺炎；猪传染性胸膜肺炎、黄痢、白痢；鸡大肠杆菌病、霍乱等。其特点是抗菌谱广、吸收良好、体内分布广泛，特别是无潜在致再生障碍性贫血作用，相对比较安全。

（七）大环内酯类

大环内酯类（Macrolides）是一类具有14～16碳内酯环结构的弱碱性抗生素，天然制品由链霉菌培养液中获取，经半合成改造可制得许多新型品种。目前已陆续有竹桃霉素、螺旋霉素、吉他霉素、麦迪霉素、交沙霉素及其衍生物问世，并出现动物专用品种如泰乐菌素、替米考星等，吉他霉素、竹桃霉素等还常作为抑菌添加剂使用。

大环内酯类药物对革兰氏阳性菌、革兰阴性球菌、厌氧菌、军团菌属、钩端螺旋体、支原体、衣原体有良好作用，对其他革兰氏阴性菌作用较差。其作用机制是与细菌核糖体50S亚基结合，阻碍细菌蛋白质合成而抑菌。细菌易对红霉素产生耐药，同类之间存在部分或完全交叉耐药。本品用药时间不宜超过1周，停药数月后可恢复敏感性。

本类药物给药途径广泛，内服可吸收，但早期品种如红霉素、麦迪霉素等，对胃酸不稳定，吸收不完全，个体差异大；后上市的品种如替米考星、阿奇霉素等，对胃酸稳定性提高，吸收增加，消除半衰期延长。本品肌注或静注副作用较多，如替米考星静注可致死。本品体内分布广泛，不易透过血脑屏障，主要经胆汁和肾脏排泄。

本类药物不良反应有：①胃肠道反应，有呕吐、腹泻等。②肝毒性主要表现为胆汁淤积，肝酶升高，停药后可恢复。③静脉给药时可能引发耳鸣和听觉障碍。④变态反应。

1. 红霉素（Erythromycin）

红霉素是由链霉菌（Streptomyces Erythreus）产生的一种碱性抗生素，其游离碱供内服用，为白色或近白色结晶性粉末，无臭，味苦，微有吸湿性，易溶于甲醇、乙醇或丙酮，极微溶于水，其0.066%水溶液pH为8.0~10.5；在干燥状态或中性和弱碱性液中较为稳定，而在酸性条件下不稳定，pH值低于4时迅即破坏。乳糖酸红霉素（Lactoblonate）也是白色或近白色结晶性粉末，无臭，味苦，易溶于水或乙醇，在丙酮或氯仿中微溶，不溶于乙醚，其8.5%水溶液的pH为6.0~7.5。

本品抗菌谱近似青霉素，用于耐青霉素金黄色葡萄球菌所致轻、中度感染，及对青霉素过敏病例；对禽慢性呼吸道病、猪支原体性肺炎有较好疗效。对革兰氏阳性菌有强大抗菌作用，敏感菌有葡萄球菌、草绿色链球菌、化脓性链球菌、肺炎链球菌、粪链球菌、猪丹毒丝菌、李斯特菌、腐败梭菌、梭状芽孢杆菌、白喉杆菌、丙酸杆菌等。对革兰氏阴性菌如淋球菌、螺旋杆菌、百日咳杆菌、布氏杆菌、军团菌、流感嗜血杆菌、拟杆菌也有抑制作用。对支原体、螺旋体、放线菌、立克次体、衣原体、奴卡菌、少数分枝杆菌和阿米巴原虫也有抑制作用。金黄色葡萄球菌易产生耐药性，且与其他大环内酯类之间有部分交叉耐药性。

2. 泰乐菌素（Tylosin）

泰乐菌素别名太乐霉素、太洛星、胼胝素，动物专用。是由链霉菌（$Sitreptomyces\ fradiae$）的类似菌株培养液中取得。泰乐菌素有A、B、C、D四种组分，主要成分为A。其为白色至浅黄色粉末，在甲醇中易溶，在乙醇、丙酮、氯仿中溶解，在水中微溶，在己烷中几乎不溶。其盐类易溶于水，pH值为5.5~7.5。

其抗菌作用机理和抗菌谱与红霉素相似，是大环内酯类中抗支原体作用最强的药物之一。其主要用于防治猪、禽支原体病，如鸡的慢性呼吸道病和传染性窦腔炎及猪的支原体肺炎和支原体关节炎。本品也用于治疗牛巴斯德菌引起的肺炎、运输热和化脓放线菌引起的腐蹄病以及猪巴斯德菌引起的肺炎和猪痢疾密螺旋体引起的下痢；亦用于浸泡种蛋预防鸡支原体传播。本品内服可吸收，有效血药浓度维持时间短，肌注吸收迅速，组织药物浓度比内服高2~3倍，有效浓度维持时间较长；体内分布广泛主要经肾脏和胆汁排泄。

3. 替米考星（Tilmicosin）

替米考星是一种由泰乐菌素半合成的动物专用大环内酯类抗生素，抗菌作用与泰乐菌素相似。其对胸膜肺炎放线杆菌、巴斯德菌及畜禽支原体的活性比泰乐菌素强。其溶血性巴斯德菌菌株敏感。其主要用于防治敏感菌引起的家畜肺炎、乳房炎及禽支原体病。本品内服、皮下注射吸收迅速但不完全，分布广泛，组织穿透力强，乳中药物浓度高，维持时间久。

4. 西地霉素 (Sedecamycin)

西地霉素属半合成的大环内酯类抗生素，主要用于治疗猪痢疾密螺旋体引起的下痢。其体内易发生代谢，代谢物有 20 种，主要为兰卡杀菌素 C (lankacidin C)、兰卡杀菌醇 (lankacidinol) 和兰卡杀菌醇 A (lankacidinol A)。

5. 竹桃霉素 (Oleandomycin)

抗菌谱与红霉素同，抗菌活力较低，与红霉素有不完全的交叉耐药性，有时可对耐红霉素的菌株有效。其主要用于肺炎、痢疾、禽支原体病、葡萄球菌病的防治，也可以促进生长。过去许多国家作饲料添加剂，现在已逐渐被淘汰。

6. 螺旋霉素 (Spiramycin)

本品由链霉菌 (Streptomyces Erythrens) 的培养液中获取的一种大环内酯抗生素，为白色或微黄色粉末，微有味，微吸湿，易溶于乙醇、丙醇、丙酮和甲醇，难溶于水。其抗菌谱与红霉素、青霉素相似，而副作用小于红霉素。其对革兰氏阳性菌、部分阴性菌及支原体均有抑菌作用，可防治肺炎、肠炎和支原体引起的呼吸道疾病，具有促生长提高饲料利用率等作用。欧盟 2000 年开始禁用本品作促生长剂。

7. 吉他霉素 (Kitasamycin)

本品别名柱晶白霉素 (Leucomycin)、北里霉素 (Ayermycin)、白霉素，是由链霉菌 (Streptomyces Kitasatoensis) 的发酵液中提取的碱性抗生素，包括 A_1、$A_3 \sim A_9$ 等多种组分。

其外观呈白色或淡黄色粉末，无臭，味苦，易溶于甲醇、乙醇、丁醇、丙酮、氯仿、乙醚及苯，不溶于酸性水，微溶于水。酒石酸盐易溶于水、乙醇、甲醇、丙酮，可溶于乙酸乙酯、丙酮、氯仿，不溶于乙醚。

其抗菌谱与红霉素相似，对革兰氏阳性菌中 10 多种菌和多种革兰氏阴性菌种以及鸡、猪的多种支原体均有较高的抗菌活性。其对鸡慢性呼吸道疾病、猪肺炎和猪细菌性下痢均有抑制作用。本品常用作猪、鸡的抑菌促生长添加剂，提高饲料转化率。

8. 泰万菌素 (Tylvalosin)

本品为动物专用。其抗菌谱同泰乐菌素，抗菌和抗支原体活性均强于泰乐菌素。鸡产蛋期禁用，非治疗动物及人避免皮肤和眼睛直接接触。

9. 交沙霉素 (Josamycin)

本品是由链霉菌 (Streptomyces narbonensis var. josamyceticus) 所产生的一种大环内酯类抗生素，药用品为游离碱。其外观呈白色或微黄白色结晶性粉末，无臭，味苦，极易溶于乙醇、乙醚、氯仿中，极微溶于水、石油醚中。

其抗菌性能与红霉素相近似，对葡萄球菌属、链球菌属（包括粪链球菌、肺炎链球菌、化脓性链球菌等）、梭状芽孢杆菌、白喉杆菌、炭疽杆菌、奈瑟菌属、布氏杆菌、军团菌、螺杆菌、支原体、立克次体、衣原体等有抗菌作用。本品主要用于敏感菌引起的呼吸道、肺、鼻窦、中耳、皮肤、软组织、胆道等部位感染。本品使用较安全，不良反应小。

（八）林可胺类抗生素

林可胺类抗生素为窄谱抑菌剂，对革兰氏阳性菌、厌氧菌、支原体及钩端螺旋体有较强作用，对革兰氏阴性菌无效。其突出优点是对厌氧菌有较好的抑杀作用，骨组织能够达到有效血药浓度。其作用机制为与细菌核糖体50S亚基结合，抑制肽链延长和蛋白质合成而抑菌。该类药物为高脂溶性碱性化合物，易从肠道吸收，体内分布广泛，肝、肾、骨髓浓度较高，能透过胎盘，不易进入脑脊液，肝代谢有活性代谢物产生，原型及代谢物从尿、粪便与乳汁中排出，孕畜和新生幼龄动物禁用。

1. 林可霉素（Lincomycin）

林可霉素又名洁霉素，由链霉菌（Streptomyces lincolnencis）培养液中取得的一种林可霉素类碱性抗生素。常用其盐酸盐，为白色结晶性粉末，有微臭或特殊臭，味苦，在水或甲醇中易溶，在乙醇中略溶。其10%水溶液的pH值为3.0～3.5。其遇光、热易变质。

其对革兰氏阳性菌如葡萄球菌、溶血性链球菌、肺炎球菌、炭疽杆菌等作用较强，但弱于青霉素类和头孢菌素类；对厌氧菌有强大的抑杀作用；对支原体作用与红霉素相似；对猪痢疾密螺旋体有一定作用；对革兰氏阴性菌无效。与克林霉素完全交叉耐药，与红霉素部分交叉耐药。本品用于敏感菌感染及猪、鸡的支原体病，猪的密螺旋体血痢等；也作饲料添加剂可促进肉鸡和育肥猪生长，提高饲料利用率。内服吸收不完全，肌注吸收良好。本品与壮观霉素并用对禽败血性支原体和大肠杆菌感染的疗效超过单一药物。

2. 克林霉素（Clindamycin）

克林霉素又名氯林可霉素、林大霉素、氯林霉素、氯洁霉素。常用其盐酸盐，为白色结晶性粉末，无臭，在水中极易溶解，在甲醇或吡啶中易溶，在乙醇中微溶，在丙酮或氯仿中几乎不溶。其10%水溶液的pH值为3.0～5.5。其抗菌活性比林可霉素强4～8倍。常推荐用于犬、猫金黄色葡萄球菌引起的伤口脓肿和骨髓炎，也用于原虫感染，如弓形虫。其内服吸收明显优于林可霉素，受食物影响小，不能透过脑脊液，乳汁浓度与血药浓度相同。在肝脏代谢，部分代谢物可保留抗菌活性。

3. 吡利霉素（Pirlimycin）

吡利霉素为动物专用林可胺类，作用于细菌核蛋白体的50S亚基而抑制细菌的蛋白合成，对大多数革兰氏阳性菌有抗菌作用，抗菌作用优于林霉素和克林霉素。其被国外推荐防治金黄色葡萄球菌、无乳链球菌、停乳链球菌等引起的奶牛泌乳期临床型乳房炎和隐性乳房炎。

（九）多肽类

多肽类抗生素属窄谱慢效杀菌剂，抗菌活性强。其对革兰氏阴性杆菌有杀灭作用的仅有多黏菌素E，其余如杆菌肽、维吉尼亚霉素、恩拉霉素等，均对革兰氏阳性菌有抑杀作用。其肌注毒性大，容易引起神经症状和肾毒性。其与构成蛋白质的氨基酸（L型）不同，肽类抗生素的氨基酸常为D型。其作饲料添加剂使用，具有预防肠道感染、促进生长、提高饲料转化率等作用。

1. 多黏菌素E（EPolymycin E）

多黏菌素E又名抗敌素，对革兰氏阴性杆菌如大肠杆菌、沙门菌、巴氏杆菌、布氏杆菌、痢疾杆菌等作用强大，特别对铜绿假单胞菌有强效；对变形杆菌和所有革兰氏阳性菌无效。其作用机制是增加细菌细胞膜通透性，使重要物质外漏，或进入细菌胞质内干扰正常功能。细菌不易对其耐药。其内服用于治疗大肠杆菌性下痢及对其他药物的耐药的细菌性痢疾（菌痢）；外用于烧伤和外伤引起的铜绿假单胞菌局部感染，眼、耳、鼻等部位敏感菌感染；作为饲料添加剂，有促生长作用。本品内服吸收少，注射给药肾毒性、神经毒性明显，且发生率较高，慎用。

2. 杆菌肽（Bacitracin）

本品为促生长的专用饲料添加剂。本品属慢效杀菌剂，作用机制是抑制细菌细胞壁合成，损伤细胞膜，使内容物外漏。本品对多数革兰氏阳性菌特别是耐药金黄色葡萄球菌、肠球菌、链球菌等作用强大；对放线菌和螺旋体有一定作用；对革兰氏阴性杆菌无效。本品不适于全身感染；局部用药治疗革兰氏阳性菌所致的皮肤、伤口感染、眼部感染和乳腺炎等；二价金属离子盐如杆菌肽锌即能增其稳定性，又能增强其杀菌作用，常作饲料添加剂，促生长作用良好。本品内服几乎不吸收，大部分从粪便排出；肌注易吸收，肾毒性大。欧盟从1999年起禁用本品。

3. 多黏菌素 B（Polymycin B）

其药理作用和适应证与多黏菌素 E 相同，在肾、肺、肝等组织中的浓度比多黏菌素 E 低，在脑组织中的浓度比多黏菌素 E 高。本品肾毒性更明显，多局部应用。

4. 维吉尼霉素（Virginiamycin）

维吉尼霉素又名弗吉尼亚霉素。其抗菌谱与杆菌肽类似，用作促生长添加剂。本品小剂量促生长，提高饲料转化率；中剂量预防细菌性痢疾；高剂量用于防治鸡白痢、坏死性肠炎、猪痢疾。欧盟从1999年开始禁用本品作为促生长添加剂使用。

（十）其他抗生素（泰妙菌素，沃尼妙林黄霉素）

1. 泰妙菌素（Tiamulin）

泰妙菌素又名泰妙灵、支原净。广谱抑菌剂，对革兰氏阳性菌（如金黄色葡萄球菌、链球菌等）、胸膜肺炎放线杆菌、支原体、密螺旋体等有较强作用；对支原体作用强于大环内酯类；但对革兰氏阴性菌尤其是肠道菌作用弱。其通过与细菌核糖体50S亚基结合，抑制蛋白质合成而抑菌。其临床用于猪肺炎、血痢；鸡慢性呼吸道病、葡萄球菌滑膜炎；低剂量促生长，提高饲料利用率。本品单胃动物内服，生物利用度高，体内分布广，组织和乳中浓度是血清的几倍，代谢为20多种代谢物，部分有抗菌活性，代谢物主要从胆汁排泄，约20%由尿排出。

2. 沃尼妙林（Valnemulin）

动物专用抗生素，为泰妙菌素半合成衍生物，抗菌谱同泰妙菌素，作用强于泰妙菌素。本品主要用于猪痢疾、地方性肺炎、结肠螺旋体病；对支原体引起的呼吸道疾病有良效。本品内服吸收迅速，生物利用度高，重复给药易轻微蓄积，有明显的首过效应，主要分布在肺和肝，在猪体内广泛代谢，代谢物经胆汁和粪便迅速排泄。

3. 黄霉素（Flavomycin）

窄谱抗生素，通过干扰细菌细胞壁合成而杀菌。其对革兰氏阳性菌如金黄色葡萄球菌、链球菌等作用强；对革兰氏阴性菌作用弱。本品内服不吸收，用作饲料添加剂，对牛、猪、鸡有促生长、提高饲料利用率的作用。

第三节 抗菌药的种类和作用

一、磺胺类

磺胺类（Sulfonamides）为兽医上较常用一类合成的为广谱慢效抑菌剂，具有抗病原体范围广、化学性质稳定、使用方便、易于生产等优点。本类药一般为白色或淡黄色结晶性粉末，在水中溶解度低，制成钠盐后易溶于水，水溶液呈强碱性。通过与对氨基苯甲酸竞争细菌的二氢叶酸合成酶，导致细菌体内叶酸合成受阻而使细菌的生长繁殖受阻。磺胺药单独使用，病原体易产生耐药性，与抗菌增效剂如 TMP（甲氧苄啶）等联用，抗菌范围扩大，疗效明显增强，用来治疗畜禽肠道感染、乳腺炎、肺炎等疾病。同时本品也被广泛用作饲料添加剂，用来增肥犊牛和猪。

根据肠道吸收的程度和临床用途，本品分为内服难吸收用于肠道感染的磺胺药、外用磺胺药、内服易吸收用于全身感染的磺胺药三大类。除磺胺脒（琥磺胺噻唑、酞磺胺噻唑现已少用）用于肠道感染、磺胺嘧啶银局部外用外，其他均用于全身性细菌感染，某些品种亦用于弓形体病、球虫病和住白细胞原虫病的治疗。

磺胺药对大多数革兰氏阳性菌和革兰氏阴性菌均有效。对其高度敏感的细菌有链球菌、肺炎球菌、化脓棒状杆菌、大肠杆菌及沙门杆菌等；中度敏感的有葡萄球菌、变形杆菌、巴氏杆菌、产气荚膜杆菌、肺炎杆菌、炭疽杆菌和李氏杆菌等。本类药对放线菌、某些真菌和某些原虫亦有抑制作用，但对螺旋体、结核杆菌、立克次体无效。不同的磺胺药抗菌作用强度不同，一般依次为磺胺-6-甲氧嘧啶（SMM）＞磺胺甲基异恶唑（SMZ）＞磺胺异噁唑（SIZ）＞磺胺嘧啶（SD）＞磺胺二甲氧嘧啶（SDM）＞磺胺对甲氧嘧啶（SMD）＞磺胺二甲嘧啶（SDM'_2）＞磺胺邻二甲氧嘧啶（SDM'）。细菌易对磺胺类药物易产生耐药性，葡萄球菌最易产生耐药性，大肠杆菌、链球菌次之。存在交叉耐药性，但与其他抗菌药之间没有交叉耐药现象。

磺胺药吸收后，一部分在血浆中保持游离状态（游离型），一部分与血浆蛋白相结合（结合型），另一部分在肝脏中高度乙酰化变成乙酰磺胺。游离型具抗菌作用，且能透过毛细血管进入各种体液和组织。结合型无抗菌活性，也不能透入体液或组织中，但结合较疏松，能不断分解出游离型磺胺，乙酰化是磺胺的主要代谢产物，无抗菌活性。

大剂量静注磺胺钠盐或速度过快致急性中毒，表现为神经症状。如共济失调、痉挛性麻痹、昏迷、呕吐、厌食和腹泻等。牛、羊反应敏感，并可见散瞳、视觉障碍等；雏鸡会出现大批量死亡。连续使用或剂量较大会引起慢性中毒，主要表现为：①泌尿系统损伤，出现结晶尿、血尿和蛋白尿等；②抑制胃肠道菌群，导致消化系统障碍和食草动物的多发性肠炎等；③血液系统受损，出现溶血性贫血、凝血时间延长和毛细血管渗血，粒细胞减少，再生障碍性贫血等；④抑制幼畜和幼禽免疫系统，免疫器官受损伤甚至萎缩并不再生长；⑤禽类会造成增重减缓，产蛋量降低，产蛋品质下降。

磺胺药可以残留在动物的体内，人食用后对人体产生耐药性等副作用，尤其是致癌性物质磺胺二甲嘧啶，能引起人的再生障碍性贫血，粒细胞缺乏症等疾病。

(一) 磺胺嘧啶 (Sulfadiazine, SD)

磺胺嘧啶别名磺胺哒嗪、大安净、地亚净、消发地亚净，属广谱慢效抑菌剂。其为白色或类白色的结晶或粉末，无臭，无味，遇光色渐变暗。其在乙醇或丙酮中微溶，在水中几乎不溶，在氢氧化钠试液或氨试液中易溶，在稀盐酸中溶解。

本品对大多数革兰氏阳性菌、部分革兰氏阴性菌及某些原虫有效。尤对肺炎链球菌、溶血性链球菌、淋球菌、沙门菌、大肠杆菌等抑制作用较强，对葡萄球菌作用较差。易扩散进入组织和脑脊髓液中。临床用于各种敏感菌感染所致的呼吸道、消化道、泌尿道感染及敏感菌所致乳腺炎、子宫内膜炎、腹膜炎、败血症等；对马腺疫、坏死杆菌病，牛传染性腐蹄病，猪萎缩性鼻炎、链球菌病、仔猪水肿病、弓形虫病，羔羊多发性关节炎，兔葡萄球菌病，鸡传染性鼻炎、禽霍乱、副伤寒、球虫病、卡氏住白细胞虫病等均有效。本品一般与TMP合用。

(二) 磺胺二甲嘧啶 (Sulfadimidine, SM)

本品别名磺胺甲嘧啶，抗菌效力比 SD 稍弱，对球虫有较强抑制作用。其外观为白色或微黄色的结晶或粉末，无臭，味微苦，遇光色渐变深，溶于热乙醇、稀酸或稀碱溶液，不溶于水或乙醚。其生产成本低，还可防治畜、禽球虫病，而且细菌较难形成耐药性。兽医临床上应用，见磺胺嗜噻。本品吸收较迅速而完全，抗菌谱与磺胺嘧啶相似，对非产酶金黄色葡萄球菌、化脓性链球菌、肺炎链球菌、大肠埃希菌、克雷伯菌属、沙门菌属、志贺菌属等肠杆菌科细菌、淋病奈瑟菌、脑膜炎奈瑟菌、流感嗜血杆菌具有抗菌作用，对球虫有抑制作用。但近年来细菌对本品的耐药性增高，尤其是链球菌属、奈瑟菌属以及肠杆菌科细菌。其主要用于巴氏杆菌病、乳腺炎、子宫炎、呼吸道及消化道感染，亦用以防治兔、禽球虫病和猪弓形虫病。其排泄较慢，可以在家畜体内维持较长时间的有效浓度，但疗效稍差，属于中效磺胺。其特点是不良反应较少，不易引起泌尿道损害。

(三) 磺胺甲恶唑 (Sulfamethoxazole, SMZ)

本品又名新诺明，抗菌谱与磺胺嘧啶相近，但抗菌作用较强、排泄较慢、作用维持时间长。本品的抗菌作用较其他磺胺药强，与磺胺间甲氧嘧啶相同，均可名列首位。如与抗菌增效剂 TMP 合用，其抗菌作用可增强数倍至数十倍，疗效近似氯霉素、四环素和氨苄青霉素，临床应用范围也相应扩大，可用于禽霍乱、禽副伤寒、禽慢性呼吸道病等。本品内服易吸收，但吸收较慢，在胃肠道和尿中的排泄较慢，乙酰化率高，且溶解度低，所以较易造成泌尿系统损伤，出现结晶尿和血尿等。

(四) 磺胺对甲氧嘧啶 (Sulfamethoxydiazine, SMD)

本品抗菌谱同磺胺间甲氧嘧啶 (SMM)，但抗菌活性不及 SMM，对链球菌、肺炎球菌、伤寒杆菌、沙门菌等有良效。内服吸收良好，适用于敏感菌所致的各系统感染，尤其对尿路感染的疗效显著。其与 DVD 制成预混剂，可用于防治禽的细菌感染和球虫病。细菌对此药产生耐药性较慢。本品制造工艺简单，价格低廉，是一种较有前途的磺胺类药物。

(五) 磺胺间甲氧嘧啶 (Sulfamonomethoxine, SMM)

本品为一种较新的磺胺药，抗菌作用是磺胺类药物中抗菌活性最强的品种之一。内服吸收快、安全，体内抗菌活性高，副作用小。本品对细菌感染效果良好，可用于治疗敏感菌所引起的各种感染如肺炎、菌痢、肠炎及泌尿道感染，尤其是对猪弓形虫病、仔猪水肿病和禽、兔球虫病等的疗效较高，对猪萎缩性鼻炎也有一定疗效。在治疗乳腺炎和子宫内膜炎时，可以用其钠盐溶液局部灌注。其较少引起泌尿道损害，内服吸收良好，血药浓度较高。

（六）磺胺噻唑（Sulfathiazole，ST）

磺胺噻唑抗菌作用要强于磺胺二甲嘧啶和磺胺噻唑，且廉价易得，但是磺胺噻唑属短效磺胺，排泄较以上两药更快，且除了易引起结晶尿和血尿外，其他的副作用也较多。

（七）磺胺异恶唑（Sulfafurazole，SFZ）

磺胺异恶唑的抗菌效力比 SD 强，吸收排泄快，并且在尿液中的溶解度高，是治疗泌尿道感染的首选药物，也可以用于其他感染。

（八）磺胺氯达嗪（Sulfachlorpyridazine）

其抗菌谱与磺胺间甲氧嘧啶相似，但抗菌作用较之要弱，其他作用与磺胺间甲氧嘧啶相似，可用于猪、鸡的大肠杆菌和巴氏杆菌感染等。磺胺氯达嗪不能作为饲料添加剂长期应用，且禁用于反刍动物。其不良反应较少，偶有轻度胃肠道反应如恶心、食欲不振、过敏性皮疹及白细胞减少等。

（九）磺胺二甲氧嘧啶（Sulfadimoxine，SDM）

本品又名磺胺地索辛，为白色或乳白色结晶性粉末，无臭、微溶于水，略溶于 96% 乙醇，不溶于乙醚。本品抗菌谱同磺胺嘧啶相似，活性较之稍弱，与甲氧苄啶合用能产生较好疗效。用于溶血性链球菌、肺炎球菌及大肠杆菌等的感染、治疗脑膜炎、尿路感染等。其除有广谱抗菌作用外，还有显著的抗球虫、抗弓形体作用。其与乙胺嘧啶联合用药，预防和治疗对其他抗虐药耐药的恶性疟疾。其主要用于防治犊牛、鸡、兔球虫病，亦用于防治鸡传染性鼻炎、禽霍乱、卡氏住白细胞原虫病、猪狗的弓形体病及诺卡菌病。

（十）磺胺多辛（Sulfadoxine，SDM）

磺胺多辛又名周效磺胺、磺胺邻二甲氧嘧啶。其抗菌谱同磺胺嘧啶，但是活性较之稍弱。其与甲氧苄啶合用能产生较好疗效。本品有较好的抗球虫、抗弓形虫的作用，不易引起尿路损害。人体内半衰期长达 150 小时而成为周效磺胺，但在畜禽体内无周效特点。本品主要用于禽的慢性或轻度呼吸系统和消化系统感染，也可用于防治鸡的球虫病。

（十一）磺胺甲氧哒嗪（Sulfamethoxypyridazine，SMP）

本品对内服吸收缓慢，排泄较慢，作用维持时间长，与磺胺邻二甲氧嘧啶一样属长效磺胺。SMP 可用于链球菌、葡萄球菌、肺炎球菌、大肠杆菌、李氏杆菌等敏感菌的感染，且有较强的抗菌作用。

（十二）磺胺脒（Sulfaguanidine，SG）

本品抗菌活性较弱，内服吸收很少，在肠道内药物浓度较高，大部分随粪便排出，用于防治肠炎和菌痢等肠道细菌感染疾病，现已少用。

（十三）磺胺嘧啶银（Sulfadiazine Silver，SD-Ag）

本品抗菌谱同磺胺嘧啶，但对铜绿假单胞菌的抗菌作用较磺胺米隆强。治疗烧伤等有控制感染、促进创面干燥和加速愈合等功效。临床适用于创面感染，特别是铜绿假单胞菌引起的创面感染和Ⅱ度、Ⅲ度烧、烫伤。刺激性小。

（十四）磺胺米隆

磺胺米隆又名甲磺灭脓。与磺胺嘧啶银一样是外用的广谱磺胺药，其对铜绿假单胞菌的作用弱于磺胺嘧啶银，但是较其他磺胺类药物强。磺胺米隆和磺胺嘧啶银一样可以用于烧伤创面感染，但是前者更可以用于外科手术和外伤的局部感染，且前者不受对氨基苯甲酸的影响，并能渗入灼烧的焦痂，还能促进烧伤创面上皮生长愈合。磺胺米隆局部应用时会有疼痛、烧灼感，有时还会引起变态反应。因为磺胺米隆在血中很快失活，所以只能局部使用，不能内服和注射。

（十五）磺胺醋酰钠（Sulfacetamide Sodium，SA-Na）

磺胺醋酰钠在水中溶解度大，溶液近中性，对黏膜刺激性小，所以临床上主要用于眼部感染，如结膜炎、角膜化脓性溃疡等。目前作局部用药，且用药时要注意不能与泼尼松龙合用。

（十六）甲氧苄啶（Trimethoprim，TMP）

甲氧苄啶又名甲氧苄胺嘧啶、三甲氧苄啶，曾称"磺胺增效剂"。外观为白色或类白色结晶性粉末，无臭，味苦，其在氯仿中略溶，在乙醇或丙酮中微溶，在水中几乎不溶，在冰醋酸中易溶。其抗菌谱与磺胺类基本相同，抗菌作用稍强，抑制二氢叶酸还原酶而抑菌，而磺胺药则抑制二氢叶酸合成酶。两者合用，可使细菌的叶酸代谢受到双重阻断，因而可大幅度提高抗菌活性（可增效数倍至数十倍），甚至有杀菌作用，并可减少抗菌菌株的出现。

本品也能增强其他抗菌药物和中药的抗菌活性。对其高度敏感的细菌有大肠杆菌、沙门菌、梭属、巴氏杆菌属、链球菌、流感嗜血菌、炭疽杆菌等；布氏杆菌、葡萄球菌、肠道球菌、放线菌、脑膜炎链球菌、变形杆菌、棒状杆菌属等对本品的敏感性次之。临床上，磺胺类药物与本品的复方制剂（常按5：1）对畜、禽的呼吸道、消化道、泌尿道等感染和皮肤、创伤感染、急性乳腺炎等都有良好的效果，但是对铜绿假单胞菌、猪丹毒杆菌、结核杆菌和钩端螺旋体引起的感染无效。

（十七）二甲氧苄啶（diaveridine，DVD）

二甲氧苄啶又名二甲氧苄氨嘧啶，抗菌谱与TMP相似，抗菌作用也大致相似或较TMP稍弱。本品是畜禽专用药，对磺胺药和抗生素也有明显的增效作用，而且与抗球虫的磺胺药合用增效作用要比TMP明显。本品内服吸收很少，其最高血药浓度值为TMP的1/5。但是由于DVD在胃肠道浓度较高，所以用于肠道抗菌增效剂的作用要比TMP好。DVD主要由粪便排泄，排泄速度较TMP慢。国内现在主要用于防治鸡球虫病、兔球虫病、鸡白痢、禽霍乱、羔羊痢疾、仔猪白痢等。

（十八）磺胺喹恶啉（Sulfaquinoxaline）

磺胺喹恶啉别名磺胺喹沙啉，为类白色或淡黄色粉末，无臭，不溶于水，溶于甲醇、乙醇，易溶于碱性溶液。

磺胺喹恶啉属磺胺类药兼有抗球虫作用，广泛用于养禽业，治疗鸡鸭的家禽霍乱及球虫病。

（十九）磺胺噻唑（Sulfathiazole）

本品外观呈白色或淡黄色结晶性粉末，无臭，或几乎无臭，无味，遇光色渐变深。其极微溶于水，微溶于乙醇，不溶于乙醚、氯仿，溶于丙酮、稀酸和碱性溶液中。

本品抗菌作用比磺胺嘧啶强，能抑制细菌的二氢叶酸合成酶，阻碍细菌的叶酸合成，抑制细菌生长和繁殖。本品对溶血性链球菌、肺炎杆菌、淋球菌、葡萄球菌、脑膜炎球菌、大肠杆菌及痢疾杆菌等有抗菌作用。本品用于敏感菌所致的肺炎、出血性败血症、子宫内膜炎及禽霍乱、雏白痢等。对感染可外用其软膏剂。本品同时也被用作饲料添加剂，增肥犊牛和猪。

（二十）巴喹普林（Baquiloprim，BQP）

巴喹普林是一种新型动物专用的磺胺类药物，抗菌谱与其他磺胺类药相近，同时又是磺胺等抗菌药物的增效剂。本品主要用于牛的肺炎及肠炎、腐蹄病、脐部感染、感染性外伤、感染性角膜结膜炎、非泌乳期牛的木舌病和放线菌下颌肿块；猪胃及肠道感染、胸膜肺炎、乳腺炎、子宫炎、无乳综合征等；狗的泌尿系、呼吸系、胃肠道及皮肤感染。

二、喹诺酮类

喹诺酮类为广谱杀菌性抗菌药，具有抗菌谱广、杀菌力强、给药途径多样、体内药动学优良、不良反应少、价格便宜等优点，兽医临床广泛使用。本品主要通过选择性干扰细菌 DNA 拓扑异构酶，干扰细菌的 DNA 的复制而杀菌。

按开发的时间及抗菌特点，目前将喹诺酮类药物分为三代。

第一代，系 20 世纪 60 年代开发，它们的抗菌谱窄，主要对革兰氏阴性杆菌有抗菌作用，但其生物利用度低又易在体内被代谢，临床疗效不佳，且可致中枢神经系统不良反应，口服吸收差，故现已少用，如萘啶酸（Nalidixic acid）和吡咯酸（Piromidic acid）等。

第二代，系 20 世纪 70 年代开发，其抗菌谱较第一代有所扩大，除对大多数革兰氏阴性菌有抗菌活性外，对绿脓杆菌及金黄色葡萄球菌也有作用。口服少量吸收，但可达有效尿药浓度，不良反应较萘啶酸少，可用于敏感菌的尿路感染与肠道感染，代表品种如吡哌酸（Pipemidic acid）和恶喹酸（Oxolinic acid）。

第三代，系 20 世纪 70 年代后期及 20 世纪 80 年代初期研制，其抗菌谱更广，抗菌活性更强。对常见的致病革兰氏阴性菌及革兰氏阳性菌均有强大杀灭作用，特别是对绿脓杆菌抗菌效果好，有些还具有抗厌氧菌及支原体的作用。其在动物体内分布广，组织中浓度高，半衰期长，用药次数少，不良反应明显较低。如诺氟沙星（Norfloxacin）、依诺沙星（Enoxacin）、环丙沙星（Ciprofloxacin）等。这些药物分子中均有氟原子，因此被称为氟喹诺酮。

目前临床应用较多的为第三代，本类药物已受到国内外兽药界的普遍重视，除对部分人用品种如诺氟沙星、环丙沙星、二氟沙星等有条件地移植兽用外，还竞相研制动物专用品种，已陆续有达氟沙星（Danofloxacin，1990）、倍诺沙星（Benofloxacin，1992）、奥比沙星（Orbifloxacin，1994）、沙拉沙星（Sarafloxacin，1995）、马波沙星（Marbofloxacin，1995）等品种问世，以及依巴沙星（Ibafloxacin）和普马沙星（Permafloxacin）等。

本类药物由于上市时间较晚，动物专用品种较多，如三代喹诺酮类药物恩诺沙星、达氟沙星、二氟沙星、沙拉沙星，我国兽医临床应用尚有诺氟沙星、培氟沙星、氧氟沙星、环丙沙星、洛美沙星等。四代动物专用药有麻保沙星、奥比沙星、依巴沙星等。

本类药物对革兰氏阴性菌、革兰氏阳性菌、支原体、衣原体、某些厌氧菌等均有较好的抑杀作用，尤对革兰氏阴性杆菌作用强，敏感菌包括金黄色葡萄球菌、链球菌、化脓放线菌、大肠杆菌、沙门菌、巴氏杆菌、克雷伯菌、变形杆菌、铜绿假单胞菌、嗜血杆菌、波氏菌、丹毒杆菌、支原体；对耐青霉素金黄色葡萄球菌、耐磺胺类＋TMP细菌、耐庆大霉素铜绿假单胞菌、耐泰乐菌素或泰妙菌素支原体也有效；氧氟沙星、环丙沙星及麻保沙星对分枝杆菌有一定作用。

本类药物间存交叉耐药性，与其他抗菌药无明显交叉耐药。

本类药物给药途径广泛，无论内服或注射，吸收迅速、体内分布广泛，组织药物浓度远高于血浆药物浓度，有利于治疗全身及各个系统或组织的感染性疾病，代谢物或以原型主要经肾排泄。

不良反应主要有：①中枢神经系统反应，出现兴奋症状，鸡兴奋后呆滞或昏迷死亡；②胃肠道反应，食欲下降、饮水增加、拉绿粪、拉稀等；③过敏反应，症状有红斑、瘙痒、光敏反应及药物热等，严重者发生过敏性休克；④肝肾毒性，大剂量或长期服用易发间质性肾炎，肝细胞变性和坏死，尤以环丙沙星明显；⑤影响软骨发育，特别是负重关节；⑥尿路损害，大剂量使用或饮水不足易产生结晶尿；⑦眼毒性，高剂量诱发猫视网膜变性，导致失明。

（一）萘啶酸（Nalidixic acid）

萘啶酸别名萘啶酮酸，为第一代喹诺酮类抗菌药。外观呈淡黄色结晶粉末，几乎无臭，味微苦。其抗菌谱窄，对多数革兰氏阴性菌有抗菌作用，对淋病奈瑟菌亦具抗菌活性，但对假单胞菌属、不动杆菌属和葡萄球菌属等革兰阳性球菌及厌氧菌均无抗菌活性。本品主要用于敏感菌所致的泌尿系统感染如膀胱炎、肾盂肾炎、尿路感染及肠管和胆管感染等。

（二）吡哌酸（Pipemidic acid）

吡哌酸别名吡卜酸，属第二代喹诺酮类抗生素。本品是微黄色或淡黄色的结晶性粉末，无臭，味苦，微溶于水、甲醇和二甲基甲酰胺中，不溶于乙醇、乙醚或苯中，易溶于氢氧化钠溶液或冰醋酸中。对光不稳定，遇光渐变成黄色。

其抗菌谱和抗菌活性不如氟喹诺酮类（诺氟沙星等），但比萘啶酸广和强。本品主要对革兰氏阴性杆菌有良好抗菌作用，敏感菌有大肠杆菌、沙门菌、克雷伯菌、变形杆菌等。本品对绿脓杆菌、金黄葡萄球菌、肠杆菌属等需较高浓度才有效，对肠球菌无效。本品主要用于敏感菌所致的肠道感染如鸡白痢、鸡伤寒、禽大肠杆菌病及猪副伤寒、仔猪黄痢、仔猪白痢等。

（三）恶喹酸（Oxolinic acid）

恶喹酸别名奥索利酸、氧环喹啉酸，为第二代喹诺酮类抗生素。外观呈白色带黄白色柱状结晶或结晶性粉末，无臭，无味，几乎不溶于水和乙醇，能溶于甲酸和氢氧化钠溶液，不吸潮，对热、湿、光比较稳定。

其抗菌谱广，对革兰氏阴性菌和一部分阳性菌有较强的抗菌效力，并与抗生素无交叉耐药性，但对真菌与结核杆菌没有抗菌作用，具有用量低、抑菌效果好等优点。国外水产养殖者认为它是治疗水产动物疾病较为理想的药物之一，对鳗弧菌、嗜水气单胞杆菌等鱼类病原菌有相当强的抗菌活性。

（四）恩诺沙星（Enrofloxacin）

恩诺沙星又名乙基环丙沙星、恩氟沙星，为兽医专用的第三代氟喹诺酮类。外观呈微黄色或淡橙黄色结晶性粉末，无臭，味微苦，遇光色渐变为橙红色。其在氯仿中易溶，在二甲基甲酰胺中略溶，在甲醇中微溶，在水中极微溶解，在氢氧化钠试液中易溶。

其广谱杀菌药，对革兰氏阴性菌、革兰氏阳性菌、支原体、衣原体均有较好的抑杀作用，尤对支原体、衣原体、革兰氏阴性菌作用强；对金黄色葡萄球菌、化脓放线菌、丹毒杆菌等也有较好作用；对铜绿假单胞菌、链球菌作用较弱；对厌氧菌作用弱。本品对敏感菌有明显抗菌后效应，抗菌活性呈浓度依赖性。用于敏感菌所致的呼吸道、肠道、泌尿道和皮肤软组织感染，如犊牛大肠杆菌病、牛肺疫；猪白痢、水肿病、支气管肺炎、子宫—乳腺炎综合征；鸡传染性鼻炎、白痢、禽出血性败血症及家禽各种支原体感染等。本品吸收迅速，肌注较内服吸收好，分布广泛，体内代谢主要脱乙基成环丙沙星，仍具强大活性，猪体内因缺乏脱乙基酶而直接灭活，15%～50%以原型由尿排出。

（五）达氟沙星（Danofloxacin）

达氟沙星别名达诺沙星，为第三代喹诺酮类动物专用抗生素。外观呈白色至淡黄色结晶性粉末，无臭，味微苦，在水中易溶，甲醇中微溶。

本品具广谱杀菌作用，抗菌谱与恩诺沙星相似，作用比恩诺沙星强2倍。本品对革兰阴性、革兰氏阳性菌及霉浆菌具有抗菌活性。其作用模式与其他类的抗生素不同，通过抑制菌体中与DNA复制有关的DNA gyrasg酵素，达到迅速杀菌。因这种独特的作用方式，达氟沙星能有效对抗对其他类抗生素已产生抗药性的菌株。本品主要用于治疗仔牛、肉牛及非泌乳牛只因溶血巴斯德杆菌（*P. haemoytica*）引起的呼吸道疾病（如运输热、肺炎）及猪只因胸膜肺炎放线杆菌及多杀性巴斯德杆菌（*P. multocida*）引起的呼吸道疾病。本品内服、肌内和皮下注射吸收均迅速而完全，在肺组织中浓度高，主要经肾排泄，其次是胆汁。

（六）氟甲喹（Flumequine）

氟甲喹别名氟灭菌，为白色微细结晶性粉末，无臭而带有微苦，不溶于水，溶于氯仿及乙醇。本品为养殖类专用兽药，对于革兰氏阴性菌具有抗菌作用。本品主要用于治疗对大肠杆菌症、沙门杆菌症、巴斯德杆菌症（家禽霍乱）、葡萄球菌引起的关节炎、种鸡卵巢感染症。

（七）二氟沙星（Difloxacin）

二氟沙星别名双氟哌酸，动物专用。常用其盐酸盐，为白色或类白色粉末。本品抗菌谱与恩诺沙星相似，抗菌活性略低，对部分单胞菌、大多数肠球菌及多数厌氧菌无效。内服后吸收完全，血药浓度高而持久。其主要作用于细菌脱氧核糖核酸（DNA）螺旋酶，抑制DNA的复制和转录，从而影响DNA的正常形态和功能达到杀菌目的。其对大多数革兰氏阴性菌、革兰氏阳性菌、支原体和厌氧菌引起的消化道、呼吸道、泌尿道、皮肤感染等有较强作用。本品主要用于畜禽细菌和支原体感染，鸡的大肠杆菌病、慢性呼吸道病、鸡白痢、禽霍乱、传染性鼻炎、葡萄球菌病等，仔猪黄痢、白痢、腹泻、沙门菌病、猪喘气病、传染性胸膜肺炎、犊牛腹泻、大肠杆菌病和肺炎等。

（八）沙拉沙星（Sarafloxacin）

沙拉沙星别名沙氟沙星，动物专用，类白色至淡黄色结晶性粉末，无臭，味微苦，有引湿性，难溶于水，易溶于氢氧化钠溶液，其盐酸盐微溶于水。其抗菌谱及适应证同恩诺沙星，对支原体的效力略低于二氟沙星。其主要用于敏感菌引起的感染，如鸡白痢、鸡大肠杆菌病、禽霍乱、鸡传染性鼻炎、仔猪白痢、猪链球菌病。采用"口渴法"混饮或肌内注射，可治疗支原体病或敏感菌引起的鸡慢性呼吸道病，猪霉形体肺炎和败血症等。本品混饮吸收迅速，生物利用度高，混饲吸收缓慢，生物利用度较低，分布广泛，组织中药物浓度高于血浆，消除迅速、残留期短。

（九）马波沙星（Marbofloxacin）

马波沙星别名麻波沙星，动物专用四代喹诺酮类，抗菌谱、抗菌作用与恩诺沙星相似。其对革兰氏阴性菌、支原体作用同三代，增强了抑杀革兰氏阳性菌作用。本品主要用于治疗敏感菌引起的牛呼吸道疾病，猫的呼吸道、泌尿道和皮肤感染，猪的子宫炎、乳腺炎、无乳综合征。禽类的大肠杆菌病、支原体病及支原体与大肠杆菌混合感染。本品吸收迅速，分布广泛，部分在肝代谢为无活性代谢物，30%～45%以原型经肾排泄。有效血药浓度维持时间长，消除半衰期长。

（十）环丙沙星（Ciprofloxacin）

环丙沙星别名丙氟哌、环丙氟哌酸、环福星，为第三代氟喹诺酮类抗菌药。外观呈类白色或微黄色结晶性粉末，无臭，味苦，有引湿性，溶于水和氢氧化钠溶液，微溶于甲醇，极微溶于乙醇，不溶于氯仿。

本品内服吸收迅速，但不完全，肌注生物利用度高于内服，动物生物利用度种属间差异大，低于恩诺沙星，主要以原型经肾脏排泄。

本品抗菌谱广，杀菌力强，作用迅速，抗革兰氏阳性菌的作用与恩诺沙星相似，而对革兰氏阴性菌的作用强于恩诺沙星2～4倍，亦优于头孢菌素与庆大霉素，耐庆大霉素的肠杆菌属细菌及耐甲氧青霉素的金葡菌对其敏感。用途同恩诺沙星，主要用于细菌或支原体所致的呼吸、消化、泌尿生殖等感染。

（十一）诺氟沙星（Norfloxacin）

诺氟沙星又名氟哌酸，为第三代喹诺酮类抗菌药，类白色或淡黄色的结晶性粉末，无臭，味微苦，在空气中能吸收水分，遇光色渐变深，在水或乙醇中极微溶解，在醋酸、盐酸或氢氧化钠溶液中易溶。虽然抗菌谱同恩诺沙星，但是作用不及恩诺沙星，对金黄色葡萄球菌作用比庆大霉素强。内服生物利用度较低。主要用于敏感革兰氏阴性菌所致的消化道、呼吸道、泌尿生殖道感染，如禽的大肠杆菌病、禽巴氏杆菌病、鸡白痢、仔猪黄痢、仔猪白痢等；仔猪黄痢、仔猪白痢；外用可治疗皮肤、创伤及眼部的敏感菌感染。

（十二）氧氟沙星（Ofloxacin）

抗菌谱、活性同恩诺沙星。内服吸收完全，体内分布广泛，组织药物浓度高。主要用于禽敏感菌所致的急慢性呼吸道、泌尿道、胆管、肠道、皮肤软组织感染及家畜、家禽的各种支原体感染。

（十三）奥比沙星（Orbifloxacin）

动物专用喹诺酮类，抗菌谱同其他喹诺酮类药物，主要用于犬、猫的敏感菌感染。

（十四）左氧氟沙星（Levofloxacin）

抗菌活性为氧氟沙星的2倍，尤其对甲氧西林敏感的葡萄球菌、溶血性链球菌、肺炎球菌、大肠杆菌以及支原体的治疗效果明显强于环丙沙星、恩诺沙星。

三、硝基呋喃类

硝基呋喃类药物主要有呋喃唑酮、呋喃它酮、呋喃苯烯酸钠、呋喃妥因和呋喃西林等。本类药物因有潜在致突变和致癌的危险，已被禁用于食品动物。

（一）呋喃唑酮（Furazolidone）

呋喃唑酮又名痢特灵，为黄色粉末或结晶性粉末，无臭，味苦，极微溶于水和乙醇，遇碱分解，遇光逐渐变色。其抗菌谱广，抗菌效力不受血液、脓汁、组织分解产物影响。其对大多数革兰氏阳性菌、革兰氏阴性菌及某些真菌和原虫有杀灭作用，其中对大肠杆菌、沙门菌作用较强；对产气杆菌、变形杆菌、铜绿假单胞菌、结核杆菌作用较弱，对贾第属、霍乱弧菌、毛滴虫属、球虫也有效。本品主要用于仔猪白痢、仔猪副伤寒、禽白痢、禽副伤寒、鸡和火鸡盲肠肝炎、球虫病等。耐药性产生缓慢，与其他抗菌药无交叉耐药。本品内服吸收少，难以维持有效血药浓度，不宜用于全身感染，肠道中浓度高，主要用于肠道感染。其也可以促进生长，过去被许多国家作饲料添加剂，现在已被禁止使用。

（二）呋喃妥因（Nitrofurantoin）

呋喃妥因又名呋喃坦啶（Furadantin）、硝呋妥因、硝基呋喃妥因，为黄色结晶性粉末，无臭，味苦，易溶于碱性溶液，水中极微溶，其钠盐易溶于水，但水溶液不稳定。其遇光色变深，应避光、密封保存。其作用机制为干扰细菌氧化酶系统而发挥抗菌作用，抗菌谱与呋喃唑酮相似，用于敏感菌所致牛、马尿道感染，如大肠杆菌、变形杆菌性感染、肾盂肾炎、肾盂炎、膀胱炎、尿道炎等。细菌对它不产生耐药性，与磺胺类药物或抗生素之间，也不易产生交叉耐药性，但近来发现，耐药性有发展的趋势。内服吸收快，排泄也快，有40%～50%以原型由尿排出。尿中浓度高，治疗泌尿道感染有良效，不适于全身感染。

（三）呋喃西林（Furacillin）

呋喃西林别名呋喃星、硝呋醛、呋喃新，为亮黄色结晶性粉末，无臭，味苦，极微溶于水，微溶于乙醇，溶于碱性溶液后色泽变为暗棕色，饱和水溶液的pH值为5.5～7.5，日光下色渐变深黄色。

本品能干扰细菌的糖代谢过程和氧化酶系统而发挥抑菌或杀菌的作用，主要干扰细菌糖代谢的早期阶段，导致细菌代谢紊乱而死亡。其抗菌谱较广，对多种革兰氏阳性菌和革兰氏阴性菌有抗菌作用，对绿脓杆菌抗菌力弱，对假单孢菌属及变形杆菌属有耐药性。

本品内服毒性大，以外用为主，临床上主要用作创伤、烧伤及黏膜的各种炎症。上市剂型有0.02%呋喃西林溶液、0.2%或0.1%呋喃西林乳膏、0.1%呋喃西林凝胶等。其在体外能抑制一般的细菌，高浓度时可杀菌，外用冲洗或湿敷处理体表感染和皮肤疾病，效果令人满意，用药后使细菌数量大大减少。

（四）呋喃它酮（Furaltadone）

呋喃它酮别名呋喃新（Furacin），为柠檬黄色细微结晶性粉末，无臭，味苦。本品对革兰氏阳性菌、革兰氏阴性菌均有抑制作用，主要对治疗禽支原体、沙门败血杆菌、鼠伤寒杆菌等有效，对禽支原体感染疗效高于泰乐菌素。

（五）呋喃苯烯酸钠（Sodium Nifurstyrenate）

本品主要用于治疗鲈目鱼类的类结节病及蝶目鱼类的滑行细菌感染。

四、硝基咪唑类

硝基咪唑类包括甲硝唑、地美硝唑、替硝唑、氯甲硝唑、硝唑吗啉和氟硝唑等。兽医临床常用甲硝唑和地美硝唑，禁用于食品动物作抑菌促生长剂。

（一）甲硝唑（Metronidazole）

甲硝唑又名灭滴灵、甲硝咪唑。其广谱抗厌氧菌及抗原虫药。其对大多数转性厌氧菌有效，包括粪菌属、梭杆菌属、韦荣球菌、梭菌属、消化球菌属和消化链球菌属；放线杆菌易耐药。其对滴虫和阿米巴原虫有效，能直接杀死阿米巴原虫；对需氧菌无效。其用于厌氧菌引发的各种感染；易进入中枢神经系统，为脑部厌氧菌感染首选药。本品内服吸收迅速，生物利用度介于60%～100%，体内分布广泛，能透入血脑屏障，体内发生生物转化，原型和代谢物经肾脏及胆汁排泄。

（二）地美硝唑（Dimetridazole）

地美硝唑又名二甲硝唑、二甲硝咪唑。本品属于动物专用，广谱抗菌和抗原虫作用，对厌氧菌、大肠弧菌、链球菌、葡萄球菌和密螺旋体有较好作用，能抗组织滴虫、纤毛虫、阿米巴原虫等，主要用于猪密螺旋体性痢疾、鸡组织滴虫病、肠道和全身厌氧菌感染。

（三）替硝唑（Tinidazole）

本品药理作用及适应证与甲硝唑相似，对脆弱拟杆菌及梭形杆菌作用比甲硝唑强，对梭状芽泡杆菌作用比甲硝唑弱。

五、喹恶啉类

喹恶啉类药物为人工合成的广谱抑菌促生长药。其具有抑制细菌DNA，改变动物肠道菌群，提高能量物质和蛋白质的利用率，增加动物体内蛋白质合成的功效。本品主要用作饲料添加剂，因上市品种有潜在致突变和致癌作用，故美国、欧盟、日本等禁用于食品动物。

本类药物对革兰氏阳性菌、革兰氏阴性菌有效，部分药物对密螺旋体有良效。内服和肌注吸收良好，分布较广，组织中药物浓度高，多以原型由尿排出。

（一）乙酰甲喹（Mequindox）

乙酰甲喹又名痢菌净。本品对猪痢疾密螺旋体作用突出，为首选药；对革兰氏阴性菌如巴氏杆菌、大肠杆菌、沙门菌作用较强；对革兰氏阳性菌如金黄色葡萄球菌、链球菌有一定作用。其主要用于仔猪黄痢、白痢，犊牛副伤寒，鸡白痢、禽大肠杆菌病等疗效好。内服吸收良好，体内分布广泛，消除迅速，大部分以原型由尿中排出。

（二）喹乙醇（Olaquindox）

本品属抗菌促生长剂，对革兰氏阴性菌，特别是溶血性大肠杆菌作用很强；对革兰氏阳性菌效力高于金霉素；对密螺旋体有一定作用。其作抗菌促生长剂用于猪促生长，仔猪白痢、仔猪黄痢、马和猪胃肠炎的防治。本品内服吸收迅速且完全，生物利用度高，约85%经肾脏随尿排出。

（三）喹烯酮（Quinocetone）

本品抗菌谱广，敏感菌有金黄色葡萄球菌、大肠杆菌、克雷伯杆菌、变形杆菌、巴氏杆菌、痢疾杆菌等，尤其对消化道致病菌作用较强，预防下痢，促进蛋白质同化，加快动物生长，提高饲料的转化率。本品用于革兰氏阴性菌和金黄色葡萄球菌引起的呼吸道和泌尿道感染，尤其适用于肠道感染如鸡白痢、禽大肠杆菌病、伤寒、副伤寒等。其内服吸收快，大部分以原型从粪便排出。

（四）卡巴多司（Carbadox）

本品抗菌性能和乙酰甲唑相似，主要用于猪霍乱沙门菌引起的肠炎和猪痢疾的防治，也作饲料添加剂使用。

六、植物成分抗菌药

（一）盐酸小檗碱（Berberine Hydrochloride）

本品广谱抗菌药，对革兰氏阳性菌、革兰氏阴性菌均有作用，敏感性较强有溶血性链球菌、金黄色葡萄球菌、霍乱弧菌、脑膜炎球菌、志贺菌属、伤寒杆菌、白喉杆菌等；阿米巴原虫、钩端螺旋体、某些皮肤真菌敏感性次之；志贺菌属、溶血性链球菌、金黄色葡萄球菌对本品极易产生耐药性。本品内服主要用于敏感菌所致胃肠炎、细菌性痢疾等肠道感染，肌内注射用于敏感菌所致的全身感染，如肺炎、马腺疫、血尿、疮疡肿等。

（二）穿心莲内酯（Andrographolide）

本品又名亚硫酸氢钠穿心莲。其具有清热解毒、抗菌消炎作用，用于细菌性痢疾、肺炎、急性扁桃体炎等。

（三）大蒜素（Allicin）

大蒜素又名大蒜新素。本品对革兰氏阳性菌、革兰氏阴性菌、真菌、病毒、阿米巴原虫、滴虫、蜂虫等均有一定抑杀作用。敏感菌为金黄色葡萄球菌、链球菌、肺炎球菌、大肠杆菌、伤寒杆菌、百日咳杆菌、痢疾杆菌、白喉杆菌、结核杆菌等。本品用于治疗肺部和消化道感染、隐球菌性脑膜炎、急慢性菌痢和肠炎、百日咳、肺结核等。

（四）鱼腥草素（Houttuyfonate）

本品具有抗菌、消炎等作用，敏感菌有金黄色葡萄球菌、流感杆菌、卡他球菌、肺炎双球菌、白色念珠菌。其他作用包括镇痛、止血、清热、解毒、利尿消肿、抑制组织浆液分泌、促进组织再生和抗病毒等。本品主要用于慢性支气管炎、小儿肺炎和其他呼吸道炎症。

（五）七叶树皂角素（Escin）

本品主要通过抑制细菌细胞壁合成发挥抗菌作用。其对金黄色葡萄球菌、表皮葡萄球菌、各种链球菌、肺炎链球菌及部分大肠杆菌、流感杆菌等作用较强；对耐青霉素的金黄色葡萄球菌有良效。用于敏感菌引起的上、下呼吸道感染，如急性咽炎、扁桃体炎、支气管炎、细菌性肺炎等；上下泌尿道感染，如急性单纯性膀胱炎、再发性尿道感染、急性肾盂肾炎；也用于创伤、皮肤和软组织感染、耳科、口腔科感染。

七、其他化学合成抗菌药

（一）洛克沙肿（Roxarsone）

本品对多种肠道致病菌有较强的抑制作用。其作饲料添加剂用于猪、鸡促生长；与抗球虫药联合用于球虫病。本品内服吸收很少，大部分以原型从粪便排出，易污染环境。

（二）氨苯胂酸（Arsamlic Acid）

本品对大肠杆菌、弧菌、螺旋体所致的下痢有治疗作用，对沙门氏菌感染无效；对球虫有一定作用。本品主要用于鸡促生长和抗球虫作用，在鸡日粮里低剂量添加可以促进鸡生长，提高饲料利用率和生长率，高剂量添加时可控制家禽大肠杆菌病。

（三）乌洛托品（Urotropine）

乌洛托品又名环六亚甲四胺。本身无作用，在酸性尿液中分解出甲醛和氨，甲醛能使蛋白质变性发挥非特异性的抗菌作用。本品对革兰氏阴性菌，尤其是大肠杆菌有较强作用。本品主要用作消毒防腐药，及用于磺胺类、抗生素疗效不好的尿路感染。本品有促进抗菌药进入脑脊液作用。

八、咪唑类

苯并咪唑类驱虫药已有数百种。噻苯达唑作为第一个商品化的苯并咪唑类药物，曾广泛用于世界各地，用以驱除各种动物（如牛、绵羊、山羊、猪、马、禽等）胃肠道寄生虫。本品用于治疗时既可一次内服给药，也可以低浓度置于饲料中长期使用做预防用。

由于噻苯达唑驱虫作用不强，用药剂量较大，且驱虫谱不广，目前已逐渐为其他苯并咪唑类药物——阿苯达唑、奥芬达唑、芬苯达唑、甲苯达唑、氟苯达唑等所取代。本类药物的特点是驱虫谱广，驱虫效果好，毒性低，甚至还有一定的杀灭幼虫和虫卵作用。

（一）噻苯达唑（Thiabendazole，TBZ）

噻苯达唑别名噻菌灵、特克多、涕必灵、硫苯唑、噻苯咪唑、噻唑苯咪，为白色至奶黄色粉末，无臭，味微苦，微溶于水或乙醇，易溶于稀盐酸或稀碱液中，不溶于氯仿或苯中。

本品属于广谱驱虫药，可能是抑制虫体的延胡索酸还原酶。其对动物多种胃肠道线虫均有驱除效果，对成虫效果好，对未成熟虫体也有一定作用。

（二）坎苯达唑（Cambendazole，CAM）

本品别名噻苯达唑酯，为广谱驱虫药。其对动物肠道寄生虫和肺蠕虫有明显作用。制剂有混悬剂、糊剂或饲料粉的形式。

（三）苯硫脲酯（Thiophanate）

本品别名硫菌灵、硫苯尿酯，属苯并咪唑的前体药物，即在动物体内转变成苯并咪唑氨基甲酸甲酯而发挥驱虫作用。本品为微黄棕色结晶性粉末，在水、甲醇、乙酸乙酯和丙酮中微溶，在环己酮中易溶。动物制剂有混悬剂和丸剂两种，可用作饲料添加剂。其属于广谱驱虫药，对大多数动物的胃肠线虫成虫及幼虫有良好效果。

（四）非班太尔（Febantel，FEB）

本品别名苯硫氨酯，为无色粉末，在丙酮、氯仿、四氢呋喃和二氯甲烷中溶解，在水和乙醇中不溶。非班太尔属苯并咪唑类前体药物，内服后在胃肠道内迅速代谢为芬苯达唑（FBZ）及其砜类化合物（FBZ-SO 和 FBZ-SO$_2$），FBZ-SO 又称奥芬达唑（OFZ），原药在体内浓度很低。代谢物的驱虫活性比母药非班太尔要强得多，从而发挥有效的驱虫效果。

(五) 芬苯达唑 (Fenbendazole, FBZ)

本品别名硫苯达唑、苯硫达唑，为白色或类白色粉末，无臭，无味，在二甲基亚砜中溶解，在甲醇中微溶，在水中不溶，在冰醋酸中溶解。其为广谱、高效、低毒的新型苯并咪唑类驱虫药。它不仅对动物胃肠道线虫成虫、幼虫有高度驱虫活性，而且对网尾线虫、矛形双腔吸虫、片形吸虫和绦虫亦有较佳效果。

(六) 奥芬达唑 (Oxfendazole, OFZ)

本品别名磺唑氨酯，为白色或类白色粉末，有轻微的特殊气味，在甲醇、丙酮、氯仿、乙醚中微溶，在水中不溶。奥芬达唑为芬苯达唑的衍生物，属广谱、高效、低毒的新型抗蠕虫药。其驱虫谱大致与芬苯达唑相同，但驱虫活性更强。

(七) 萘托必明 (Netobimin, NETO)

本品别名萘托比胺、尼托比明，属阿苯达唑的前体药物，即在动物体内转变成阿苯达唑而发挥驱虫作用。

(八) 阿苯达唑 (Albendazole, ABZ)

本品别名丙硫苯咪唑，为白色或类白色粉末，无臭，无味，在丙酮或氯仿中微溶，在乙醇中几乎不溶，在水中不溶，在冰醋酸中溶解。其属于高效广谱驱虫药，系苯并咪唑类药物中驱虫谱较广、杀虫作用最强的一种，对各种线虫、绦虫均有高度活性，对虫卵发育也有显著抑制作用。

(九) 甲苯达唑 (Mebendazole, MBZ)

本品别名甲苯咪唑，为白色、类白色或微黄色结晶性粉末，在甲酸中易溶，在冰醋酸中略溶，在丙酮或氯仿中极微溶解，在水中不溶。其为广谱驱虫药，不仅对动物多种胃肠线虫有高效，还对某些绦虫有良效，并且是为数不多治疗旋毛虫的良药之一。甲苯达唑早在20世纪80年代已广泛用于世界各国的医学和兽医临床。

(十) 奥苯达唑 (Oxibendazole, OXI)

本品别名氟化甲苯达唑、氧苯达唑、丙氧咪唑，为白色或类白色结晶性粉末，无臭，无味，在甲醇、乙醇、二氧六环、氯仿中极微溶解，在水中不溶，在冰醋酸中溶解。其为高效低毒广谱驱虫药，对胃肠道线虫有药效。与其他驱钩虫药比较，它不仅对十二指肠钩虫疗效较好，还对美洲钩虫有较好疗效。

(十一) 氟苯达唑 (Flubendazole, FLU)

本品为白色或类白色粉末，无臭，在甲醇或氯仿中不溶，在稀盐酸中略溶。氟苯达唑为甲苯达唑的含氟衍生物，其作用及作用机制与甲苯达唑基本相同，优点是无致畸作用，缺点是对鞭虫病的疗效略差于甲苯达唑。本品能不可逆地抑制肠道蠕虫对葡萄糖的摄取，导致能量来源缺乏，以致不能生存和繁殖。它和甲苯达唑一样，能使虫体细胞内微管变性，以致高尔基器内运输分泌颗粒堵塞和堆积，致使细胞变性和虫体死亡，对虫卵的发育有抑制作用。国外主要用于猪、禽的胃肠蠕虫病。

(十二) 三氯苯达唑 (Triclabendazole, TCB)

本品别名三氯羟醋苯胺，为白色或类白色粉末，在甲醇中易溶，在水中不溶。三氯苯达唑是苯并咪唑类中专用于抗片形吸虫的药物，对各种日龄的肝片形吸虫均有明显驱杀效果，是较理想的杀肝片形吸虫药。

（十三）鲁苯达唑（Luxabendazole，LUX）

本品为新型的广谱苯并咪唑类药，治疗剂量 7.5～10 mg/kg，可以杀死所有的拟指环虫。

（十四）帕苯达唑（Parbendazole，PAR）

本品属苯并咪唑类药物，因为在结构上与虫体的微管蛋白有很强的亲和力，因此能够阻止微管的聚合，继而破坏吸收细胞的运输系统，最后再通过激活各种溶酶体酶（lysosomal enzymes）导致因营养微粒的吸收和消化不完全，产生细胞自我分解。帕苯达唑用于有效控制和驱除牛羊等肺线虫、绦虫和肝片吸虫的幼虫和成虫。

第四节　抗菌药与抗生素的异同

在日常生活和临床使用中，这两个名词常被混用，常有文章介绍"抗菌药"时，一概用"抗生素"代之。实际上，两者并不完全相同，具体见图 3-1。

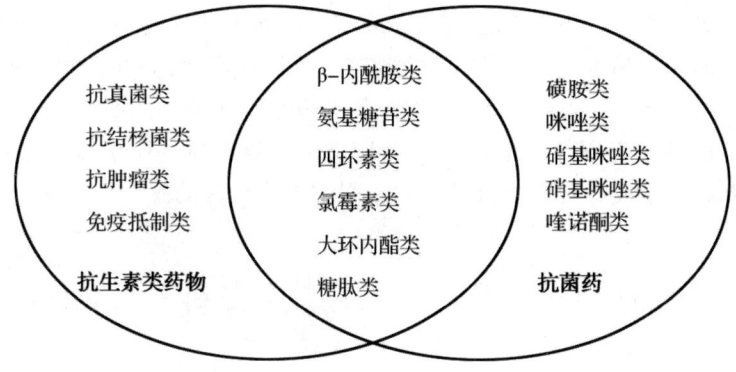

图 3-1　抗生素类药物与抗菌药外延关系

抗生素过去曾被称为"抗菌素"。实际上，抗生素不仅能杀灭细菌，而且对真菌、支原体、衣原体等多种致病微生物也有良好的抑制或杀灭作用，因而"抗菌素"的叫法是不科学的。国家科学技术委员会于 1982 年将"抗菌素"的名称规范为"抗生素"。临床常用的抗生素，其分类大体包括 β-内酰胺类、氨基糖苷类、四环素类、氯霉素类、大环内酯类、糖肽类、抗真菌类、抗结核菌类、抗肿瘤类及免疫抑制类等，其中前六类抗生素多以抗细菌作用为主。人们日常生活中最常接触和使用的先锋类（即头孢类）、西林类（即青霉素类）药物即为 β-内酰胺类抗生素中非常重要的品种。

抗真菌类、抗结核菌类、抗肿瘤类、免疫抑制类等抗生素药物较少存在滥用现象，人们常说的"抗生素滥用"指的是"抗菌药滥用"。"避免抗生素滥用"应表述为"避免抗菌药物滥用"。

一、概念混用

常有文章介绍"抗菌药"时，一概用"抗生素"代之。其实，两者的外延虽有部分交叉，但是并不完全等同，不可相互替代。实际上，抗真菌类、抗结核菌类、抗肿瘤类、免疫抑制类等药物较少存在滥用现象，人们常说的"抗生素滥用"指的就是"抗菌药滥用"。"避免抗生素滥用"的说法是不全面的，无形中忽略了非抗生素类的抗菌药，科学的表述应为"避免抗菌药物滥用"。否则，患者误以为只要"避免抗生素滥用"即可，而对磺胺类、喹诺酮类等化学合成类抗菌药的使用不加以约束，从而造成不良后果。

二、概念缩用

有人根据英文释义简单地将抗生素定义为"一种衍生于真菌或细菌的，可以杀死微生物、治疗细菌感染的化学物质"（a chemical substance derivable from a mold or bacterium that can kill microorganismsand cure bacterial infections），忽略了抗肿瘤类及免疫抑制类抗生素。抗生素不仅对细菌、真菌、支原体、衣原体等多种致病微生物有抑制和杀灭作用，而且对部分肿瘤细胞及免疫细胞等也有一定的作用。

三、概念误用

在实际生活中，人们因感染性疾病而使用抗菌药，结果发现红、肿、热、痛等炎症反应的症状也逐渐消失了，所以常常将"抗菌药"误称为"消炎药"。实际上，两者的药理机制是完全不同的。消炎药主要作用是缓解、抑制炎症症状（红、肿、热、痛等），并不能杀灭引起炎症的病因——病原体。抗菌药是直接针对病原体的治疗药物，通过杀灭或抑制引起炎症的各类病原体，进而消除炎症反应。消炎药多用于非感染性的炎症，如肌肉扭伤、头痛、关节炎等，而抗菌药多用于引发炎症反应的感染性疾病。

第五节 耐药性产生的原因与耐药机制

有效杀灭或抑制细菌活性的抗菌药物，必须满足三个条件：一是细菌体内存在对该药物低浓度即敏感的靶位点；二是该药物能穿透细菌表面，并以足够量抵达靶位点；三是在与靶位点结合前，该药物不能失活，也不能被细菌排出体外。

虽然细菌耐药已成为一个全球性问题，但是细菌的耐药机制十分复杂。一个耐药菌株可同时具有多种耐药机制，而且不断有难以解释的现象被发现。随着科学技术尤其是分子生物学的快速发展和应用，细菌的耐药机制也得到了进一步的阐明。

目前认为获得耐药性是人们长期不合理使用抗菌药物的直接结果，是病原体产生耐药性的主要原因。细菌耐药性的产生一方面是生物性的原因造成的，如遗传机制或生化机制发生改变，这方面主要是细菌在所处不利环境条件下为生存繁殖所做出的本能性反应，只要药物胁迫存在，就会本能地产生耐药性；另一方面是由于一些社会因素使这种选择性压力增加而造成的。

一、遗传机制

根据遗传特征，细菌耐药性可分为两种：一种为固有耐药，另一种为获得性耐药。

（一）固有耐药性（原发性耐药）

细菌可经某些物理因素或化学因素诱发突变而产生耐药性，即自身基因突变，并可以通过染色体传递给后代，所以也叫染色体介导的耐药性。耐药性来源于细菌固有的自然特性，即细菌本身具有耐药基因存在于其染色体上。细菌的自发突变率约 $10^{-6} \sim 10^{-8}$，是一种自发性的随机事件，机率小，这种特性和药物的接触无关，一般不易改变。这种突变造成的耐药在自然界属于次要地位。固有耐药具有典型的种属特异性，如多数革兰氏阴性杆菌耐万古霉素和甲氧西林，肠球菌耐头孢菌素，厌氧菌耐氨基糖苷类药物等。

（二）获得性耐药

获得性耐药是细菌在抗菌药物选择压力存在下出现基因突变或获得新基因。为防御抗菌药物的破坏，细菌常常从附近其他细菌细胞摄取耐药基因。事实上，整个微生物界可以看成一个巨大的多细胞有机体，细胞间可以很随意地进行基因交换。耐药基因可存在于细菌染色体，也可位于非染色体可转移遗传因子上，如质粒和转座子。几乎所有的致病菌均具有耐药质粒（最常见的是 R 质粒）。这些耐药质粒可通过接合、转化、传导、转座子和整合子五种方式在微生物间传播。细菌可转移遗传因子包括质粒（plasmid）、转座子（transposon）、整合子（integron）/基因盒（gene cassette）系统及噬菌体（bacteriophage）等，正是这些具有可塑性的遗传因子使细菌基因具有可变性，从而造成细菌耐药性的广泛传播。

澳大利亚曾对从动物中分离的质粒介导的 blaCMY-7 进行检测（Sidjabat et m.，2006），认为从狗的肠外感染分离出来的多重耐药的大肠杆菌（MDI 地 C）可能是一个重要的质粒介导的耐药基因的贮存宿主。也有研究表明，质粒介导的对喹诺酮耐药的基因能在不同菌株之间水平传递（Hopkins et al.，2005）。

质粒是最早发现的细菌染色体外遗传 DNA，带有各种各样的决定簇，使得它们的宿主菌能在不利环境中更易生存。最常见的质粒是对抗菌药物耐药性编码的耐药质粒（R 质粒），其特点是环形自主复制成分，既可独立存在，也可同染色体结合在一起，还可对一种或多种抗菌药物耐药性编码。耐药质粒在细菌间穿梭从而将耐药性传播。

转座子是一种比质粒更小的 DNA 片段，其特点是在同一个细胞内能从一个 DNA 片段转移到另一个 DNA 片段。转座子能够随意地插入或跃出别的 DNA 分子中，将耐药性的遗传信息在细菌染色体、质粒和噬菌体之间传递，造成耐药性的多样化。

整合子是整合在一起的 DNA 片段，包括一个整合酶、一个增强子及一个基因盒整合位。其特点是可形成耐药基因簇，具有基因捕获及表达能力，是细菌外源性遗传物质的贮存场所。整合子缺乏自主传递能力，经常与细菌种内和种间遗传物质的载体如质粒和/或转座子连在一起。整合子在革兰氏阴性菌内广泛分布，因此是抗菌药物耐药性在革兰氏阴性菌中的重要散播源。

1. 生化机制

目前研究表明，细菌耐药的生化机制主要有四种。

（1）细菌产生破坏抗菌药的酶

耐药细菌被诱导产生一种或多种钝化酶或灭活酶，通过修饰或水解作用破坏抗菌药物而导致耐药。目前分离此类酶的主要有 β-内酰胺酶，氨基糖苷修饰酶，氯霉素乙酰转移酶，红霉素酯化酶等。如细菌产生 β-内酰胺酶，使 β-内酰胺类抗生素开环失活，这是细菌对β-内酰胺类抗菌药产生耐药的主要原因（鲁景艳，2004）。但最近在β-内酰胺类药物（包括第三代头孢菌素类和碳青霉烯类），发现各种质粒、基因盒和整合子编码新的β-内酰胺酶，这也是主要的耐药机制（Philippon et al.，2006）。

这一类的耐药细菌常常可以产生一种或多种灭活酶或钝化酶来水解或修饰进入细菌细胞内的药物，使之失去生物活性，这是引起细菌耐药性的最重要的机制。该酶主要有β-内酰胺酶、氨基糖苷钝化酶、乙酰转移酶、红霉素类钝化酶等。

①β-内酰胺酶

β-内酰胺酶是一群酶，临床上的病原菌主要通过产生这类酶从而对β-内酰胺类抗生素耐药，其作用机制为水解β-内酰胺环使酰胺键断裂而失去抗菌活性，其水解效率是细菌耐药性的主要决定因子。现有商品化的试纸条可用于该类酶的检测。目前，已发现多种细菌产生超广谱β-内酰胺酶（ESBL），如耐甲氧西林青霉素的金黄色葡萄球菌（MRSA）、耐万古霉素的肠球菌（VRE）和耐青霉素的肺炎链球菌（PRSP）等。

β-内酰胺酶（β-lactamase）是细菌对β-内酰胺类抗生素产生耐药性的主要原因。该类酶可以是染色体介导，也可为质粒介导。前者通过改变β-内酰胺类抗生素的作用靶位即青霉素结合蛋白（PBP）；后者通过水解和非水解方式，使β-内酰胺环的酰胺键断裂而使抗生素失去抗菌活性。Bush等将β-内酰胺酶分为4型，Ⅰ型是不被克拉维酸抑制的头孢菌素酶（AmpC酶），Ⅱ型是能被抑制剂所抑制的β-内酰胺酶，Ⅲ型是不被抑制剂（乙二胺四乙酸和对甲酸除外）所抑制的金属β-内酰胺酶，Ⅳ型是不被克拉维酸抑制的青霉素酶。以第Ⅰ、Ⅱ型尤为重要，Ⅰ型酶为染色体和质粒介导产生的AmpCβ-内酰胺酶，质粒介导的AmpC酶，其AmpC没有调控基因，呈持续高表达，按染色体起源分为5个家族：枸橼酸杆菌起源的LAT族、未知起源的FOX族、阴沟肠杆菌起源的Entb族、摩氏摩根菌起源的Morg族和蜂房哈夫尼菌起源的Haf族。

染色体介导的AmpC酶分为4种：Ia诱导型，见于阴沟肠杆菌；Ib持续型，见于大肠埃希菌；Ic诱导型，见于普通变形杆菌；Id诱导型，见于铜绿假单胞菌。Ⅱ型酶是由质粒介导产生的超广谱β-内酰胺酶（extended spectrum fl-laetamases，ESBLs），至2007年11月20日全国已发现ESBLs有500余种，根据编码基因同源性的不同分为TEM、SHV、CTX-M、OxA和其他5类。

②氨基糖苷钝化酶（aminoglycoside modifying enzyme）

临床上细菌对氨基糖苷类抗生素耐药的主要机制为产生氨基糖苷类钝化酶，许多革兰氏阴性杆菌、金黄色葡萄球菌和肠球菌等均可产生此类酶。现已分离的此类酶有3类：乙酰转移酶（AAC）、磷酸转移酶（APH）、核苷转移酶（AAD），它们分别通过乙酰化作用、磷酸化作用和核苷化作用灭活此类抗生素。每一类酶还可分为若干种，每一种还包括多个异构酶。

细菌对氨基糖苷类抗生素产生耐药性的最重要的原因就是产生了对这一类药物的共价修饰酶。该酶分为3类，即乙酰转移酶（AAC）、磷酸转移酶（APH）和腺苷酸转移酶（AAD）。它们能将氨基糖苷类抗生素的游离氨基乙酰化、游离羟基磷酸化或核苷化，使药物不易进入细菌体内，也不宜与细菌内靶位（核糖体30S亚基）结合，从而失去抑制蛋白质合成的能力。已发现的基因型已超过30种，其中G^-杆菌以aac（3）-Ⅰ、aac（3）-Ⅱ、aac（6'）-Ⅰ、aac（6"）-Ⅱ、ant（3"）-Ⅰ、ant（2"）-Ⅰ基因为常见；G^+球菌以

aac（6'）/aph（2"）、aph（3'）-Ⅲ、ant（6）-I 基因为常见。

③氯霉素乙酰转移酶

某些阴性杆菌、葡萄球菌、D 群链球菌可产生氯霉素乙酰转移酶，为一种胞内酶，由 cat 基因家族编码，其表达产物修饰氯霉素使氯霉素失去抗菌活性。兽医临床上对氯霉素敏感的病原菌似乎很少了。

④红霉素类钝化酶

此酶是一种体质酶，由质粒介导。主要包括 3 种：红霉素酯酶，肠杆菌可携带 ereA 基因和 ereB 基因表达红霉素酯酶使红霉素酯解失活；红霉素磷酸转移酶，由 mphA，mphB 和 mphC 基因编码，其表达产物可使红霉素脱氧二甲胺己糖 C-2'位置发生磷酸化或糖基化而失活；维吉尼亚霉素酰基转移酶，此酶在葡萄球菌中由 vatA、vatB、vatC 编码，在肠球菌中有 vatD、vatE 编码。其表达产物对维吉尼亚霉素活性有修饰作用

另外，从某些链球菌、葡萄球菌可分离出灭活酶，使大环内酯类、林可霉素等抗生素失活。

（2）作用靶位的改变或新靶位的产生

菌体内有许多抗生素结合的靶位，细菌可通过靶位的改变使抗生素不易结合，是耐药产生的重要机制之一。

细菌与抗菌药物结合的有效部位发生变异，从而降低了细菌对抗菌药物的敏感性而产生耐药。如核糖体靶位酶亲和力的改变导致对四环素、红霉素、喹诺酮、氨基糖苷类和磺胺类等的耐药；DNA 螺旋酶的改变是细菌对喹诺酮类药物耐药的重要机制；青霉素结合蛋白（PBP）的改变会导致多种细菌对 β-内酰胺类抗生素产生耐药，耐万古霉素肠球菌（VRE）的产生就是通过这种机理。

靶位改变在耐药中较为普遍，细菌通过产生诱导酶对菌体成分（即抗菌药物的作用靶位）进行化学修饰，或通过基因突变造成靶位变异，抗菌药物无法发挥作用，以及抗菌药作用靶位结构发生改变而使之与抗菌药的亲和力下降，导致对抗菌药耐药。常见的药物有甲氧苄胺嘧啶、磺胺类、氨基糖苷类、氯霉素、喹诺酮类药物等。

此外，细菌还可以产生抗菌药物的拮抗物，如对磺胺耐药的金黄色葡萄球菌，可产生对氨基苯甲酸（PABA），PABA 因结构与磺胺药类似，可与磺胺药物竞争结合靶位点，使细菌失去对磺胺类药物的敏感性。而细菌代谢状态的改变，如呈现休眠状态或营养缺陷状态，也可出现对抗菌药物的敏感性降低，甚至耐药。

药物作用靶位改变后会使其失去作用位点，从而使药物失去作用。研究表明，大环内酯类耐药菌可通过 erm 基因编码核糖体甲基化酶，使位于核糖体 50S 亚单位的 23S rRNA 的腺嘌呤甲基化，导致抗菌药物不能与其结合部位结合。至今为止，已检出 erm 基因 20 余种，常见的有 ermA、ermC、ermAM；细菌的 16S rRNA 基因发生突变时，氨基糖苷类药物将对其失去作用；喹诺酮类药物主要作用于细菌的 DNA 回旋酶或拓扑异构酶Ⅳ而起抗菌作用，当编码 DNA 回旋酶的 gyrA（突变部位集中在 Ser83 附近）、gyrB 基因，编码拓扑异构酶Ⅳ的 parC、parE 基因突变时，通过其表达产物的构象改变而导致耐药，由此研究者提出了突变抑制浓度（mutants prevention concentration，MPC）的概念。肺炎链球菌可通过其青霉素结合蛋白基因（pbplA、pbp2B）突变，从而对青霉素类药物产生耐药。

(3) 渗透屏障

细菌外层的细胞膜和细胞壁结构对阻碍抗生素进入菌体有着重要作用。由于细菌细胞壁屏障或细胞膜通透性的改变，形成一道有效屏障，导致抗菌药无法进入细胞内到达靶位而发挥抗菌效能。

抗菌药物的渗透屏障主要见于革兰氏阴性菌，G^-菌的菌体最外层为外膜，外膜与胞质膜之间为薄的肽聚糖层，外膜的通透性对药物进出菌体至关重要。因革兰氏阴性菌细胞外膜上存在着多种孔道蛋白，可允许各种物质的通过。膜上已发现有三种亲水性的药物通过蛋白，即外膜蛋白（OMP）：OmpF、OmpC、PhoE。

当细菌长期接触药物，导致菌体细胞膜上的某种特异孔蛋白的丢失或形态、数量的改变，使细菌细胞膜的通透性下降，引起低水平的耐药。如由质粒控制的细菌细胞膜通透性的改变使许多抗菌药物如四环素、氯霉素、磺胺类和某些氨基糖苷类药物难以进入细胞，因而使细菌获得耐药性。而革兰氏阳性菌细胞膜被一层厚厚的肽聚糖细胞壁所包裹，尽管细胞壁具有很强的机械强度，但是由于其结构比较粗糙，几乎不影响抗菌药这样的小分子物质扩散至细胞内。

疏水性越强的抗生素越不易通过外膜，G^-细菌的外膜对β-内酰胺类抗生素是一种屏障，如G^-细菌通常对疏水性的甲氧西林产生耐药。外膜蛋白的缺失可导致细菌耐药性的发生，如绿脓杆菌失去特异性外膜蛋白D2后对亚安培南发生耐药。

G^+细菌外层是丰富的肽聚糖结构，β-内酰胺类抗生素和糖肽类抗生素较容易进入肽聚糖层。在某些细菌的外膜上还有特殊的药物泵出系统，使菌体内的药物浓度不足以发挥抗菌作用从而导致耐药。这一过程需要能量，可对多种抗生素发挥作用，既是细菌对四环素、大环内酯类等抗生素耐药的主要机制，也是金黄色葡萄球菌对喹诺酮耐药的机制。

绿脓杆菌外膜上有一种蛋白OprK，可将多种抗生素转运至菌体外，是其产生多重耐药的重要机制。

细菌细胞壁的障碍或细胞膜通透性的改变，使抗菌药无法进入细胞内达到作用靶位而发挥抗菌效能，这是细菌自身的一种防卫机制。该类细菌主要见于革兰氏阴性菌，与其细胞壁的结构有关。细菌发生突变失去某种特异孔蛋白后即可导致细菌耐药性，如大肠埃希菌由于外膜蛋白F（OmpF）的缺失，OmpC的增多（有时下降）使某些药物失去抗菌作用，引起OmpF缺失的机制主要是因为细菌染色体的mar区基因突变所致。大肠埃希菌mar基因位于细菌染色体34分位处，mar位点以maro为中心，包含2个操纵子，其中maro是mar的调控区，它包含有转录启动子和MarA、MarR蛋白结合位点。

(4) 药物主动外排（active efflux）系统（外排泵）

这种系统能特异地将进入细胞内的多种抗菌药物主动泵出细胞外，导致细胞获得耐药性。多重耐药性主要与细菌中存在的这种主动外排系统有关。目前已发现在不同细菌上至少存在20种外排泵。主动外输系统是细菌细胞膜上的一类蛋白质，在能量的支持下，将药物选择性或无选择性地排出细胞外。多数细菌中，都已经发现各种各样的主动外输系统。由于膜蛋白可将许多不同结构的抗菌药物主动排出菌体，从而容易造成细菌的多重耐药（multiple antibiotic resistance，MAR或multidrug resistant，MDR）。

到目前为止，按能量依赖形式可将外输系统分为两类，一类是由质子偶联交换产生的质子驱动力（Proton Motive Force，PMF）所介导的次级药物转运系统，细菌多通过此系统表达对不同药物和金属离子等的耐药，这种跨膜质子梯度由电能和化学能构成；另一类是膜转运系统与ATP结合，利用ATP水解所释放的自由能排出细胞毒物质，其典型代表是ATP转运系统中的P-蛋白，它涉及肿瘤细胞的多重耐药机制。

外输作用是微生物对药物产生耐药性的一个很重要机制。现已发现的多种药物外输系统可分为五个家族：MF（major facilitator，主要易化）家族、SMR（small muti-drug resistance，小多药耐药性）家族、RND（resistance nodulation cell division，抗性结瘤细胞分化）家族、ABC（ATP binding cassette，ATP结合弹夹）家族、MATE（multidrug and toxic compound extrusion，多药及毒性复合物外输）家族。除了ABC家族以ATP为能量外，其余均以质子驱动力为能量。MF家族的细菌细胞膜转运蛋白包含14-Tms转运子和12-Tms转运子，有许多高度保守的氨基酸多肽序列，它们在转运子的结构和功能上发挥了重要作用，如介导多药耐药的EmrB（大肠杆菌）、QacA（金黄色葡萄球菌）、SmvA（鼠伤寒沙门氏菌）、Ptr（始旋链霉菌）等属于14-Tms转运子，而EmrD（大肠杆菌）、LmrP（乳酸乳球菌）、Bmr（枯草芽孢杆菌）、NorA（金黄色葡萄球菌）属于12-Tms转运子，这些外输系统介导的药物外流具有专一性，革兰氏阳性菌与革兰氏阴性菌的MF家族外输泵的外输模式是不同的。SMR家族的细菌细胞膜转运蛋白是最小的一类次级转运子，长度约110个氨基酸，构成4个Tms，与前述的12-Tms或14-Tms没有同源性，SMR蛋白的前3个Tms为双亲性，含有许多保守的谷氨酸、丝氨酸、酪氨酸及色氨酸残基、这些残基的侧链与底物的疏水区域直接作用而介导它们的跨膜转运，它的3个保守区域及功能分别为：Motifs A维持排出系统的活性；Motifs B控制底物的结合；Motifs C控制底物的排出。SMR家族的转运系统主要有EmrE（大肠杆菌）、Smr、QacC（金黄色葡萄球菌）、QacE（肺炎克雷伯氏菌）等。END家族有4个高度保守区，可能由带2个环的12-Tms构成，功能尚不清楚，包括几个亚单位（通常3个），1个或几个外膜蛋白共同完成药物的转运，其家族成员主要有AcrAB（大肠杆菌）、MexAB（铜绿假单胞杆菌）等。RND家族是革兰氏阴性菌所特有的，由RND蛋白、周质融合蛋白、外膜外排蛋白形成三联复合体，这种结构是用于抗菌药物穿过革兰氏阴性菌。与MF、SMR家族相比，RND家族有着更广泛的排出底物。ABC家族转运蛋白利用ATP作为能量来源，LmrA（乳酸菌）、MsrA（金黄色葡萄球菌）为其成员。MATA家族是最新发现的一个家族，其家族成员迄今为止只有一个，该家族的结构、功能等还有待于进一步研究。

细菌细胞膜上存在一类蛋白，在能量支持下，将药物选择性或非选择性地排出细菌细胞外，此过程称为主动外排系统亢进，从而使达到作用靶位的药物浓度明显降低而导致耐药。与细菌多重抗菌药耐药性有关的主动外排泵系统主要归于以下5个家族/类：ATP结合盒转运体类（ATP－binding cassemembrane affinity filtration（ABC）transporters，ABC类）；易化超家族（major facilitator superfamily，MFS类）；药物与代谢物转运体家族（drug/metabolite transporter（DMT）Superfamily），此类外排转运体中与细菌耐药性相关的是一类"小多重耐药性（small multi－drug resistance，SMR类）"外排泵；多重药物与毒物外排家族（multidrug and toxic compound extrusion，MATE）；耐受－生节－分裂家族（resistance－nodulation－division（RND）family，RND类）。以上各类转运体中除ABC类以ATP水解能量驱动外排泵外，其余各类均以质子驱动力为能量,并形成质子与药物的反转运体。

近年来,人类已研究了多种细菌的主动外排系统,如大肠埃希菌 RND 多重药物主动外排泵系统 AcrA-AcrB-TolC,并且在对多重耐药大肠埃希菌的研究中发现其存在四环素和水杨酸钠的主动外排系统,铜绿假单胞菌主动外排系统 MexAB-OlprM、MexCD-OprJ、MexEF-OprN,枯草杆菌细胞膜上 Bmr 等主动外排系统。药物的主动外排系统已被认为是导致细菌对多种抗生素产生耐药性的重要原因之一。此外,整合子属可移动基因元件,能携带重组的基因盒插入到转座子或接合性质粒中,在不同的细菌间运动而传播耐药性,同时一个整合子可以捕获多个基因盒,使细菌产生多重耐药。

2. 增加抗菌药拮抗物

细菌可通过增加对抗菌药物拮抗物的产量而耐药。如金黄色葡萄球菌磺胺药耐药菌株的对氨基苯甲酸产量为敏感菌的 20 倍。葡萄球菌、革兰氏阴性杆菌通过合成新的二氢叶酸还原酶从而对甲氧苄啶产生耐药。

3. 代谢途径的改变

生长中需要加入胸腺嘧啶的营养缺陷型突变株,可通过得到的底物及改变代谢途径对甲氧嘧啶和磺胺耐药。例如在肠球菌培养基中加入亚叶酸,肠球菌可利用亚叶酸后可恢复对磺胺药的耐药性。

4. 细菌菌膜形成的耐药机制

1994 年,美国各地数百位哮喘患者被一种神秘细菌感染,任何抗菌药物都无济于事。后来证实为绿脓杆菌感染,该菌能分泌黏液并相互聚集成菌膜,形成菌膜的细菌对任何消毒剂、抗生素以及免疫系统都产生耐药。同一种细菌或是不同种类的细菌,可以在各种特定条件下形成菌膜。如果一个人或畜禽不幸吸入菌膜,则细菌在其肺部的存活率为 100%。外聚多糖(EPS)在菌膜形成中起重要作用。细菌的耐药机制非常复杂,许多细菌的耐药性往往由多种机制协同形成。

5. 细菌生物被膜的形成

细菌生物被膜(bacterial biofilm,BBF)是指细菌黏附于固体或有机腔道表面,形成微菌落,并分泌细胞外多糖蛋白复合物将自身包裹其中而形成的膜状物。细菌形成生物被膜后,往往对抗菌药物产生耐药性,其主要原因有:

(1) 细菌生物被膜中的胞外多糖起屏障作用,可减少抗菌药物渗透。

(2) 吸附抗菌药物钝化酶,促进抗菌药物水解。

(3) 细菌在生物被膜下代谢低,对抗菌药物敏感性降低。

(4) 生物被膜的存在阻止了机体对细菌的免疫力,产生免疫逃逸现象,减弱机体免疫力与抗菌药物的协同杀菌作用。

(5) 生物被膜的形成有利于抗生素外排泵的合成。能形成细菌生物被膜的临床常见致病菌有铜绿假单胞菌、表皮葡萄球菌和大肠埃希菌等。

二、社会因素

除了生物性的原因外,还有一些社会因素也大大地加速了耐药性的产生。一个养殖单位、一个地区的某药耐药率的多少与该养殖单位、该地区这种抗菌药物的使用频率成正比。主要表现为以下几个方面:

（一）兽药使用和管理不够完善

抗菌药的广泛使用甚至是滥用，尤其是亚剂量作促生长剂使用，使敏感菌被大量杀死，耐药菌得以大量繁殖，促进和增强了细菌的耐药性。国家有关部门对兽药的审批、生产、流通、使用、质量监督、上市后监管等机制不够健全。国外许多国家如美国、欧盟、日本，要求药物申报者提交食品动物在拟使用条件下使用抗菌药可能导致耐药性产生的资料，包括药品的属性、药物制剂、耐药特性及靶动物肠道菌群的潜在暴露等，我国并没有做相关的规定。我国的兽药也还没有实行处方和非处方药的分类管理制度，同时，质量监督及上市后的监管都跟不上国际的步伐。

（二）人用药和兽用药没有严格的界定

目前，人能用的抗菌药动物亦能用，人用高质量的，动物用一般的，导致耐药基因的恶性传播。如氟喹诺酮类药物是人医临床的主要抗菌药，却很快被批准在动物临床使用，结果使耐药基因的宿主范围扩大。

（三）兽医人员整体业务素质不高

兽医人才大部分在业务主管部门及大型动物保健公司、饲料公司从事市场营销，没有真正从事临床工作，而在广大乡镇兽医站及乡村从事兽医临床工作的大都是一些没有接受兽医系统教育而靠自学和经验积累的兽医工作者，有些兽医工作者虽然接受了兽医系统教育，因没及时"充电"，知识老化、陈旧。兽医管理制度不完善，临床兽医管理混乱。

三、例说耐药机制

（一）青霉素的耐药机制

对青霉素类药物研究最多的是 mecA 基因，mecA 基因经 RNA 多聚酶转录、翻译产生一种与青霉素结合蛋白 PBP2a，其特性是对 β-内酰胺类抗生素（包括青霉素类、头孢菌素类和单酰胺类）的亲和力降低，当金黄色葡萄球菌固有的 PBPs 被 β-内酰胺类抗菌药物结合失活后，PBP2a 能替代结合失活的 PBPs 发挥转肽酶的功能，促进细胞壁合成，从而产生耐药性。含 mecA 基因的葡萄球菌在不同环境中的耐药性差异很大，这种差异与结构基因区调控系统有关。

mecR1/mecI 和 blaR1/blaI 是其中了解比较清楚的结构区调控系统。mecR1/mecI 位于 mecA 基因的上游，编码蛋白调节 PBP2a 的产生。blaR1/blaI 一般调节编码 β-内酰胺酶的 blaZ 基因，但在某些耐甲氧西林葡萄球菌菌株中，它调控 mecA 基因的作用比 mecR1/mecI 还强。当 mecR1/mecI 失活时，blaR/blaI 则发挥调节作用，反之亦然。当两者都不存在时，mecA 基因进行组成性转录。

（二）红霉素等大环内酯类的耐药机制

葡萄球菌、链球菌等革兰氏阳性菌对大环内酯类药物，如红霉素的耐药机制比较复杂，主要有两种：一是由 msrA 基因介导的主动外排机制，二是抗生素作用靶位的改变，即由 erm 基因编码的 RNA 甲基化酶对细菌核糖体 50S 亚基 23S rRNA 进行特定核苷酸残基甲基化，使药物与靶位的结合能力下降，最终导致耐药。由 erm 基因介导的抗生素作用靶位改变的耐药机制被认为是最主要的，对其基因型的检测也成为研究的热点。

(三) 氟苯尼考的耐药机制

对氟苯尼考耐药基因的研究多为大肠杆菌 floR 基因，对耐氟苯尼考葡萄球菌的耐药基因研究的主要为 fexB 和 cfr。2004 年，Stefan Schwarz 等在缓慢葡萄球菌的质粒 pSCFS2 上首次发现 fexA 基因。fexA 基因是革兰氏阳性菌中发现的第 1 个可同时介导氯霉素和氟苯尼考耐药的基因。

随后，StefanSchwarz 等又先后在金黄色葡萄球菌中检测到 fexA 和 cfr 基因，在 2 株耐甲氧西林金黄色葡萄球菌中检测到 fexA 基因。Argudin 等在病猪、猪场的土壤、牛奶、猪肉中的金黄色葡萄球菌也发现了 fexA 基因。2010 年，戴磊等人首次从芽孢杆菌中检出 fexA 基因，也是首次从除葡萄球菌以外的其他革兰氏阳性菌株中发现该耐药基因。2012 年，Hebing Liu 等人首次从肠球菌中发现了 fexB 基因。fexA 基因存在于新型转座子 Tn558 中，由于携带新型 fexA 基因的转座子存在于质粒中，因此该基因也极易通过转座子和质粒在不同种属的细菌中传播扩散，这也符合以上不同的研究发现。

(四) 大肠杆菌的主要耐药机制

细菌对抗生素的耐药机理涉及外膜屏障、靶位改变、灭活酶的产生及主动外排。但对革兰氏阴性杆菌来说，β-内酰胺酶的产生是其对 β-内酰胺类抗生素产生耐药的主要原因，尤其是超广谱 β-内酰胺酶（EsBLs）的产生，使其耐药谱进一步扩大，临床疗效降低。ESBLs 又称氧亚氨 β-内酰胺酶，是一种丝氨酸蛋白酶衍生物，该酶可水解 β-内酰胺环，由质粒介导传播，能灭活三代头孢菌素等 β-内酰胺抗生素和氨曲南，是对酶抑制剂、碳青霉烯类、头霉烯类药物敏感的一类酶。超广谱 β-内酰胺酶（extended-spectrum β-lactamases，ESBLs）是肠杆菌科细菌对头孢菌素耐药最有影响力的耐药机制，大肠埃希菌是 ESBLs 最主要的产生菌。超广谱 β-内酰胺酶基因型众多，近十年来，CTX-M 型已逐渐代替 TEM 型和 SHV 型，成为散播最为广泛的基因型。目前 blaCTX-M 的家族成员已经达到 100 多种。根据其氨基酸序列的差异（相同序列大于 95% 的被认为是同一个群，相同序列小于 90% 的被认为是不同的群，而不同亚群之间氨基酸序列的同源性也在 65% 以上），CTX-M 型酶被划分为 6 个群：CTX-M-1 群、CTX-M-2 群、CTX-M-8 群、CTX-M-9 群、CTX-M-25 群以及 KLUC 群。CTX-M-1 群和 CTX-M-9 群在全世界是最被频繁报道的两个种群。其中 blaCTX-M-14 和 blaCTX-M-15 分别是这两个群里最流行的两个亚型，ISEcp1-blaCTX-M-IS903 和 ISEcp1-blaCTX-MORF477 是两个常见的遗传模式，对于 blaCTX-M 基因的上游多是 ISEcp1，少部分存在 ISCR1。CTX-M-1 群的下游经常与 ORF477 毗邻，而 CTX-M~9 群的下游多是 IS903。ORF477 编码着一个由 158 个氨基酸组成的功能未知的蛋白质，ORF477 和 ORF477-like 元素在获得性质粒 blaCTX-M-1, -3, -15, -22, -32, -53, -55, -66, blaCTX-M-89 和 blaCTX-M-64 的下游发现。IS903 编码了一段蛋白质，包含了 307 个氨基酸残基，它是耐药基因传播中的一个必要因素，经常坐落在 blaCTX-M 基因的下游。在它的末端有一个 18bp 的反向重复序列和一个转位酶基因。IS903 转座子有两个域组成，一是涉及与外源 DNA 结合的 C-端结构域，二是参与催化的 N-端结构域。通常它主要通过一个简单的插入途径，来产生一个仅长 9bp 的目的复制产物。IS903 转座子有两个必需元件：一是在末端必须存在一个反向重复序列；二是转座酶必须存在 cis 位点，以便高效转位。

第六节 用药原则

一、基本概念

(一) 抗菌谱

抗菌药对一定范围的病原菌具有抑制或杀灭作用，称为抗菌谱。了解药物的抗菌谱，是兽医临床选药的基础。根据抗菌谱范围，可将药物分为窄谱抗菌药和广谱抗菌药。

1. 窄谱抗菌药

仅对革兰氏阳性或革兰氏阴性菌产生作用的药物称窄谱抗菌药。如青霉素主要对革兰氏阳性细菌有作用，链霉素主要作用于革兰氏阴性细菌。

2. 广谱抗菌药

除对细菌具有作用外，对支原体、衣原体或立克次氏体等也具有抑制或杀灭作用的药物称广谱抗菌药。如四环素类、酰胺醇类等。许多半合成抗生素和人工合成的抗菌药多具有广谱抗菌作用。

(二) 联合用药 (Concomitant drugs)

联合用药是指为了达到治疗目的而采用的两种或两种以上药物同时或先后应用，其结果主要是为了增加药物的疗效或为了减轻药物的毒副作用，但是有时也可能会产生相反的结果。合理的联合用药，应以提高疗效和（或）降低不良反应为基本原则。联合用药时，药物的相互作用，应包括影响药动学的相互作用，应包括影响药效学的相互作用。此外，用药品种偏多，使药物相互作用的发生率增加，影响药物疗效或毒性增加。因此，在给患者用药时，应小心谨慎，尽量减少用药种类，减少药物相互作用引起的药物不良反应。

(三) 药物的制剂及剂型

根据药典或药品规范，药物的原料不能直接用于动物疾病的治疗和预防，必须进行加工，制成一定规格、可供临床使用、便于保存的药剂，如粉剂、片剂和注射剂等。剂型是指根据医疗、预防等的需要，将药物加工制成具有一定规格、形态而有效成分不变，便于使用、运输和保存的形式。一般指制剂的剂型。

目前，剂型按形态可分为液体剂型、半固体剂型、固体剂型和气体剂型4类。液体剂型包括芳香水剂、醑剂、煎剂及浸剂、溶液剂、酊剂、流浸膏剂、乳剂、合剂、注射剂、搽剂；半固体剂型包括软膏剂、糊剂、浸膏剂、舔剂；固体剂型包括散剂、片剂、胶囊剂和丸剂；气体剂型包括喷雾剂和气雾剂。

(四) 剂量

剂量指给药时对机体产生一定反应的药量。剂量一般指防治疾病的常用量。

(五) 药物的构效关系 (structure-response relationship)

药物的化学结构与药理效应或活性有着密切的关系，因为药理作用的特异性取决于特定的化学结构。

（六）量效关系（dose－response relationship）

在一定范围内，药物的效应与靶部位的浓度呈正相关，而后者决定于用药剂量或血中药物浓度，定量地分析与阐明两者间的变化规律称为量效关系。

1. 无效量（ineffective dose）

药物剂量过小，不产生任何效应。

2. 最小有效量（minimal effective dose）或阈剂量（threshold dose）

能引起药物效应的最小剂量。

3. 半数有效量（median effect dose，ED50）

对 50％个体有效的剂量。

4. 极量（maximal dose）

药物出现最大效应的剂量，此时剂量再增加，效应不再加强，反而出现毒性反应。

5. 最小中毒量（minimal dose）

出现中毒的最低剂量。

6. 致死量（lethal dose）

引起死亡的药物剂量。

7. 半数致死量（median lethal dose，LD50）

引起半数动物死亡的剂量。

（七）药物代谢动力学（pharmacokinetics）

简称药动学，是研究药物在体内的浓度随时间发生变化规律的一门学科。它是研究临床药理学、药剂学和毒理学等的重要工具。

1. 血药浓度（blood concentration）

一般指血浆中的药物浓度，是体内药物浓度的重要指标，虽然不等于作用部位的浓度，但是作用部位的浓度与血药浓度以及药理效应一般呈正相关。血药浓度随着时间的变化不仅能反应作用部位的浓度变化，也能反应药物在体内吸收、分布、生物转化和排泄过程总的变化。

2. 药时曲线（drug concentration－time curve）

以时间作横坐标，以血药浓度作纵坐标，绘出的曲线称为血浆药物浓度～时间曲线，简称药时曲线。从曲线可定量地分析药物在体内的动态变化与药物效应的关系。

3. 峰浓度（peak concentration）

药时曲线的最高点。

4. 峰时（peak time）

达到峰浓度的时间。

5. 药效期

一般把非静注给药分三个期：潜伏期、持续期和残留期。

（1）潜伏期（latent period）：指给药后到开始出现药效的一段时间，快速静注给药一般无潜伏期。

（2）持续期（persistent period）：是指药物维持有效浓度的时间。

（3）残留期（residual period）：是指体内药物已降到有效浓度以下，但尚未完全从体内消除，食品动物要根据残留期确定休药期（withdrawl time）。

6. 一级速率过程（first order rate process）

又称一级动力学过程，是指药物在体内的转运或消除速率与药量或浓度的一次方成正比，即单位时间内按恒定的比例转运或消除。

7. 消除半衰期（elimination half life）

指体内药物浓度或药量下降一半所需的时间，又称血浆半衰期或生物半衰期，一般简称半衰期，常用 t_1 或 $t1/2$ 表示。半衰期是药动学的重要参数，是反映药物从体内消除快慢的一种指标，在临床上具有重要实际意义，既是制定给药间隔时间的重要依据，也是预测连续多次给药时体内药物达到稳态浓度和停药后从体内消除时间的主要参数。

8. 体清除率（body clearance，CZB）

简称清除率，是指在单位时间内机体通过各种消除过程（包括生物转化与排泄）消除药物的血浆容积，单位以 mL/（min-kg）表示。CZB 是体内各种清除率的总和。

9. 生物利用度（bioavailability）

生物利用度是指药物以某种剂型的制剂从给药部位吸收进入全身循环的速度和程度。这个参数是决定药物量效关系的首要因素。全身生物利用度的计算方法，是在相同动物、相等剂量条件下，内服或其他非血管给药途径所得的 AUC 与静脉注射的 AUC 的比值。在静脉注射给药时，药物全部进入体循环，即生物利用度为 100%，因此，以静脉注射剂作为标准，用相同剂量给药，计算受试制剂的生物利用度时，称绝对生物利用度。对于比较成熟的药物，有公认的标准制剂的，则可采用相同的给药途径，给予相同的剂量，比较受试剂型和标准制剂的药物吸收量，即得到相对生物利用度。

（八）药物相互作用

指同时或相隔一定时间内使用两种或两种以上药物时，药物与药物之间可能发生的相互影响。它包括改变了药物原有理化性质、体内过程（吸收、分布、生物转化、排泄）或组织对药物的敏感性，从而改变药物彼此药理效应和毒性作用。按其作用环节，分体外相互作用、体内相互作用。体内相互作用又涉及药效学相互作用、药动学（吸收、分布、代谢、排泄）相互作用。按最终效应结果，药物相互作用主要有两种：有益和有害。有益的相互作用产生药效相加和协同作用。有害的相互作用会导致拮抗作用，导致药效降低、毒性反应或非预期的药理活性。

二、抗菌药物间联合使用

抗菌药物合理配伍具有提高疗效、降低毒性、延缓或避免细菌耐药性产生等有益作用。不合理联合用药反而减弱抗菌作用，甚至产生严重的毒副反应（如二重感染）。

（一）临床上可呈协同或者相加的组合有以下几种

1. β-内酰胺类加 β-内酰胺酶抑制剂

细菌产生的 β-内酰胺酶可水解 β-内酰胺类抗生素，使 β-内酰胺环裂开而失去活性，是细菌产生耐药性的重要原因。临床常将 β-内酰胺类和 β-内酰胺酶抑制剂联合使用以保护前者不被水解，同时扩大抗菌谱，增强抗菌活性。常用的 β-内酰胺酶抑制剂主要有舒巴坦、克拉维酸，它们仅有微弱的内在抗菌活性，一般不增强与其配伍药物对敏感细菌或非产伊内酰胺酶的耐药细菌的抗菌活性。β-内酰胺酶抑制剂与配伍药物以不同的比例配制，抗菌活性也有所不同，若两者的药动学性质相近，有利于发挥协同抗菌作用。

2. β-内酰胺类加氨基糖苷类

β-内酰胺类抗生素可使细菌细胞壁合成受阻，从而使氨基糖苷类抗生素易于进入细胞。临床上证明青霉素类（或头孢菌素类）抗生素与氨基糖苷类抗生素合用时，常可见明显的增效作用。β-内酰胺类作为繁殖期杀菌剂可造成细胞壁的缺损，有利于链霉素等氨基糖苷类抗生素阻碍细菌蛋白质的合成。两者均为杀菌剂，不同的是氨基糖苷类对静止期细菌亦有较强作用。另外，联合用药可降低氨基糖苷类抗生素在肾皮质的含量，减小其肾毒性。

注意：氨基糖苷类与β-内酰胺类配伍时，应分别溶解、分瓶输注。

3. 磺胺药与甲氧苄啶合用

磺胺药与甲氧苄啶合用，两药分别作用于细菌叶酸代谢的相继步骤，达到序贯阻断作用，使抗菌作用增强多倍，从抑菌作用增强为杀菌作用，并可扩大抗菌谱。

4. 第三代头孢菌素或氨基糖苷类或喹诺酮类加甲硝唑

第三代头孢菌素或氨基糖苷类或喹诺酮类加甲硝唑或克林霉素，治疗革兰氏阴性菌及厌氧菌的混合感染。

5. 多黏菌素类及多烯类加抗菌药

多黏菌素类及多烯类抗真菌药可分别损伤细菌、真菌细胞膜的通透性，有利于其他抗菌药物进入细胞内。多黏菌素类与四环素类、多烯类抗真菌药与氟胞嘧啶合用时，因协同作用可减少剂量，降低多黏菌素及多烯类抗真菌药毒性。

（二）临床上可呈无关和拮抗的组合有以下几种

1. 林可胺类、大环内酯类与酰胺醇类抗菌药物间合用

这三类药物都通过与细菌50S核糖体结合抑制细菌蛋白质合成而抑菌，它们对细菌50S核糖体结合呈竞争关系，如大环内酯类抗生素与细菌50S核糖体的亲和力极高，能阻止氯霉素与之结合，而氯霉素不能阻止红霉素与之结合。因此，氯霉素与红霉素联合用药是否合理要根据感染菌的情况而定，如对革兰氏阳性菌感染可能是无关，对革兰氏阳性菌与革兰氏阴性菌可呈相加作用，但耐红霉素菌株的50S核糖体对氯霉素的敏感性仍存在，故耐红霉素菌株用氯霉素仍有效。至于红霉素与林可霉素合用，则将妨碍后者的作用，且两药对革兰阳性抗菌谱相似，故革兰阳性细菌感染时，两药不宜合用。

2. 青霉素类抗生素与氯霉素类、四环素类抗生素的合用

体外实验证明，氟苯尼考浓度较高时，对青霉素的拮抗作用更为明显。感染肺炎球菌的动物，先用氟苯尼考后加用青霉素组的疗效比单用青霉素组差，但如先用青霉素后加用氟苯尼考则未见拮抗作用。有学者报道，联合应用青霉素与金霉素治疗肺炎球菌性脑膜炎患者，其病死率比单用青霉素者高。另有报道，氯霉素与甲氧西林联合治疗金黄色葡萄球菌感染时呈现拮抗的现象，认为可能是由于氯霉素抑制细菌蛋白质合成，使细菌处于静止期，致使对繁殖期特别敏感的青霉素杀菌力降低。

3. β-内酰胺类与大环内酯类联合

β-内酰胺类与大环内酯类联合应用仍有争议。从药理学角度说，作为杀菌剂的β-内酰胺类主要通过与位于细菌细胞膜上的青霉素结合蛋白紧密结合，干扰细菌细胞壁的合成，造成细胞壁的缺损，水分等物质渗入导致细胞膨胀、变形，最终破裂溶解。因此，β-内酰胺类在繁殖期效果最好，细菌生长越活跃，需要合成的细胞壁越多，β-内酰胺类就越能发

挥作用；而大环内酯类为快速抑菌剂，主要通过不同途径阻断细菌蛋白质合成，使细菌处于静止状态，影响β-内酰胺类的作用。在人医临床中，常常将β-内酰胺类联合大环内酯类抗生素作为经验性治疗社区获得性肺炎（CAP）的一线用药。然而，体外及动物实验中均显示了β-内酰胺类与大环内酯类之间为拮抗作用，尤其是β-内酰胺类联合大环内酯类抗生素理论上不应联合使用。

三、抗菌药物与非抗菌药物的联合应用

因病情需要，除给予抗菌药物外，还常配伍其他药物进行治疗，同样可能产生药物的相互作用从相互影响层次分，可分为药效学和药动学相互影响，从效应上也分为有益的和有害的两种。

（1）抗菌药与非抗菌药有益的相互作用合并用药时若得到治疗作用适度增强或副作用减轻的效果，则此种相互作用是有益的，如丙磺舒使青霉素增效；磺胺嘧啶、磺胺甲恶唑与碳酸氢钠同服，可避免出现结晶尿、血尿等。

（2）抗菌药与非抗菌药不良的相互作用大体可分药物治疗作用减弱致治疗失败，副作用或毒性增强，治疗作用过度增强超出机体的耐受力、危害患畜。机制涉及三方面：理化方面影响、药物体内过程影响或药效学互相拮抗。

（3）抗菌药与非抗菌药配伍时理化方面相互作用如头孢菌素类、青霉素类在溶液中稳定性较低，且易受酸碱度的影响，其在酸性或碱性溶液中会加速分解，故应严禁与维生素C、氨基酸等酸性药物或氨茶碱、碳酸氢钠等碱性药物配伍。

（4）药动学上相互干扰。①影响抗菌药吸收的药物。如二价阳离子、三价阳离子、抗酸药等可影响口服喹诺酮类药物，尤其是环丙沙星等的吸收，乙醇可影响大环内酯类抗生素的吸收。②影响肝药酶活性促进或抑制药物代谢。a. 抗菌药诱导肝药酶，使药物肝代谢加强，疗效下降，如利福平可诱导肝药酶，使甾体激素类、茶碱、奎尼丁、洋地黄毒苷、异烟肼等的代谢加强，疗效下降。b. 抗菌药抑制肝药酶，使药物肝代谢减弱，血药浓度上升，疗效及毒性增加，如环丙沙星可使茶碱、咖啡因、普萘洛尔等血药浓度升高，毒性增加；大环内酯类抗生素可使茶碱、华法林的血药浓度升高，毒性增加。c. 非抗菌药诱导或抑制肝药酶，影响抗菌药疗效或毒性，如西咪替丁可使红霉素血药浓度升高，出现一过性耳聋；苯巴比妥可使利福平代谢加快而降低后者的疗效。③影响药物排泄。如磺胺甲恶唑加甲氧苄啶可影响金刚烷胺、地高辛、甲氨蝶呤、普鲁卡因在肾小管排泄，从而增加毒性。

四、中西药的配伍禁忌

（一）联合用药后直接产生的物理、化学配伍禁忌

酸性较强的中药，如山楂、五味子、山茱萸、乌梅等不可与磺胺类药物联用。因为磺胺类药物在酸性条件下不仅加速乙酰化的形成，且溶解度明显降低，所以易出现结晶尿和血尿；酸性较强的中药也不能与一些碱性较强的药物如氨茶碱、复方氢氧化铝（胃舒平）、乳酸钠、碳酸氢钠等联用，因与碱性药物发生中和反应后，会降低或失去疗效。碱性较强的中药，如瓦楞子、海蛤壳、朱砂等也不宜与一些酸性药物如胃蛋白酶合剂、阿司匹林等联用。

含钙、镁、铁等金属离子的中药如石膏、牡蛎、龙骨、海螵蛸、石决明等及其中成药,不能与四环素类抗生素、喹诺酮类抗菌药物联用。因金属离子可与此类药物结合成络合物,而不易被胃肠道吸收。

含鞣质较多的中药及其中成药如五倍子、诃子、石榴皮等不能与胃蛋白酶合剂、淀粉酶、多酶片等联用,因其中含有蛋白质,结构中的肽键或胺键与鞣质结合发生化学反应,形成氢键络合物而改变其性质,不易被胃肠道吸收,从而引起消化不良、纳呆等症状。

含蒽醌类的中药如大黄、虎杖、何首乌等不宜与碱性药物联用,因蒽醌甘在碱性溶液中易氧化失效。

(二)联合用药后产生的药理性配伍禁忌

具有较强抗菌作用的药物如金银花、连翘、黄芩、鱼腥草等及其中成药不宜与菌类制剂乳酶生、促菌生等联用,因抗菌药物在抗菌同时抑制或降低菌类制剂的活性。

含颠茄类生物碱的中药及其制剂如曼陀罗、洋金花、天仙子、颠茄合剂等和含有钙离子的中药,如石膏、牡蛎、龙骨等均不宜与强心苷类药物联用,因颠茄类生物碱可松弛平滑肌,降低胃肠道蠕动,与此同时也就增加了强心苷类药物的吸收和蓄积,故增加了毒性;高钙状态易导致洋地黄中毒。

含雄黄的中成药与胃蛋白酶、多酶、淀粉酶、硫酸镁、菠萝蛋白酶、硫酸锌、硫酸亚铁、硝酸盐类等西药合用,可因雄黄中所含的硫化砷与某些酶活性中心的必需基因巯基结合使酶失活,使药降效或失效;硫化砷被硝酸盐、硫酸盐类药物氧化而使其毒性增加。

乌梅、山楂、五味子、蒲公英等含有机酸的中药与磺胺类药物合用,会使磺胺药在尿中结晶,发生尿闭、血尿等不良反应。

(三)常见的配伍禁忌

双黄连粉针与硫酸阿米卡星注射液配伍出现浑浊与沉淀,与注射液氨苄西林钠配伍溶液颜色加深、pH 值下降,与青霉素、头孢拉定、地塞米松配伍后不溶性微粒分别增加 2 倍、23 倍和 94 倍。

穿琥宁注射液与环丙沙星、卡那霉素、庆大霉素、阿米卡星、氧氟沙星等药物配伍可有沉淀产生,因为穿琥宁注射液是二萜类酯化合物,其水溶液易水解氧化,尤其在酸性条件下易产生沉淀。

葛根素注射液与辅酶 A、三磷腺苷、利巴韦林配伍,pH 值有显著改变,故不宜配伍应用。

刺五加注射液与双嘧达莫、维拉帕米注射液配伍后可有沉淀产生;清开灵注射液在 pH 值 6.8~7.5 时稳定,而在酸性环境中不稳定,在 pH 值 5.34 时澄清度下降,如与维生素 C、阿米卡星等酸性药物配伍时会立即产生沉淀。

1. 青霉素类合理应用要点

①现配现用,青霉素类药物水溶液不稳定,放置时间越长分解越多,致敏物质也越多。②宜用注射用水或等渗氯化钠注射液溶解,溶于葡萄糖液中会有一定程度的分解。③在 pH 值 6~7 的近中性溶液中相对稳定,偏酸或碱分解加速。④过敏反应较严重,尤以宠物临床多发,宜根据过敏试验结果选择药物。⑤用药期间宜监测肝肾功能。

2. 头孢菌素类合理应用要点

①正确选用，头孢菌素应根据革兰氏阴性菌或革兰氏阳性菌感染类型，选择一代、二代、三代或四代。②仍有过敏反应发生，但较少，与青霉素偶有交叉过敏反应，尤其是部分品种对宠物过敏反应发生率较高，慎用。③注射溶液需现配现用，溶液稀释后，室温下保存不宜超过 6 小时，否则易降效，增加过敏反应发生率。④肌注给药，局部刺激导致注射部位疼痛，犬肌注或静注头孢拉定，常出现严重过敏反应，甚至死亡，应慎用。⑤肌注制剂禁用于静脉注射。⑥肾功能不良动物注意调整用药剂量。

3. 四环素类抗生素合理应用要点

①多是盐酸盐，酸性环境中稳定，碱与高温促进其分解。②服药期间应低脂肪、高维生素饮食，避免与乳制品和含钙、镁、铝、铁等药物及含钙量较高饲料同时服用。③除土霉素外，其他四环素类药物均不宜肌注，静注勿漏出血管外，速度应缓慢；④食物阻滞吸收，空腹给药较好。⑤肝肾功能严重损害时忌用。⑥首选用于衣原体感染、立克次体病、支原体肺炎、布氏杆菌病的治疗。

4. 喹诺酮类药物合理应用要点

①幼龄动物（尤其是马和小于 8 周龄的犬）、蛋鸡产蛋期和孕畜禁用；患癫痫的犬、肉食动物、肝肾功能不良患畜慎用。②耐药菌株增多，不应在亚治疗剂量下长期使用。③配合用药多给动物饮水。④雏鸡对本类注射液敏感，严格控制用量。⑤光敏反应产物毒性比原药增高 10 倍以上，应用期间避免阳光直接照射皮肤。

5. 喹恶啉类药物合理应用要点

①组织中药物浓度较高，药物残留危害人类，尤其禽类使用应严格执行休药期。②禁止与抗生素混合或同时使用。③严格按规定的剂量给药，均匀拌料，以防动物中毒，雏鸡尤其敏感。④产蛋鸡禁用。⑤部分品种如卡巴多司，对动物染色体有潜在性不良影响，应多加注意。

6. 大环内酯类药物合理应用要点

①对本类药物过敏者慎用。②肝功能异常患畜慎用。③局部刺激，注射局部刺激大，不宜肌注，静脉滴注易引发静脉炎，宜稀释后缓慢滴注。

7. 多肽类药物合理应用要点

①首次剂量加倍，并要有足够剂量和合理疗程。一般待症状消失后，仍应以维持量用 2~3 天，以巩固疗效。②因其在体内的代谢产物乙酸化物的溶解度低，易于泌尿道中析出结晶，引起结晶尿、血尿等。尿道感染应选用对泌尿道损伤小、尿中浓度高的磺胺啥呢、磺胺异恶唑；且用药期间应充分饮水，增加尿量；幼畜、杂食或肉食动物可服用碳酸氢钠碱化尿液，促进排泄。③肾功能受损时会延缓磺胺药的排泄，应慎用。④磺胺药可引起肠道菌群失调，抑制大肠杆菌的生长，妨碍 B 族维生素和维生素 K 在肠内的合成和吸收减少，长时间使用本类药物宜补充 B 族维生素和维生素 K。⑤长期大剂量服用本药物，应注意添加叶酸制剂。⑥蛋鸡产蛋期禁用。⑦如出现中毒等不良反应时，应立刻停药，并供给充足饮水，在饮水中可加 0.5%~1% 碳酸氢钠或 5% 葡萄糖；可在饲料中加 0.05% 维生素 K 或加倍使用 B 族维生素。⑧本类药物一般仅抑菌，故应加强饲养管理，提高机体抗病力。⑨磺胺药之间有交叉耐药性，对一种药物敏感后不宜换用其他磺胺药。⑩除专供外用的磺胺类外，应尽量避免局部应用磺胺类，以免发生过敏反应和产

生耐药性，外用时注意清理干净伤口，否则会影响药物疗效。本类药物的钠盐易溶于水，但呈碱性，不可与酸性较强的药物如维生素C、氯化钙、青霉素、庆大霉素、阿米卡星、酚磺乙胺、阿托品、红霉素等配伍使用。

8. 氨基糖苷类药物合理应用要点

①均为有机碱，其硫酸盐水溶性好，性质稳定，碱性环境中抗菌活性强。②其杀菌速率和杀菌时呈为浓度依赖性，即浓度越高，杀菌速度愈快，杀菌时程也越长。③具有较长时间的PAE，且PAE持续时间呈浓度依赖性。④具有初次接触效应，即细菌首次接触氨基糖苷类抗生素时即迅速杀死，未被杀死的细菌再次接触同种抗生素，其杀菌作用明显降低。⑤注射给药，宜足量饮水以免在肾脏积聚，肾功能不全动物尤易发肾损害，使用时首次可按正常剂量给药，以后调整剂量或延长给药间隔，易透过胎盘，孕畜慎用，肝功能不全时，肾损害发生率升高，慎用。⑥局部用于皮肤、黏膜感染时，易发过敏反应和加速耐药菌产生，慎用。⑦猫对本类药物的耳毒性极敏感，禁用，需要敏锐听觉的犬禁用。

五、基本原则

抗菌药物在大量使用后会在畜禽体内大量残留，进而通过肉蛋奶等动物性食品这一途径被人类摄入，危害人类的健康。经过排泄的抗菌药物，还会在水、土壤中残留，极有可能打破生态环境中的菌群平衡。抗菌药物是一把双刃剑，只有合理控制药量和使用周期，才能很好地控制疾病，不会产生耐药作用。

（一）精准治疗，准确诊断是依据

当病因不明或未明确诊断时，不可轻易用药，切忌一见动物异常就乱用药物。在使用青霉素、链霉素、地塞米松效果不明显时，一些人往往不去分析原因，不改变思路和选择合适的药物和方剂。而是盲目地任意加大青霉素、链霉素的剂量。有时甚至超出常规用药剂量的几倍、十几倍甚至几十倍。对于不太敏感的微生物，过度使用抗生素，不但不能将其杀死或抑制，相反会使微生物增加对药物的耐受性和适应性。结果只能使动物感染性疾病更加难治。地塞米松是激素类药物，适量应用有抗炎、抗过敏、抗毒素、抗休克等作用，但长期过量使用，能扰乱动物体内激素分泌，降低机体免疫力，造成直接危害（如肌肉萎缩无力、骨质疏松、生长迟缓），突然停药后动物又会产生停药综合征（如发热、软弱无力、精神沉郁、食欲不振、血糖和血压下降等），导致动物机体产生药物依赖而不利于后期的防治。

（二）"急则治其标、缓则治其本"是原则

抓住疾病的主要矛盾，只有对症与对因用药，才能使患病动物机体尽快康复。也就是说，当动物症状严重甚至危及生命时迫切需要使用药物消除症状。例如，心衰时使用强心药兴奋心肌细胞，呼吸困难时使用呼吸刺激药，腹泻时候使用止泻药。而当症状有所缓和时就应该对因治疗，消除致病的原发因子，对因治疗才是用药的根本。

（三）选择正确的给药方式

严格掌握给药剂量是合理用药的基础。不同的给药方法可影响药效出现的快慢、维持时间、药效强弱，有时还会影响药物作用性质的改变。如新霉素内服治疗细菌性肠炎，因其在消化道内吸收少，肾脏中毒不明显；若肌肉注射，对肾脏毒性则很大。严重的甚至会引起死亡,故不宜肌肉注射给药。药物剂量是决定药物效应的关键因素,用药量过小不产生任何效应,用量过大会引起中毒,甚至死亡。要做到安全有效,就应该严格掌握药物剂量范围,按规定的药量、时间与次数给药。

(四) 在未知致病菌种类时,选择广谱抗菌药物

在通常情况下,发生病毒感染时,使用抗生素最主要的作用是避免条件性细菌的继发感染,因为一旦造成继发感染,那么就会大大加重病情,甚至是导致死亡率的升高。一般来说,巴氏杆菌、沙门氏杆菌、大肠杆菌等都是养殖环境中最常见的条件性细菌,尤其是大肠杆菌,发生继发感染的概率更高一些。因此,在紧急情况下,且无鉴别能力时,未知致病菌感染,应尽快采用广谱抗菌药物,抑制疾病的扩大,提高杀菌范围。

(五) 用药时间和期限需熟练掌握

当畜禽患病时,在患病初期和急性期时,比较而言抗生素有着良好的治疗效果,使用时疗程要足,治疗效果好,但要控制好用药期限,降低副作用发生的概率。同一种抗生素用过一段时间,还能存活的病原菌就会产生一定的耐药性,在此期间,同种抗生素的长时间使用对肠道中某些有益微生物的正常生长和繁殖也会造成一定的抑制作用。因此,要严格控制用药时间,对降低畜禽产品中药物的残留量具有一定的作用。

(六) 谨慎用药是关键

抗菌药的出现和使用堪称人类医学史上的奇迹,为人类健康作出了不可磨灭的贡献。抗菌药对动物疾病的预防与控制作用同样功不可没,尤其是对人畜共患病的控制在一定程度上降低了人类感染细菌性疾病的概率。许多致病性细菌,如大肠杆菌O157、副伤寒沙门氏菌、金黄色葡萄球菌等,不仅会感染动物,而且会通过食物链感染人。如果不用抗菌药治疗,不但动物会死亡,更重要的是越来越多的病原会在环境中大量释放,严重威胁人类的健康。因此,养殖业使用抗菌药,从"传染源"上切断了这些人畜共患病原菌的传播,极大地减少了人类感染这些人畜共患病的概率,在更深层面上保证了食品安全和人类健康。

同样,兽药也是一把"双刃剑",合理使用可以防治动物疾病,促进养殖业健康发展,不会出现抗生素残留超标情况;不规范用药则会引发畜禽的群体性危害,造成兽药残留超标、产生细菌耐药性和畜禽产品质量安全等问题。所谓规范使用,就是指使用的兽用抗菌药是经国家兽医行政管理部门批准的,并严格按照产品标签和说明书使用,包括使用动物对象、适应症、用法和用量、休药期等。

第七节 控制生物危害性物质的重要性

危害是指一切可能造成食品不安全消费,引起消费者疾病和伤害的生物的、化学的和物理特性的污染。动物性食品从农场到餐桌,在饲料、养殖、运输、屠宰和加工各个环节都可能引入化学性和生物性污染物,危及食品安全。根据对食品安全造成危害来源与性质,常划分为生物性危害、化学性危害和物理性危害。原料肉中危害人的健康和安全的有毒有害物质有三大类:(1) 生物类有毒有害物质,主要包括病原微生物(细菌,如沙门氏菌、李氏杆菌等;病毒,如朊病毒、口蹄疫等;寄生虫,如旋毛虫等)、微生物

毒素及其他生物毒素。(2) 化学有毒有害物质，包括兽药残留（包括允许使用和禁用品种）、农药残留（如有机磷、有机氯农药）、霉菌毒素（如黄曲霉毒素等）和环境污染物（如多氯联苯等）等。(3) 物理性有害物质，主要指沙石、毛发、铁器和放射性残留等。

食品中的生物性危害主要是指生物（尤其是微生物）本身及其代谢过程对食品原料、加工过程和产品的污染，这种污染对食品消费者的健康造成危害。

在食品质量安全管理体系中，生物性危害是显著危害之一，严重影响了分割肉及冰鲜猪肉的品质。

一、宰前控制

（一）活猪验收和宰前检疫

活猪来源是生猪屠宰中很重要的一个环节，通过危害分析我们可以知道，活猪在饲养运输过程会受到各种危害，尤其是生物和化学危害。这就要求我们在活猪验收中严格把关，控制所宰杀的生猪应来自非疫区、无疫病、无有害物质，并持有《动物产地检疫证明》《非疫区证明》《运载工具消毒证明》以及《无瘦肉精证明》，防止疫病传染，确认生猪安全，从源头上控制食品安全。

在活猪接收过程中，兽医应该通过"动、静、食"观察及"看、听、摸、检"等手法做好个检和群检，分清楚健康猪和疑似病猪，健康猪赶入静养车间静养，疑似病猪赶入隔离车间继续观察。

屠宰前在待宰栏里对生猪进行严格的检疫，通过临床诊断可以及早发现患口蹄疫、传染性水泡病、猪瘟、猪丹毒、猪肺疫等病猪，一经检出一律剔出处理，避免病猪进入正常的屠宰加工过程，污染屠宰产品和屠宰车间，从源头上消除病原微生物对猪肉的污染。

（二）动物清洗

动物皮毛是胴体的重要污染源。因此，在屠宰前将动物彻底清洗是一个能够明显降低表皮微生物和胴体污染的方法之一。生猪致昏、放血前冲洗时，水温冬季保持在30℃左右，夏季一般在20℃左右，并保持一定的水压和充足的水量。而且，现在动物福利越来越受到重视，全面喷淋清洗，既可以清洗表面减少对胴体的污染，又可以稳定生猪情绪，减少屠宰应激，有利于提升鲜肉的品质。

（三）刀具和器具消毒

刀具和器具在生猪屠宰过程中与生猪胴体直接接触，其表面的微生物可直接污染肉品表面。控制刀具和器具污染肉品的行之有效的办法就是对刀具和器具的清洗与消毒。可以使用82℃热水、0.2%~0.5%过氧乙酸或有效氯浓度为（100~200）$\times 10^{-6}$的消毒液等消毒。屠宰过程中做到一刀一消毒，轮换使用刀具能够有效的减少微生物对肉品的污染，对于器具要定期进行清洗消毒处理，否则将造成大量的微生物再次污染。这是因为在使用一段时间后，在器具的表面都会粘满屠宰过程残留的污物。这些污物是微生物生长的良好培养基。在外界条件适宜的情况下，短时间内微生物大量繁殖。

（四）人员的卫生

屠宰人员的个人卫生也是影响微生物污染的关键因素之一。在我国的屠宰加工厂，加工人员在屠宰过程中与胴体直接接触的机会很多，员工个人卫生的管理，合理的洗手和定时消毒是控制受污染肉品较好的方法。

（五）车间环境卫生

车间的环境是关系到肉品质量的主要因素之一，屠宰加工过程中推行 6S 管理，车间实现清洁生产，下班后卫生的彻底打扫以及使用紫外线或臭氧对空间消毒是避免微生物污染保证肉品品质的有力措施。

（六）休息

不经休息即予屠宰：经长途运输的生猪，精神上和生理上都处于紧张和疲劳状态。机体的某些生理过程变为迟缓和抑制。因而，易使寄生在肠道的致病菌繁殖并进入血液，并随血液进入肌肉和脏器。这样使牲畜在宰前就成为致病菌潜在携带者。

（七）停食进水

按现行《肉品卫生检验规程》的规定：生猪在候宰间应施行停食管理，停食期间须使生猪能自由饮水。生猪的宰前停食、饮水对减少致病菌污染，提高产品质量是非常重要的，并且在经济上也有极大的意义。宰前足够的饮水，可以稀释和冲淡待宰猪胃肠内微生物比例，并能缩小腹部，便于开膛。

二、宰后控制

（一）宰后检疫

宰前检疫是对生猪进行初步筛选和卫生把关，生猪经过宰前检疫后，经冲淋、窒息、放血进入宰后检疫环节，检疫人员按照"五岗（头部检验、胴体检验、内脏检验、旋毛虫检验、复检）十六刀"要求，逐一进行检验。通过感官检疫或实验室检验可以发现那些临床症状不明显或处于潜伏期的病猪胴体和病变组织，如猪旋毛虫病、猪囊虫病等，及时发现和处理不合格产品，防止病猪体内的病原微生物污染猪胴体和交叉感染，防止染疫猪肉上市销售，防止动物传染病传播扩散。检疫中接触过患病生猪胴体、肉类、内脏的刀和钩，应立即放入 82℃ 的热水里消毒或用消毒液消毒，另用备用的刀、钩进行下一头猪胴体的检疫，以防交叉感染。

1. 头部检验

先观察猪的口腔、鼻盘有无水疱或糜烂，观察颈部有无肿胀硬块（咽型炭疽），然后进行剖检。有的屠宰厂放血刀口小，需沿放血刀口向下扩大刀口，然后再向刀口两侧"八"字运刀，剖检颌下淋巴结（2 刀），观察有无水肿、出血、胶冻状物等病变，检查有无咽型炭疽和结核病灶。如果有病变，分不同情况按《病死畜禽和病害畜禽产品无害化处理管理办法》（中华人民共和国农业农村部令 2022 年第 3 号）的有关规定具体处理，以下各项检验均是如此。如果没有病变，剖检咬肌，沿两侧下颌骨边缘分别平行运刀，切开咬肌（2 刀），观察有无针尖状白点出现，检查囊虫、旋毛虫。

2. 胴体检验

观察胴体体表有无出血点、斑块，排除猪瘟、猪丹毒、猪肺疫，观察四肢有无水疱、糜烂。观察体腔有无积液，有无黄疸等情况。生猪倒挂，沿最后一个乳头上方，剖检腹股沟浅淋巴结，左右各一刀，观察有无出血、肿胀、充血。用钩子勾住肾盂部位，用刀尖轻挑肾包囊，观察肾的大小、色泽、弹性、有无出血（左右各一刀），沿脊柱两侧分别向下运刀至脊椎，充分暴露肌纤维，剖检腰肌，观察有无白色点状物，观察有无囊虫。

3. 内脏检查

在胴体检验的同时,其他检验员同步实施内脏检验。生猪内脏与胴体对应编号,逐项进行检验。观察内脏的大小、弹性、色泽、有无出血点,看心包有无干酪样赘状物,有无心包炎,用钩子勾住冠状沟,左纵沟固定心脏,用刀纵切开心房、心室,观察心脏有无虎斑心,二尖瓣有无菜花样赘状物。观察肝、肺、胃、腺、肠的色泽、大小、弹性、有无出血、坏死、溃疡等。如猪瘟胃黏膜有点状出血,丹毒是胃底出血,胃炎是黏膜出血,慢性胃炎是胃黏膜肥厚有褶皱,猪瘟大肠回盲瓣附近有纽扣状溃疡,副伤寒肠黏膜有灰黄色糠麸状坏死和溃疡,剖检肝门、淋巴结 2 刀,支气管淋巴结 1 刀,弧形运刀剖检肠系膜淋巴结 1 刀。

4. 旋毛虫检验

取两侧膈肌角,撕去肌膜,顺肌纤维方向押平,观察有无针点状的点,然后用"24粒法"压片,镜检有无旋毛虫。

(二)动物清洗

屠宰过程中洁净水冲洗工序主要包括放血后的清洗、脱毛后的喷淋、开膛后喷淋、劈半之后冲淋等环节。这些环节使用水的目的是冲洗生猪胴体表面的污物和血迹,是减少微生物污染的有效办法。但若屠宰用水本身的卫生质量不合格,在淋洗的过程中,势必会造成肉品的微生物污染。因此,水中的微生物数量将直接影响到肉品中微生物的污染状况。

1. 胴体净化

胴体净化减菌主要有热除菌、化学除菌和多栅栏复合除菌。

(1)热除菌

热除菌就是使用热水对胴体或分割肉进行喷淋或浸泡,以达到消毒杀菌的作用。热除菌是应用在屠宰企业较早的减菌措施。热除菌的应用方式包括对肉品的浸洗、热水低压冲洗及高压喷淋等。热水用于胴体的除菌,有效温度不得低于 74℃,80℃~85℃时效果更佳。但热除菌也会对肉品的品质造成不利的影响,如无光泽、褪色以及产生不良气味等。因此,在操作时应根据实际情况合理掌握处理时间和温度来降低对胴体的不利影响。

(2)化学除菌

化学除菌一般是用有机酸及其盐类、含氯化合物、Nisin 等物质的溶液对动物及胴体进行处理,去除胴体表面的腐败微生物和致病微生物,提高肉类品质和安全性,延长其货架期。食品科学家进行了很多试验。尝试使用不同的有机酸去除胴体表面的腐败微生物和致病菌。美国已将有机酸作为 HACCP 体系的一部分,USDA—FSIS(美国农业部和食品安全监测局)早在 1996 年就推荐屠宰厂使用 1.5%~2.5%的乙酸、乳酸、柠檬酸等有机酸及磷酸三钠溶液对胴体进行喷淋减菌。由于有机酸喷淋后易对肉的色泽和气味造成不利的影响。因此,在使用时应控制好其溶度和喷淋时间。

(3)多栅栏除菌

栅栏技术(Hurdle Technology,HT)是根据食品内不同栅栏因子的协同作用或交互效应使食品的微生物达到稳定的食品防腐保鲜技术。其作用机制是利用存在于产品内部可以阻止残留腐败菌和病原菌生长繁殖的因子,以其复杂的交互作用来控制微生物的生长、产毒或发酵，进而使产品达到其固有的可贮性和卫生安全性。通常把这些起控制作用的因子，称作栅栏因子。栅栏因子单独或相互作用，形成特有的防止食品腐败变质的"栅栏"，决定着食品中微生物的稳定性。在美国的畜禽肉加工过程中，已广泛采用这种多重减菌法，极大地降低了微生物的污染程度，产品中的微生物指标满足畜禽肉卫生检验的要求。

2. 预冷排酸

不充分的冷冻和空气流动都会导致细菌增殖。快速冷却就是将宰后的胴体在24小时内将后腿中心温度降至0℃～4℃，预冷过程保持温度恒定，通风状态好。胴体通过快速冷却，体表温度迅速降低，既能够有效的抑制微生物的繁殖也能延长产品的保质期。经过快速冷却后，在排酸冷却、后期的产品加工以及运输过程中，肌肉中的肌糖原会经过糖酵解分解成乳酸，也能抑制微生物的增殖。

3. 分割加工

作为后期的产品加工环节，分割车间温度严格控制在13℃以下，产品在生产线时间不得超过40分钟，以防止微生物的繁殖。操作员工服装整洁，要做到每日清洗。刀具每隔15分钟消毒1次，并设立专门消毒人员全程对车间进行消毒。生产结束后，开启紫外灯进行杀菌。

4. 冷链运输

冷链运输是整个生产过程的最后一个环节，也是产品质量保障的最终环节。运输过程中由于温度升高会造成微生物急剧增殖，为了避免这类危害的发生，装车前必须对车辆进行消毒，运输全程要开启制冷机，保持冷鲜肉产品温度0℃～4℃、冷冻肉温度－15℃。运输过程严禁与其他物品同车运输尤其是农药、硫酸等有害物质。

三、养殖环节控制

（一）选址

畜禽场选建在地势高燥、排水良好、易于组织防疫的地方，养殖场周围3千米内无大型化工、厂矿、屠宰场或其他畜牧场污染源，距离交通干线、城镇、居民区1千米以上，周围有围墙和防疫沟，并建有绿化隔离带。饲养区不得饲养其他动物，实施"全进全出"饲养模式，严格执行生产区与生活区、行政区相隔离的原则。

（二）引种

不从疫区引进种畜禽及畜禽苗；需要引进种畜禽时应从有种畜禽苗经营许可证的种畜禽场引进，并按GB 16567《种畜禽调运检疫技术规范》的规定进行检疫，引进的种畜禽需隔离观察15～30天，经兽医检查合格后方可供繁殖使用。

（三）设施设备

在进行养殖场环境建设时要选择方便消毒、易清洗及无毒无害、安全的建筑材料，舍室内食槽和饮水装置要选择方便清洗、消毒、无毒无害、结实稳固的材料，并配备齐全的消毒清洗设备，方便日常清洁工作。养殖场内的电器设备要严格遵守国家对安全设施设备的规定进行安装，达到防潮、防爆、防漏的标准。养殖舍内的场地要平整防滑，室内要保持较强的通风性和透气性，要及时更换养殖舍内的垫草，保持干燥。另外，养殖场内的污道和净道要分开，并在养殖场周围设置防护设施，形成一道绿化隔离带。

（四）畜舍环境

在建设养殖场时，养殖场房檐的高度在尽量超过3米，选择坚固、实用性高、操作简单的设备，并合理设计栏舍通风排水系统，以便人为调节室内温湿度，确保栏舍冬暖夏凉。如夏季高温条件下，养殖舍内处于高温低湿的状态，会引起畜禽脱水情况；而寒冷的冬季，养殖舍内温度低、湿度大，又会出现牲畜禽生长缓慢的问题。因此，要结合实际情况不断调整养殖舍内的温湿度，优化栏舍空气质量，增强畜禽抵抗能力和免疫力。

（五）防疫保健

制订科学合理的免疫程序并按有关规定进行免疫接种，并有完整的免疫程序及免疫记录。依照《中华人民共和国动物防疫法》及其配套法规的要求，结合当地实际情况，制订疫病监测方案，接受有关动物防疫监督机构的疫病监测及监督检查，对口蹄疫、猪水疱病、猪瘟、猪丹毒、布氏杆菌病等进行监测。有灭鼠、灭蚊、灭蝇等工作计划和措施。

（六）场内卫生

养殖场内应制订严格完整的消毒制度和消毒程序，配备相应的消毒设施。消毒剂要选择对人和猪安全、没有残留毒性、对设备没有破坏、不会在猪体内产生有害积累。建立完整的消毒记录，饮用水应符合相关标准要求，并经常清洗消毒饮水设备。有粪尿处理设施。严格执行卫生消毒和防疫制度，生产人员进入生产区时经淋浴消毒后并更换衣鞋。工作服应保持清洁并定期消毒。猪场兽医人员不准对外诊疗动物疾病。猪场配种人员不准对外开展猪的配种。非生产人员不允许进入生产区，如在特殊情况下，需经淋浴消毒、更换防护服后方可入场，并严格遵守场内的一切防疫制度。

（七）饲料管理

饲料原料直接影响食品安全，对饲料原料中有毒有害物质的监控尤其重要。使用的饲料原料和饲料产品须来源于无疫病地区，无霉烂变质，未受农药或某些病原体感染；不仅要求色泽新鲜一致、无发酵、无霉变、无结块、无异味、无异嗅，其有害物质微生物允许量应符合GB 13078《饲料卫生标准》的规定，禁止将制药工业副产品作为饲料原料。同时，对大宗原料如玉米、豆粕等要求有稳定的货源，而且要进行原产地质量检测，以确保质量稳定。对营养性饲料添加剂和一般性饲料添加剂，不仅应具有该品种应有的色、嗅、味和组织形态特征，除无异味、异嗅外，其来源应符合农业农村部公布的《允许使用的饲料添加剂品种目录》所规定的品种和取得试生产产品批准文号的新饲料添加剂品种，并且是具有农业农村部颁发的饲料添加剂生产许可证的正规企业生产的、具有产品批准文号的产品。对药物饲料添加剂使用，除严格按照农业农村部发布的《药物饲料添加剂使用规范》执行外还应严格执行休药期制度。严禁使用影响生殖的激素、具有激素作用的物质、催眠镇静药、肾上腺素类药。

第八节 控制抗生素耐药性的建议

一、我国动物源细菌耐药监测现状

中国是世界上使用抗菌药物较为普遍的国家之一，抗菌药物被广泛应用于人、动物及食品等方面，这些方面都可能存在抗菌药物的不规范应用。因此，我国农业农村部从2008起监测动物源细菌耐药性，并根据监测结果实时制订应对措施。据农业农村部数据显示，目前我国批准动物养殖业使用的兽用抗菌药分为抗生素和合成抗菌药两大类，用于防治动物疾病和促生长。其中抗生素主要品种有β-内酰胺类、氨基糖苷类、四环素类等8类，共56个品种；合成抗菌药主要品种有磺胺类、喹诺酮类及其他合成抗菌药共3类，共45个品种。使用量排名前几位为四环素类（45.90%）、β-内酰胺类（10.87%）、大环内酯类（9.72%）和酰胺醇类（7.13%）。目前我国分离的畜禽源大肠杆菌对氨苄西林、四环素、复方磺胺甲恶唑耐药率接近100%，对阿莫西林—克拉维酸、环丙沙星的耐药率超过80%，对氯霉素、庆大霉素、头孢噻呋的耐药率超过40%，对黏菌素的耐药率超过20%。

抗生素耐药在世界范围内不断蔓延已经成为不争的事实，其过度使用不但容易引起毒副作用，更导致了耐药"超级细菌"的出现，使大部分抗生素在临床治疗上失效，甚至可能陷入无药可用的境地。因此，控制耐药性问题迫在眉睫。

控制耐药性的方法主要体现在三个方面，即监测、科学合理应用抗菌药和感染控制，其中监测最为重要。我国对细菌耐药的监测与欧美等发达国家相比起步较晚。2005年8月，卫生部正式发文成立了"全国抗菌药物临床应用监测网"（Center for antibacterial surveillance）和"全国细菌耐药监测网"（China antimicrobial resistance surveillance system，CARSS）。此后"两网"成为我国细菌耐药监测的基础网。我国动物源细菌耐药性监测网络组建于2008年，由6个单位的国家兽药安全评价（耐药性监测）实验室组成，并负责农业农村部每年发布的《动物源细菌耐药性监测计划》（以下简称《计划》）的实施。截至2020年统计数据显示，共有23个单位的耐药性监测实验室共同承担了我国动物源细菌耐药性监测任务。根据农业农村部文件，农业农村部畜牧兽医局负责《计划》的组织实施工作，需要制定发布监测计划，分析和应用监测结果。中国兽医药品监察所（以下简称"中监所"）负责监测的技术指导、数据库建设与维护工作，药敏试验板的设计与质量控制、监测结果的汇总分析。各省级畜牧兽医行政管理部门负责协助国家相关监测任务的完成。执行计划的各监测任务承担单位要按照相关要求，从全国各地的养殖场（包括养鸡场、养鸭场、养猪场、养羊场、奶牛场）或屠宰场采样。采样时应做好养殖场用药情况和饲料来源调查，并填写《采样记录表》。采样类型包括泄殖腔/肛拭子、盲肠或其内容物、牛奶、扁桃体、病料组织等。

在监测的细菌种类方面，2008年至2020年，一直连续监测的细菌有大肠杆菌、沙门菌和金黄色葡萄球菌。2009年起，建立动物源细菌耐药性监测数据库运行机制，实行检测结果以电子版和纸质并行上报方式。2011—2013年，增加了对弯曲杆菌（分为空肠弯曲杆菌和结肠弯曲杆菌）和肠球菌（分为屎肠球菌和粪肠球菌）的耐药性监测。2018年起又增加了对魏氏梭菌的耐药性监测。此外，还开展了动物致病菌（包括副猪嗜血杆菌、伪结核棒状杆菌等）的耐药性监测工作。动物源细菌耐药性监测实行定点监测和随机监测相结合。2020年增加了2019年全国兽用抗菌药使用减量化行动试点养殖场作为定点监测场，并要求继续跟踪监测2018年全国兽用抗菌药使用减量化行动试点养殖场和监测网中长期定点监测的养殖场，还需随机监测责任区域内的至少3个地市，每市至少3个养殖场或屠宰场。

对比分析13年来监测工作的发展情况发现：样品抽取范围扩大，最初只在养鸡场、养猪场、养牛场抽取样品检测，随后增加了对屠宰场、孵化场、养鸭场、养羊场及奶牛场等地的样本采集工作；监测范围逐渐扩大，最初的监测范围只涉及到我国部分省份和地区，2020年已覆盖全国30个省（区、市）和新疆生产建设兵团，监测细菌种类也由3种扩增至9种，获得的监测数据更加普遍真实的反映了我国动物源细菌耐药性情况；监测任务承担单位由最初的6家检测机构扩增至目前的23家，分工更细致，目标更明确；监测技术手段和细菌耐药性鉴定方法也在不断优化，从而使各承担单位能更高效、更合理、更严格的完成检测任务。截至2020年，我国动物源细菌耐药性监测工作已经进行了13年时间，细菌耐药监测工作的长期稳定发展，为国家和相关部门掌握我国抗菌药物使用和细菌耐药变化形势的实时动态，研究制定切合实际的管理政策和有效措施提供了科学依据。

二、我国应对动物源细菌耐药性问题的主要措施

（一）完善兽药管理条例

1987年，我国在《兽药管理暂行条例》（1980年）的基础上发布了《兽药管理条例》，兽药的监督管理正式法治化。随后以中华人民共和国国务院令第404号（2004年）、第653号（2014年）、第666号（2016年）、第726号（2020年）公告重新修订和发布了《兽药管理条例》，严格规定了兽药安全使用规定和用药记录制度、食品动物如何使用休药期规定的兽药，从立法层面为优化抗生素使用提供了规范指导。

（二）停止部分兽用抗菌药的使用

抗菌药的中长期低剂量使用是造成动物源细菌耐药性产生的原因之一，我国也在逐步限制抗生素在养殖中的使用。2016年，国家取消了硫酸黏菌素亚治疗剂量的动物促生长使用途径，仅保留治疗用途（农业部第2428号），降低了人和动物对黏菌素的耐药性。随后，废除"兽药添字"（《2017年药物饲料添加剂品种目录及使用规范（征求意见稿）》），停止了高风险品种喹乙醇、氨苯胂酸和洛克沙胂在食品动物中的应用（农业部第2638号，2018年），并禁止了部分药物饲料添加剂的使用和其他所有品种亚治疗剂量的动物促生长使用途径（农业农村部公告194号和农业农村部第246号）。至此，兽用抗生素在饲料中被全面禁止，养殖中也呈现"减抗、限抗"态势，这大大降低了耐药菌产生的风险。

（三）实施兽用抗菌药物处方药管理和分级管理制度

原农业部发布《兽用处方药和非处方药管理办法》（2013年），推行2014年3月1日起实施凭兽医处方销售使用兽用抗菌药物，随后又以农业部第1997号（2013年）、第

2471 号（2016 年）公告和农业农村部第 245 号公告（2019 年）发布 3 批兽医处方药目录，涉及 9 类兽药的 265 个品种，严格管理凭兽医处方销售使用兽用抗菌药物，控制抗菌药物的销售行为；2017 年，发布了《食品动物用兽用抗菌药物临床应用分级管理目录》（征求意见稿），切实规范了养殖环节兽药使用，减少抗生素的滥用，促进抗生素的临床应用管理。

（四）禁止人用重要抗生素在养殖业中的应用

人用重要抗生素在养殖业中的应用，不仅会直接表现出兽药残留等食品安全问题，也会使病原菌耐药性增强，缩短抗生素的使用寿命，甚至会产生多重耐药和交叉耐药，引发"超级细菌"，给人类健康带来了巨大的隐患。原农业部停止人用重要的抗菌药物氧氟沙星、诺氟沙星、培氟沙星和洛美沙星在动物食品中的应用（农业部公告第 2292 号，2015 年），严厉打击畜禽水产养殖环节使用人用抗菌药的行为（《全国兽药（抗菌药）综合治理五年行动方案（2015—2019 年）》，2015 年），修订了食品动物中禁止使用的药品及其他化合物清单（农业农村部公告第 250 号，2019 年）。据 2019 年发布的《2018 年中国兽用抗生素使用情况报告》指出，我国养殖中未使用碳青霉烯类、糖肽类及脂糖肽类、甘氨环素类、脂肽类、单环 β-内酰胺类、噁唑烷酮类等医疗极为重要的抗生素，第 3、4 代头孢类药物的使用量仅占全部使用抗生素的 0.96%，体现了我国"禁抗"措施取得初步成效。

（五）加强养殖场所卫生管理和饲养管理

限制耐抗微生物药物感染和多重耐药菌的发展和传播的重要措施之一是更好的卫生和感染预防。我国一直围绕实施乡村振兴战略，加快推进绿色生态养殖，维持动物健康状态，先后发布了《畜禽规模养殖污染防治条例》《关于建立病死畜禽无害化处理机制的意见》《关于打好农业面源污染防治攻坚战的实施意见》等法律法规，将绿色发展理念引入畜牧业健康发展中，力争建立产出高效、产品安全、资源节约、环境友好的现代畜牧业发展模式。通过以点代面的示范建设，先后开展了畜牧业绿色发展示范县创建活动和兽用抗菌药使用减量化行动，公布了 55 个全国首批畜牧业绿色发展示范县和 81 家全国首批兽用抗菌药使用减量化行动试点达标养殖场，不断探索标准化和健康化的养殖模式。

（六）健全动物源细菌耐药性监测网络

我国于 2008 年正式建立动物源细菌耐药性监测系统，2009 年配备了与监测相适应的数据库，2017 年组建了全国兽药残留与耐药性控制专家委员会。监测体系自上而下由农业农村部畜牧兽医局、中国兽医药品监察所和有监测能力的省级兽药监察单位组成，同时近年来也引入农业院校、科研机构和具备资质的第三方公司。该系统每年持续科学合理制定并发布实施抗菌药物耐药性监测计划，定期召开总结会议，梳理监测结果。通过 13 年积极开展的普遍监测、主动监测和目标监测，监测范围已经覆盖全国 30 个省（区、市）和新疆生产建设兵团的不同领域、不同养殖方式、不同品种的养殖场（户），获得了全国动物源细菌流行病学数据，初步建立了耐药性风险预警和预报机制，为我国制定相关政策提供依据和参考。

（七）加强兽药数据平台建设

综合运用互联网、大数据、云平台等现代信息技术，整合构建了国家兽药产品追溯信息系统，并率先接入国家政务信息平台，推动了动物源细菌耐药性监测和兽用抗生素的管理平台的推广应用保障。截至 2020 年 5 月底，国家兽药产品追溯信息系统已覆盖全国所有兽药生产企业和 99.9% 的经营企业，全国养殖场用药追溯也已经开始试点。

（八）提高公众和专业人员对抗生素的认识

2017 年开始，农业农村部先后举办了"科学使用兽用抗菌药"百千万接力公益行动、"科学使用兽用抗菌药"百千万接力公益再行动、"减抗科技下乡"系列活动和兽用抗菌药使用减量化行动试点养殖场培训班等，广泛宣贯兽用抗菌药综合治理政策措施，积极营造"政府主导、全民参与"的氛围。借助"世界提高抗菌药物宣传周"（每年 11 月的第 3 周），联合国家卫生健康委与 WHO 同步开展宣传活动，极大提高了公众对细菌耐药危机的认知度。

三、控制动物源细菌耐药性的建议

（一）优化耐药性监测体系的建设和应用

近年来，我国兽医领域不断加强抗生素耐药性监测工作，但是总的来看，还存在一些突出问题：一是监测数量不足；二是基本没有被动监测的制度设计；三是各部门监测数据、监测信息整合利用不足；四是检测样品代表性不足。为了更好地发现和控制耐药性风险，建议参考 OIE 抗菌素耐药性监测标准，进一步优化监测计划：一是综合使用主动监测工具和被动监测两种工具，鼓励和支持被动监测工作开展；二是大幅提高监测样品数量；三是合理分配在不同类型养殖场和屠宰场所采集的动物样品、不同物种和年龄段的动物样品、不同类别的饲料样品、生产加工流通各环节的动物源性食品样品以及粪污样品、环境样品的比例，确保监测样品的代表性；四是将对养殖业生产有重要影响的细菌、真菌、放线菌和重要的人畜共患病病原体都纳入监测范围；五是建立抗生素耐药性监测参考实验室，为协调监测工作、标准化监测方法措施等提供技术支持。

（二）加快出台耐药性监测技术标准

充分发挥全国兽药残留与耐药性控制专家委员会作用，积极开展抗菌药物流行病学临界值、药敏试验标准化等工作，尽快制定动物源细菌耐药性监测操作规程，建立革兰氏阳性菌对促生长用的 8 种抗菌药物（吉他霉素、黄霉素、恩拉霉素、喹烯酮、那西肽、阿维拉霉素、维吉尼亚霉素和杆菌肽）、魏氏梭菌、伪结核棒状杆菌和副猪嗜血杆菌对四环素、磺胺异恶唑等临床常用抗生素的耐药性判断标准，把具有较高水准的方法补充和列入国家标准，力争做到与现有的兽药法律法规衔接，进一步促进监测工作标准化。

（三）加强兽医兽药管理

应进一步强化兽医队伍的培训和管理，严把兽药科学使用关。严格食品动物用抗生素使用管理，建立覆盖兽药进出口和兽药生产、经营、使用各环节的动态监管机制。继续深入开展人兽共用抗生素类药物风险评估和安全评价工作，淘汰存在安全隐患的品种。立足我国实际国情，参照 OIE 重要兽用抗菌素目录，制定我国兽用抗生素分类管理目录，并推进贯彻实施。鼓励、支持龙头养殖企业、大型餐饮企业开展抗生素减量化使用示范创建活动，带动各类养殖主体科学使用抗生素。落实兽药生产经营和养殖用药主体责任，深入实施兽用处方药管理制度。加强对养殖从业人员的宣传培训，提高其科学规范用药的意识、能力和水平。

(四) 完善兽药评审评价工作

兽药审批部门在审批新兽药注册和临床使用时，要按照 WHO、FAO、OIE 的指南，立足国情，把药敏检测等耐药性检测数据纳入申报资料中，严格规定不同动物使用药物的用法用量，严把新药审批，最大程度地保持抗生素的有效性和使用寿命，降低多重耐药和交叉耐药的风险。要适当建立安全长效的兽药评审评价管理机制，分步分批分类开展已批准使用的人兽共用抗菌药物的风险评估和安全再评价，有计划地筛选和淘汰存在安全隐患的品种，同时，重点跟踪监测影响公共卫生安全的药物，及时掌握药物耐药性的产生情况，进一步优化指导临床用药。

(五) 加强兽用抗生素使用的监管

建立反映食品动物使用临床抗菌药物的监测数据库，实时动态了解临床兽用抗菌药物使用状况，科学掌握不同动物使用目的的抗生素使用量，明确抗菌药物选择压力，促进耐药性流行病学研究；充分利用现有的兽药追溯体系，完善兽药生产、销售、使用登记制度，加大对兽医处方销售管理，严格监督抗生素销售使用行为；深入开展抗菌药综合治理行动，严厉打击超剂量、超范围用药、不执行休药期等违法使用抗生素的行为；扩大各种替抗产品的市场，调整抗生素的使用配额，逐步实现限抗、禁抗的目的；推广抗菌药物使用减量化行动试点工作探索的健康养殖方式，科学转变养殖行业的用药行为。

(六) 强化国际国内合作

抗生素耐药性问题异常复杂，防治相关风险涉及各个国家的卫生、兽医、环境等多个部门，必须加强跨部门、跨区域合作。在国内合作方面，应着重加强兽医与卫生健康部门的合作，一方面应完善兽药与人药协调管理机制，坚持"动物不与人争药"，遵循人用重要药物品种不批准作为兽药使用的基本原则；另一方面，应建立兽医与卫生健康部门监测数据共享机制，构建更加完整的监测数据体系，进一步提高监测预警工作的科学性和有效性。在国际合作方面，应在加强与 OIE、FAO 和 WHO 合作的基础上，深入推进与周边国家和重要贸易伙伴、"一带一路"沿线国家和地区的协作，推动建立信息共享、资源共用、风险共担的抗生素耐药性防治合作机制。统一监测标准，合力搭建"从农场到餐桌"的抗生素使用和耐药性监测大数据平台，积极推动我国国家行动计划的实施，进一步完善我国应对细菌耐药性监测的体系和政策法规。

(七) 加强细菌耐药防控的基础研究

加强监测过程中全国范围的兽用抗生素使用和动物源细菌耐药发展趋势变化的研究，及时阐明耐药性细菌的传播规律和产生机制，同时开展不同耐药性细菌的风险评估与预警技术研究，从根本上制定耐药性防控方法；开发新型兽用抗生素及替代品，减少同类或相同靶位作用药物的广泛使用而形成的新的耐药机制所带来的公共卫生重大隐患的情况发生。引导科研机构和有关企业加大抗生素替代品的研发力度。进一步健全兽药评审机制，促进兽用疫苗、中兽药产品、微生态制剂、酶制剂、噬菌体等兽用抗生素替代品的研制与开发。深入推进兽药产品生产、经营、使用追溯体系和动物产品追溯体系建设，推广"无抗"（抗生素残留零检出）产品，推动建立优质优价市场机制，促进安全专用兽用抗生素及兽用抗菌素替代品的推广使用。

(八) 加强对兽药和养殖行业及公众认知的宣传

要客观科学地宣传细菌耐药性工作，有效利用媒体资源，加强对兽医专业学生、养殖人员和职业兽医的宣传培训，使抗微生物药物耐药性成为学习的必修课和准入兽药行业的门槛，倡导其合理、合规、合量使用抗生素；持续稳定开展抗生素减量化使用示范创建活动，逐步扩大各类养殖企业（户）审慎使用抗生素的范围，落实对减少抗微生物药物耐药性的责任，多层面地开展对抗细菌耐药性行动。

可以参考欧洲抗生素意识日活动，每年选取一天集中开展抗生素使用和耐药现状的宣传活动，加强公众对抗生素耐药性问题的了解，有针对性地对不同人群进行抗生素耐药性的知识宣传，使公众自觉参与到抗生素耐药治理行动中。

第九节 动物使用抗菌药物产生耐药性的风险分析

一、耐药性的危害和影响

目前，细菌对抗菌药物的耐药性问题已十分严重，在全球范围内对人类和动物健康构成威胁。2011年，WHO呼吁"抗菌药物耐药性，今天不采取行动，明天就无药可用"，人类将进入"后抗菌药物时代"。2016年，联合国大会召开会议并将抗菌药物的耐药性问题视为"最大和最紧迫的全球风险"。2016年，英国经济学家奥尼尔发表的《全球抗菌药物耐药回顾：报告及建议》中指出，目前耐药性导致每年死亡人数达70万。其他一些研究报告估算，到2050年，抗菌药物耐药性每年将造成1 000万人死亡，全球各国GDP平均减少2%~3.5%，经济损失达100万亿美元。医院内感染尤其是耐药菌感染对临床治疗威胁很大，少数存活的耐药菌可以大量繁殖，继而传播自己和耐药基因。普通的小手术可能因耐药菌感染再次成为人类的致命杀手锏，部分耐药菌引发的传染病可能无法快速控制。由于耐药菌的存在，失效减效的抗菌药物却越来越多，抗菌药物用药时间越来越长，使用范围越来越广，总体使用量也在加大。有研究表明，抗菌药物的价格与使用量呈负相关，与疗效呈正相关。很难说是药物价格的下降导致使用量的上升，还是使用量的上升导致疗效的降低，促使价格下降。因为使用量大，所以出于成本考虑，用于食品动物生产的抗菌药物一般是价格低廉的药物，有的甚至超剂量使用，导致了动物源细菌耐药性更为复杂和严重。若是考虑人畜共患病的影响，加之不同国家和地区间人群的流动而带来的传染病（耐药菌）在全球范围内传播速度加快，形势就更为严峻。

二、风险评估的程序和研究方法

（一）抗菌药耐药性风险分析过程

食源性耐药性风险分析是当前全世界范围内普遍应用的食品安全宏观管理模式，也是进行食品安全宏观管理的有效工具。因其能提供透明的数据和综合性模型而被广泛关注。在兽医公共卫生领域，食源性风险分析的框架是由食品法典委员会来界定的，如图3—2所示。风险分析的方法可以有效地预测耐药性的产生，主要包括以下步骤，危害鉴定、风险评估、风险交流和风险管理。目前在国外，FDA和EMA等组织已经在开展动物源性抗菌药物的使用对动物以及人类健康的风险评价，主要的评估系统有codexriskanalysis system（简称Codex系统）和OIE risk analysis system（简称OIE系统）两种风险分析系统。Codex 系统最开始是用于评价暴露于人体的化学物质对人类及动物机体造成的风险，之后 Codex 将此系统用于食品安全性评价。OIE 系统最开始是用于评价潜在的、不易发掘的危害因素引起的对各种事物的广泛的、大量的风险。

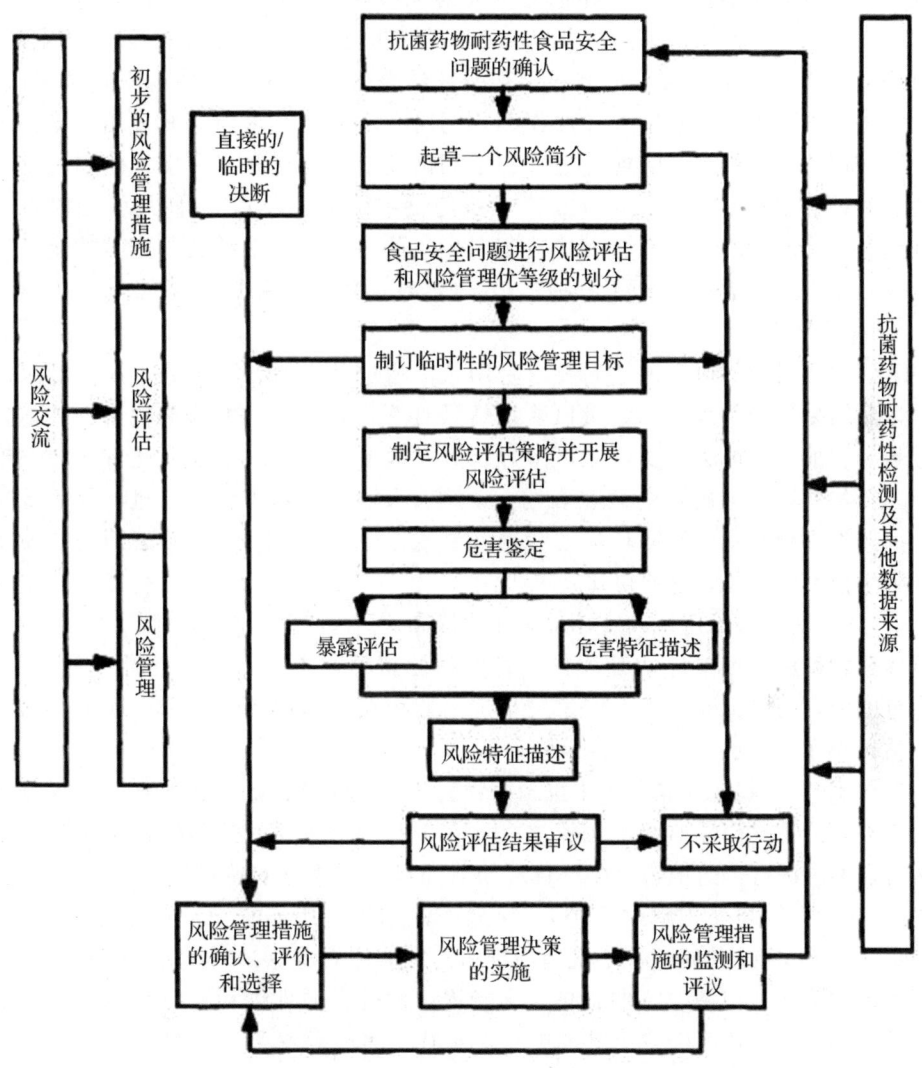

图3—2　食源性抗菌耐药性风险分析框架

（二）抗菌药耐药性风险评估的方法

目前抗菌药物耐药性风险评估的方法主要有以下3种。在实际情况中，需要根据风险评估实践中获得的资料信息来选取合适的分析方法。

1. 定性风险评估

通过使用特定语句比如高、中、低或者忽略来描述影响程度的大小。定性风险评估作为整个风险评估过程的初级阶段，可以在一定程度上为定量风险评估做准备。通过矩阵法和非矩阵法来整合定性的概率和相关参数。比如通过抗菌药物按照给药途径使用后诱发细菌产生耐药性的程度以及耐药基因的传播程度等方面进行评估，判断其风险大小。

相对于定量风险评估，定性风险评估节省了时间和资源，更有利于发展中国家开展细菌耐药性风险评估。

2. 半定量风险评估

在半定量风险评估过程中，评估者需要对风险途径中的每一个模型参数进行评分，例如1~10分。与定性评估相比，半定量评估的结果可分为更多的风险等级，因而具有更高的分辨度。半定量评估的一个例子，某研究结合了在丹麦进行的概率定量风险评估，以评估在丹麦养猪生产中使用大环内酯类药物对大环内酯类耐药弯曲杆菌感染的人类健康风险，该评估模型能够说明通过进口和家用肉类引起的接触（即由于该国在动物生产中使用了某种抗菌药物，因此可能是产生抗药性细菌的媒介），并使用了当时可用的证据。在信息不足的情况下，有时无法对当时发生的情况进行系统的、完整的定量风险评估，此时则可以使用半定量风险评估的方法来进行食品安全性风险评价。

3. 定量风险评估

OIE法典中对定量风险评估的要求是用数字通过大小的方式来表示风险结果出现的可能性以及结果的严重程度。定量风险评估具有综合分析科学数据的优势。评估方法主要为蒙特卡罗抽样模拟法以及建立风险评价数学模型的方法。通过上述方法建立模型来模拟抗菌药物使用引起的耐药菌在农场、动物、人群中的暴露程度来进行风险评估。比如引入耐药微生物暴露于不同环境的参数（温度、湿度、pH等），抗菌药物的使用量等来进行数学模型的优化，进而得知其风险大小。

（三）国外抗菌药耐药性风险评估的开展情况

抗菌药物耐药性风险评估是评价、管理和控制动物源细菌耐药性的一种重要工具。在世界范围内，一些国家已经制定了关于抗菌药物在食品动物中使用引起细菌耐药性的风险评估指南并开展了一些耐药性风险评估。

丹麦自1995年起就开展了兽用抗菌药物耐药性风险评估的工作，是全世界范围内最早进行人类和动物耐药性监测的国家之一。在美国，耐药性的控制依赖于各政府机构的共同努力，参与进行兽药销售及生产管理的联邦机构主要有农业部（USDA）、食品药品管理局（FDA）、环境保护局（EPA）、疾病控制和预防中心（CDC）等构成。1996年，FDA、USDA和CDC共同建立了抗菌药物耐药性监测系统（NARMS）。自1997到2010年分别对动物源性沙门菌、弯曲杆菌、大肠埃希菌等食源性细菌进行耐药风险评估，结果表明其耐药性均呈现不变或上升的趋势，尤其是四环素类和β-内酰胺类药物的耐药性最为严重。

欧盟兽用抗菌药耐药性管理工作主要由欧洲药品局（European Medical Agency，EMEA）下设的兽用药品委员会（Committee for Medicinal Products，CVMP）负责。2015年，欧洲疾控中心（ECDC）、欧洲食品安全局（EFSA）和欧洲药品管理局（EMA）首次联合探究了来自动物和人类细菌的耐药性特征，比较2012年动物和人类的抗菌药使用数据，结果显示抗菌药在动物中比在人类中的使用量高。鉴于目前的有限数据和AMR现象的复杂性，应该谨慎解释这些结果。日本于1999年建立了兽用抗菌药耐药性监控系统（The Japanese Veterinary Antimicrobial Resistance Monitoring System，JVARM），对食源性动物比如猪、鸡、牛携带的大肠埃希菌、沙门菌等细菌的耐药性进行监控。2012年，其采用了细菌耐药风险管理指南，针对用于食品生产动物的抗菌药物所引起的细菌耐药。目前对于风险评估，FSC 提出了风险排名系统，包括四类：可忽略、低、中和高。评估用于食源性动物的抗菌药物所引起的细菌耐药以及通过食物链对人类健康的影响。

澳大利亚和加拿大也分别创立了相关机构进行耐药风险评估，并且根据 OIE 标准提出的原则对本国的兽用抗菌药物进行风险评估主要通过对大肠埃希菌、沙门菌等常见食源性细菌的临床分离株进行常用兽医抗菌药物的耐药性监测，进而评估其风险等级。

（四）我国耐药性风险评估的开展情况

我国从 2002 年逐渐开展耐药性的监测工作。目前我国兽药残留的风险评估进程尚处于起步阶段，经验较为缺乏。2007 年 5 月 17 日，我国农业部在北京成立了国家农产品质量安全风险评估专家委员会来开展兽用抗菌药物风险评估的相关工作。2008 年，农业部开始建立了我国动物源性的耐药性风险评估程序。为了有效的降低耐药性的产生，我国农业部于 2015 年颁布 2292 号公告，要求停止洛美沙星、培氟沙星、氧氟沙星、诺氟沙星 4 种兽药应用于食品动物。2016 年，我国专家在对硫酸黏菌素进行风险评估后，禁止硫酸黏菌素作为动物促生长剂。2017 年我国成立了全国兽药残留与耐药性控制专家委员会，承担兽药残留与抗菌药耐药性产生的风险评估工作。该委员会由兽药、饲料、渔业、卫生、食品等领域 116 名专家组成，用于兽药残留控制、动物源性细菌耐药性防控工作提供技术支撑。2017 年，农业农村部发布《全国遏制动物源细菌耐药行动计划（2017－2020 年）》计划，参照 FDA 耐药风险评估文件，提出将释放风险、暴露风险、后果评价作为我国耐药风险评估检测工作的 3 大内容。2022 年，国家卫生健康委、农业农村部等 13 部委联合发布《关于印发遏制微生物耐药国家行动计划（2022－2025 年）的通知》，以积极应对微生物耐药带来的严峻挑战。

抗菌药物在全球范围内的不合理使用已经对人类健康产生了不同程度的危害。2014 年 5 月 1 日，WHO 在全球的抗生素耐药性风险评估大会中指出，抗生素耐药已经达到了惊人的比例。抗生素耐药感染的数量快速上升，影响了全球数百万人。在这种现状下，细菌耐药风险评估作为一种科学的工具用于评估暴露水平以及对人类健康造成的潜在风险。

根据国际食品药品管理局（FDA）的 152 号指南，需要系统评估兽用抗菌药的使用导致的耐药性风险。评估内容包括：①释放风险，即兽用抗菌药使用是否诱导动物源细菌耐药？②暴露风险，即动物源耐药菌是否会通过食物链传染传播给人及传播几率有多大？③后果评估，即人感染耐药菌几率多大？用同类药物治疗感染几率多大，治疗失败的几率多大？因此，评估的药物必须是人畜共用的药物，细菌为人畜共患食源性致病菌，且人医上，该类药物是治疗特定食源性病原菌感染的首选药物。

目前，风险评估存在一些问题。第一，主要关注的是食品动物细菌耐药性问题。最近很多研究发现伴侣动物使用抗菌药物也会产生耐药性，给人类健康造成了影响。第二，风险评估中存在不确定性和可变性。可变性涉及的是实数的分布，不确定性是定量风险评估和政策分析的重要组成部分。食物链是引起耐药菌和耐药基因传播的主要方式。到目前为止，还没有对从家畜到人类的耐药细菌的传播进行全面评估，包括多种潜在的暴露途径，细菌相互关系，共同选择和抗生素在多种物种中的累积效应。危险的性质难以识别，并将决定暴露的不利后果的性质，需要考虑的因素有很多，比如要考虑到微生物群落，基因组和抗性传递。第三，对于耐药性的出现和选择，特别是非临床环境，当前的风险评估模型不足以评估抗生素和抗生素耐药基因。第四，在对人类健康的影响模型中，抗菌药物的定量使用数据是有用的。由于耐药性数据的缺乏以及环境中水平基因的转移，因此，目前难以建立有效的模型来应用于环境风险评估指南。

养殖业的快速发展，在动物疾病的治疗和预防、疫情控制以及促生长等过程中，由于抗菌药物的大量不合理使用，我国的动物源性细菌耐药性的形势愈加严峻。因此，在我国开展动物源性食品的耐药性风险评估势在必行，而我国动物源细菌耐药性风险评估的工作尚处于初级阶段，在风险评估理论知识和人才的储备方面还很欠缺。因此，还需要参照相关组织以及发达国家（如美国、欧盟等）的评估体系。此外，针对我国重点养殖区食品动物及其产品开展重要病原菌（如大肠埃希菌等）耐药性研究，为耐药性风险评估提供科学依据。

第十节　抗菌药物耐药性监测计划

基于对人类自身安全及我国畜牧业的健康发展因素的考虑，我国于20世纪90年代就开始了对动物源细菌耐药性的研究，主要针对重点养殖区的动物源大肠杆菌、沙门氏菌、金黄色葡萄球菌和链球菌的耐药性。2000年，中国兽医药品监察所开展了对华东地区鸡源和猪源性大肠及沙门氏菌的耐药性背景调查。

一、OIE兽用抗菌药物耐药性监测计划

药物虽然在维护人类及动物健康和福利方面发挥了重大的作用，但是由于抗菌药物广泛使用所引发的耐药性问题也已成为危及食品安全、动物和人类健康的一个全球性问题。世界动物卫生组织（OIE）是一个负责改善全球动物健康状况的国际组织，近年来控制和解决动物源细菌耐药性问题成为其主要工作之一。早在1998年，OIE就开始关注耐药性的检测和控制。2003年，OIE专门成立了"抗菌药物耐药性工作组"，针对抗菌药物的使用及其耐药性问题开展了系列工作，制定了兽用抗菌药物耐药性监测计划的指导原则。

（一）监测目的

了解细菌耐药性发展趋势；发现新的耐药性机制；为人类和动物健康风险性评估提供足够的数据；为保障动物和人类健康相关措施的制定提供基础；为指导临床开具处方和谨慎使用抗菌药物提供资料。

（二）监测内容和方式

各成员要对耐药性采取主动监测及监控，被动监测和监控只能提供辅助信息。主动监测须按采样计划主动采样，当不属于采样计划范围内的送检样本属被动监测范围。要注意调查的系统性（包括统计学方法），常规采样和监测要包括农场、市场和屠宰场。要制定监测计划，确定采样动物源、群体数及采样量，并应查看兽医临床检验和实验室诊断记录。

(三) 抗菌药物耐药性监测计划的建立

1. 总则

定期或持续地对动物源性、食品源性、环境源性和人源性耐药细菌流行变化规律进行监控，对遏制抗菌药物耐药性的传播和指导临床合理使用抗菌药物具有重要意义。应对食物链不同环节进行动物源性细菌监测，包括食品加工、包装和销售等各个环节。

2. 采样原则

采样应按统计学方法进行，并应保证样品的代表性及采样方法的稳定性。采样应考虑以下因素：样品大小、样品来源（动物、食品、动物饲料）、动物种类、同种动物的不同类型（按年龄、生产类型分类）、相同类型的动物分类、动物的健康状况（健康或疾病）、随机样本（定向的、系统的）、样本的采集（动物粪便、屠体或食品）等。

3. 采样量

样品量应保证足够耐药菌的检出，但不宜过多以免造成资源浪费，具体见表3-1。

表3-1 评估抗菌药物耐药性流行的样本量

预计流行率	置信水平					
	90%准确度			95%准确度		
	10%	5%	1%	10%	5%	1%
10%	24	97	2,429	35	138	3,445
20%	43	173	4,310	61	246	6,109
30%	57	227	5,650	81	323	8,003
40%	65	260	6,451	92	369	9,135
50%	68	270	6,718	96	384	9,512
60%	65	260	6,451	92	369	9,135
70%	57	227	5,650	81	323	8,003
80%	43	173	4,310	61	246	6,109
90%	24	97	2,429	35	138	3,445

4. 样品来源

动物OIE各成员国应考察本国的畜牧生产体系，经风险评估后，才能得出耐药性的严重性以及对动物和人类健康的影响。采样应该考虑牲畜类别，包括成年牛和犊牛、屠宰猪、肉鸡、产蛋鸡和/或其他家禽和鱼类。

被污染的食物常被认为是将抗菌药物耐药性从动物传递给人类的主要途径。不同种类的蔬果可能暴露于家畜的粪尿或污水，污染动物源性耐药菌。动物饲料，包括进口饲料，也应在耐药性监测及监控计划范围内。

5. 样品的收集

家畜采集粪便，家禽采集整个盲肠内容物。牛和猪，应采集至少5克的粪便样才能保证细菌的分离。在屠宰场采集屠体样本，应提供屠宰方法，屠宰卫生条件和在屠宰过程中肉品污染粪便的程度等信息。在销售环节中采集样本能为消费者提供接触食品前耐药率变化的相关信息。现有的食品加工过程中微生物监测和"危害性分析及关键控制技术"

(HACCP)计划,能为屠宰后对食物链进行耐药性监测及监控提供有用的样本。

6. 细菌的分离

细菌菌株的分离和鉴定应遵循国际公认的操作规范。监测细菌的种类:(1)动物源病原菌。对动物源性病原菌耐药性监测能为人类和动物健康提供保障,并能指导兽医临床合理使用药物。动物源性病原菌耐药性信息的获取,主要来自兽医诊断实验室对临床送检病料的分析。这些样本通常来源自严重感染或治疗失败导致的反复感染病例,提供的耐药信息可能有偏差。(2)人兽共患病原菌。(3)沙门氏菌。采集沙门氏菌样本包括牛、猪、鸡及其他家禽。具有重要流行病学的血清型,如伤寒和肠炎沙门氏菌,应该在监测范围。对其他血清型进行监测,应根据不同国家流行病学情况来选择。所有沙门氏菌分离菌应检测其血清型。如有必要,可也做菌株的噬菌体分型,分型应按国家级实验室的标准方法进行。(4)弯曲杆菌。空肠弯曲杆菌和结肠弯曲杆菌作为共生菌,可从以上样本中分离。弯曲杆菌分离菌株应鉴定到种。推荐采用琼脂稀释法或微量肉汤稀释法用于弯曲杆菌药物敏感性检测。必须严格执行质量控制程序。(5)肠出血性大肠埃希氏菌。肠出血性大肠埃希氏菌(EHEC),如O157血清型,对人有致病性,但对动物无致病性的菌株,也应在耐药性监测及监控计划范围内。(6)共生菌。大肠杆菌和肠球菌是常见的共生菌。这些细菌常被认为是耐药基因的储存库,可能将耐药基因传递给致病菌引起动物或人感染。这些菌易从健康动物体内和屠宰场分离获得,故对其进行耐药性监测具有重要意义,具体见表3-2。

表3-2　　　　耐药性监测和监控所涉及的动物源病原菌种类

靶动物	呼吸系统病原菌	肠道病原菌	乳腺病原菌	其他
牛	睡眠嗜血杆菌 巴氏杆菌属	沙门氏菌属 大肠杆菌	链球菌属 金黄色葡萄球菌	
猪	胸膜肺炎放线杆菌	短螺菌属 沙门氏菌属 大肠杆菌		猪链球菌
家禽类				大肠杆菌 弧菌属 气单胞菌属

7. 菌株的保存

菌株的保存时间至少到调查报告完成时,最好能作永久保存。所有收集的菌株应按年份保存,以便开展回顾性调查。

8. 药物敏感性试验抗菌药物的选择

人医和兽医临床使用的重要抗菌药物应是监测对象。然而,监测的抗菌药物种类选择要取决于该国的经济实力。

9. 数据的记录及保存

定量记录药物敏感性试验结果。验证试验应按《陆生动物手册》(Terrestrial Manual)的1.1.6章中有关抗菌药物敏感性试验方法进行。

10. 结果的记录、存档及解释

（1）由于所需保存的信息量大而复杂，获取信息时间不同，故应考虑建立数据库对相关资料进行保存。（2）对原始数据（最初无法解释的数据）保存是必要的。因为这些数据可以对出现的各种问题，包括将来可能出现的情况作出解释。（3）不同系统（实验室自动记录数据的比较，以及将数据提交给耐药监测计划中心）间数据的交换需要有相关计算机系统的技术支持。实验结果应以定量记录方式收集保存到国家数据库。（4）记录的内容包括：采样计划；采样日期；动物种类/牲畜分类；样品类型；采样目的；畜禽群或动物的地理分布；动物年龄。（5）实验室提供的资料应包括以下信息：实验室的属性；菌株分离日期；出具报告的日期；细菌种类和其他相关的分类特性（如血清型、噬菌体分型、抗菌药物敏感实验结果/耐药表型）。（6）报告包括耐药菌株所占的比例，包括药物敏感性判断折点值。（7）在临床上，根据药敏判断折点值将细菌分为敏感、中敏及耐药菌。这些常被临床或药理学参考的折点值是各国各自制定的，在国家间是不同的。（8）记录所使用的参考体系。（9）为达到监测目的，首先要考虑的就是确定微生物敏感性判断折点值。折点值应依据被监测细菌 MICs 的分布范围或抑菌圈直径范围来确定。当使用微生物折点值进行耐药性判断时，只有确信耐药的细菌群是源自正常敏感细菌群时才可定义为耐药。（10）必要时，应记录分离菌株的耐药表型（耐药谱）。

11. 标准实验室和年度报告

（1）各国应设立国家标准实验中心承担以下责任：协调耐药性监测及监控计划的相关事宜；在国家重要区域收集信息；撰写整个国家耐药性情况分析年度报告。（2）国家标准实验中心有权获取以下内容：原始数据；可信和完整的试验结果，实验室间的校正；熟练水平试验结果；监测系统的组织结构信息；试验方法的相关信息。

二、我国抗菌药物耐药性监测计划

（一）承担单位

我国全国动物源细菌耐药性监测系统由中国动物卫生与流行病学中心、中国动物疫病预防控制中心、中国兽药饲料监察所及其他 7 家省级兽药监察所，共同完成监测任务。

（二）监测地区

全国 31 个省区市和新疆生产建设兵团。

（三）监测对象

我国所监测的细菌主要有两类，一是指示菌，如猪禽携带的大肠杆菌和猪禽粪尿中含有的肠球菌；二是人畜共患病菌，如猪禽沙门氏菌、猪禽的弯曲杆菌（空弯和结弯）和奶牛携带的金黄色葡萄球菌。以上动物源细菌的主要来源地为养殖场，通常来源于畜禽的泄殖腔/肛拭子、牛奶和盲肠内容物等。

（四）检测方法

1. 耐药表型检测

（1）琼脂扩散法：纸片扩散法、Etest。

（2）稀释法：肉汤微量稀释法、琼脂稀释法。目前国际通用的检测方法为微量肉汤稀释法。

2. 耐药基因型检测

（1）PCR 技术：普通 PCR、多重 PCR、PCR-RFLP 等。

（2）DNA 测序：基因突变分析。

（3）基因探针：DNA 探针、RNA 探针。

（4）基因芯片：可同时检测多个耐药基因。

（5）全基因组测序：具有较好的敏感性和特异性，可发现新的潜在的耐药基因。

3. 判定标准

参考美国 CLSI 的判断标准。

第四章 抗生素替代技术

抗生素（antibiotics）是指经过微生物培养或者化学合成得到的能够特异性杀灭微生物的物质。抗生素在养殖业中主要应用于两个方面：一是治疗畜禽疾病，降低养殖动物的患病率和死亡率；二是加快畜禽生长，增加饲料利用率。但抗生素在动物体内残留会引起各种副作用，如抗生素耐药菌向人体转移会导致生殖障碍，甚至导致癌症。因此，探索安全、绿色、新型和高效的抗生素替代物尤为重要。

第一节 兽用抗生素的使用现状

一、畜禽养殖抗生素的使用现状

随着畜禽集约化养殖，抗生素的使用量在逐年增加，而抗生素的使用情况却并不乐观。在对埃塞俄比亚中小农畜牧业中使用抗生素的研究中发现，约18.5%的畜牧家庭将人用抗生素用于兽医用途，约72.3%的牧民没有坚持完整的疗程，而是服用抗生素，还有大约80%和70%的答复者倾向于分别给高于或低于建议使用的抗生素剂量。

畜禽业抗生素的大量使用已产生了严重的食品安全、动物源细菌耐药性问题，很多国家致力于减少抗生素使用量：2006年，欧盟各国决定在饲料中禁止添加黄霉素、盐霉素钠、卑霉素和莫能霉素钠等抗生素，开始全面禁抗；2011年，印度国际疾病控制中心设定了家禽生产中抗生素使用量标准，禁止20多种抗生素用于畜禽养殖，明确规定四环素、土霉素、甲氧苄氨嘧啶和奥索利酸等抗生素不可超量使用；2017年，美国禁止在动物中使用抗生素；2018年，巴西农业、畜牧业、食品供应部（MAPA）和国防部（SDA）联合发布声明禁止饲喂（促生长）抗生素。

二、我国畜禽养殖业中抗生素的使用现状

中国是世界上人口最多的国家，也是截至2010年全球最大的抗生素使用国家（动物生产）。为确保抗生素的规范使用，我国完善了法律法规体系，以保障畜禽产品安全。2001年，农业部发布《饲料药物添加剂使用规范》；2015年，农业部规定禁止在食用动物中使用洛美沙星等4种药物；2018年，中国饲料发展论坛上提出：除植物提取物类仍可在饲料中使用外，药物饲料添加剂将在2020年被纳入药物管理，禁止在饲料中使用；2020年2月，中国农业农村部第194号公告表示：自2020年1月1日起，退出除中药外的所有促生长类药物饲料添加剂品种，兽药生产企业停止生产；自2020

年7月1日起，饲料生产企业停止生产含有促生长类药物饲料添加剂（中药类除外）的商品饲料。

第二节 抗生素升级替代策略

饲料中添加抗生素能够促进动物生长，节约养殖成本。但饲料中添加的抗生素也可能引发一些问题，如农畜产品中的抗生素残留导致人体产生过敏反应和毒性作用；残留的抗生素使动物和人类产生细菌耐药性，危害健康并加速超级细菌的产生；畜禽排泄物中抗生素成分造成环境污染等生态问题。基于上述原因，禁用饲用抗生素成为必然，寻找安全、可靠的抗生素替代物刻不容缓。目前，酶制剂、抗菌肽、益生菌等是具有替抗作用的三类主要饲料添加剂。

一、益生菌制剂

益生菌又被称作微生态制剂、活菌制剂、益生素等。Fuller对益生菌的定义是：一种可通过改善肠道菌群平衡进而对动物施加有利影响的活的饲料添加剂。动物微生态理论是微生态制剂的理论基础。该理论认为：动物肠道中存在的正常菌群与动物机体存在着共生关系，两者为彼此提供营养等生存条件，如果动物所处的外界环境发生变化，如饲养环境改变、气候变化、食物中添加抗生素等，都会使动物机体处于一种应激状态，从而使动物体内的微生态平衡遭到破坏，致使动物出现亚健康，甚至是疾病。而益生菌制剂可补充、调节或维持动物肠道的微生态平衡，进而可防治动物疾病的产生，促进动物机体的健康。1947年，蒙哈德经过研究发现，喂食添加有乳酸杆菌饲料的仔猪的体重明显增加，免疫力显著提高。益生菌在动物的肠道中可分泌多种物质，例如降低肠道中pH的乙酸和乳酸、可溶解细菌的溶菌酶、抑制病原菌的过氧化氢等，这些物质都有利于畜禽预防肠道疾病的伤害。此外，益生菌制剂不存在耐药性，没有毒副作用，无残留，成本较低，效果突出，因此得到众多养殖业者的认同。

二、酶制剂

酶制剂是由某些消化酶加工制成。它能够使动物体内不足的消化酶得到补充，有利于营养物质的吸收利用，动物胃肠道中的菌群的优化。酶制剂的作用机理可分为3个方面：一是分解纤维素和果胶等非淀粉的多糖物质，将植物的细胞壁分解后暴露出其保护的蛋白质等物质，将多糖分解为可被动物体吸收利用的小分子糖类；二是补充体内不足的消化酶，利于动物对营养物质的吸收利用，促进动物个体生长；三是某些酶具有杀菌作用，进入动物消化道后能够杀灭有害菌，可防治胃肠疾病。目前常用的酶制剂多含两种或多种酶的复合酶制剂，只有植酸酶是单一的酶制剂产品。现在常用的酶制剂包括：木聚糖酶、果胶酶、纤维素酶、植酸酶。目前，酶制剂已经在畜禽养殖业广泛应用，但是酶制剂作用的发挥受到诸多因素的影响，例如动物自身的健康、动物的种类、酶制剂的质量、饲养环境等，都阻碍着酶制剂的发展。

三、中草药

中草药是应用于饲料中的主要植物提取物。因其来源于植物中，具有无耐药性，无残留的特点，此外还兼有药用和营养的双重作用。植物提取中往往含有多种生物活性物质，例如多糖、生物碱等。这些活性物质能够增强动物自身的免疫能力，增强动物的抗病性。此外，中草药还有利于动物对养分的吸收利用，促进动物的生长发育。目前研究较多的中草药有板蓝根、党参、金银花、神曲、黄连等以及它们的多种复合类制剂。近年来，异黄酮类化合物是研究比较多的新植物提取物。它存在于豆类、谷物等植物中，在动物消化道中活性较明显，不仅有利于动物的生长，还能使动物的繁殖性能得到改善。中草药作为饲料添加剂在改善动物机体健康的同时也存在着许多亟须解决的问题，例如中草药中的有效成分难确定、添加量比较大、效果发挥不稳定、没有深入的毒理研究、作用机理不明确、产品质量难控制等，使得中草药难以在畜牧养殖业上大规模的应用。

四、抗菌肽（AMPs）

抗菌肽是生物体内产生的有活性的小分子多肽，广泛存在于生物体内，是生物天然免疫系统中的重要组成部分。AMPs对各种细菌、真菌和病毒甚至癌细胞都有广谱活性，还有潜在的免疫调节特性。抗菌肽的抗菌机制与现有抗生素不同。研究表明，抗菌肽通过重组脂质体结构域分布来阻止细菌代谢，从而导致细菌死亡。抗菌肽通过物理破坏细胞膜的结构来破坏细菌，从而使细菌难以产生耐药性。因此，抗菌肽有望成为抗生素的最佳替代品之一。

五、植物精油

植物精油是提取于草本植物的挥发性芳香油状物质的统称，具有抑菌、防腐、抗氧化、杀虫等生物学特性，植物精油以成分天然、毒害很小、药物零残留、安全健康、使用方便以及功能全面等优点在各个行业都形成了研究的热潮。植物精油目前在医药行业、香精香料行业和化妆品护肤行业等风生水起，其作为饲料添加剂也慢慢被追捧为"新宠儿"。植物精油的成分和组合形式多种多样，能够减少有害致病菌的数量，加强机体的抵抗力和免疫水平。植物精油中关于芳香族化合物肉桂醛和丁香精油研究较多，发现两者在抗菌和抗氧化等方面表现出强大的优势。

第三节 在畜牧业生产中减抗替抗策略

目前市场上常见的添加剂产品，比如酶制剂、酸化剂，主要是用于提高动物对营养物质的消化能力；益生菌、酸制剂等以调节肠道微生物菌群结构为主要功能；还有提高机体免疫功能的植物提取物/植物精油等产品。此外，市场上还有一些新型的添加剂产品，如卵黄抗体、噬菌体等，正在推广阶段。但基于抗生素在杀菌、预防疾病、促生长等方面稳定、显著的效果和低廉的使用成本，迄今为止，还没有一个单独的产品可以完全替代抗生素并且得到公认。所以，抗生素的替代需要"策略"性思考。"替抗"策略的思路是：系统思考、重点突破！即先结合动物的生理特点，立足于饲料本身，以精准营养的思路做好饲料（营养水平、原料选择、加工工艺等），同时关注动物的消化道健康，尤其是肠道健康。在肠道健康方面，合理使用添加剂产品，保证肠道结构完整、屏障功能正常。（1）机械屏障。肠道机械屏障主要由肠道上皮细胞、上皮下的固有层和上皮细胞侧面的细胞连接等组合而成。肠道上皮细胞是肠道黏膜屏障中的重要部分。肠上皮发挥功能主要有2个方面：①它是一个阻止外源性物质、细菌和内毒素进入肠道的重要屏障；②它是一个选择性过滤器，能选择性的允许必需的营养物质、电解质和水从肠腔中进入体循环。对这层屏障而言，能量的提供是最重要的。一方面肠黏膜细胞本身需要大量能量维持其正常功能，另一方面，当机体受到刺激时，肠黏膜细胞最易受到损伤，它的修复也需要大量能量。因此，能快速向肠黏膜供应能量的物质是保护肠道机械屏障完整，或是保证其损伤后快速修复的重要措施。（2）生物屏障。肠道黏膜上的正常菌群构成了肠道的生物屏障。正常菌群是指定居在肠道内的菌群，一般情况下对动物有益无害。乳酸杆菌和双歧杆菌，是肠道中最具有生理意义的两种菌群，二者紧贴肠道黏膜表面，与黏膜上皮形成细菌生物膜的菌群。（3）免疫屏障。肠道是人体最大的免疫器官之一。我们选择的添加剂产品要具有免疫增强或免疫调节的作用，通常植物精油/植物提取物、酵母及其衍生物都可以选择。针对肠道的3层屏障，需要有针对性地选择产品才能更好地发挥作用；同时，肠道3层屏障并非彼此独立的存在，它们之间也存在相互影响的效应，因此在选择添加剂产品时需要系统思考。此外，由于影响产品（包括饲料、添加剂）使用效果的因素还包括猪场条件、饲养管理、疫病防治等方面，因此，在提供产品及解决方案的同时，也要提供相应的服务来作为保障，只有这样，"替抗"的目标才能最终实现。

一、精油

（一）定义

植物精油是提取于草本植物的挥发性芳香油状物质的统称，具有抑菌、防腐、抗氧化、杀虫等生物学特性，植物精油以成分天然、毒害很小、药物零残留、安全健康、使用方便以及功能全面等优点在国内外各个行业都形成了研究的热潮。目前，植物精油被广泛应用在医药、香精香料和化妆品护肤等行业，其作为饲料添加剂也慢慢地被科学家发现。植物精油包含的成分多种多样，能够减少有害致病菌的数量，加强机体的抵抗力和免疫水平。对芳香族化合物肉桂醛和丁香精油研究较多，发现其在抗菌和抗氧化等方面表现出来强大的优势。研究发现，从康乃馨分泌物中提取出的精油能够改善心肌细胞的氧化状况、加强抗氧化、消除细胞凋亡和炎症反应。此外，植物精油还具有促进牛生长的作用，植物精油可以提高肠道消化酶的活性、增加小肠的绒毛快速发育、抑制有害菌的繁殖等，这些方式都可以提高动物机体对养分的消化吸收。himroz等人研究发现在肉鸡饲粮中添加100 mg/kg植物精油，可以增强肉鸡腺胃表皮细胞和黏液细胞的活动，且增加了中性黏多糖的分泌，这些黏多糖和唾液共同作用形成黏液层，抵挡了大肠杆菌等肠道有害菌的繁殖，进一步帮助机体消化和吸收饲料营养。

（二）植物精油分类和理化性质

植物精油来源广泛，可以来自灌木、亚灌木和其他草本植物，其取材部位多样，可以采自树根、树皮和花、叶、茎等。植物精油成分复杂，由多种化合物组成，包括醇、酯、碳水化合物、醛、酮、酚、松烯醇及酸萜烯碳氢化合物，此类比例最高，一般都在50%左右，如月桂烯、金合欢烯、樟脑等，这类化合物遇到空气和热源时很容易造成挥发，其在消炎、抗病毒和防腐杀菌等方面有很强的功效，此外其中一些还具有止痛、滋补、抗过敏的作用酚类，如百里香酚、香芹酚、麝草香酚、丁子酚等，酚类精油多以低剂量使用，在防腐杀菌等方面具有良好的效果，但是对皮肤黏膜有一定的损害。醇类，如芳樟醇、香茅醇和萜品醇，具有杀菌、抗氧化和消炎的作用，研究发现茶树精油中提取的醇类具有振奋精神的作用。醛类是构成柑橘属植物精油的主要成分，如肉桂醛、柠檬香茅等，这类同样具有抗真菌、消毒、镇静的作用，但浓度不宜过高，否则会造成皮肤的刺激和光敏性反应。研究发现，酮类提取自金钟柏的侧柏酮，可以减少黏液过量分泌，减轻炎症，同时也可以促进细胞和组织再生，具有很好的药用治疗功效。其他，如酯类、醛类、氧化物、内酯和香豆素等，这些物质的作用正在研究和证实中，中医研究发现，内酯具有止咳化痰、促进黏液流动的功效。

（三）植物精油提取工艺

水蒸气蒸馏法是提取植物精油最常用的方法，其设备简单，操作方便，成本低廉，产率高。但是此法生产过程中耗能高、温度高易造成产物的分解。丁皓迪等针对胡椒叶精油难溶于水并且高温下易挥发的弊端，采用水蒸气蒸馏法提取胡椒叶精油后，再由去离子水、精油和助表面活性剂在一定的比例下混合而自发形成的微乳液体系改善了这一问题，使精油产率大大提高，抗氧化性能也有所增加。有机溶剂萃取法根据相似相溶的原理，能够对植物精油进一步特异性纯化，耗能方面与传统工艺相比较低，该方法可以最大程度地保持所提取精油的香气和成分，工艺操作简单，能减少原料的损失且产出率较高。压榨法温度较低，极大避免了精油的化学成分和功能由于高温而发生改变，压榨法可保证精油质量稳定。该方法操作简单，目标性和针对性强，可以压榨精油存于果皮中的植物，缺点是出油率较低。白雨佳等探讨了压榨法制取甜橙精油的最佳工艺条件，发现采用气相色谱-质谱联用仪的方法对所制备出的甜橙油较好的保持了甜橙的香气成分，具备较佳的香气。

酶解法是一种新型的提取方法，利用专一性的酶制剂提取精油，此法提取条件温和，纯度高，得率高，特异性强。陈洪玉等通过酶解法与传统方法的比较试验提取玫瑰花精油，发现酶解法提取玫瑰精油提取率高，只加入纤维素酶提取玫瑰花精油的提取率最高，因为纤维素酶能催化玫瑰花中的纤维素的水解，使细胞壁部破裂，渗透压升高，促使细胞内溶物溶出，从而提高玫瑰精油的产率。

（四）植物精油的生物学功能

1. 植物精油的抗菌作用

植物精油可以抑制细菌生长、抵抗真菌菌丝分裂和降低病毒繁殖速度等。在抑制细菌方面，植物精油的活性成分具有亲脂性，当其进入细菌细胞膜时，破坏细胞磷脂结构，导致代谢产物、离子等内容物渗出，造成细胞死亡，曲颖等研究发现丁香、连翘和降香3种药用植物精油对金黄色葡萄球菌、大肠杆菌、沙门氏菌均有抗菌效果，通过膜渗透性实验表明，丁香精油能够改变细胞膜渗透性，导致细菌死亡。孙达等人研究发现柠檬醛和肉桂醛对常见的几种革兰氏阳性菌和阴性的病原菌（大肠杆菌、金黄色葡萄球菌）具有抑制作用。Lejal 等人将黑胡椒、迷迭香、柠檬草和杜松混合后通过蒸馏方法获得的植物精油，发现其对腐生细菌的生长具有显著的抑制作用。在抗真菌方面，精油可以抑制菌丝生长，孢子萌发，减轻真菌的毒力。王丹等人发现丁香精油使灰葡萄孢菌和胶孢炭疽菌细胞膜透性增强，进而引起胞内核酸物质和蛋白物质的外泄，最终影响菌丝生长和孢子萌发。百里香酚通过改变菌体细胞膜通透性，干扰蛋白质代谢和正常的二分裂来抑制细菌的生长，在抑菌浓度下能够不影响细菌生长的前提下抑制其生物膜的形成。袁中伟等人研究发现百里香酚对耐甲氧西林金黄色葡萄球菌具有抑制作用，通过增加菌液电导率，使细菌 DNA 外渗量增加，作用 24 小时后菌体蛋白质含量比对照组降低 68.20%，萜类和酚类的抑菌效果较强，而孔雀草精油的组成中 86% 都是萜类，王云龙等人利用菌落计数法验证了孔雀草精油的抑菌能力，结果表明孔雀草精油对坎希氏大肠杆菌、金黄色葡萄球菌及伤寒沙门氏菌有抑制作用。Ouwchaml 等人在体外厌氧条件下于不同细菌的培养基中，添加不同类别和剂量的植物精油，通过研究其抑菌能力发现，肉桂醛和百里香酚组合抑菌的能力更强，能抑制半数以上的革兰氏阴性细菌的生长，特别是对沙门氏菌、大肠杆菌的抑菌作用更强烈，但对革兰氏阳性细菌的抵抗力强、敏感性弱，植物精油对其抑制作用不明显。抗病毒方面，冠状病毒 COVID-19 的复制是通过将多肽转化为功能性蛋白质而发生的，这是由关键酶主蛋白酶（Mpro）引起的，桉树油可以用作抗 COVID-19 的潜在抑制剂，破坏关键酶的活性。陈帅等人发现肉桂醛的抑菌机理呈现出剂量效应关系，高浓度的肉桂醛通过影响细菌细胞膜上脂肪酸的分布和连接，以及抑制细胞膜上的酶活性，调控细胞膜的流动性，增强其渗透作用，使胞内物质外渗导致细菌死亡；中等浓度肉桂醛可以抑制细胞内三磷酸腺苷（ATP）蛋白酶的活性，影响细胞的功能以及生物膜的合成从而起到抑菌作用；低浓度的肉桂醛可以与细胞内的蛋白、激素等因子相结合，影响细胞正常分裂。这说明植物精油抑菌机制与其浓度变化有关。

2. 植物精油的抗氧化作用

动物机体经常会因为其体内氧化还原状态失衡，自由基含量增加，导致机体会出现较强的应激反应。如果自由基不及时清除，就会发生脂质过氧化并形成脂质过氧化物，最终生成丙二醛（MDA）。相关研究发现，百里香酚和香芹酚具有很强的抗氧化活性，其可以在 MDA 生成的第一步中提供酚羟基基团作为氢供体来与过多的过氧自由基结合，从而可以抑制 MDA 的生成。萜烯类同样具有抗氧化能力，陈潘等人对四种植物精油提取出的活性成分进行抗氧化分析，发现萜烯类化合物含量越高，精油抗氧化活性越强，其中柑橘皮精油的萜烯类化合物含量可以达到 97% 左右，表现出极强的抗氧化功效。秦轶等人通过对柠檬精油的抗氧化能力分析得到了同样的结果，其发现柠檬精油的萜烯类化合物和维生素 C 的协同作用，对于抑制羟自由基和阴离子的生成具有显著作用。王兰等人用百里香酚、香芹酚、肉桂醛和载体糊精粉等复合植物精油饲喂肉鸡，发现植物精油组显著降低了 MDA 的含量，增加了总抗氧化能力（T-AOC）和谷胱甘肽过氧化物酶（GSH-Px）的活性，从而提高了肉鸡的抗氧化能力。肉桂精油取材自桂皮、桂枝、桂叶等部位，主要成分是肉桂醛，常温下为油状液体。张彦等人发现肉桂精油能够清除大量自由基，且清除能力与精油浓度呈现正相关和剂量效应。徐晓鸿发现香芹酚可以显著逆转肺水肿损伤的大鼠表现出来的氧化应激反应，精油浓度在一定范围内，抗氧化效果和其成等比。还有研究发现植物精油具有降血脂和缓解热应激的作用，百日草精油可以增加纤维化小鼠血清中的透明质酸和羟脯氨酸的活性，改善肝脏氧化应激的状态。

3. 植物精油的免疫调节作用

免疫球蛋白是人类参与免疫应答相关的蛋白，主要存在于血清中，包括 IgA、IgG、IgM 等。通常情况下，随着免疫能力的增强，免疫球蛋白的数量会有所增加。周选武等人在饲粮添加有效成分为百里香酚和肉桂醛后发现，断奶仔猪的死亡率显著降低，同时提高了血清中 IgA、IgG 水平，说明植物精油可以提高机体的免疫能力，同样的结论在母猪中得到了验证。虽然也有研究发现肉桂醛和香芹酚混合物提升了肉鸡血清 IgG 的含量，但是对于免疫器官的指数没有影响。炎症是机体对不同类型有害因子的复杂免疫过程，它们会诱导急性炎症反应，反应一般持续时间较短。炎性因子是伴随炎症反应的发生而增加的，肿瘤坏死因子（TNF）、白介素-6 和白介素-1 家族系细胞因子为促炎因子。植物精油活性成分对炎性因子和促炎症因子都有一定的抑制作用。张宗钱等人采用水蒸气蒸馏法提取锡兰肉桂精油，发现其对炎症因子的产生具有显著的抑制效果，对细胞活力的影响很小。饲粮中添加百里香，能够降低小鼠结肠炎中的促炎因子的血清浓度，这说明植物精油可以调节炎性因子表达，使得结肠组织的损伤得到明显改善。杜恩存通过研究发现，百里香酚和香芹酚可以通过减少肠道微致病生物数量，抑制炎症反应，从而缓解产气荚膜梭菌对肉仔鸡造成的肠道损伤。

4. 植物精油的其他作用

提高动物采食量。植物精油含有特殊的香味，这一特殊气味能够刺激动物的嗅觉器官，对动物起到诱食的作用，增加动物的采食量，从而提高其生产性能。熊云霞等人在猪的日粮中添加香芹多酚和百里香酚，发现能略微提高采食量，但差异不显著。也有研究发现复方精油替代抗生素增加了仔猪的采食量，且部分替代效果优于全部替代，同时还有缓解哮喘的作用。用薄荷醇和薄荷酮通过雾化吸入可抑制哮喘小鼠的呼吸道上皮增生、减少胶原蛋白沉积，同时降低促炎和特异性细胞因子杀虫作用。Nogueirai 等人发现白头翁精油的石竹烯对白纹伊蚊的采食量有很大影响，当其成虫摄入精油后出现拒食的现象，笼内驱虫试验发现精油对于幼虫和螨虫有一定的杀伤能力，说明白头翁精油可以作为驱虫剂使用。除臭作用。除去臭味的工作液的制备是除臭技术的核心，而植物精油是从天然植物中提取的提取液，再搭配上先进的应用设备，迅速捕捉异味分子，及时将臭味物质分解成无毒、无味的小分子，以达到除臭的目的多项研究表明，某些精油具有消除特定恶臭的能力。例如，冬青植物精油在猪上的应用主要体现在两个方面，一是抵抗病菌增加免疫力，二是无毒性不会产生耐药性。吴东等人研究肉桂醛替代抗生素对肥育猪生长性能的影响，发现肉桂醛组较对照组提高了日增重，降低了料肉比，猪血清中 IgG 升高 195.07%，差异极显著，说明肉桂醛可以作为吉他霉素的替代品。在母猪生产的不同时期加入植物精油，可以增加血清免疫球蛋白 IgG 水平，减少肠道有害病原菌的数量和病原菌黏附机会，改善母乳成分，提高抗氧化能力。同时可以加速肠绒毛表面上皮细胞更新，增大消化面积，提高饲料消化率，促进营养物质吸收的作用，进而改善母猪健康，提高产仔数和窝重。有无残留和有无毒害作用是衡量饲料添加剂最基本的两个方面，王雨琼等人检测肉桂醛对猪小肠上皮细胞活力影响，结果证明肉桂醛对猪小肠上皮细胞具有一定的增殖效果，细胞毒性为 0 级，pH 结果说明，猪小肠上皮细胞内环境稳态，营养物质吸收及细胞生长状况没有受到肉桂醛浓度变化的影响。饲料消化率提高说明肠道比较健康，各种益生菌保持较高的优势，能够减少成本增加效益。张强等人在日粮中添加0.01%的精油，发现可提高生长猪蛋白质、能量、总必需氨基酸和总氨基酸的回肠末端表观消化率，并有提高干物质表观消化率的趋势。

5. 植物精油在家禽上的应用

杨福剑等人将枯草芽孢杆菌与植物精油混合后添加到种鸡日粮中，发现改善了种鸡的生产性能，提高了产蛋率和孵化率，降低了死淘率。也有研究发现其他促生长物质和植物精油组合在一起可以通过杀死有害菌，促进有益菌增殖，优化肠道微生物菌群环境来维持肠黏膜完整，提高肠绒毛的高度及降低隐窝深度，从而增强营养物质的吸收。严霞等人将复合植物精油与微生态制剂组合研究对竹丝鸡生长性能、血清生化指标及肠道绒毛的影响，结果发现料重比降低，指肠、回肠绒毛生长长度变长，抗氧化能力有所提升，促进机体总蛋白质的生成及促进激素IGF-1的产生。植物精油还可以通过提高消化酶活性，减少营养物质的流失，从而加强动物机体生长发育。李红英等人研究发现50 mg/kg的植物精油（有效成分为西里香酚和肉桂醛）显著改善山麻鸭蛋蛋壳重量、提高血钙含量、改善山麻鸭消化道酶活性，提高了表观消化率。免疫器官指数是衡量动物机体免疫状态的初步指标，高玉云等人发现有机酸和精油复合微囊包被技术提高了黄羽肉公鸡脾脏指数，但是对胸腺和法氏囊的影响不显著，提高了胸肌率和腿肌率，以200 mg/kg添加量为宜。

6. 植物精油在反刍动物上的应用

植物精油在肉牛羊饲料中添加可以提高肉的品质和风味，增加脂肪酸的含量。白云鹏等人研究发现，在平凉红牛饲粮中添加牛至精油提高了平均日增重，并且肌肉pH、滴水损失和剪切力均有所下降，熟肉率、大理石花纹评分呈上升趋势。说明牛至精油对牛肉品质的改善有很好的作用。牛至精油成分复杂，酚类占比较高，其中香芹酚占79.6%，麝香草酚占2.5%，其他约占10%，具有极强的抗氧化活性和杀菌作用。贾莉等人研究发现，4克/天的牛至精油提高了河西绒山羊羊肉粗蛋白含量，降低了粗脂肪含量，同时增加了不饱和脂肪酸含量，使羊肉风味和脂肪酸营养价值得到了明显改善和提高，说明牛至精油对脂肪沉积具有调节作用。植物精油还可以作用于反刍动物瘤胃发酵，优化瘤胃微生物内环境，从而提高生长性能和增加瘤胃有益菌区系。柏妍等人研究发现了牛至精油组显著降低了荷斯坦犊牛瘤胃中变形菌门的相对丰度，提高犊牛瘤胃中蛋白质降解菌的相对丰度，降低了产丁酸菌属的相对丰度，同时也可以缓冲毒素对有益菌群的破坏。牛至精油还可以降低荷斯坦奶牛乳房炎的发病率，降低腹泻率，对奶牛健康状况有所改善。还有研究发现，牛至精油中的丁香酚不仅降低了湖羊瘤胃甲烷生成量，还对产气量有抑制作用。由此可见，牛至精油在反刍动物上用得较多，且结果都是以提高消化率、改善肉品质为主。

7. 植物精油在其他动物上的应用

Ran等人研究发现，在罗非鱼的饲粮中添加香芹酚可提高头和肾巨噬细胞的吞噬活性，进而提高机体免疫力。植物精油还具有药用治疗作用，可以作为常规解毒，降温药物的替代。王兆丹等人探讨杭白菊精油对内毒素致新西兰兔发热模型解热作用，结果发现杭白菊精油组降低了肾上腺素、多巴胺含量，3-甲氧-4-羟基苯乙二醇含量显著下降，杭白菊精油的解热作用与剂量有关，由此推断其解热作用机制可能与下丘脑组织中NE、

DA、5-HT 含量变化有关，导致体温调定点的下降而发挥解热作用。陆敏涛等人研究花椒精油对 I—型糖尿病机体糖代谢的影响，选用患有 I-型糖尿病小鼠饲喂花椒精油，结果发现精油组的摄食量、饮水量、血糖值、血红蛋白与血清蛋白含量均有所下降，胰岛素、肝糖原与肌糖原含量有所提高。其可能机制是激活 P13K/PKB 途径，使 GLUT2/4 移位，促进细胞对葡萄糖的吸收和利用。薰衣草等精油的有效成分，可以减轻人和动物的压力反应。研究发现使用薰衣草油的马匹的压力指标（如心率、警惕的姿势和排便）较低，此外，薰衣草精油还可以降低唾液皮质醇，使马匹保持一个安静和稳定的机体内环境。

二、中草药

中草药的组方是在结合中草药本身的特性，根据中草药配伍原则，在中兽医理论的指导下，将药物有目的地配伍起来进行应用。中草药添加剂既可以是单味药材，也可以是复方中草药制剂。由于每味药本身所含成分复杂多样性，再加上多味药材组成的中药复方，构成了中草药添加剂功能的多样性。

在动物养殖行业中，抗生素发挥着至关重要的作用，我国从 20 世纪 70 年代开始使用抗菌药物作为饲料添加剂。抗生素应用于动物养殖业中，可以达到促进畜禽生长、提高饲料报酬率以及防治疾病的目的。抗生素虽然推动了动物养殖业的快速发展，但也带来了许多负面影响。第一，畜禽长期使用抗生素会使得抗原的质量下降，影响机体的免疫应答，从而会降低机体自身的免疫力；第二，对抗生素的长期使用会使得畜禽体内的抗生素残留量居高不下，最终通过食物和环境在人的体内积聚，严重危害到了人的健康，给身体带来伤害；第三，随着抗生素使用量的不断增加，导致耐药性日趋复杂，细菌对其产生抗药性，从而降低了治疗细菌性疾病的效果；第四，大量使用抗生素会使得体内菌群失调紊乱，可能还抑制了有益菌的生长，对微生态平衡造成破坏。第五，畜禽在使用抗生素后，部分抗生素会通过粪便排出，造成环境的污染以及生态平衡的破坏。农业农村部于 2017 年发布的《全国遏制动物源性抗菌药物耐药性行动计划》，以规范使用和减少使用兽用抗菌药物为行动目标，提出将逐渐推进促生长类抗菌药物退出兽药舞台，在农业农村部 2019 年 7 月发布的第 194 号公告中可以看出，兽用促生长抗生素退出历史舞台已是必然趋势，畜禽养殖业需要研制安全高效的抗生素替代品。研究开发绿色安全的药物替代抗生素是大势所趋，复方中草药制剂能促进动物生长、预防和治疗疾病，有着良好的应用前景。

（一）定义

复方中草药制剂是指在中医的理论基础上，以充足的中草药资源为原料，用一定的工艺加工制成的一类饲料添加剂。其也是一类能够促进畜禽健康生长、增强动物自身免疫力、提高动物产品质量且可以减轻环境破坏、保护且改善生态环境的新型饲料添加剂。据史书记载，中草药早在前汉时期就被添加在动物饲草中，用于动物的生长保健。复方中草药制剂因其原材料的天然性、对畜禽的毒副作用小、不易产生抗药性以及在动物体内残留药物低等优势，显现出巨大的发展潜力，受到了世界广泛关注。因此，复方中草药制剂在畜禽动物饲养业上有着广阔的前景。

（二）复方中草药制剂的分类

复方中草药制剂并没有一个明确统一的分类标准，现在经常用的分类方法有以下几种。以中草药的成分来源划分，可以分为动物性中草药制剂，代表药物有蚯蚓、海马等；植物性中草药制剂，代表药物有陈皮、山楂等；矿物性中草药制剂，代表药物有硫磺等。按照中草药的药理作用分类，可以分为能提高免疫功能和抗病力的免疫增强类制剂；能调节动物激素分泌的激素样类制剂；能减轻肾上腺素和糖皮质激素对畜禽机体影响的抗应激类制剂；能增食催肥、广谱抗菌、防病驱虫的保健类制剂。

（三）复方中草药制剂的作用

1. 抑菌、抗病毒及驱虫作用

复方中草药制剂最重要的就是其药用价值，中草药里的一些物质成分在抑菌、抗病毒及驱虫上都发挥了至关重要的作用。在抑菌方面，张召兴研究发现，用黄连、连翘、金银花、五味子等中草药制备成的复方中草药超微粉对雏鸡致病性大肠杆菌有着很好的预防和治疗效果，并且长期服用也是非常安全的。研究表明，苦参、何首乌等中草药混合制成的复方中草药制剂对毛孢子菌具有一定的抑制作用。李鼎等人用黄芩、金银花、蒲公英等中草药制备了中草药提取液，并且在奶牛乳腺炎病原菌体外抑菌试验里证明了此复方中草药制剂中对奶牛乳腺炎病原菌具起到强烈的抑制效果，具有优秀的临床应用前景。孙茂永的研究结果表明，五味子、赤芍、鱼腥草等中草药均对猪大肠杆菌有一定的抑制效果，且金银花和五味子的抑菌活性是最强的。王兴娜等人将黄连、柴胡和黄芪这三味中草药的水提液混合在一起，通过体外抑菌试验发现，其能大大减少大肠杆菌以及金黄色葡萄球菌的数量。李正田等人选取了白头翁等23味中草药制备成复方中草药制剂，并在基础饲料中添加，试验证明：此复方中草药制剂对肠炎沙门氏菌有显著作用，能提高雏鸡存活率，对沙门氏菌病的防控和治疗起到很好的作用效果。在近年来的动物生产养殖中，除细菌性疾病外，病毒病的发病率也不低，且病毒性疾病没有特效药，用抗生素治疗通常效果不明显，给农户造成了很大损失，但中草药制剂在抗病毒病上表现出了显著的效果。有学者的研究表明，麻黄汤这味经典的中草药制剂对小鼠的病毒性肺炎有显著的改善作用。贺晶晶等人通过体外细胞试验研究发现，卫矛、青黛、花椒等中草药制剂有良好的抗猪蓝耳病病毒的活性，对猪蓝耳病病毒有着显著的作用效果，其中作用效果最好的是中草药卫矛的提取物。卫文强研究发现，黄芪和黄芩这两味中草药有显著抑制猪传染性胃肠炎病毒吸附作用，而大黄、金钱草、重楼这三味中草药可以直接杀死猪传染性胃肠炎病毒。于浩然试验证明，用当归、白芨等中草药制成的复方中草药制剂可以明显减轻因小鹅瘟病毒而造成的内脏损伤并且在治疗雏鹅的小鹅瘟病毒上效果极佳。李艳华、闫清波等人通过试验证明，用板蓝根、柴胡、黄连、金银花等多味中草药按一定比例制备的复方中草药制剂不但能直接灭活禽流感病毒，还可以抑制附着在细胞表面以及进入细胞的禽流感病毒。有学者表示，牛病毒性腹泻是以腹泻为主要症状的一种常见病毒性疾病，藏药主要通过直接的抗病毒抑制和间接的抗病毒抑制这两种方式来作用于牛病毒性腹泻病毒，并且在牛病毒性腹泻的防治中有立竿见影的效果。

复方中草药制剂在驱虫方面也施展着重要的功效。尧国荣等人研究结果表明，用8种植物中草药按一定比例加工制作成复方中草药制剂，将0.5%的复方中草药制剂加入鸡的基础饲粮能提高鸡免疫功能，并在防控治疗球虫病上有着显著的作用效果。郭海婷研究发现，中草药制剂对刚地弓形虫感染也有一定效果，且不同中草药制剂对刚地弓形虫的防治效果也是不同的。李建民的研究表明，博落回醇提液和小果博落回醇提液有着显著的体外杀灭刺激隐核虫的功效。江飚等人通过探究6种天然中草药水提液对刺激隐核虫的体外杀虫作用,发现乌梅对防治刺激隐核虫病的效果最佳。林能锋等人用试验证明,首乌藤浸出液和辣椒浸出液均对水滴伪康纤虫和海洋尾丝虫这两种盾纤虫敏感,驱虫的作用效果十分显著。孙立新等人的研究发现,用复方中草药制剂治疗鹅球虫病能很快产生药效,且治愈后也不会轻易复发,复方中草药制剂在预防卫鹅球虫病上是十分理想的选择。研究表明,中草药制剂能减少粪便中球虫卵囊数量,对鸡肉嫩艾美耳球虫病有着良好的抑制和治疗效果。

2. 增强免疫力作用

根据相关数据显示,目前已发现200多种中草药可以提高机体非特异性免疫,它其中的活性成分能起到增强免疫力的作用。研究表明,中草药对免疫系统的作用明显,表现为中草药能改善免疫器官的发育,且对细胞免疫和体液免疫也有促进作用,还能促进细胞因子产生以及增强自然杀伤细胞活性。有大量的研究数据表明,黄芪多糖中草药制剂是一种具有免疫调节作用的中草药制剂,它可以明显提高和改善畜禽动物的免疫功能,是优异的免疫增效剂。靳二辉等人将用黄芪、枸杞、金银花等中草药制备成的复方中草药制剂添加在肉鸡每日基础饲料里,研究发现不同剂量的复合中草药制剂能不同程度地促进肉鸡免疫器官发育以及提升肉鸡免疫功能。

3. 中草药可维系微生态菌群平衡

中草药不仅可有效抑菌杀菌,还有助于改善机体肠道菌群的平衡。中草药在进入动物体后与机体内的微生物接触,从而影响了肠道菌群结构。研究表明,中草药能够有效抑制病原菌的生长,促进益生菌的增殖,从而达到调节畜禽胃肠道菌群平衡的作用。于辉等人将中草药添加到肉鸭日粮中,结果发现可以在一定程度上促进肠道内乳酸杆菌的增殖,抑制大肠杆菌的生长。

4. 抗应激作用

目前在防治畜禽应激综合征症的研究中,发现一些中草药如人参、柴胡等有提高机体抵抗力和调节缓和激原作用;党参、黄芪等可以有效调节机体生理功能,导致其肾上腺增生、免疫器官萎缩,因而起到抗应激的作用。应激问题是畜禽养殖业在实际生产中几乎都会遇见的问题,而复方中草药制剂在抗应激上有着良好的作用效果。Ibtisham等人将中草药和生姜粉以一定比例配合在一起制备成复方中草药制剂,加入在热应激条件下蛋鸡的基础饲料中,他们发现此复方中草药制剂能明显提高蛋鸡的采食量和产蛋率,故此复方中草药制剂对蛋鸡热应激有防控作用。Li等人的研究证明,在鹅的基础饲粮里加入刺梨中草药提取液,可以显著降低鹅血清中丙二醛的含量,而丙二醛是机体氧化应激的标志物,故在鹅的饲料里添加刺梨中草药提取液可以缓解鹅的氧化应激反应。李依然等人通过胃内给药,让小鼠服用不同浓度复方中草药制剂,研究结果表明,不同浓度的复方中草药制剂都能不同程度地加长小鼠的负重游泳时间,且窒息缺氧环境下小鼠的生存时间也显著增长。

5. 维生素样的作用

中草药本身并不含某一维生素成分,但却能起到某一种维生素的功能作用。如小茴香有维生素A样作用如川芎、当归等具有维生素E样作用;如黄芪、陈皮、荞麦秸等具有维生素P样作用。

(四) 复方中草药制剂的特点

1. 复方中草药制剂的天然性

复方中草药制剂的材料来源于大自然，资源十分丰富和广泛，在研发和制备过程中一般采取天然法，保持各中草药成分的天然性。在畜禽机体利用后，部分无法被吸收的复方中草药制剂会被排出体外，并且以有机物的形式被自然界利用，不会破坏生态环境。人们通过几千年的应用与实践，已经确定中草药不但对动物无毒，而且其特有的功能、作用也是化学合成类药物所不能替代的。

2. 复方中草药制剂的多重功能性

研究发现，中草药中有着很多不同的有机成分，比如有生物碱、氨基酸、多糖、微量元素等，每种成分都有着各自不同的效果，具有多重功能性。例如山楂，至今为止已发现山楂有70多种不同的成分，除此之外，山楂还有一些未知的物质，在临床应用中确认了山楂的助消化和吸收，助心血管活动及抗癌等多种作用。复方中草药制剂除了其中单个的成分能起到作用外，还有着复合的多种功效。它不仅可以提供动物自身需要吸收的营养物质，还能将其加入畜禽饲料中，让动物进食，能起到物质协同的效果，可极大程度地调动动物机体内的有益因素，最终达到有效改善畜禽的免疫功能，并能防治各种疾病。

3. 复方中草药制剂的经济环保性

经济环保性是复方中草药制剂的又一大特点。我国的中草药的资源丰饶，来源非常广泛，约有一万多种植物中药、十八万多种动物中药以及两万余种海洋植物中药等。复方中草药制剂的研发成本比较低，其原料来源广，且大多数为人工种植，加工工艺简单，大多收集后自然干燥再碾碎研磨即可，在这个生产过程中也不会产生污染环境的有害物质。抗生素类化学药物有着较为复杂的制作工艺，造价高昂，且还会产生"三废"等一系列污染问题。当前，人民群众十分关注食品健康问题，长期使用抗菌类药物，容易导致药物在体内残留，而复方中草药制剂的使用既可以发挥其药用价值，同时还能完美解决药物在体内的残留问题，满足社会大众追求绿色食品的要求。

4. 复方中草药制剂的无耐药性

耐药性是指病原菌在数次触及药物后，对药物治疗的不敏感、反应差，这会导致药物对某一疾病的治疗效果下降，甚至药物失效。现使用的大多数抗生素以及化学合成药物由于其单一的作用途径和结构，会导致耐药性的产生，尤其是长期添加抗菌药物的情势下，产生耐药性的概率会更大，从而导致畜禽的疾病预防和治疗困难。复方中草药制剂有其独特的抗菌作用和抗寄生虫作用的机制，主要通过调节整体来刺激抗菌因子在机体内部的活动和数量，增强机体自身的免疫功能来抵御疾病，还能干扰疾病遗传物质和蛋白质的合成，使致病菌因无法正常代谢而最终导致死亡。因为细菌对复方中草药制剂一直是敏感的，因此很难让细菌对其产生耐药性，所以复方中草药制剂可以长期添加使用。

(五) 中草药添加剂在畜禽生产中的应用

1. 中草药饲料添加剂的促生长作用

中草药饲料添加剂的主要作用是促进动物生长发育，加强物质代谢。宫丽辉研究显示，在生长育肥猪日粮中添加1%的中草药添加剂（由黄芪、白头翁等组成）后，使粗蛋白质、磷、钙等营养物质的表观消化率得到了极显著的提高。王洪生等人将0.1%中草药制剂康泰添加于肉仔鸡日粮中，结果发现试验组肉仔鸡的平均日增重、饲料利用率均得到了显著提高。武晋孝等人将添加量为1%两组复方中草药分别饲喂肉仔鸡，试验结果表明，与对照组相比，复方中草药显著提高了肉仔鸡全期增重，降低了料肉比，有效促进畜禽的生长发育。中草药的加入兼具药食双疗效，有效地促进动物健康生长，提高畜禽产品的质量与安全。

2. 中草药饲料添加剂改善家禽产品品质的作用

陈国顺等人研究了黄芪、当归等11种单味药组成的复方中草药替代抗生素对肉仔鸡肉品质的影响发现，中草药添加可以显著提高鸡肉嫩度，改善鸡肉品质。夏中生等人对黄羽肉鸡肉质风味的影响试验中发现，中草药、酸化剂与抗生素相比，中草药可显著减少肌肉贮存损失，提高熟肉率，从而改善鸡肉肉质品质。中草药可以提高肌肉中甘氨酸、谷氨酸等氨基酸的含量，并且使肌苷酸的含量呈现增加的趋势。王权等人将中草药添加到艾维茵肉鸡的基础日粮中饲养发现，该添加剂可改善脂肪酸组成，提高鸡肉营养成分水平。

3. 中草药添加剂的免疫调节作用

马得莹等人研究单味中草药的影响，他们分别将五味子、黄芪、刺五加等11种单味中草药以1%的剂量添加于肉仔鸡的日粮中进行试验，结果表明，刺五加能够显著提高肉仔鸡免疫器官重量，而五味子、党参、刺五加、枸杞、女贞子5味中草药单剂使肉鸡新城疫抗体效价得到明显提高，暗示中草药对肉仔鸡免疫功能具有一定程度的促进作用。段钢等人将由黄连、大黄、黄芩等组成的中草药复方添加剂分别以0.5%、1%、2%的添加量加入土杂鸡日粮中，结果发现，复方制剂与空白对照组、抗生素组相比显著提高了血清中IgG的含量，表明该复方中草药添加剂能够提高血清抗体水平。金岭梅将陈皮、党参、山楂等中草药组成的添加剂饲喂不同生长阶段的商品猪，结果证明中草药能通过提高机体细胞免疫能力，有效增强猪的抗应激能力。

4. 中草药改善生产性能作用

中草药中富含多种营养物质，如蛋白质、氨基酸、维生素、矿物质等。将天然中草药加工制备成中草药制剂，能补充饲料中缺乏的营养成分，芳香气味能改良饲料适口性，进而增加畜禽的饲料采食量，最终可以起到增强畜禽的生长性能和生产繁殖性能的作用。畜禽的生产性能涵盖了多个方面，比如增重量、采食量、产蛋量等，因此生产性能指标最能判断畜禽养殖业的经济效益的好坏。在增重方面，王珍珊和孙鹏以断奶仔猪为研究对象，对照组断奶仔猪只饲喂基础饲粮，试验组断奶仔猪则在基础饲料里添加了复合中草药制剂，试验证实：复合中草药制剂组断奶仔猪的平均日增重以及平均日采食量明显比只吃基础饲料的对照组高，所以复合中草药添加剂对断奶仔猪的生长性能有着显著作用。杜妮妮等人通过试验研究证明：在基础饲料里添加了1%复方中草药制剂的试验组和只饲喂基础饲料的对照组相比，其平均日增重提高了27.2%，添加了1.5%复方中草药制剂的试验组和对照组相比，其平均日增重提高了22.4%。在采食量方面，很多中草药里的活性成分都有健脾胃的作用效果，可以调节消化功能和胃肠道分泌，从而增加畜禽的采食量。宋元振等人将黄芪、香附、当归、益母草等多味中草药粉碎后按比例混合均匀，制备成复方中草药制剂用于饲喂围产期奶牛，加入复方中草药制剂的试验组和没有加入复方中草药制剂的对照组相比，采食量有了显著提高，试验结果表明：在围产期奶牛的日粮里加入复方中草药制剂能够促使奶牛恢复食欲，显著提高奶牛的采食量并维持其采食高峰。在产蛋量方面，杨春雷等人给对照组蛋鸡只喂食基础饲料，在试验组蛋鸡的基础饲料里添加了一定比例的复合中草药制剂，结果证实：添加了复合中草药制剂的试验组的产蛋量高于只饲喂基础饲料的对照组。综合以上各个方面，复方中草药制剂能够改善动物的生产性能。

5. 复方中草药制剂在家禽中的应用

由于近年来家禽食品引起的健康问题特别突出，因此家禽饲料添加剂的安全性越来越受到人们的重视。中草药绿色安全且兼顾药物和食用两种功效，在家禽养殖业中可以用来抵御疾病，促进家禽机体生长，提高饲料报酬率，与此同时还能提升生产性能，提高禽产品质量。中草药制剂在家禽养殖业上的应用十分广泛。刺五加是一种名贵且高效的中草药，Long等人从刺五加天然中草药中提取出多糖加工制成的中草药制剂，通过试验评价了刺五加中草药制剂对肉鸡生长性能、免疫功能、抗氧化性能及对回肠微生物种群的影响，研究者们将肉鸡随机分为4组，分别在四组基础饲粮里添加0、1、2、4 g/kg的刺五加中草药制剂，与对照组相比，基础饲粮中添加1 g/kg刺五加中草药制剂组的平均日增重和平均日采食量明显增高；在基础饲料里添加1、2 g/kg刺五加中草药制剂显著提高了血清中IgA和IgM水平；与对照组相比，饲喂刺五加中草药制剂组肉鸡体内超氧化物歧化酶（SOD）和谷胱甘肽过氧化物酶（GSH-Px）活性升高，丙二醛（MDA）含量降低；刺五加中草药制剂组和对照组相比较，肉鸡回肠内容物中乳酸杆菌含量提高，大肠杆菌和沙门氏菌的数量降低。试验结果表明，在饲料中添加刺五加提取物能增长肉鸡的生长性能、免疫状态和抗氧化能力，且可以推动肠道内有益菌的生长，刺五加是应用于肉鸡养殖的理想选择。有学者为评价中草药对蛋鸡血液生化指标和免疫力的影响，采用了黄芪、当归提取物和当归补血散三味中草药制剂，将它们按一定比例分别添加在蛋鸡的饲料里，试验周期为42天，再测定血液生化指标以及ND、AI抗体滴度，试验结果为：10 mg/kg和15 mg/kg当归补血散组明显增长血液中白细胞、红细胞数量以及血红蛋白含量。15 mg/kg当归提取物组显著增加了红细胞数量和血红蛋白含量，此外，10 mg/kg当归补血散组与对照组相比提高了ND和AI的抗体水平，综上，当归补血散能改善蛋鸡造血功能和免疫能力。Liu等人通过试验研究了中草药制剂对鸡蛋品质及对蛋鸡生化指标的影响，试验结果表明：添加了螺旋藻中草药制剂组的鸡蛋与对照组相比，其平均蛋重、蛋黄色和哈氏单位都显著增加；当螺旋藻粉含量增加时，鸡蛋的蛋黄色和铁含量显著增加而胆固醇和甘油三酸酯水平则显著降低，当地黄多糖中草药制剂的含量上升，鸡蛋的蛋壳硬度也显著提高，蛋黄颜色和蛋壳强度还会随着益母草中草药制剂含量的增多而增加。连翘是一种常用的传统中草药，通常被认为是抗氧化剂的天然来源。Pan等人使用地塞米松抑制肉鸡生长性能和诱导肉鸡胸肌氧化损伤，通过在饲粮中添加用连翘提取物制备的中草药制剂，发现其能减轻这些不利影响。因此，连翘中草药制剂是理想的天然抗氧化剂，能缓解肉鸡胸肌氧化损伤，提高鸡肉品质。Xu等学者发现，在饲粮中添加复方中草药制剂能提升成都麻鸭的日均增重，降低料肉比，提升血清中总蛋白数量，降低尿素氮、谷草转氨酶和谷丙转氨酶的比例，提升了总抗氧化能力和超氧化物歧化酶活性，IgA、IgM、IgG、IFN-γ、IL-2含量也明显高于对照组。综上，中草药制剂可以有效提升成都麻鸭的生长性能、血清生化指标、抗氧化性能及免疫功能，最佳添加剂量为 1%。研究发现，复方中草药制剂可以提高肉鸡的采食量、饲料系数且增长肉鸡平均体重，从而提升肉鸡的生长性能。Li 等人给正常肉雏鸡注射环磷酰胺诱导免疫抑制，发现在肉鸡饮水中添加当归补血汤可以降低肉鸡死亡率，提升免疫器官指数，提高鸡新城疫和传染性法氏囊病抗体以及增加血清中 IL-4、IL-6 的含量，综上，添加 0.5% 剂量的当归补血汤可明显改善免疫抑制肉鸡的免疫功能。Liu 等人的试验证明在肉鸡饲粮中添加 4 g/kg 枸杞多糖能提升肉鸡抗氧化性能以及调节肉鸡免疫功能。Yin 等人研究发现，在饲料中添加玉屏风多糖可以替代抗生素，提升清源鹩鸪生长性能以及改善肠道功能。有学者研究发现，在肉鸡饲粮中添加人参提取物，能提高热休克蛋白和紧密连接蛋白的基因表达，延长秀丽隐杆线虫在热应激下的生存时间，从而减轻热应激带来的负面生理影响，提高生长期肉鸡的生产性能。Qiao 等人研究发现，在肉仔鸡饲粮中添加 0.5% 发酵黄芪制剂可以显著改善肉仔鸡生长性能、血清生化指标以及粪便微生物菌群。Jamroz 等人通过试验表明，在玉米、小麦和大麦的基础上加入 100 mg/kg 的辣椒素、肉桂醛和香芹酚植物提取物饲喂肉鸡，可提升肉鸡均重，改善回肠表观消化率，减少大肠杆菌、产气荚膜梭菌数量，增加乳酸杆菌数量。复方中草药制剂是抗生素的优秀替代品，其在促进家禽养殖业发展方面有显著作用，并且今后在家禽养殖业中的应用也会更加广泛。

三、抗菌肽

（一）定义

抗菌肽（AMPs）是生物体内产生的有活性的小分子多肽，广泛存在于生物体内，是生物天然免疫系统中的重要组成部分。AMPs 对各种细菌、真菌和病毒甚至癌细胞都有广谱活性，还有潜在的免疫调节特性。

抗菌肽的抗菌机制与现有抗生素不同。研究表明，抗菌肽通过重组脂质体结构域分布来阻止细菌代谢，从而导致细菌死亡。抗菌肽通过物理破坏细胞膜的结构来破坏细菌，从而使细菌难以产生耐药性。因此，抗菌肽有望成为抗生素的最佳替代品之一。AMPs 具有广泛的杀菌作用和膜分解作用，因此，其可抵抗多种细菌、病毒、真菌、酵母和原生动物。AMPs 能够快速扩散到感染部位，促使其他免疫细胞向感染组织募集，迅速中和多种病原体（细菌、真菌和病毒）。由此，AMPs 在血清和组织环境下可能会丧失杀微生物特性。因此，在生理条件下，其调节免疫系统的能力可能占主导地位。此外，AMPs 具有多种生物学功能，例如中和内毒素和促使哺乳动物的血管生成。

（二）分类

1. 哺乳动物抗菌肽

动物源 AMPs 又叫宿主防御肽，在动物免疫系统占据重要的位置，具有广谱抗菌职能，在对抗外源性病原体方面发挥了巨大的作用，参与了多种免疫调节。昆虫自身并没有免疫系统，但当它受到入侵的病毒攻击时，却能够诱导抗菌肽基因表达来保护自己免于被微生物感染。而在含有适应性免疫系统的哺乳动物中，抗菌肽则是由皮肤或黏膜的上皮细胞、嗜中性粒细胞或组织肥大细胞等合成产生。哺乳动物抗菌肽主要来源于中性粒细胞和上皮细胞。猪抗菌肽（PABP）能够改善畜禽生长性能，增加肠道对营养物质的吸收能力。在雄性肉鸡的饲料中添加 PABP，饲养 42 天后测定生长性能，发现其平均日增重（ADG）、分泌的 IgA、杯状细胞数量均高于对照组。

2. 植物源抗菌肽

植物源抗菌肽一般是由 20～60 个氨基酸残基构成的多肽，所带电荷主要为正电荷，微量植物源抗菌肽可以有效应对病原体侵害。研究发现，当有外物入侵或存在威胁时，植物自身会察觉到并及时分泌一种小分子多肽进行防御，一般我们称之为植物抗菌肽，经试验观察，它的结构与一些动物的防御素存在相似之处，所以又被称为植物防御素。在 20 世纪 70 年代，就有人针对抗菌肽对病原的作用进行了研究，发现从植物中提取的抗菌肽会对革兰氏阴性菌、革兰氏阳性菌、酵母、真菌、哺乳动物细胞产生抑制甚至毒害作用，但是大部分的植物抗菌肽对植物病原都表现出积极作用。硫素（Thionins）是目前已知的最早从植物中被提取出的抗菌肽，在大部分重要的植物组织中都有分布，在经过蛋白与细胞膜交互作用后其抗菌活性被激活发挥防御作用。

3. 微生物源抗菌肽

与植物源抗菌肽类似，当有外来病菌入侵时，微生物也会自动分泌产生抗菌肽以防御或杀害外来入侵的病菌，达到保护自身安全的目的。目前主要有细菌素、酵母嗜杀毒素和病毒源抗菌肽这三个类型，细菌素类是最为普遍的。另外，我们还可以通过"Circular dichroism spectroscopy"和"Two-dimensional proton NMR"将其按不同结构划分为以下四类：α-螺旋型抗菌肽（使细胞膜通透性改变）；β-折叠型抗菌肽（能够扰乱磷脂分子的排列结构，使多肽不必形成稳定性孔洞而直接穿过脂双层）；无规则型抗菌肽（使 DNA 合成受阻）；LOOP 型抗菌肽（对真菌和各类细菌都有杀伤作用）。

4. 人工合成的抗菌肽

通过改造天然抗菌肽的氨基酸序列，或者重组两段天然抗菌肽的技术获得的抗菌效果更好的抗菌肽称为人工抗菌肽。

5. 昆虫类抗菌肽

昆虫在受到外界不良刺激后，其免疫系统产生的一种小分子肽类物质称为昆虫类抗菌肽。

（三）抗菌肽的作用机制

抗菌肽被称为机体的"第二防御体系"，在免疫过程中发挥了巨大的作用，其作用机制一直是人们关注的热点问题。截至目前，我们还无法对其进行详细而全面的阐述，当前关于抗菌肽作用机制的研究主要集中于以下几种讨论：

1. 抗菌肽与细胞膜的作用机制

实验证明，只要是抗菌肽，均可与细胞膜发生作用，其先与细菌的外膜作用，结合以后再作用于细胞内膜上，经过静电引力作用形成许多孔道，使细菌正常的代谢遭到破坏，细胞膜的结构和功能也受到影响，最终靶细胞死亡，完成杀菌作用。而关于抗菌肽与细胞膜的相互作用，可以用跨膜孔模型和非孔模型来描述。

跨膜孔模型主要包括桶板模型（Barrel stave）和环孔模型（Toroidal hore model）。桶板模型的抗菌肽必须要有稳定的结构，如 α 螺旋和 β 螺旋。阳离子抗菌肽能与带负离子的磷脂分子相互作用而吸附于细胞膜表面，逐渐形成多聚体，下一步它的疏水基团便会深入磷脂双分子层的疏水部分，使其呈垂直状态排列，形成通道从而帮助离子通过，如此一来膜内外的电位状态发生改变使得靶细胞膜迅速去极化，K^+ 大量外流，最终导致细胞死亡。在环孔模型中，抗菌肽也是呈垂直状态进入细胞膜中，改变了原来细胞膜疏水区的位置，使得细胞膜疏水中心开裂，在此情况下磷脂单分子层会向内弯曲，逐渐形成环孔，具有离子选择性和离散尺寸。

非孔模型主要有毡毯模型（Carpet）和聚集体模型（Aggregate model）两种。前者多肽与磷脂双分子层平行排列，其亲水部分朝向溶液，疏水部分朝向磷脂，虽然不插入细胞膜中，但是却将周围的区域有效覆盖，细胞膜的流动性和厚度都被改变，从而稳定性降低，细胞膜上会出现缝隙释放出内容物，或抗菌肽渗入细胞质中，最终使细胞死亡。后者中抗菌肽能取代脂多糖与细菌表面的钙离子和镁离子结合，与脂质双分子层形成复合物，破坏细菌细胞的稳定性。此复合物破裂后，抗菌肽便会穿过细胞膜进入膜内，与此同时，细胞膜受到强烈的向内弯曲引力而逐渐变形，最终导致细胞死亡。

2. 抗菌肽与细胞壁的作用机制

细菌细胞壁因富含肽聚糖而具有坚韧性和较强弹性，从而维持细胞的正常形态。不同于革兰氏阳性菌和阴性菌，抗菌肽于磷脂双分子层上的脂多糖的亲和力比一般的二价阳离子如与 Mg^{2+}、Ca^{2+} 等高得多，因而容易与多糖相互作用，二者通过静电引力结合后，膜的结构被破坏，细菌的生物活性逐渐减弱，最终细胞变性。其次，它还能与细胞壁合成所需的各种前体分子相互作用。研究表明，抗菌肽可以从细胞分裂部位（或膈膜）清除脂类Ⅱ，从而阻止细胞壁的合成。还存在一种说法是抗菌肽可以使细胞呼吸作用减弱，阻止细胞外膜蛋白的合成，从而影响细菌的活性。唐亚丽等人在分析家蝇抗菌肽对于细菌损伤机制时发现，细菌细胞壁膜会与细胞内DNA相互影响，共同作用后激活杀菌机制。

3. 抗菌肽与细胞质内靶目标的作用机制

虽然人们一开始并不认为细胞内有抗菌肽的作用靶点，但是研究发现低浓度的抗菌肽能在不破坏细胞膜的前提下导致细菌的死亡，因此推测胞内有其作用靶点，抗菌肽与该靶点特异性结合后使细胞内的功能不能够正常发挥，最终达到了抑制并杀死细菌的目的。抗菌肽在胞内发挥作用的方式主要有以下几种：

（1）与核酸作用，影响 DNA 和 RNA 的复制与合成。

（2）与蛋白质分子作用，抗菌肽可以与真核细胞核糖体的亚基紧密结合，使蛋白质结构转变、活性丧失。

（3）抑制酶的活性。抗菌肽既可以直接与 ATP 相互作用，使 ATP 依赖酶的活性降低，而阻断细胞内依赖 ATP 的生物过程，也可以使线粒体内酶的活性降低，扰乱物质代谢，最终导致细胞死亡。

除此之外，抗菌肽在胞内也可直接作用于蛋白质分子，引起蛋白质结构发生转变和活性丧失。

4. 抗菌肽对畜禽生长性能的影响

抗菌肽在1990年被发现，Jaynes 以其促生长作用申请了专利，从那以后，许多人开始就这一方向展开研究，大量试验结果表明，抗菌肽对促进畜禽的生长和发育确实具有一定的积极作用。F. HU 试验发现猪肠道抗菌肽（SGAMP）能够显著提高慢性热应激下肉鸡的平均日增重和饲料利用率。刘洹兵等人的研究表明，抗菌肽能够提高生长期肉鸡活重，降低生长后期耗料量和料重比，当添加量为 1200 mg/kg 时效果最佳。王红娜等人将不同剂量的健元-抗生素添加到肉鸡饲料中,发现均能提高肉鸡的出栏重和成活率,降低料重比。王莉等人在肉鸡饲粮中加入不同浓度的天蚕抗菌肽,发现其平均日增重显著升高,料重比显著降低,且最适浓度是 200 mg/kg。李冬光等人的试验也得到了类似的结果。蒋桂韬等人的研究表明,160 mg/kg 天蚕素抗菌肽替代吉他霉素和喹乙醇,可提高肉鸭日增重,改善饲料转化率。张江等人试验中的樱桃谷鸭在食用了含有抗菌肽的日粮后,胴体重、料肉比均得到改善,大大提高了经济效益,与陈晓生等人的试验结果一致。

5. 抗菌肽对畜禽免疫能力及肠道健康的影响

多年来抗生素的不合理使用导致细菌产生了很多的耐药菌株,人类和动物患病的风险在一定程度上增加。在发现抗菌肽能够提高动物生产性能后,又有大量试验证明,抗菌肽可以通过改善肠道 pH 值、肠道形态发育等提高肠道健康,使得动物对于病菌等有害物质的免疫力加强。Choi 的研究表明,日粮中添加抗菌肽-P5 能够改善肉鸡肠道形态,减少有害肠道微生物数量。姚远等人的试验表明在肉鸡日粮中添加 200~500 mg/kg 天蚕素可显著增加血清 C4 含量,提高机体的免疫功能。刘莉如等人在仔公鸡日粮中添加不同水平天蚕素抗菌肽,发现添加 300、350 mg/kg 抗菌肽的处理组,蛋鸡的 IgA 水平显著升高,添加 200、250、300、350 mg/kg 抗菌肽的处理组 IgG 水平显著升高,即不同水平抗菌肽可以提高蛋鸡的免疫力。李陇梅在三元杂交断奶仔猪日粮中分别添加 0.5、1.0、1.5 g/kg 的抗菌肽,试验表明抗菌肽组的 IgM、IgG、IgA 以及乳酸杆菌含量较对照组均显著升高,而大肠杆菌和沙门菌含量均下降,仔猪的肠道菌群结构得到了良好改善,免疫机能提高。李波等人的试验也表明,在日粮中添加适宜水平天蚕素抗菌肽后,可以提高断奶仔猪的平均抗体阻断率及血清中免疫蛋白含量。郭志强等人发现在肉兔饲粮中添加抗菌肽,特别是 200 mg/kg 的抗菌肽,可以改善肉兔小肠的形态发育,为有益菌增殖提供良好的环境,同时减弱有害菌的活性,抑制其增殖。

6. 抗菌肽在畜禽疾病防治上的应用

针对某些病原微生物,抗菌肽可以起到较好的防御和抵抗作用。黄茂侠在断奶仔猪日粮中添加 0.2%~1% 的抗菌肽制剂,与添加阿莫西林的处理组相比,仔猪腹泻率、呼吸道疾病的发病率均有所下降。麻延峰等人在研究治疗金华猪的呼吸道疾病时,发现抗菌肽的添加效果优于头孢拉定,猪呼吸系统疾病发病率仅为 10%,治愈率达到 88%,不仅如此,治愈后的猪也不会产生不良反应。钟宏鹏试验发现,同时饲喂过鸡白痢沙门氏菌菌液和抗菌肽 MSL 的肉鸡,与只饲喂鸡白痢沙门氏菌菌液的肉鸡相比,不仅生长性能得到改善,鸡白痢感染的概率也大大降低。屈军梅等人的研究表明,抗菌肽能够有效治疗经大肠杆菌感染的肉鸡,且在添加量适宜的情况下,其治疗效果与环丙沙星不相上下,而且不影响鸡的正常生长发育。

(1) 抗菌肽与胃肠道炎症

腹泻是导致幼龄哺乳动物死亡的主要原因之一,尤其是断奶期间。Hong 等人研究表明,部分抗菌肽可通过抑制炎症,增强屏障功能以及改善仔猪肠道中的微生物群组成和短链脂肪酸水平来减轻仔猪断奶后腹泻症状。产肠毒素性大肠杆菌(ETEC)是引起肠道炎症和腹泻的主要细菌原因之一。由 ETEC 感染引起的动物疾病通常表现为严重腹泻和快速脱水。人类和哺乳类动物(例如小鼠和猪)易受 ETEC 的影响。Qian Lin 等人的研究发现,抗菌肽 BMGlvA2 通过降低 ETEC 攻击小鼠血清炎性细胞因子,改善代谢,减轻

ETEC诱导的脾脏组织损伤，从而减轻炎症反应。在胃肠道中，腔内细菌和抗菌肽之间的平衡对于维护健康的胃肠道至关重要。在各种疾病状态下，肠道中防御素和抗菌肽的表达失调，可能参与从炎症到癌症疾病的发展。人体不断面临细菌挑战，特别是胃肠道被多种微生物定殖，炎症性肠病（IBD）是肠道中最常见的炎症疾病。体外研究表明，幽门螺杆菌可诱导hBD-2和hBD-3的高表达。在胃肠道中，LL-37是人体内发现唯一的抗菌肽，由胃和结肠中的上皮细胞产生，并在感染、炎症和伤口愈合过程中高度表达。

（2）抗菌肽与呼吸系统炎症

急性呼吸窘迫综合征（ARDS）是一种由多种疾病引起的炎症性疾病，例如创伤、缺氧、感染或中毒。中性粒细胞防御素在ARDS患者的血浆和BALF中表达升高。急性呼吸道感染是世界上最普遍的疾病之一。在呼吸道中，防御素也起到调控炎症的作用。在慢性支气管炎和囊性纤维化（CF）之类的疾病中，气道中的α-防御素分泌可能直接导致细胞毒性作用。α-防御素诱导IL-8，募集嗜中性粒细胞增强支气管上皮细胞的炎症。α-防御素可以与蛋白酶抑制剂α1-抗胰蛋白酶结合，从而进一步增强炎症。当中性粒细胞防御素滴入呼吸道时，也能够介导炎症。哮喘和慢性阻塞性肺疾病（COPD）是阻塞性肺部疾病，以气道炎症为特征。Th2型炎症是哮喘的特征，而在COPD中，长期吸烟会导致中性粒细胞大量涌入和蛋白酶活化，AMPs可能与这些疾病的发病机理有关。在CF患者的BALF中还检测到LL-37水平升高。抗菌肽也可有效抑制肺部炎症性反应，王磊等人研究发现抗菌肽MPX可以减轻胸膜肺炎放线杆菌诱导的肺部炎症。

（3）抗菌肽与皮肤炎症

体内外研究表明，共生细菌，如痤疮丙酸杆菌和葡萄球菌等在真皮中，不断诱导皮肤中某种程度的先天免疫力，以保持对病原体的防御能力。这种皮肤功能主要表现在痤疮中，痤疮是最常见疾病之一。RIS-1/银屑病/S100A7被认为是角质形成细胞产生的针对细菌的一种上皮抗菌肽，在炎症性皮肤病中表达上调。Zouboulis等人研究发现，在痤疮皮肤中，在皮脂腺导管区域附近的毛囊内根鞘和分化皮脂细胞中存在强烈的RIS-1/银屑病蛋白mRNA表达。在银屑病皮肤中，在增宽的颗粒层中也有强烈的RIS-1/银屑病蛋白mRNA表达。特应性皮炎（AD）是最常见的炎症性皮肤病，其特征是T型辅助2型（Th2）细胞因子介导的炎症和屏障破坏。研究发现，HBD-2和LL-37 mRNA在AD急性和慢性病中的水平均显著降低。另外，Wiesner J等人发现使用抗菌肽衍生物可有效治疗皮肤炎。

（4）抗菌肽与口腔炎

LL-37能够识别牙周病原体，研究发现抗菌肽LL-37主要通过中和LPS，调节免疫细胞的趋化性等作用，对预防和控制牙周疾病具有重要作用。此外，研究表明患有严重的先天性中性粒细胞减少症（Morbus Kostman）患者体内HNP-1、HNP-2和HNP-3水平降低，因此，这些患者更容易患有慢性牙周炎和一些有害细菌过度生长。

（5）抗菌肽与其他炎性疾病

大网膜乳斑是巨噬细胞的聚集体，负责其局部免疫反应和抗炎特性。在大网膜中，间质血管部分的非脂肪细胞、前脂肪细胞和巨噬细胞均可分泌细胞因子。网膜脂肪细胞可通过产生防御素（DEFA1-3）在预防感染中发挥重要作用。类风湿关节炎（RA）患者的LL-37水平升高，LL-37可减少关节炎症的骨形成，在正常组织中，这些肽的表达可忽略不计,但抗菌肽的表达或激活对于器官抵抗微生物感染是必不可少的。

7. 抗菌肽的现状及展望

抗菌肽又称抗微生物肽,包括抗细菌肽、抗真菌肽、抗病毒肽和抗癌肽等。在哺乳动物中,AMPs已表现出多种生物学功能,例如中和毒素、免疫调节活性和诱导血管生成等。目前,从各种动植物中提取了数千种抗菌肽。但是,某些天然抗菌肽会破坏哺乳动物细胞膜,导致溶血和细胞毒性,从而降低肽的细胞选择性。另外,就其毒性和高制造成本而言,AMPs的使用会受到一些阻碍。研究发现,用组氨酸基取代赖氨酸基可以降低肽的细胞毒性,并且大多数肽都具有出色的抗菌活性。此外,含组氨酸的肽具有稳定性好和细胞选择性高的优点。因此,含组氨酸的AMPs是用于治疗的良好候选者。猪前列腺素-1(PG-1)具有较强的抗菌活性和细胞毒性,Dong等人设计的富含组氨酸的多肽HV2与肽PG-1相比,具有更强的抗菌能力,且对正常细胞几乎无毒性。Pseudin-2(Ps)是从青蛙Pseudis和Paradoxa中分离得到的,具有很强的抗菌活性和细胞毒性,为了开发具有抗炎活性和低细胞毒性的抗菌肽,Jeon D等人设计了带有赖氨酸取代的Ps类似物,从而提高了两亲性α-螺旋结构和阳离子活性,Ps类似物保持了其抗菌活性,降低了细胞毒性。随着越来越多耐药菌株的出现,抗生素时代已逐渐落下帷幕。抗菌肽通过膜作用机制,可以克服抗生素引起的耐药性问题。相信随着不断挖掘和探索,抗菌肽一定能以其独特的优势造福于人类社会。

四、酶制剂

畜产品安全和环境保护一直是全世界人们关注的焦点,因为畜产品的安全和环境保护直接关系到人们的健康问题。而饲料是畜产品安全和环境保护的根源之一,目前国家已明文规定禁止在饲料中添加一些药物。抗生素也被禁止在饲料中添加,这就需要开发一些能够替代抗生素并发挥抗生素作用的产品,而且能够降低环境污染。饲用酶制剂正是这样的产品之一,它不但能够提高饲料的利用率和动物对饲料的消化率,减少环境污染,而且可以更好地利用一些废弃资源,减少动物体内矿物质的排泄量,减少环境污染。因此它越来越被世人所关注。目前,随着饲料工业的迅猛发展,酶制剂应用更加广泛,酶制剂的使用由单一型转向复合型,多种酶制剂产品搭配使用,各种酶制剂作用互补,效果更加显著。

(一)饲用酶制剂的种类

1. 从功能上分为两种:消化酶和非消化酶。

消化酶如淀粉酶、蛋白酶、脂肪酶等,其结构和性质与动物机体合成分泌的内源酶有区别,但功能却相同。非消化酶动物体内不能合成,主要来源于微生物,主要作用于消化畜禽自身不能消化的物质和消除饲料中抗营养因子,这类酶主要包括纤维素酶、木聚糖酶、半纤维素酶、植酸酶、果胶酶等。

2. 从所含酶制剂的种类上分为两种:单一酶和多酶制剂

单一酶是指由单一一种酶类组成,功能上只起到一种酶的作用。非淀粉多糖酶、植酸酶、淀粉酶、蛋白酶、脂肪酶。复合酶由多种不同的酶制剂组成,由同种功能组成的不同种类的单一酶构成的复合酶,如淀粉酶复合酶包括α-淀粉酶、支链淀粉酶、淀粉-1,6-葡萄糖苷酶。也有不同功能的单一酶混合在一起构成的复合酶。后一种较常见。如以蛋白酶、淀粉酶为主,用于补充动物内源酶分泌不足的饲用复合酶,以纤维素酶和果胶酶为主,用来打破植物细胞壁的结构释放细胞中的营养物质的饲用复合酶。

3. 从降解的底物上分为:纤维降解酶、蛋白降解酶、淀粉降解酶和植酸降解酶

日粮中大量存在的纤维是单胃动物对饲料利用率的一大障碍,因为日粮纤维能够提高小肠内容物的黏度,阻碍其对养分的吸收,从而降低动物的生产性能,进而降低经济效益。单胃动物本身不能像反刍动物一样产生利用纤维素的酶,因此必须通过外源的途径加到日粮中。目前应用最多的纤维素酶主要有木聚糖酶和β-甘露聚糖酶。蛋白降解酶主要是用于消除饲料原料中的抗营养因子,如豆粕中的植物凝集素和胰蛋白酶抑制因子,这些因子的存在可能会对小肠黏膜造成损害,进而影响其对营养物质的吸收功能。蛋白酶能够通过消除这些抗营养因子,从而提高动物对饲料营养素的吸收率,也可以最大限度地利用蛋白质饲料原料中的养分。淀粉降解酶主要用来补充幼畜内源酶的不足,帮助降解饲料中难以降解的淀粉。植酸降解酶指的是植酸酶。植酸酶主要用来降解植酸,释放植酸分子中的磷,减少无机磷的使用量,同时减少多余磷的排放,进而减少因为磷元素排放所造成的环境污染。目前在实际生产中最常用的酶制剂有:植酸酶、木聚糖酶、甘露聚糖酶、蛋白酶、淀粉酶和纤维素酶及由这些酶组合成的复合酶。

(二) 饲用酶制剂在饲料中的作用

饲用酶制剂主要是提高动物的对饲料的消化率,改善动物消化机能,提高生产性能。具体有以下几个方面:

1. 补充幼龄动物内源性消化酶的不足,改善幼龄动物消化机能,提高生产性能

动物幼龄阶段,消化系统尚未发育完全,各种消化酶分泌不足,但其生长迅速,需要采食大量营养物质满足其旺盛的生长需要,这就需要从外部供给满足其消化需要的各种酶类,此时应选用含有多种消化酶,如蛋白酶和淀粉酶等为主的复合酶制剂。这样才能满足其消化生理的需要,保持健康的身体状态,达到较高的生产性能。

2. 消除和减少植物蛋白质饲料中的抗营养因子,提高日粮品质,增加日粮消化利用率

如大豆中因含有胰蛋白酶抑制因子和大豆凝集素而降低动物对大豆蛋白的消化率,一般采用加热的方法去除,但如果加热不足,则不足以消除抗营养因子,如果加热过度,则可能发生美拉德反应,降低蛋白质的利用率。采用α-半乳糖苷酶,可以降低大豆中的寡糖等抗营养因子,提高能量利用率,并且可以降低仔猪腹泻发生率和高日粮营养素消化率的目的。加入纤维素酶,或者经过纤维素酶的处理可以将秸秆少量地加入单胃动物的配合饲料中。这样不但大幅度地降低饲料成本。而且可以节约资源和减少环境污染。氮和磷的过量排放是造成环境污染的祸首。通常,畜禽对玉米和豆粕中磷的生物学利用率只有10%～30%,但如果向动物日粮中加入某些酶,比如植酸酶、木聚糖酶,这将提高动物对各种营养物质的消化吸收率,从而减少这些营养物质的排放。向动物日粮中加入蛋白酶,畜禽粪便的排放量将降低20%左右,猪粪氮的排放降低15%左右,鸡粪氮的排放量减少20%左右。植酸酶的使用可使动物磷的排放量下降30%左右,这大幅度降低了减少磷排放所造成的环境污染。以前,农村农作物收割后的秸秆大都是用做农家燃料,有的就直接在地里焚烧,焚烧所产生的黑烟将造成严重的环境污染,现在秸秆经微生物酶发酵后,不仅可以应用到反刍动物日粮中,也可以少量地添加到单胃动物的饲料中。

（三）饲用酶制剂的作用机理

1. 降低消化道内容物黏度

非淀粉多糖的抗营养作用主要与它在动物消化道内产生黏性有关。而可溶性非淀粉多糖是引起 NSP 抗营养作用的最主要因素。SNSP 溶解后，分子之间相互缠绕并和共价及非共价键连接在一起形成网状结构，使水溶液表现一定的黏度，使食糜形成大的凝胶团，这种胶团结构阻碍了饲料营养物质与消化液的接触。这将导致脂肪乳化作用减缓，从而妨碍脂肪、蛋白质和碳水化合物等营养物质的吸收；这种胶团结构还可使食糜的流通速度减慢，致使动物产生饱感，降低动物采食量；也将导致动物胃肠道形态发生改变，肠道黏膜的厚度增加，从而妨碍各种营养物质的流动和吸收；由于胶团使食糜流通速度减慢，这将促进后肠道微生物大量繁殖，加大动物患病风险。这些最终都将影响动物对营养物质的消化和吸收。大量试验研究结果表明，饲料中的 NSP 含量和胃肠道食糜的黏度存在正相关关系。向日粮中有针对性地添加一些酶，可明显降低动物胃肠道中的黏度，从而消除黏度带来的不利影响，提高动物的生产性能和经济效益。

2. 消除抗营养因子

目前我国畜禽的典型日粮是玉米—豆粕型日粮，主要采用植物性饲料原料作为主要的原料进行配合饲料的生产，但是植物性饲料中抗营养因子的存在极大地影响了植物性饲料原料的应用范围和用量。日粮中主要的抗营养因子有蛋白类抗营养因子、NSP 抗营养因子和植酸。目前对这三类抗营养因子的抗营养机制研究最多，最成熟的是植酸，植酸的抗营养机理主要是因为植酸分子中的六个碳原子上每个都连有一个带负电荷的磷酸根，这个磷酸根有很强的螯合力，它能够与多种矿物质离子磷、钙、钠、钾、镁等形成难以利用的螯合物，进而防碍这些矿物质的吸收和利用。植酸还可能与蛋白质、氨基酸、消化酶形成复合物，这些复合物很难被动物消化和吸收，导致其营养作用减弱。NSP 的抗营养机理主要是因其增加消化食糜的黏度，影响动物的消化生理，阻碍动物对营养物质的吸收和利用。向日粮中有针对性地添加以植酸酶、蛋白酶、淀粉酶、碳水化合物酶为主的复合酶，将有效地降低和消除以上抗营养因子的抗营养作用。研究表明，在体外，一种真菌蛋白酶和四种细菌蛋白酶能够使大豆中的胰蛋白酶抑制因子和植物凝集素不同程度地失活。添加 1% 的复合酶，作用 12 小时后，生大豆和低温压榨大豆中的胰蛋白酶抑制因子降低了 96%。另外，植物性饲料原料中还常常含有一些非淀粉多糖、果胶、纤维素聚合物，这些物质均不同程度地增加了动物消化道中内容物的黏度，从而影响动物对蛋白质、矿物质、维生素等营养成分的消化和吸收。适当地添加一些含有 β-葡聚糖酶和果胶酶、纤维素酶等的复合酶制剂能将这些物质很好地分解，从而降低了消化道中食糜的黏度，减少和消除这些抗营养因子的不良影响，提高动物的消化性能。

3. 参与调节动物内分泌，提高代谢水平

酶制剂能够显著提高胰岛素样生长因子（IGF-1）的水平，酶制剂能够改变日粮中的某些碳水化合物的化学结构，产生有调节作用的活性物质，增进代谢激素的活性（GH、IGF-1、TSH），提高整个动物机体代谢水平，促进蛋白的合成，抑制蛋白的分解，从而提高动物的生产性能。酶制剂亦可抑制有害微生物的繁殖，提高动物机体的免疫力。韩正康等人在大麦日粮中添加 0.1% 含木聚糖酶的复合酶，结果表明，肉仔鸡血液 GH、T3、胰岛素水平均得到不同程度的提高，降低了胰高血糖素的水平。T3 水平表明机体代谢水平的状况。T3水平的提高表明动物新陈代谢比较旺盛。加强对营养物质的利用。GH的作用在于使肝脏产生IGF-1，IGF-1是一种生长调控因子，主要作用是刺激细胞对氨基酸的利用，促进蛋白质的合成，抑制蛋白质的分解，进而达到促生长的作用，最终提高动物的生产性能。酶制剂的使用，使更多的养分被分解供给机体使用，从而刺激动物体内消化酶的分泌，提高了消化酶的活力，加速对各种营养物质的消化和吸收。从而增强了动物的免疫力。

4. 改善畜产品品质和提高畜禽整齐度

熊国平等人的研究证明，向仔猪日粮中添加500 IU/kg的植酸酶取代饲料中75%的磷酸氢钙，提高了猪屠宰率、胴体瘦肉率、眼肌面积。杨育才报道，添加0.1%或0.2%的复合酶到饲料中，可减少破蛋率，使平均蛋重增加。添加β-甘露聚糖酶，可显著降低不同日龄时肉鸡和火鸡日体重的变异系数。

5. 促进营养物质的消化吸收，提高日粮养分利用率

陈清华等人研究向玉米豆粕型日粮中添加0.02% NSP复合酶对各种营养物质利用率的影响，结果表明干物质、粗蛋白、粗纤维、粗灰分、能量、粗脂肪和无氮浸出物的表观消化率都有所提高。干物质提高6.3%（$P<0.05$）、能量提高6.7%（$P<0.05$）、粗灰分提高0.2%（$P>0.05$）、粗蛋白提高7.8%（$P<0.05$）、粗脂肪提高7.7%（$P<0.05$）、粗纤维提高15.4%（$P<0.05$）及无氮浸出物提高4.3%（$P<0.05$）。许梓荣研究以木聚糖酶和纤维素酶为主的几种纤维素复合酶对肉鸡生长和消化的影响。结果表明，复合酶的添加使肉鸡采食量和日增重分别提高4.7%（$P<0.05$）和9.8%（$P<0.01$），料重比降低4.8%（$P<0.05$），干物质、粗纤维和粗脂肪消化率提高10.6%（$P<0.05$）、25.996%（$P<0.05$）和21.8%（$P<0.05$）。还有一些酶能够提高动物对淀粉、蛋白质及矿物质的利用率，通常这些物质会被富含纤维的细胞壁包围，或者以不能被动物消化的结构形式存在，如植酸，添加植酸酶可以使包裹在细胞壁里的植酸被释放出来，提高动物对植酸的利用率。

6. 扩大饲料原料的使用范围

酶制剂的使用，使得一些原来被认为不能被动物利用的原料，现在也可以添加到饲料中，如秸秆饲料，过去认为秸秆含纤维素过高，不能被单胃动物所利用，现在通过向饲料中加酸，酸碱度降低，而酶本身是一种蛋白质，在此酸性环境中，没有经过保护酶的活性将受到破坏。因此，研究认为在鸡日粮中添加酶制剂的效果要好于猪。相对于成年动物，幼龄动物机体消化系统没有发育成熟，消化酶分泌量不足，因此在幼龄动物的饲料中添加酶制剂的使用效果要好于成年动物。

（四）饲用酶制剂使用过程中存在的问题

1. 如何判断酶制剂的质量，如何对酶制剂的质量进行评价

如何判断酶制剂的质量是饲料厂和养殖户普遍关心的问题。目前，广大酶制剂使用者主要是依靠酶制剂生产厂家提供的标签及试验资料进行判断。如何检测配合饲料中酶的活性？依靠产品的品牌和同行的口碑进行选择没有一个可行的判断标准，用起来比较盲目。

2. 使用哪种酶制剂最合算

市场上所售酶制剂形式多样，往往一种酶也有很多的剂型，有粉剂、有液态，剂型

不同,价格也相差很大。而且一种酶有不同的规格,有 5000 IU、10000 IU。到底用哪一种比较合适,对此众人都感觉比较盲目。到底是选用单酶制剂还是用复合酶制剂,选用哪一个比较合适?

3. 酶活含量是否和使用效果成正比

饲料中到底应该加入多少酶才能达到最佳的生产效果,如何提高酶的热稳定性,以增强其在制粒过程中对热的耐受性?探索酶与底物及和畜禽肠道环境之间的相互作用机制。

4. 酶制剂适合与什么添加剂配合使用

动物饲料是由多种原料组成的混合体,尤其是许多饲料原料之间还可能有互作效应。酶制剂的使用效果也与日粮中饲料原料种类和数量有很大关系,如何根据饲料日粮营养元素含量选择合适的酶制剂,以及酶制剂和其他饲料添加剂氨基酸、维生素、矿物质元素等的配合是饲料企业及大的养殖户迫切需要解决的问题。

(五)饲用酶制剂目前研究的热点及发展方向

1. 研究能够有效地对饲用酶制剂的生物学效价进行快速评价的方法

如何从众多的酶制剂产品中选择合适的酶制剂以及如何分析配合饲料中酶制剂的含量?这对配制饲料是非常重要的信息。目前,对酶制剂效价的评价主要是通过测定酶活和进行动物试验。酶活的测定是在特定的底物下,在一定的实验室条件下,通常都选择酶的最适底物和最佳活性表现条件下所测得的结果,酶活含量缺乏可比性。动物试验能实际地反映酶制剂的作用效果,但动物试验受动物种类、不同生理阶段和生产状态、饲养环境、采食日粮的种类和数量等的限制。而且费时、费力、费财。如果没有大量的样本做比较,所测得的结果也缺乏代表性。因此,迫切需要一种简单而快速的评价酶制剂效价的体外评价方法,即可以反映酶制剂在体内的实际效果又可以消除动物试验条件的不利影响。通过这种方法可以快速预测酶制剂在动物体内的实际作用效果。

2. 不同畜禽在不同生长阶段的酶制剂的催化特性及用量

酶制剂的主要成分是活性酶,酶的本质是蛋白质,蛋白质对热、光、酸等较敏感。饲料在生产加工过程中,由于粉碎、预混、制粒以及其他添加剂的影响。都可能使酶的活性受损甚至变性,因为这些过程中通常都伴随着产热现象的发生,因此使用酶制剂应尽量减少生产工艺对酶活性的影响,特别是制粒的温度对酶的活性影响较大,制粒温度和调质时间不同时,酶活性损失率差异极显著($P<0.01$)。付生慧、张宏福等研究了木聚糖酶活性在制粒过程中的损失情况,结果表明,制粒前在 90 ℃高温下调质 55 s 和 140 s 后,酶活性损失率分别达 79% 和 82.5%。在 75 ℃、85 ℃和 95 ℃温度条件下,制粒前处理 5 分钟制粒后酶活性的损失率分别达到 15.5%、24.54% 和 59.96%。处理 10 分钟酶活性的损失率分别 19.8%、27.4% 和 61.93%。因此,制粒温度最好不要超过 75 ℃,这样才能保证酶制剂能够得到很好的保护。也可通过改变添加方法减少酶的损失,如采用后喷涂技术,这样可避免制粒高温所带来的损失,另外可以对酶制剂进行防高温处理,比如包被技术,这也能有效降低制粒高温所带来的负作用。因为酶是一种活性物质,周围环境将对其产生影响,比如受光照及运输途中遇到阴雨等不利天气的影响都可能会影响酶制剂的使用效果,所以酶制剂的使用应在尽可能短的时间内购买及时使用,争取不积存,这样才能保证最佳的生产效果。

3. 酶制剂的作用对象及其发挥作用的环境

(1) 饲料原料的种类和营养素的含量

酶作用都有其相应的底物，必须有针对性地使用酶制剂才能达到较好的使用效果。小麦和玉米相比，其粗蛋白、钙、磷含量高，但其代谢能和饲料利用率较低。家禽日粮中添加小麦日粮导致家禽生长受阻，这是因为小麦中含有较高水平的抗营养因子阿拉伯木聚糖，这些糖类在肠道内吸水后使肠道黏度增加，黏度的增加致使底物和消化酶的扩散速率减缓，阻碍了营养物质的流动和吸收。很多研究表明，酶与饲料之间存在互作效应等，因此酶的使用效果与饲料中其他原料的成分和性质也有很大关系。当日粮营养浓度较高时，添加酶制剂对营养物质消化率的改善不明显，只有当营养物质含量不足，或者使用含有较多抗营养因子的饲料原料中时，添加酶制剂的作用才会比较明显。添加酶制剂可使低营养水平的日粮达到高营养水平的饲养效果。

(2) 饲料原料酶的含量及效果

酶作用的底物浓度，如小麦和大麦都含有单胃动物不能利用的纤维，如果纤维能够被降解，那么将能释放出被其所包被的多种营养物质，从而提高各类营养物质的利用效率。大麦中含量较高的以混合键连接的 β-葡聚糖（3%～4%）是造成大麦对家禽营养价值低下的主要原因。因此，大麦日粮中应该添加以 β-葡聚糖酶为主的酶类。有试验证明，饲喂添加 β-葡聚糖酶大麦日粮肉仔鸡的饲料转化率提高 19%，活体重可提高 17%，可以这么认为，大麦＋β-葡聚糖酶＋小麦，小麦＋木聚糖酶＋玉米。因此，在小麦型日粮中加入木聚糖酶的作用一定优于加入 β-葡聚糖酶的效果。消化道的温度、湿度、矿物质浓度、pH 值和消化酶的浓度。这都将对酶制剂的使用效果发生显著的影响作用。动物种类、年龄及所处的生理阶段。如对于猪和鸡，由于它们消化道解剖学和生理学方面的差异，这导致它们对酶制剂的作用效果不同。

对于家禽，它没有牙齿，消化道较短，但嗉囊肌肉收缩压力大。饲料首先进入嗉囊中，停留几小时，而嗉囊的 pH 值为 6 左右，大多数的酶均可发挥作用，而猪采食的饲料直接进入胃中，胃部植物细胞壁由三部分组成：（1）胞间层。主要成分为果胶质。（2）初生壁。主要成分为纤维素、半纤维素，并有结构蛋白存在。（3）次生壁。位于质膜和初生壁之间。主要成分为纤维素，并常有木质存在。植物细胞壁中各种纤维具体含量：纤维素（40%～45%）、半纤维素（30%～35%）和木质素（20%～23%）。纤维素链是由 500～14000 个葡萄糖残基组成的聚合体。有些纤维成规律性的整齐排列形成晶体，有些则分散排列形成非晶体。形成晶体的纤维素很难被降解，而非晶体部分易被内切、外切葡聚糖酶降解。半纤维素主要有两种：木聚糖和甘露聚糖。木聚糖酶是一类以内切方式降解木聚糖分子中 β-1,4-木糖苷键的酶系。木聚糖降解产物为木聚寡糖和木糖。试验证明，向日粮中添加木聚糖酶降解了可溶性多糖，减少肠道食糜的黏性，降低畜禽肠道疾病，增强免疫力，增进机体健康，提高成活率。

(3) 补充内源酶不足，提高内源酶活性。

幼龄动物由于消化系统没有发育完全，导致内源酶分泌量不足，满足不了动物对采食日粮的消化能力，比如仔猪蛋白酶和淀粉酶的分泌在出生后 5 周龄左右才能达到正常水平。需要向仔猪日粮中补充蛋白酶和淀粉酶，提高仔猪的消化代谢水平。木聚糖能够直接与肠道中的消化酶络合，降低消化酶的活性，刺激动物代偿性大量分泌消化液，进一步导致动物消化器官的增生与肥大，增加内源性氮的损失。向猪日粮加入木聚糖酶可降解木聚糖，可减少或消除其抗营养作用。于旭华研究了仔猪日粮中添加外源酶制剂对空肠中各种消化酶的影响，结果表明，添加外源酶使断奶仔猪空肠胰蛋白酶、胰淀粉酶、糜蛋白酶和脂肪酶的活性显著提高。奚刚等人报道，日粮中添加蛋白酶使37日龄丝毛乌鸡小肠内容物胰蛋白酶和总蛋白酶活力比对照组提高13.41%和9.2%。但也有不同的报道，杨全明在断奶仔猪日粮中加入蛋白酶和淀粉酶，对小肠内容物中淀粉酶、胰蛋白酶、胰糜蛋白酶活性没影响，但提高了小肠消化液中总蛋白酶的活力。沈水宝研究发现，仔猪日粮中添加聚糖酶提高了胰脏胰淀粉酶、蛋白酶、空肠段胰蛋白酶及胃内容物总蛋白酶的活性，但对空肠淀粉酶的活性没有影响。这可能是因为向仔猪日粮中添加外源酶，刺激了内源消化酶的分泌。有关外源酶制添加对内源酶活性影响的机理还需进一步研究。

4. 影响饲用酶制剂使用效果的因素

影响饲用酶制剂使用效果的因素很多，概括起来主要在以下几个方面：

（1）酶制剂的种类及活性

单一酶制剂的使用效果没有复合酶制剂的使用效果好，这是因为饲料是由多种原料构成的一个复合体，不同酶对其作用的底物原料不同，而多种酶组合在一起相互起到补充和协同的作用，使得其作用更加明显。Giligan和Reese首次证实了纤维素酶之间具有协同增效作用，将多个纤维素酶混合在一起使用，其作用效果优于单一添加任何其中一种酶制剂的叠加作用。酶作用主要依靠酶的活性，同样酶活性在不同的条件下所表现出来的生产效果是不同的。

（2）酶制剂的生产工艺和饲料加工工艺

在作用及对动物对内分泌系统的影响机制，有针对性地配制出专用的饲用酶制剂，满足不同动物、不同生长阶段、不同生理状况下对酶制剂的需要。

（3）进一步研究不同饲用酶制剂之间的互作，尤其是碳水化合物酶、植酸酶、蛋白酶之间的互作关系，使得生产中在使用不同日粮底物和在不同的饲养环境下，均能取得最大的投入产出比。

（4）研究酶制剂与其他常用饲料添加剂之间的互作关系，为提高饲用酶制剂的使用效果提供重要的参考数据。

（5）研究酶制剂添加对常规营养成分消化率的影响，研究体外养分消化率与动物生产性能之间的关系，为评价酶制剂的使用效果提供基本的预测依据。

五、益生菌

农业农村部发布的194号公告正式指出，限制促生长类药物添加剂在饲料中使用，至此中国开启全面的无抗养殖时代（2019）。就目前研究来看，依旧没有任何一种可行的产品能够低成本、高效率地替代抗生素在畜禽养殖过程中的作用，但国内外公认益生菌可能是十分具备潜力的替代品之一。

（一）定义

益生菌一词最早出现于拉丁语中，其表达的含义为"For life"。在人们认识益生菌之前，其实就已经开始广泛使用并制作益生菌产品了，如制作发酵葡萄酒、生产发酵面包等。1965年，益生菌这一说法首次被使用，并被定义为微生物产生的促生因子。1974

年，Parker 更新益生菌定义，将其定义为调节肠道中微生物菌群平衡的一类物质。Fuller 在 1989 年再次丰富益生菌的含义，在维持肠道菌群平衡的前提下，将益生菌定义为一种活的微生物，并且可以对宿主产生积极影响。2001 年，联合国粮食及农业组织（FAO）和世卫组织（WHO）工作的国际科学家举行了一次专家磋商，就新兴的益生菌领域进行了辩论，其中一项成果是将益生菌的定义修改为，"活菌，当适量使用时，对宿主的健康有好处"。2014 年，国际益生菌和益生菌科学协会发布关于益生菌一词的范围和适当使用的共识声明，将益生菌定义为，"当给予足够量时，赋予宿主健康益处的活微生物"。现在人们将定义修改为，"通过改善肠道微生物平衡对宿主动物有益影响的活微生物饲料补充剂"。修订后的定义强调了活细胞作为有效益生菌是必不可少的组成部分，并消除了使用"物质"一词所造成的混淆。

长期以来，对于益生菌的定义有着不同的说法，但是大致都包括两个基本的特性：益生菌对宿主机体的健康有益；益生菌是活的微生物。

（二）益生菌制剂的分类

根据美国食品及药物管理局的划分方法，目前人们常用的益生菌主要分为以下几类：乳杆菌、双歧杆菌、乳球菌、链球菌、肠球菌，此外，部分芽孢杆菌属和酵母属的一些菌株也常被作为益生菌使用。参照农业部的公告，目前国家允许在养殖动物中使用的益生菌主要包括芽孢杆菌、乳杆菌、球菌、酵母菌等共 29 种。

1. 乳酸菌

乳酸菌是指发酵糖类主要产物为乳酸的一类无芽孢的革兰氏阳性细菌的总称。其为厌氧型益生菌，有研究显示：添加乳酸菌的仔猪饲料能够促进食物消化，提高仔猪生产性能，并且可以提高动物免疫力，减少仔猪腹泻发生率。乳酸菌可以代谢产生各种消化酶，能够将一些不易被动物吸收的大分子物质转变为易吸收物质，提高了饲料利用率。其产生的乳酸能够提高可溶性钙、铁和磷的利用率，并且其代谢过程中会产生部分维生素，有利于动物的生长代谢。乳酸菌是动物肠道中的益生菌，正常机体中，益生菌占优势，维持着肠道的菌群平衡，肠道中的乳酸菌决定着动物肠道的微生态平衡。乳酸菌还会代谢产生能够抑制有害菌和外源病菌的产物，并且其黏附性和定植能力都较强，乳酸菌能够通过粘附素与肠粘膜细胞紧密结合，定植于黏膜表面。乳酸菌在仔猪腹泻中的应用效果很好，仔猪肠道微生物菌群不稳定，机体自身免疫力低下，很容易导致仔猪腹泻，严重影响其生长及抗病能力，研究显示，乳酸菌能够有效降低仔猪的腹泻率。乳酸菌作为一种绿色饲料添加剂，成为生产中热门的饲料添加剂，但是其厌氧特性，以及添加方式、添加量的相关研究不够充分，在实际应用中还存在一些问题，还有待进一步研究。

干酪乳酪杆菌 Zhang 是内蒙古农业大学乳品生物技术与工程团队在 2002 年与内蒙古锡林郭勒大草原一牧民家中自然发酵酸马奶中分离到的一株益生菌，是我国第一株完成全基因组测序的乳酸菌。目前，围绕该菌株已发表学术论文 172 篇，授权发明专利 16 项，涵盖对不同年龄段人群肠道菌群调节；调节奶牛肠道菌群以缓解乳房炎；预防二型糖尿病、调节血脂代谢和保护肝脏等诸多领域。

2. 双歧杆菌和酵母菌

酵母菌的生长、繁殖需要消耗氧气，对宿主动物起到营养，改善消化道环境，提高免疫力的作用，但酵母菌耐热性较差。常见的酵母菌有：产脱假丝酵母、啤酒酵母、红酵母等。饲用酵母的种类主要有热带假丝酵母、产朊假丝酵母、啤酒酵母、红色酵母等。饲用酵母对动物体的主要作用可分为以下几点：一是促生长作用。酵母细胞富含蛋白质、核酸、维生素和多种酶，具有提供养分、增加饲料适口性、加强消化吸收等功能，并可提高动物对磷的利用率。由于酵母丰富的营养组成，因此饲用酵母可以部分或者全部替代饲料中的鱼粉。二是改善肠道微生态环境。酵母菌是肠道有益微生物，研究发现饲料中添加酵母可促进瘤胃微生物的生长和活性，使厌氧菌总数上升，纤维素降解菌数量明显上升。三是提高动物机体的免疫能力，增强抗病力。酵母细胞壁的主要成分是甘露聚糖、葡萄糖，研究发现甘露聚糖可增强吞噬细胞的吞噬能力。四是可直接和肠道病原体结合，中和肠道中的毒素。酵母中的甘露聚糖可与肠道病原菌的纤毛结合，防止病原菌在肠道黏膜中的定植。

双歧杆菌具有维持肠道正常微生物菌群平衡的作用，它可与其他厌氧菌共同占据肠黏膜表面形成生物学屏障，构成微生物在肠道定植的阻力，从而阻止致病菌的入侵和定植。其还能代谢产生乳酸和醋酸，阻止肠道腐败菌的生长繁殖。双歧杆菌还能够合成多种维生素与氨基酸，因此，动物肠道中双歧杆菌的发酵可以为动物提供多种营养物质，促进动物生长。但是，双歧杆菌对胃酸、胆汁的耐性较低，通过消化道后绝大部分会失去活性，因为双歧杆菌为严格厌氧菌，一旦与空气接触，活性会迅速降低，所以常温下贮藏，稳定性成为双歧杆菌的短板。并且双歧杆菌只有定植在肠黏膜上皮细胞后，才能发挥其生理作用，提高双歧杆菌的定制能力也是一个重要的研究方向。

动物双歧杆菌乳亚种 V9（Bifidobacterium animalis subsp. lactis V9，V9）于 2005 年分离自健康蒙古族儿童肠道。研究发现该菌株可有效治疗便秘、急性腹泻和慢性腹泻，临床治疗有效率分别为 95.3%、95.4% 和 89.9%；其促进肠道短链脂肪酸微生物的生长，调节多囊卵巢综合征患者性激素分泌水平。

动物双歧杆菌乳亚种 Probio-M8（Bifidobacterium animalis subsp. Probio-M8）于 2017 年分离自健康产妇母乳，具有良好的胃肠消化液耐受性，能够以活的状态进入人体肠道，能够促进抗生素摄入后菌群恢复；提升帕金森患者的治疗效果；缓解便秘，提升睡眠质量；调节骨质疏松症患者骨代谢平衡；缓解骨化三醇引起的血钙升高；缓解哮喘；辅助治疗冠心病等问题。

3. 芽孢杆菌

芽孢杆菌属于需氧型益生菌，能产生内生孢子，孢子具有很强的耐酸、耐高温、耐盐等特性。芽孢杆菌不但可以代谢产生大量的蛋白酶、淀粉酶，而且能够促进乳酸菌的平衡和稳定。虽然其在动物肠道中数量较少，但是存活力较强，对抗菌素及一些化学药品也有较高抗性。芽孢杆菌的抗性高是因为其芽孢壁上有一层皮质层，皮质层的主要成分是肽聚糖，其交联的程度非常高。以上的这些特性也使其作为微生态饲料添加剂在应用上更加方便。目前，作为研究和应用的芽孢杆菌有枯草芽孢杆菌、纳豆芽孢杆菌、地衣芽孢杆菌、蜡样芽孢杆菌等，饲料行业中应用广泛的是枯草芽孢杆菌和地衣芽孢杆菌。

植物乳植杆菌 P-8（Lactiplantibacillus plantarum P-8，P-8）于 2005 年分离自内蒙古巴彦淖尔市乌拉特中旗自然发酵酸牛乳。该益生菌广泛用于食品、畜牧及农业种植领域，具有调节肠道菌群，降低肠道中致病菌数量，维持宿主肠道生境稳态；缓解成人压力与精神焦虑下的应激反应并提升记忆认知能力；促进肉鸡生长，提高肉鸡免疫力等作用。

鼠李糖乳酪杆菌 Probio－M9（Lacticaseibacillus rhamnosus Probio－M9，Probio－M9）于 2017 年分离自健康产妇的母乳，具有调节小鼠血压和尿酸水平；预防小鼠肠癌和乳腺癌作用。

芽孢杆菌在逆境条件下以孢子的形式存在，对酸碱、高温、高压、胆盐等都有一定的耐受能力，而且芽孢杆菌还能产生淀粉酶、蛋白酶、纤维素酶等酶类，与其他饲料添加剂相比具有更广的前景。目前，用于腹泻治疗和保健品的菌种主要有纳豆芽孢杆菌、枯草芽孢杆菌、凝结芽孢杆菌、地衣芽孢杆菌等。沈阳第一药厂生产的"整肠生"菌种为地衣芽孢杆菌，主要用于治疗腹泻。由韩国进口治疗幼儿腹泻的"妈咪爱"主要成分为粪链球菌和枯草芽孢杆菌。2002 年，口服凝结芽孢杆菌活菌制剂取得新药证书，并于 2005 年在全国全面上市。在畜牧业上芽孢杆菌主要用作饲料添加剂，在水产养殖业芽孢杆菌主要用作水质改良剂。农业部官网显示：获得国家批准能够生产芽孢杆菌制剂的企业有百余家，获得生产批准的菌株也随着研究的深入不断增加，如东洋芽孢杆菌、坚强芽孢杆菌等，并且初步形成了一定的生产规模。

（三）益生菌的定植和抗菌作用

子宫内的胎儿是无菌的，但在出生通过阴道时会获得微生物。这些微生物在出生后会迅速增加，新生的动物因此获得了肠道菌群，这是物种的特征。在野生状态下，动物从其周围环境获得肠道菌群，该肠道环境受母本的菌群影响。最终稳定在肠道内的原始肠道菌群是非常复杂的集合，大约由 1014 种微生物组成，包含 400 种不同类型的细菌。在这样一个复杂的系统中，不同微生物之间以及微生物与宿主之间存在许多相互关系。尽管存在可变性，但是菌群仍会迅速稳定下来，形成非常稳定的种群。菌群的组成由宿主和微生物因素决定，有许多细菌可以在肠道中生存和生长，但有许多细菌却不能。成功定植的细菌不仅要对抗肠道中存在的抗微生物化学物质的影响，而且还必须避免蠕动的影响，蠕动往往会使细菌与食物一起被冲洗掉，不过这可以通过固定在肠壁上，或者以比通过蠕动去除的速度更快的速度生长来实现。益生菌在肠道中的存活取决于其拥有的定植因子，这使它们能够抵抗在肠道中起作用的抗菌机制（化学和物理）。在肠道内形成的稳定菌群有助于动物抵抗感染，尤其是在胃肠道中。该现象已被命名为细菌拮抗作用、细菌干扰作用、细菌屏障作用、抗定植性和竞争排斥作用。肠道菌群具有的这种保护作用可以观察到，即与具有完整肠道菌群的常规动物相比，无菌动物更易感染疾病。例如，可以用 10 株肠炎沙门氏菌杀死无细菌的小鼠，但是同样的菌株需要 10^6 CFU 才能杀死常规小鼠。肠道菌群的存在是造成这种差异的重要因素，因为对于无菌小鼠和常规小鼠而言，如果对它们进行静脉注射沙门氏菌，其半数致死量（LD_{50}）值是相同的，而如果是口服沙门氏菌，无菌小鼠的 LD_{50} 值远小于常规小鼠。

（四）益生菌的作用机理

益生菌的有益作用可以通过对特定生物体的直接拮抗作用来实现，从而导致其数量减少或对其宿主代谢能力或免疫力的提高。益生菌对细菌数量的抑制作用可通过产生抗菌物质来实现。研究表明，益生菌的初级代谢物（例如有机酸和过氧化氢）在体外实验有效。然而，有机酸参与控制肠道细菌的证据较少。乳酸菌可产生几种高分子量的抗菌物质，但一些教学认为，在许多情况下，观察到的益生菌抑菌作用可能是由于低 pH 值和初级代谢产物造成的。防止病原体定植的另一个机制是竞争肠道上皮表面的粘附位点。

在设计益生菌制剂时,最好使用粘附菌株。然而,粘附是宿主特有的特征并且同一物种的菌株之间的粘附力不同,还可能受到生长条件和所用介质的影响。Goldin 和 Gorbach 的研究证明了乳酸菌补充剂可以影响肠道中微生物的代谢。当他们向人类受试者喂食嗜酸乳杆菌并观察选定的酶时,发现该处理抑制了 8-葡糖醛酸糖苷酶、硝基还原酶和偶氮还原酶的活性。在与人类肠道菌群相关的大鼠实验中,当给它们施用相同菌株的嗜酸乳杆菌时,其葡糖醛酸糖苷酶和 8-葡糖苷酶减少。益生菌还可以通过增加有用酶的活性来发挥作用。

尽管从理论上讲,益生菌对猪的生长性能作用并不明显,但是其饲料转化率却有改善。不同的益生菌制剂都抑制了鸡和猪中葡萄球菌和大肠杆菌的数量。Mordenti 发现通过添加乳清肽可以协同改善猪粪肠杆菌的生长促进作用。饲料配方只是影响益生菌试验结果的几个因素之一。生长性能刺激效应本身必然是多因素的,只有当动物受到抑制生长的有害微生物群的感染压力时,益生菌才会起作用。这同样适用于所有的抗菌生长促进剂,包括抗生素。另一个重要因素是益生菌制剂的生存能力,是否真的包含了活菌数量,因为在用于试验之前,并不总是检查益生菌制剂的生存能力。因此,田间试验的数据很难评估,但是益生菌在某些情况下确实会产生积极的结果,这证实了它们作为生长促进剂的潜力。

1. 优势菌群理论

肠道中存在高丰度的微生物群落,不同种类微生物与宿主和外界环境共同构成了相对稳定的动态平衡。当某些条件发生改变时,就会使整个平衡出现变化,进而引起肠道菌群结构数量的改变,直至形成新的平衡状态。

在肉鸡饲养过程中使用益生菌制剂,就是对平衡施加了一个极强的影响因素,通过人为增加肠道中有益菌的数量竞争性抑制部分致病菌的数量,减少其在肠道中的丰度,促使动物达到新的菌群平衡状态,降低疾病发生的风险。

2. 生物夺氧理论

正常肠道环境为无氧环境,这也决定了肠道中的菌群主要以厌氧微生物为主。由于母体的保护作用,新生动物肠道内是没有微生物的,随着幼仔脱离母体,在接触外界环境的同时也会使大量的微生物进入管腔中,肠道中的微生物迅速开始定植。当动物肠道环境中存在氧气时,严格厌氧菌的生长繁殖受到强烈抑制,此时好氧菌和兼性厌氧菌数量将迅速提高,快速消耗肠道管腔中的氧气,为厌氧菌的生长繁殖创造适宜的肠道内环境,紧接着好氧菌和部分兼性厌氧菌保持较低水平存在,厌氧菌开始定植并大量繁殖,最终达到相对稳定的平衡状态,形成健康肠道内环境。

3. 菌群屏障理论

为了抵抗外界干扰,动物肠道中存在着化学屏障结构和生物屏障结构,肠道中起益生作用的菌群可以直接与宿主肠道组织形成协同作用,加强屏障结构的防御能力。化学屏障主要指益生菌通过代谢产生小分子代谢产物直接杀灭或抑制致病菌的生长。生物屏障主要指益生菌定植于宿主肠道细胞表面,与宿主相互作用形成稳定的屏障结构,来减少致病菌在肠道黏膜上的定植、占位、生长和繁殖,因此,菌群屏障理论又被称为生物拮抗理论。

（五）益生菌制剂的生物学功能

1. 产生抗菌物质

益生菌在肠道内生长繁殖过程中，会释放大量小分子抗菌物质。研究表明，健康个体服用益生菌可诱导宿主产生抗菌肽，23 名健康人服用益生菌 3 周后，粪便中 HBD-2 显著增加了 78%。唾液乳杆菌亚种产生的 ABP-118 是一种具有强烈抑菌作用的二肽类细菌素，抗菌活性来源于两个紧密相关的小分子 Abp118α 和 Abp118β，它能够抑制一些食源性和医学上重要的病原体，包括芽孢杆菌、李斯特菌、肠球菌和葡萄球菌。

2. 改善肠道屏障功能

肠道屏障主要包括机械屏障、免疫屏障和生物屏障。益生菌通过产生一些非活性物质，阻止致病菌的黏附，同时通过增加相邻细胞间的紧密连接，来提高肠道的屏障功能。研究表明，使用植物乳杆菌 MB 452 处理的 Caco 2 细胞中 4 种紧密连接蛋白相关基因的表达显著提高。在人的肠道中也发现了类似的结果，植物乳杆菌在健康受试者的小肠中引起上皮紧密连接的改变，导致 Occludens-1 和 Occludin 表达的增加。Wang 的研究表明，植物乳杆菌 LTC-113 可以通过调节紧密连接基因和炎性介质的表达，减少沙门氏菌在肠道中的定植，乳酸菌能够增加结肠 MUC2 的表达量从而保护宿主免受沙门氏菌引起的肠屏障破坏。在针对大肠杆菌和鼠伤寒沙门氏菌的研究中，乳酸菌产生的乳酸可以有效降低肠道环境的 pH，起到一定的抗菌能力。另外，乳酸还可以作为革兰氏阴性细菌外膜的渗透剂，和其他抗菌物质起到协同作用，从而增强对致病菌生长的抑制能力。

3. 益生菌对肠道感染的影响

喂食了抗生素的鸡，导致其粪便含有沙门氏菌，延长粪便排泄时间，表明肠道中存在一种保护性菌群。试验证实了这一点，即成年鸡的粪便有机体喂给新孵化的雏鸡后，会阻止沙门氏菌对肠道的定植。随后，世界上有数个研究证实了小鸡肠道菌群对沙门氏菌的保护作用。Snoeyenbos 等人证明了动物本身肠道菌群也对大肠杆菌具有抑菌活性，同时包括对空肠弯曲杆菌、产气荚膜梭菌、肉毒杆菌毒素和小肠结肠炎耶尔森菌都有抑菌能力。尽管 Mead 和他的团队已经能够通过收集 48 种不同的细菌（包括乳酸杆菌、链球菌、大肠菌和严格厌氧的细菌等）来诱导部分保护，但仍不清楚引起这种作用的具体细菌有哪些。粗制的粪便悬浮液作为灌肠剂的使用已有效地对抗了大肠杆菌引起的假膜性结肠炎以及口服抗生素治疗引起的纤弱感染。乳杆菌制剂的初步试验显示出较好的结果，并且 Bd. longum 已成功用于减轻红霉素治疗的后遗症。另一种有前景的方法是尝试通过占据病原体所需的生态位来防止定植。Barrow 和 Tucker 使用这种方法，发现了 3 株革兰氏阴性兼性厌氧菌可有效防止沙门氏菌在肠道定植，随后针对沙门氏菌可产生有效的保护。有实验证明，通过用相同种类的无毒力菌株对鸡进行预处理来防治鼠伤寒。尽管这些结果证实了该方法的合理性，但是由于担心这种菌株会转换为强毒类型，所以不太可能将其用于制作益生菌，因此无法将这些发现用于任何商业用途。对人类婴儿进行的类似试验表明，将大肠杆菌菌株处理后经口服用可以抑制在对照组中发生的耐药性大肠杆菌种群的发育。非致病性菌株 Cl. 被用来保护仓鼠免受大肠杆菌侵染，有人认为这可能是通过竞争粘附部位而提供保护的一个措施。体外研究表明，虽然肠道菌群和志贺氏菌之间存在碳源竞争，但是可以通过改变培养基来改变拮抗作用。在离体试验和单联小鼠中，特定细菌的拮抗作用之间没有明显的相关性。尽管不能完全排除其他机制，但是肠道菌群中未鉴定成分与特定碳水化合物的竞争至少在某种程度上抑制了正常的盲肠中的梭菌。与无菌动物相比，具有完整肠道菌群的正常动物具有更高的细胞吞噬活性和免疫球蛋白水平。在无菌小鼠中接种粪肠球菌（Ent. faecium）菌株（一种常用于益生菌制剂的物种）能够减少沙门氏菌的数量。酸奶被证明喂给无菌小鼠时会增加血清中抗体水平，而乳杆菌也参与提高吞噬细胞活性。当经口给予小鼠时，干酪乳杆菌会表现出较高的活性。为了使细菌发挥出上述作用，可能需要它们从肠道迁移到全身循环中。其中乳酸杆菌可以进行迁移，并且可以在脾脏、肝脏和肺中存活许多天。因此，肠胃外给予乳酸杆菌所获得的效果与对益生菌作用的理解有关。例如，肠胃外施用的干酪乳杆菌和植物乳杆菌会刺激吞噬细胞活性。植物乳杆菌还可以增强自然杀伤细胞的活性。乳酸杆菌也可用于预防肿瘤的生长，并且已经有人提出了它们在癌症预防中的重要性，但是迄今为止，尚无临床试验支持这一观点。然而，这些对免疫系统影响的研究表明，益生菌不仅可能影响肠道菌群的平衡，而且还可能影响在远离肠道的组织中发生的疾病的发病机理。

（六）饲用益生菌的筛选

益生菌的筛选要符合无毒、无致病性、无副作用、繁殖力强、对肠道有一定附着力并能产生抑菌物质等条件，除此之外，也要能产蛋白酶、淀粉酶，能耐高温低温，具有抗氧化能力且不产 NH_3、H_2S 等臭味气体。

1. 抑菌能力

抑菌性是益生菌筛选中一个重要的指标，益生菌通过代谢蛋白质、脂类、糖类产生乳酸、挥发性酸、细菌素、双乙酰、过氧化氢等，均有抑菌的作用。Ninsin Z 是乳酸链球菌在代谢中产生的一种抗菌物质，它的本质是一种细菌素，对革兰氏阳性菌有广谱抗菌的特性，经过处理后可对少数革兰氏阴性菌有抑菌作用，益生菌生产的有机酸包括乳酸、乙酸、丙酸等，其中细菌素的检测方法主要有浊度法、生长延迟法、试管稀释法、牛津杯法、双层平板打孔法和滤纸片法等，有机酸的测定方法一般是色谱法，过氧化氢的检测方法有分光光度法、滴定法、共振光散射法。对每种抑菌物质进行检测比较繁琐，可以用琼脂扩散法来初步判断益生菌的抑菌能力，即将益生菌液体培养后的上清液加入含有指示菌的平板上，扩散形成透明的抑菌圈，抑菌能力的大小与透明抑菌圈的直径大小成正比。

2. 胃肠液耐受性

益生菌要发挥益生作用就必须要能够耐受动物胃肠道内的严峻环境，低酸性环境不利于细菌生长，同时胆盐会改变细胞膜通透性，可以杀死菌体细胞。动物在空腹时胃内 pH 可达到 1.5，而进食后最高可达到 6.0，一般情况 pH 维持在 3.0 左右，肠道内胆盐也是动态变化的，一般维持在 0.3% 左右，所以将 pH 3.0 和 0.3% 作为耐酸耐胆盐的筛选标准。有些芽孢杆菌在人工胃液和人工肠液处理后存活率接近 100%，除此之外其还可耐受 90 ℃ 高温。

3. 粘附性

微生物随食物进入胃肠道后，由于消化作用和胃肠蠕动微生物很可能会排出体外，所以益生菌只有定植在肠道才能发挥益生作用，益生菌具有粘附能力是因为细胞表面有许多蛋白能起到粘附作用，如 S-蛋白、LPXTG-锚定蛋白、"无锚"蛋白等，还有磷壁酸和胞外多糖等非蛋白物质，而且研究发现粘附性与细菌种属和宿主有关联。由于在体内测定粘附性比较困难，所以一般采用体外评价的方式，在体外经常用到癌细胞 HT-29、Caco-2、HeLa 等，或者直接由动物小肠上皮细胞作为模型，评价粘附性的方式有活菌计数法、染色法和放射性同位素法等，放射性同位素法操作较危险，染色法对于菌体较密集的情况不易明确计数，目前采用活菌计数法的比较多。

4. 安全性

目前，饲用益生菌在畜牧业上的应用范围逐渐扩大，评判益生菌对动物机体是否安全是不容忽视的一方面。筛选安全的饲用益生菌应考虑如下方面：菌种要来源于健康动物肠道且不能产生毒性物质，不含毒力基因；所筛选到的益生菌要与动物肠道相适应，即菌种来源与使用对象要一致；筛选到的益生菌要进行动物试验、耐药性评估、代谢评估后才可用于生产。

（七）益生菌的应用

1. 促进农场动物生长

虽然益生菌已被用作生长促进剂，用于取代广泛使用的抗生素和化学合成饲料补充剂，但是已发表的关于田间试验效果良好的报告较少，并且尚未尝试以大规模现场试验的形式来全面评估其价值。虽然在鸡饲料中补充益生菌的结果不够稳定，但是有报告显示其对生长性能和产蛋量有一定的影响。在 Baird 使用乳酸杆菌补充剂饲喂苗猪和育肥猪的实验中，仔猪日增重增加，饲料转化率提高。同样的益生菌添加在发酵饲料中获得了较好的结果。然而该实验在育肥猪上的效果不够理想，他们认为，在育肥猪中未达到理想效果的原因可能是由于饲喂了不同的饲料配方，它们的饮食比仔猪复杂。当 Pollman 总结长期使用益生菌在仔猪上实验结果时，发现尽管结果有差异，但是汇总数据的平均值显示出益生菌的对体重有积极作用。对于乳酸菌发酵产品、混合乳酸菌制剂和单株乳酸菌制剂，猪体重增加的百分率分别为 8.4%、2.5% 和 8.6%。除乳杆菌以外，也有其他细菌已被用作生长促进剂。Han 等人研究了用需氧芽孢杆菌和丁酸梭菌增加到鸡和猪的饲料中，显著改善了鸡的增重和饲料转化率。在体外测试上皮细胞粘附和细菌拮抗作用的基础上，通过选择乳酸菌菌株来设计益生菌，试验发现选择的唾液乳杆菌菌株能够抑制新生大鼠肠道中大肠杆菌的生长。在猪中，发现一种乳酸乳球菌菌株能够减少肠道中大肠杆菌的数量，并与小肠上皮表面有关。这些研究测试了乳酸菌制剂对肠道原生非致病性大肠杆菌菌群的影响。尽管此类研究显示益生菌对大肠杆菌菌群有积极作用，但昌乳酸菌益生菌作为止泻药的有效性的证据并不充分。乳杆菌预防旅行者腹泻和婴儿腹泻的实验均未成功，但嗜酸乳杆菌可保护新生猪预防腹泻。除乳酸菌外，使用其他益生菌生物也能获得较好的结果。一种含有嗜热芽孢杆菌的制剂能保护仔猪免于腹泻。当给幼兔以从人类分离出的致病性大肠埃希氏菌时，通常会产生腹泻，可通过在肠道定植粪肠球菌来保护。攻毒实验前饲喂粪肠球菌可保护猪免于大肠杆菌所致的腹泻，使用的生长培养基会影响粪肠球菌的保护潜力。在牛奶中生长的有机体是有效的，但在胰蛋白酶大豆汤中生长的有机体则无效。在实验条件下，可以通过给猪喂食相应的噬菌体来保护猪免受大肠杆菌感染。经过噬菌体处理后，尽管降低了死亡率，但是被认为具有特殊性，无法用于一般的生产用途。

2. 乳糖不耐症的缓解

由于 p-半乳糖苷酶的先天不足，导致全世界许多人患有乳糖不耐症而无法消化乳糖。众所周知，相较于牛奶，乳糖不耐症的人能更好地消化酸奶中的乳糖，用氢呼吸分析法已经证实了这一观点。已经有人提出酸奶通过提供额外的酶发挥其作用，并且有证据支持这一观点。用酸奶喂养的大鼠在小肠中的 I-半乳糖苷酶浓度升高，该酶是来源于细菌的，不是由于刺激大鼠而产生的乳糖酶，且其含有嗜酸乳杆菌的牛奶的呼吸氢值明显低于未补充牛奶的受试者的呼吸氢值。

3. 减少便秘

用乳杆菌进行的最初的临床试验中有关于便秘的作用，Rettger 和 Cheplin 通过喂食嗜酸乳杆菌补充剂，对患者的肠功能产生有利影响。近几年，Alm 和 Graf 等人在使用含嗜酸性乳杆菌的乳汁治疗便秘方面也取得了令人满意的结果。

4. 抗癌活性

自 Bogdanov 等人首次报道保加利亚乳杆菌产生的物质对抗肿瘤的发展有积极作用以来，有许多类似的报告相继出现。乳酸菌的抗癌特性可分为三类：（1）抑制肿瘤细胞；（2）抑制产生如 p-葡萄糖苷酶、8-葡萄糖醛酸苷酶和偶氮还原酶等酶，这些酶负责从中释放致癌物；（3）破坏如亚硝胺之类的癌基因和抑制亚硝胺合成中涉及的亚硝基还原酶。

（八）益生菌的研发前景

益生菌正处于发展的初期，未来的发展将着重发现更有效的菌株。合适菌株的选择可以通过多种方式进行，如可以通过现场测试各种天然菌株来尝试，这是既耗时又昂贵的，而不是实际可用的解决方案。用于现场测试的菌株数量可能会受到实验室测试的限制。当涉及对其他细菌的拮抗作用，肠道的生长速率以及附着于肠上皮细胞的能力，尤其是后者，工作人员应注意所收集的信息。上皮细胞的附着具有非常强的宿主特异性，这实际上意味着适合作为猪益生菌繁育的菌株可能在雏鸡和其他动物中没有活性。在同一物种的菌株之间，附着程度是可变的，因此，尽管嗜酸乳杆菌的一种菌株是有效的益生菌，但是同一物种的其他菌株可能完全不合适。

目前，科学家对益生菌补充剂的作用方式的研究越来越多。当获得相关研究结果时，就有可能通过遗传操作来改善菌株。通过这种方式，有可能将其在肠道中生存的能力与产生有用的代谢产物的能力结合在一起。McCarthy 等人的最新研究说明该技术的可行性，从猪中分离出的嗜酸乳杆菌可以进行基因转化，使其能够在小鼠胃上皮细胞中定植。尽管该技术已经有一定成果，但是仍然需要知道该技术的发展路线是怎样的。Tannock 总结了这种方法目前的潜力。

（九）芽孢杆菌在畜牧业上的应用

芽孢杆菌主要用作饲料添加剂。在水产养殖业，芽孢杆菌主要用作水质改良剂。芽孢杆菌不属于动物肠道中的正常菌群，虽然它的含量相对较少，但是却发挥着重要的作用。

1. 主要作用机理

（1）可产生对动物有益的活性物质

诸多研究表明，芽孢杆菌可产生多种物质，包括各种酶、多种酸及一些维生素。纤维素酶、淀粉酶、蛋白酶等可促进动物吸收饲料中的养分。在幼小动物消化营养物质特别是蛋白质消化方面有着突出的作用。乳酸、石酸、丙酸、脂肪酸能够降低胃肠道中的pH值，阻碍有害菌群的生长，同时还能促进动物对微量元素铁、磷的吸收，肠道中的益生菌还可为动物提供25%～30%的维生素。某些芽孢杆菌还能产生SOD酶，清除动物体内的氧自由基，降低其对细胞的有害作用，减少动物机体的损伤。

（2）生物拮抗作用

在正常情况下，动物消化道中的微生物处于一种动态平衡，如果平衡遭到破坏，就会引发疾病。例如，动物体内大肠杆菌大量繁殖，会使动物处于一种危急状态，引发沙口氏菌病。而芽孢杆菌可对病源性的大肠杆菌、沙口氏菌有一定的拮抗作用，减少动物疾病的产生。芽孢杆菌进入动物体后，通过大量繁殖，数量增多，粘附在消化道的上皮细胞上，会形成一层保护膜，阻止病源菌在消化道内的定植，从而减少消化道内有害菌的数量，达到预防疾病的作用。

（3）生物夺氧，抑制有害微生物

动物肠道中的常驻菌属于优势菌，大多数是厌氧菌，而病原菌一般为好氧菌。芽孢杆菌进入动物消化道后，芽孢杆菌会发育为营养细胞，进行新陈代谢，消耗大量氧气，降低肠道内的氧化还原电位，在肠道中形成厌氧环境，厌氧或兼性的双歧杆菌、乳酸菌等大量繁殖，而需氧的病原菌在厌氧的条件下在肠道中的定植能力减弱，从而使得体内的有害微生物减少，使肠道内的微生态保持相对的平衡。肠道内有害菌数量降低，可明显减少肠道疾病的发生。

（4）提高动物机体免疫力

芽孢杆菌进入动物体后，能够刺激动物的免疫器官脾脏、胸腺等的发育，使体液免疫和细胞免疫机能提高，动物机体在芽孢杆菌的刺激下产生更多的免疫细胞、白细胞介素等物质对抗病菌对机体的侵害，使动物体的整体免疫机能增强。芽孢杆菌进入机体后，还可诱导免疫细胞产生大量的细胞因子，使机体的免疫能力提高。

（5）净化环境

肠道中未被消化的营养物质会被大肠杆菌和其他细菌通过代谢途径生成多种有害代谢产物，如吲哚、酚类等，而芽孢杆菌可产生分解有害物质的酶类，包括分解硫化氨的酶、氨基氧化酶、SOD酶及过氧化氢等杀菌物质，可帮助动物消除体内的毒害物质，促进机体健康。

2. 益生菌在禽类上的应用

（1）在雏鸡日粮中添加微生态制剂能够提高雏鸡成活率、日增重及饲料报酬，降低腹泻等肠道疾病发生。蛋鸡长期饲喂，可提高产蛋率，改善蛋黄颜色。肉鸡长期饲喂，有明显增重效果，并能提高机体免疫力，改善肉质品质。史兆国等人在雏鸡饲料中添加微生态制剂，结果表明：试验组饲料报酬较对照组提高11.21%，死淘率下降5.79%。肖振铎用抗生素作对照研究了产酸型活菌制剂在肉鸡上的使用效果，肉鸡生长速度提高了5.35%，饲料消耗降低了5.34%。詹志春等人在肉鸡日粮中添加益生素，日增重提高4.1%，料重比下降7.6%。在健康鸡的保健试验中，与对照组相比，益生菌低剂量组和益生菌高剂量组鸡的料肉比显著降低（$P<0.05$），血清IgG、IgM含量极显著升高（$P<0.01$）；益生菌低剂量组TLR2蛋白表达及mRNA相对表达量显著升高（$P<0.05$），TLR4、Myd88、TRAF-6、AP-1蛋白表达及mRNA相对表达量极显

著升高（P＜0.01）；益生菌高剂量组 TLR2、TLR4、Myd88、TRAF6、AP-1 蛋白表达及 mRNA 相对表达量极显著升高（P＜0.01）。试验证实，饲喂益生菌可降低白羽肉杂鸡料肉比，提高血清中 IgG、IgM 的含量，并通过调节 Toll 样受体通路蛋白表达提高机体免疫力。

在大肠杆菌攻毒试验中，攻毒后模型组、益生菌治疗组、抗生素治疗组与自然恢复组料肉比较对照组显著升高（P＜0.05）。7 日治疗后，益生菌预防组、益生菌治疗组、抗生素治疗组与对照组差异不显著（P＞0.05）。模型组、自然恢复组、益生菌治疗组与抗生素治疗组攻毒大肠杆菌 3 日后血清内 IgG、IgM、大肠杆菌抗体显著高于对照组（P＜0.05）；益生菌预防组血清内 IgG、IgM、大肠杆菌抗体显著高于对照组（P＜0.05），显著低于模型组（P＜0.05）。治疗 7 日后，自然恢复组血清指标显著高于对照组（P＜0.05）；益生菌治疗组与抗生素治疗组血清指标显著高于对照组（P＜0.05），显著低于自然恢复组（P＜0.05）；益生菌预防组与对照组血清指标差异不显著（P＞0.05）。通过高通量测序结果分析，模型组与自然恢复组的十二指肠内微生物群落发生重组，从门层面分析，模型组与自然恢复组厚壁菌门减少，变形菌门增多。从属层面分析，模型组与自然恢复组乳杆菌属减少，肠杆菌属增加。而益生菌预防组、抗生素治疗组、益生菌治疗组与对照组十二指肠内微生物群落无显著差异。模型组、自然恢复组 Toll 样受体蛋白分布量、mRNA 相对表达量和蛋白相对表达量极显著高于对照组（P＜0.01），显示炎症反应严重。益生菌预防组与对照组相比 Toll 样受体蛋白分布量、mRNA 相对表达量和蛋白表达量差异不显著（P＞0.05），与模型组、自然恢复组相比差异极显著（P＜0.01）。益生菌治疗组和抗生素治疗组 Toll 样受体蛋白分布量、mRNA 相对表达量和蛋白表达量显著或极显著高于对照组（P＜0.05 或 P＜0.01），极显著低于模型组和自然恢复组（P＜0.01），显示治疗效果较好。由此可知，在日粮中添加益生菌，可在鸡大肠杆菌感染时保护其肠道有益菌，减少肠道内大肠杆菌数量，在炎症时减少 Toll 样受体的表达，以减少炎症因子的产生，减轻炎症反应。

（2）在养鸭业中的应用

邢英新等人用畜禽 EM 保健液对樱桃谷鸭作试验，结果表明，保健液和发酵饲料明显优于抗生素，具有明显的促生长，增重，预防白痢、球虫、大肠杆菌等病及降低死亡率的作用。刘安芳等人选择 300 只均匀一致、健康无病的日龄樱桃谷商品肉鸭，随机分成 3 组，每组设个 2 重复，每个重复 50 只。各组基础日粮相同，参照樱桃谷肉鸭的营养需要量配制，试验组在基础日粮中添加 0.2％产酶益生素，在基础日粮中添加 40 mg/kg 土霉素，对照组饲喂基础日粮。结果表明：在肉鸭日粮中添加一定量的产酶益生素能促进肉鸭生长，提高饲料转化率，并能提高肉鸭成活率，增加经济效益，可达到与添加土霉素类似的效果，且无毒副作用，是一种理想的饲料添加剂。

3. 益生菌在养猪业中的应用

在猪饲料中添加益生素制剂，主要是提高其日增重及仔猪成活率，还可预防和治疗腹泻，减少猝死症的发生，提高受胎率。王士长研究发现，使用益生素饲喂母猪、灌服仔猪，结果发现仔猪下痢发病率降低 37.64％，日增重提高 8％～13％，对下痢仔猪使用益生素制剂 3 次即可达到 90％的治愈率。黄平研究发现，应用益生素饲喂生长猪，可提高增重 10.45％，单位增重耗料减少 7.75％，并能改善环境卫生，有效防止白痢、大肠杆菌、霍乱及葡萄球菌等细菌性疾病，增强机体抗病力。刘春发等研究发现，利用日龄仔猪分组分别饲喂促生止痢灵、抗生素，与抗生素组、基础日粮组比较，饲料消耗分别降低了9.3%和21.6%，腹泻率分别降低了2.92%和2.79%。麻秀梅等人的研究表明：在基础日粮中添加0.2%的益生素，日增重明显高于对照组，腹泻率降低，差异极显著。何明清用蜡样芽孢杆菌治疗仔猪细菌性下痢，疗效达90%以上。曹国文用无毒芽孢杆菌治疗仔猪黄痢、仔猪白痢，取得了较好疗效。王红宁等人用蜡样芽孢杆菌预防猪"猝死症"并取得了良好效果。肖振铎等人利用从畜禽肠道筛选出的乳酸杆菌、乳酸球菌制成了在肠道内能有种菌繁殖生长的持续产酸的活菌制剂，经试验，仔猪日增重、饲料转化率提高，对仔猪下痢疗效显著。李军训等人以重量及身体状况相近的30头大白猪仔猪为实验对象，划分为2组：对照组和处理组，处理组在饲料中添加0.2%的益生菌，至90公斤左右出栏，进行肉质对比试验，对胴体色泽、瘦肉率、肉质进行评定。结果表明：益生素可以改善胴体的色泽，原因可能与益生素改善了动物机体的健康状况有关；益生素可以提高瘦肉率；在肉质颜色方面对照组色泽略微泛白，处理组色泽为鲜红色；在肌肉值方面两组间无显著差异；在嫩度和香味方面处理组明显好于对照组。

4. 益生菌在反刍动物养殖中的应用

(1) 在犊牛养殖中应用

意大利人在犊牛日粮中添加益生素，犊牛日增重提高5.3%，饲料利用率提高5.2%。在法国，犊牛出生后立即饲喂健康牛的肠道微生物菌落，腹泻率由82%降至35%，死亡率由10.2%降至2.8%。加拿大研究人员于犊牛出生当日便喂给乳酸菌等菌种混合发酵的初乳，犊牛日增重可达239～248 g，而对照组仅为178 g。西班牙人用含有益生素（嗜乳酸杆菌）日粮作为代乳品饲喂生产小牛肉的犊牛，犊牛死亡率降低，日增重和饲料转化率有了很大的提高。我国研制的益生素，用于反刍动物的较少。研究表明，四川农业大学研制的"调痢生"用于预防犊牛下痢，取得了较好的效果。

(2) 在育肥牛中的应用

如果牛在育肥的过程中受到应激如改换饲料、缺少饲料和水、转群等，在饲料中添加益生素可以有效的减小应激所带来的影响，有利于牛的生长育肥。在育肥牛的青贮饲料中添加真菌类益生素可提高牛的采食量和饲料转化率，提高日增重，对照组比试验组低0.05千克。这是由于益生素促进了挥发性脂肪酸的生成，提高了营养物质的代谢速度和利用率。

(3) 在奶牛养殖中的应用

在奶牛日粮中添加益生素可以提高产奶量，试验组比对照组高3.2 kg。据大量资料统计表明，在泌乳牛的日粮中添加酵母菌，可以使产奶量平均增加7.8%，而且在泌乳最开始添加效果最好。试验证明，在舍饲条件下添加益生素的效果比放牧情况下效果要好。福建省大部分地区连续高温干旱无雨，气候环境直接影响了奶牛的健康生产，许多奶牛场由于热应激直接造成牛只呼吸加快、采食减少、以至产奶量下降、牛只发病死亡等损失。福建南平某奶牛场经推介，饲料中添加了益生素就大大降低了高温热应激对奶牛产奶及生产造成的影响，其犊牛死亡，产奶等损失相对为当地最低水平，而且一直应用到现在。当然就具体原因是否确定还待进一步研究，但就其抗应激效果还是有效的。

（4）在羊养殖上的应用

据资料表明，在羔羊日粮中添加益生素，可以提高羔羊存活率，减少腹泻的发生，提高饲料利用率和促进羔羊的生长。丁保安选用3月龄西藏羔羊24只，随机分为4组。对照组饲喂基础日粮，试验组在饲喂基础日粮的基础上添加个水平剂量的益生素0.05%、0.1%、0.15%饲喂。试验表明：添加益生素可明显提高羔羊增重、日增重、钙、磷、粗蛋白质表现消化率。益生素的添加水平为0.1%时，羔羊的增重、日增重、料重比、钙、磷、粗蛋白的表现消化率最高。张沛等人用活菌制剂主要成分是芽孢杆菌对羔羊的痢疾治疗累计治愈率，第一天为47.68%，第二天为93.68%，第三天为100%。此试验表明，益生素能减少或防止羔羊腹泻，提高存活率，促进羔羊生长。2002年2月福州超大山东波尔山羊原种场试用益生素，选择86只10日龄开料羔羊平均重36 kg，其中45只试验，41只对照。相同饲养条件饲料、免疫、饲养方法下，试验组益生素0.1%加入饲料，喂至断奶90日龄因消化道疾病死亡分别为试验组0只，对照组死亡3只。试验组45只断奶羊平均重23.4 kg；对照组38只断奶羊平均重18.6 kg。试验组饲料报酬提高26%，成活率高出对照组7个百分点，而且抗病力相对提高，后一直应用于生产中，具显著效果。

5. 在水产养殖中的应用

现代微生态学研究表明，微生物在水产养殖中占有重要地位。莫照兰和徐怀恕等人研究了益生素在水产养殖中的应用，提出了有益微生物及其代谢产物能抑制有害微生物，改善水生动物机体代谢、补充机体营养物质生长、刺激机体免疫系统、提高机体免疫力以及参与生物降解、消除水中有机污染物等。通常情况下，微生态制剂作为预防病原菌感染制剂加入饵料中或直接加入养殖环境。已报道的微生态制剂主要包括乳酸细菌、弧菌属、芽孢杆菌属及假单胞菌属，应用于鱼、虾、蟹、软体动物的养殖和饵料生物的培养。

（1）在鱼类养殖上的应用

水产养殖中应用有益微生物可降解进入养殖池塘中的各种有机废物，消除有毒因子，稳定pH值，平衡菌相和藻相，营造良好水生环境，达到预防疾病、保健的作用。薛德林等人采用对比法进行光合细菌在池塘养鱼中的应用研究，结果表明：光合细菌有利于隐藻类浮游生物的生长，培养的轮虫数量增加218～1911倍，藻类数量增加512倍，鱼苗成活率及产量分别提高314%～416%和817%。益生素能改善鱼肠道内环境，提高其免疫力及抗病力。王梦亮等人分别按鲤鱼饵料的1%～7%加入光合细菌菌液，分别投喂六个试验组，结果试验组肠道内的大肠杆菌与对照组相比显著降低，乳酸杆菌数显著高于对照组，气单胞菌、双歧杆菌与对照组相比有增加趋势。由此可见，光合细菌添加剂有抑制鲤鱼肠道内大肠杆菌繁殖的作用，并使肠道内的微生物数量通过有益微生物的增加而达到新的平衡。益生菌添加到鱼饵料中，可极显著地提高鱼肠道内的淀粉酶和蛋白酶活力，有助于饵料中的淀粉和蛋白质的消化。刘克琳等人用有益芽孢杆菌制成微生态添加剂，对鲤鱼的生长和免疫功能进行试验。试验组添加1%微生态制剂，经饲喂，结果试验组较对照组增重提高11.8%，饵料系数下降0.24%。刘长忠用芽孢杆菌制剂和酶制剂进行草鱼饲喂试验，结果表明：益生素添加0.52%～0.66%，酶制剂添加0.2%～0.21%，可提高草鱼生长速度，使草鱼生长性能达到最佳水平。倪学勤等人使用芽孢杆菌和光合细菌复合制剂饲喂鲤鱼，比商品鱼饲料提高增重7.2%～9.4%，料重比下降4.1%～5.6%。

俞吉安等以含光合细菌的饲料喂草鱼、鳙鱼和鲢鱼苗成活率可提高 5%～28%，亩产可提高，饵料系数下降。张锦华等人应用种不同的益生素光合菌组、光合菌组、芽孢杆菌组及复合菌组饲养鲤鱼，测定鲤鱼肠道内容物中蛋白酶和淀粉酶含量，算出蛋白酶比活和淀粉酶比活。结果显示：试验组鲤鱼的蛋白酶和淀粉酶比活均高于对照组，且 4 个试验组中复合菌组蛋白酶和淀粉酶比活又高于其他试验组。均有明显提高。

(2) 在虾类养殖上的应用

益生素能刺激对虾肠道内双歧杆菌、乳酸菌等有益菌的繁殖，抑制沙门氏菌、大肠杆菌等有害菌的生长。孟凡伦等人研究了益生素制剂对中国对虾的作用，抑菌实验表明益生素制剂对对虾致病菌——弧菌有较强的抑制作用；口服益生素制剂可以促进对虾的生长和增重；通过测定对虾血淋巴中的抑菌、溶菌、及 SOD 活力，证实口服益生素制剂可以提高对虾的免疫力。张淑华等人应用中科院微生物研究所等单位筛选的菌种，按一定比例加入对虾饵料中，进行增重、消化率的影响试验结果在对虾生长的第一、第二阶段添加益生素，对虾的个体增重率高于对照组，且在第二阶段添加 0.05%～0.15% 的益生素能够提高对虾的成活率 10%～12.5%。对虾摄食含 0.1% 益生素饵料，其饵料总消化率和蛋白质消化率比对照组分别提高了 5.07%、1.24%，经济效益大大提高。崔竞进等人应用分离自胶州湾潮间带底泥及虾池沉积物的四株光合细菌制成微生态制剂，投放到虾池中，试验组的变态率比对照组的高出 3 倍。研究表明：光合细菌类益生素能促进虾类生长、加快变态速度、提高变态率和成活率。张庆等人以芽孢杆菌为主导菌的复合制剂投喂斑节对虾，对虾肉质得到改善，虾体水分降低，粗蛋白质含量升高，谷氨酸明显增加，而且提高了其抗病与抗应激能力。吴垠等人从对虾消化道中分离筛选出 3 株微生物菌株，将它们分别制成生态制剂，作为饲料添加剂，结果能显著提高中国对虾出池仔虾的成活率，并有一定的促生长作用。邹向阳等人成功地将双歧杆菌生态制剂应用于中国对虾育苗，从无节幼体到商品虾苗的成活率提高了 55%～60%，而且对虾幼体的生长发育速度、增重、抗病力均有明显提高。张淑华在对虾饲料中添加的 0.1% 益生素，可使对虾成活率提高 5.0%～6.2%，个体重量增加 4.6%～6.4%，单产提高 8.8%～12.5%。印度尼西亚将芽孢杆菌制剂应用于成虾养殖，成功地改善了水体和底泥中的细菌组成，发光弧菌的数目明显减少，有效地控制了弧菌病的发生。

(3) 在双壳类养殖上的应用

细菌，尤其是弧菌是扇贝和牡蛎幼体的重要的病原菌。王绪娥等人在扇贝育苗中，利用光合细菌和单胞藻混合投喂，明显提高了幼体成活率和亲体扇贝性腺指数并促进了其性腺发育。安树升等人认为，光合细菌与湛江叉鞭金藻、新月菱形藻和肩藻混合使用，培育海湾扇贝幼体，结果表明单胞藻混合投喂的效果明显好于单纯使用单胞藻，同时光合细菌还具有净化水质的作用。探讨了菌株对太平洋牡蛎的保护作用。研究发现，当太平洋牡蛎 2～6 d 的幼苗受到致病菌感染时 5 d 内即死亡，而在有益生菌菌株存在时，致病菌的人工感染没有导致幼苗的死亡。益生菌菌株除了对有抑制作用外，还对许多其他鱼和贝类的病原体也有相同的作用。

(4) 在鳖养殖上的应用

鳖养殖过程中的残饵和排泄物极易造成养殖水体污染，从而影响鳖的品质风味；同时水体污染易使病原微生物滋生，使中华鳖患病；药物的使用会造成残留，危及人类健康；养殖水体的排放易造成周边环境的污染，严重影响和制约无公害中华鳖养殖生产。周贵谭等人研究表明：饲料中添加0.2%的产酶益生素效果最优，可增重1.27%，降低饲料系数12.41%，提高成活率4.3%，养殖水体氨氮降低39.6%，化学需氧量降低28.39%。其主要原因是产酶益生素在中华鳖体内产生大量消化酶，优化肠道的多酶消化体系，降解饲料中的多种抗营养因子，提高饲料利用率，降低排泄物对养殖水体的污染，而优良的水质又反过来促进了中华鳖对饲料的消化吸收。

（5）在蟹类养殖中的应用

专家从海水中分离得到1株细菌，应用于蓝蟹育苗中，实验组的粗活率为27.2%，而对照组的粗活率仅为6.8%。他们同时指出益生菌不仅可以抑制鳗弧菌的生长，还可以抑制育苗池中其他弧菌和产色素菌的生长，同时还能抑制真菌的生长。专家还指出尽量多次往育苗池中添加益生菌，但细菌的浓度始终超不过10^6 cell/ml。他们认为是处于快速生长期的幼苗有捕食的习性，一部分细菌被它们捕食掉了，从而使水体中的细菌浓度维持在10^6 cell/ml左右。另一个可能的原因是水体中的营养物质缺乏。

第五章　养殖场生物安全管理技术

养殖场的生物安全是公共安全的重要组成部分，现今越来越受到关注和重视。养殖场生物安全管理不仅关乎畜禽健康和经济效益，还会影响养殖场周边的生态环境，乃至人的安全与健康。

传染病在畜禽中传播流行，必须具备传染源、传播途径、易感动物三大要素。传染源就是指被感染的动物，包括患病动物和病原携带者，病原体能在其体内寄居、生长、繁殖、并能排出体外。易感动物即缺乏抵抗力、容易被疾病感染的未感染动物。

动物易感性的高低与病原体的种类和毒力有关，但主要还是由养殖场的气候、饲养管理、卫生条件等外界因素，以及动物特异免疫状态的内在因素所决定。传播渠道即病原体从传染源排出后传播给易感动物的途径。动物传染病的传播途径比较复杂，每种传染病都有其特定的传播途径，有的可能只有一种，如皮肤霉菌病。有的疾病有多种传播途径，如猪瘟可通过接触、饲料等传播。控制传染病的三种策略：首先要消灭或者治愈传染源（或者控制其排毒），其次要通过免疫接种、药物保健等来保护易感动物，最后要切断传播途径。切断传播途径包括切断场间传播即构建养殖场之间的生物安全屏障、阻止病原体在养殖场之间的传播；切断舍间传播即养殖场内环境消毒、阻断病原体在场内各生产单元之间的传播。切断畜、禽间的传播即带畜（禽）消毒，阻断病原体在各生产单元、不同动物个体之间的传播。

第一节　生物安全的基本概念

广义的生物安全主要分为四个层面：一是国家安全层面。本世纪初，国内专家学者就呼吁将生物安全提升到国家安全层面，经过多年的努力，生物安全已经被正式纳入国家安全体系建设。二是公共卫生层面。生物安全事关广大人民群众的生命健康，是公共卫生事业稳定发展的先决条件。三是行业发展层面。疫病是畜牧养殖业最大的敌人，生物安全是畜牧养殖业最强的保护神，所以良好的生物安全环境是行业长远发展的必要保障。四是个人健康层面。70%以上的动物疫病是人兽共患病，广大农牧民每天与饲养动物接触，处于高度暴露状态，是人兽共患病的高危群体，做好生物安全防控，保证饲养群体洁净程度，是保障牧民自身安全的有效措施。

我们在这里谈到的生物安全，主要是从行业发展层面，立足于畜禽养殖环节，讨论应该怎样做好生物安全防控工作。通俗地讲，养殖环节生物安全就是通过人为干预，让细菌、病毒、寄生虫等病原微生物处于可控状态，使其不会对人和动物造成感染威胁。

生物安全是指对疫病预防的步骤和过程，即减少或消除疫病风险的过程。它包含了外部生物安全和内部生物安全两个部分。外部生物安全是指防止新的疫病或新的病原微生物引入动物群中的过程。内部生物安全是指减轻或消除在动物群中已经存在的疫病蔓延的过程。

外部生物安全以堵为主，属于养殖者优先考虑的问题，内部生物安全以净化和消除为主。并非所有的危险都可以消除，生物安全管理的目的在于尽量减少病原体接触动物的机会，最大限度地保障动物的健康和生产力。

养殖场生物安全管理技术是指通过采用免疫、监测、消毒、隔离等防疫技术手段，严格控制通过动物本体、运输和生产工具、人员、饲料、疫苗、兽药等多种途径传播疫病的风险，建立多层防护屏障防止病原微生物入侵，从而保护养殖场畜禽健康和生产安全。

第二节　生物安全目标

生物安全体系是防控疫病的最有效壁垒，关系着养殖户生产经营平稳。养殖场户作为防控疫病第一责任人，对生物安全的认知与行为决定了畜禽出栏数量与质量等生产成效，同时由于重大疫病防控的正外部性，养殖户采取生物安全防控措施能够维护区域畜禽健康和防止人畜共患病蔓延。然而，我国养殖户普遍存在防控意识不足、防控设施标准和应急反应速度不高、养殖条件和技术水平参差不齐等问题，特别是中小规模户在养殖规模、养殖模式和管理方式上差异明显，进而容易引发畜禽疫病以及增加后续防控难度。

其中，我国非洲猪瘟肆虐就暴露出养殖户疫病防控措施不足、养殖场生物安全水平偏低等突出问题，一旦疫情持续存在，则会通过退出最不能采取生物安全措施和应对疾病的散养户来重新整合养殖行业。面对目前尚无有效疫苗防治的困境，强有力的生物安全措施是养殖户防止疫情暴发的最佳保护措施。因此，提高养殖场生物安全水平以减小疫病发生概率是养殖户和政府的共同目标，但需要先厘清养殖场生物安全现状，分析养殖场户生物安全防控行为的影响因素。

随着畜禽养殖业的规模化、现代化和产业化发展，只有每个养殖场建立健全生物安全管理制度和技术，才能从源头上控制病原微生物滋生，对畜禽、人员、车辆、饲料、环境等进行严格、规范的消毒，降低动物疫病的传播，提高畜禽的生产力，提升养殖场的经济效益，同时保障人民群众的食品安全和身体健康。

生物安全是健康养殖环节采取的疫病综合防控管理措施，是保护和提高畜禽群体健康生长，预防致病因素进入养殖环节发生水平传播，从而采取的科学有效的人为干预举措。做好生物安全防控工作，不仅有利于养殖环节健康稳定发展，更是保障广大农牧民自身健康的必然需求，是公共卫生事业和决胜决战全面小康的重要指标。没有良好的生物安全防控措施，就不可能获取长期高效的养殖收益，动物源性食品卫生安全也就没有可靠的保障。

具体针对养殖场来说，生物安全的目标，一是做好场区封闭管理，利用天然屏障，建立场区围墙，彻底与周围环境分开，场区门口设立"防疫重地，闲人免进"的警示牌。

二是强化畜禽疫情监测，确保畜禽疫情早期预警。严格隔离、消杀。三是消灭场区潜在病毒，阻断疫病传播。科学的场区清洗消毒、清洁要做到不留死角，消毒液要根据不同场区合理选择，环境消杀、圈舍内消毒、带畜禽消毒要科学选用消毒液。同时严格人员车辆管控，人员进场要严格登记，车辆进场必须全面消毒，污染物要集中清理消毒，彻底消除病原体的存在。四是有效控制动物疫病，推进逐步净化消灭。畜禽粪污统一发酵腐熟，委托集中清运；病死动物统一回收，委托集中无害化处理；疫苗空瓶等统一消毒，定点存放集中上交，委托集中无害化处理，最终达到动物疫病逐步净化消灭。

第三节 生物安全措施

一、选址管理

养殖场合理选址是生物安全管理的重要一环。选址要从地势地形、水源电源、动物防疫和质量安全等多个环节和维度来进行考量。

（一）地势地形

养殖场场址应该保证地势高且干燥、阳光充足、利于通风、排水良好。平原地区，场址应选择在比周围地段稍高的地方；丘陵地带应选在稍平的缓坡地；山区建场，还应选择在坡度不大的半山腰处，并避开断层、滑坡、塌方等地段。建场所需占地面积要包括生产区、管理区、生活区，并留有10%～20%的占地面积作为机动场地。

（二）水源电源

水源是养殖场选址的先决条件，一是水源要保证充足，二是水质要符合饮用水标准，三是要远离生活饮用水的水源保护区。饮水质量有利于提高饲料的转化率，促进畜禽的正常生长发育。因此，要选择良好的泉水、井水和江河流动水，不宜选择坑塘死水和旱井苦水作水源。供电方面，场址应距电源最近，既利于节省输变电开支，又可保持供电稳定。

（三）动物防疫和质量安全

畜禽的健康养殖是提高畜禽产品质量、保证食品安全的重要部分，而防疫条件也是建场首要考虑的问题，二者均不可忽视。场址应距公路、铁路交通干线和居民区、医院、文化教育科学研究区等人口集中区1000米以上，应避开风景名胜区、自然保护区的核心区和缓冲区，应与其他养殖场、交易市场、屠宰厂和畜产品加工厂保持至少3000米的距离，一般应选择在居民区的下风向和饮用水源的下游。场区空气清洁、无污染，环境安静，无噪音干扰或干扰较轻。

此外，在环境影响评价过程中，畜禽养殖场的选址分析，还应注意场址的设置需远离工业企业，必须选择在生态环境良好、无"三废"污染或不直接受工业"三废"污染的区域。场址既要避开交通主干道便于防疫，又要交通方便，以便于饲料和出栏、入栏畜禽及其产品的运输。

（四）环境保护

养殖场选址时要充分考虑环境保护。既不能对周边环境造成污染破坏，也不能选择所在地理环境对生产造成影响的地区，例如不能选择水源地、洪涝灾害易发地等。同时还须对周边地区的环境容量、环境承载力进行评估，一定要有足够用于消纳养殖场粪污的配套面积的土地。必须坚持农牧结合、林牧结合、果牧结合以及发酵床生态健康养殖模式，实现行业结合、循环利用、相互促进、共同发展，逐步实现畜禽规模养殖场（小区）布局合理化、生产标准化、产品无公害化、资源循环利用化、环境清洁化，在发展养殖业过程中，保证区域环境生态平衡和可持续发展。

二、场区布局管理

在进行养殖场规划时，从防疫上通常需要考虑具体地区的生态环境、周围各场区的关系和兽医综合性服务等问题。养殖场应合理利用地势、气候条件、风向及天然隔离屏障等。新建的畜禽养殖场应尽可能按照"全进全出"的要求进行整体规划和设计。同时实行这种生产模式便于全场统一管理，场内所有畜禽同时免疫，抗体水平一致，抵御野毒的能力加强。还可以制订更加科学合理的畜禽清洗和消毒措施，统一安装和维修设备。另外，进行比较全面彻底的灭蝇、灭鼠等卫生工作，更加彻底地消灭家禽养殖场的疾病传播媒介。

在所选定的场地上进行分区规划，确定各区生产、建筑物的合理布局，达到分区合理，协调发展。养殖场一般布局规划，可分为生产区、生活区、管理区和隔离区，区与区之间要有明确的划分和间隔。生产区作为养殖场的主要组成，应设在生活区下风口和隔离区的上风口，可以根据养殖动物进行细分，如养殖舍、配种室、兽医室、消毒舍等。生活区要建在整个养殖场地势较高的上风口，与生产区用隔离带或围墙隔开。管理区一般建在生产区进出口的外侧。隔离区是养殖场生物安全管理的主要部分，与其他区域的间隔至少在 100~200m 之间，隔离区要包括隔离动物舍、粪污和病死动物处理区域等。

针对畜禽养殖场实施场地布局的过程中，应对生产与防疫布局加以全面考虑。关于风向与地势的选择方面，生活区应位于上风向与地势较高的地方，之后依次是管理区、生产区与隔离区，隔离区应处在下风向与地势较低的地方。生活区的地势最高，通常会建设员工食堂与宿舍等建筑，这一区域需要和畜禽养殖场分离，通常位于养殖场的外围地带，且要确保较好的饮水及卫生状况。

管理区通常处在行政办公的位置，一般会设立饲料保存室、消毒室、工作人员办公室等。管理区应紧邻生产区，这样会更加方便生产管理。对于进入畜禽生产区的路线，需要设立相应的消毒通道，物料需要设立专有的进入通道，并配置完善的消毒设施。生产区是畜禽生活的主要地方，应严加禁止外来人员及车辆的进入，养殖场需要指派相应的管理工作人员，平日中确保生产区的安静与舒适的环境条件，做好保暖与通风工作，并在第一时间清理粪便，保证卫生条件的良好，同时进行消毒，物料的进出均需经过消毒处理。

为减少畜禽与外界的接触和病菌感染的几率，建议养殖场采用封闭式管理，在整个饲养过程中最好采用现代化控制。有条件的可以使用料塔储存或直接饲喂，饮水可以通过水线系统将干净清洁的饮水送到饮水头，让畜禽直接饮用。目前大部分养牛场或养猪场均是人工饲喂，采用料槽饲喂或水槽给水，这样需要定期清理料槽中的废弃饲料，以免家畜采食受到污染的饲料或过夜饲料，而感染细菌，发生疾病。每天定期添加干净新鲜的饮水，清洗和消毒水槽上面黏附的生物膜，否则饮水将会受到污染，致使家畜感染肠道疾病。舍内温度和湿度应保持合适，夏季搭设遮阳棚避免阳光直射，有条件的可以开启通风系统进行人工通风，降低畜禽体感温度。冬季封闭门窗，铺设松软垫料，达到保暖的目的。

三、外引动物管理

外引动物是养殖场中普遍存在的一种动物流通行为，也是各地间动物品种交换、更新和发挥品种优势的主要方式，频繁流通也是促进良性发展的有效途径，对促进畜禽发展和经济流通起到重要作用。但随着引进动物的频率增高，也给养殖场动物管理和疫病防控带来许多弊端，甚至带来疫情，带来许多危害，影响养殖场畜禽的健康发展。

在养殖场引种前应经过多方面的考察和调研，结合当地养殖特点，选择生产性能高、抗应激和抗病能力强的品种，然后从没有垂直传播疾病的种源场引进后代，在引种过程中应选择具备个体强壮、体况匀称、体内母源抗体高等条件的个体，保证引进优质的畜禽，为今后防控疾病奠定了良好的基础。引种进场后最好选用全进全出的饲养模式，这样不仅容易管理、操作简便，可以同时制订相同的饲养管理方案，还可以保证同一批次畜禽的抗体水平均匀一致，能更好地防御外界病菌的入侵。制订科学合理的防控疾病的方案，进行适度规模的标准化饲养。

为有效降低外来病原微生物的感染风险，养殖场多可采取自繁自养的养殖模式。但养殖场如确需外引动物时，要严格把好防疫关卡，充分考虑引入地的动物疫病发生发展情况，需要对特定畜禽开展相关疫病监测工作。

开展外引动物的养殖场要提前清理维护畜舍，确定单独的隔离舍，为引进动物做好足够存放空间。对隔离舍和环境、用具进行彻底消毒，备用。做好用具、饲料、饮水等准备，包括运输环节的备品料、水以及急救药品的准备工作。这些是保证外引动物工作顺利完成的前置条件。

引进动物前要了解动物输出地的生产情况、品种特点、数量、健康情况，具备充分的条件再去引进。一旦发现当地有疫情或品种有异或者发生过垂直性传播疾病等情况，要立即取消引畜活动。

畜禽养殖场可以向本地动物卫生监督机构申请外引动物审批，通过专业部门了解动物输出地疫情情况。动物引进后通过屏障体系建设中的防疫检查站固定通道进入本地，并报检、查验，把好入境关口。

四、消毒管理

消毒管理的有效执行是杜绝病原体扩散、流通的唯一的有效手段，消毒操作是一个执行过程，绝不可因其他因素而停止执行，消毒是一种习惯性的工作程序，绝不可使其成为"心理安慰"。

（一）运输车辆消毒管理

当含有致病因子的粪便附着在轮胎或车架上或者饲养器具时，很可能成为传播病原微生物的媒介。为防止运输车辆、饲养器具等携带病原微生物，在入场之前必须采取全面严格消毒措施，运输动物车辆工作结束后要对内部进行严格消毒。同时，还需要注意防止圈舍饲养工具混用。

访客、工人和场主的车辆应停在养殖场外；商业饲料运输车辆和牲畜转运车辆尽可能远离本场畜禽和畜舍；养殖场应有指定的车辆清洗场所，最好建有场外装载畜禽的相关设施，车辆在装载前要进行全面的清洗、消毒和烘干。在车辆进入场区前和装载前，养殖场负责人要检查车辆的卫生情况；养殖场尽量自备工具和设备，并且自己维修，避免从外部借用设备（尤其是粪便处理设备）和车辆；任何设备在进入前和离开养殖场前必须彻底清洁和消毒。生产区正门消毒池每周更换池水、池药2次，保持有效浓度。运输车辆，须经严格的清洗和消毒后方可出入。生产区内的运输工具应定期清洗消毒，保持清洁卫生。周转区每售1批畜禽后需要进行1次大消毒。

（二）生活区消毒管理

保持生活区的环境卫生，清除掉一切杂草、树叶、羽毛、粪便、污染的垫料、包装物、生活垃圾等，定点设立垃圾桶，每天清理垃圾。生活区和生产区彻底隔离分开。在生活区、生产区大门口设置消毒池，消毒液为3%~5%氢氧化钠溶液，每周更换2~3次，特殊情况可随时更换；保持消毒池内干净，池内无漂浮污物、死亡的小动物和生活垃圾，冬季要有防结冰措施，不可使消毒液结冰而失去效果。办公室、食堂、宿舍、仓库（碘制剂）及其周围环境（3%~5%氢氧化钠溶液）每周大消毒次。保持餐厅、厕所卫生，每天冲刷、擦洗，做到无油污、无烟渍、无污物、无异味；每次饭后对吃饭处冲洗消毒（碘制剂）1次；养殖期间杜绝食用外来禽类产品，禁止食用本场养殖的活禽及病死禽。每次大雨过后对场院道路消毒1次（3%~5%氢氧化钠溶液）。

（三）生产区消毒管理

生产区要求无杂草、垃圾，两个畜舍之间的植被高度控制在30厘米以下，并保持其间无工作和生活垃圾。场区净、污道分开，运雏车和饲料车等走净道，死亡畜禽及粪便车等走污道并在远离养殖场的区域进行无害化处理。确保生产区内没有污水积存，任何人不能私自进入污区，如必须进入污区，返回时必须从生活区再次洗澡更衣消毒，才能进入生产区。每周两次对场区道路、水泥地面、排水沟等区域清理，并用3%~5%氢氧化钠溶液等消毒液进行喷洒消毒。每天对生产区主干道、厕所消毒1次；可用火碱水喷洒消毒。每天对畜舍门口、操作间清扫消毒1次（戊二醛）。

（四）人员卫生消毒管理

生活区大门处应设置人行通道，用消毒垫进行鞋底消毒。生产人员进入生产区时首先要洗澡，更换消毒后的工作服和工作鞋方可进入生产区。进入畜舍工作时要用肥皂洗净手后，浸于百毒杀消毒液内3%~5分钟，清水冲洗后抹干，换鞋踏消毒盆，出畜舍同样用消毒液洗手、清净鞋底污物踩消毒盆或换鞋出舍。畜舍消毒盆中消毒液（3~5%氢氧化钠溶液）液面要没过鞋面，每天更换两次消毒液，保持有效浓度。保持饲养人员个人卫生，坚持每天洗澡一次。每个饲养员至少有三套可供换洗的工作服，每两天洗涤一次，清洗后的工作服可用阳光消毒或福尔马林熏蒸消毒；外来工作服入场前，必用3倍量熏蒸后方可进入。工作服统一样式并有明显标志，且不准穿出生产区，保持工作服清洁。非生产区的人员不得进入生产区，因工作需要进入者需经主管领导批准在专人陪同下消毒洗澡后进入生产区，在指定范围内工作和活动，并有专人陪同。

(五)物品消毒管理

外部所有进入的物品由入场处熏蒸消毒后存放待领,每入一次物品熏蒸一次(每立方米28毫升)。备用物资仓库、更衣室、饲料转运储存间等应安装紫外线灯进行消毒。其他场转来物品(旧物品)必须经过两种消毒液消毒后隔离3~7天再送入场内消毒后使用,场与场之间周转的物品要经每立方米42毫升甲醛熏蒸消毒和百毒杀喷雾消毒,经两次严格消毒后入内。与生产无关的物品不准带入生产区。所有出禽舍物品,或出场上交物品必须冲洗干净,再用消毒药严格消毒后方可存放。更衣室、工作服、便服每天紫外线消毒3次,工作服清洗时消毒水消毒(百毒杀)。兽医、免疫人员使用的各种诊疗器械,必须经高压消毒后,才可进入禽舍内使用。

五、人员管理

畜禽养殖场要对出入厂区尤其是生产区的人员实行登记进入制度,严禁外来人员入场,进入生产区的人员清洗手臂、更换衣物后再由消毒通道进入。诊疗巡查人员消毒后方可离场,生产区内人员不得开展对外诊疗、配种或免疫等工作。养殖场内严禁携带同类型肉制品入场,同时养殖场内严禁饲养猫、狗等动物。

养殖场除了需要控制人员进出外,还需要做好人员防护措施,畜禽养殖场要为工作人员和进入场区的人员配备好防护口罩、帽子、防护服、鞋套、手套、护目镜等个人防护用品,可以有效降低人畜共患病发生和传播风险。

科学合理的人员配置是生物安全体系能够顺利运行的重要保障。养殖场应实行场长负责制,配备生物安全负责人,落实本场生物安全制度,制订、维护和监督有效的生物安全措施,保障生物安全体系有效运行。同时,场区内应配备与其规模相适应的技术人员及执业兽医师,进行畜禽保健、疫苗接种、疾病诊疗和疫病监测等工作。定期安排所有工作人员进行身体健康检查及生物安全技术培训,并留存相关记录。

规模养殖管理工作是一项繁琐且专业性又很强的工作,对于畜牧业发展意义重大。一方面,对于从事养殖的工作人员要定期进行专业知识和技能培训,通过多种途径使养殖者学习掌握各项先进的现代化管理理念和管理技术,提升养殖质量和成效。同时要提高工作人员的素质和团队精神,充分发挥每个人的潜力,创造更大的养殖价值。另一方面,基层畜牧部门应当加大与科研院所合作,推广实用养殖技术管理培训,引导所属区域畜牧养殖场户正确、规范的引种,正确使用消毒药和兽药,避免盲目性,降低安全风险。当前在我国社会经济高速发展的前景下,要不断提高养殖场户专业人员的思想意识,让工作人员树立科学养殖观念,从而创造良好的工作环境和培养良好的工作习惯。

六、饲养和防疫管理

一方面,饲料的性质与组合很大程度上左右着畜禽的生产力,一般情况下饲料成本可占畜牧生产总成本的60%~80%。因此,合理利用饲料是提高畜禽生产率和畜牧业经济效益的一项重要措施。另一方面,不同品种及不同生长周期对营养物质的需求存在差异,要根据实际饲养畜禽种类特点,严格按照生长周期给予不同营养与种类的饲料,制定科学合理的饲养管理制度,饲料选择转化率高、容易吸收,可以提高畜禽体内转化率。总而言之,在饲料管理上要参考优质的配方,采购精良的饲料,用良好的饲养方法保证动物的营养吸收,才能让养殖实现从"粗放型"到"精细化"、从"低效低产"到"高效高产",使畜产品的质量得到保障。

规模养殖的发展必须依靠健全的法律法规来规范,要围绕日常生产、管理和销售的各个环节,对基层的品种质量、饲料品质、检疫、消毒、粪便无害化处理等相关环节做出具体规定,逐步完善。一是要求养殖场户主建立完善的重大动物疫病长效预防管合理机制,提升养殖主体疾病预防控制管理理念与认识程度。二是养殖场户要结合当地疫病流行特点,建立健全本场户科学的疫病防治体系,做到对动物疫病进一步控制,防止流行病大面积蔓延扩散。同时要选择正规厂商研发的疫苗进行接种,从根源上切断传播。三是政府部门加强配合监管,规范指导,追责约束到场户,激励引导,推广畜禽养殖废弃物综合利用和无害化处理技术,打击对畜牧业造成污染的行为,促进畜禽养殖环境的改善和基层畜牧养殖持续良好地发展。

七、无害化处理

（一）污水处理

在禽畜养殖的过程中,受多种因素的影响,不可避免地会产生一定的污水。这部分污水既有冲刷禽舍而产生的,也有因废弃物等被雨水冲刷所导致的二次污染造成的。加强养殖过程中污水的处理优化尤为必要。雨污分离的排水系统建设亦是对种养结合发展方式的辅助,在生产区与管理区内建设污水处理池,将养殖过程中产生的污水进行有效的无害化处理之后可实现还田处理,以此来实现污水资源的合理应用。而作为未被污染的雨水,则可以经过简单的沉积净化后直接排放至地表水源区或是用于农田的灌溉。污水的处理应坚持种养结合的原则,同时还应就实际的养殖规模、污水处理能力以及处理方式等问题进行优化。

（二）排泄物处理

畜禽排泄物采用堆积处理法进行无害化处理。堆积处理法就是将畜禽粪便收集堆积好,用泥土进行封闭,待粪便自身发酵产热1~2个月的时间,方可杀灭其中的病原微生物和寄生虫虫卵,达到无害化处理目的。

（三）病死动物处理

禽畜病死现象是养殖过程中较为普遍存在的问题。养殖场内的畜禽感染疫病后,一些致病菌或寄生虫会随排泄物排出,极易感染其他健康畜禽,还会对圈舍、工具、饲料和饮水等造成污染,必须经过严格的无害化处理才能切断病原微生物传播途径。

对于已经病死、丧失利用价值的禽畜尸体,如何进行无害化处理,十分值得探讨。焚烧炉焚烧是当下较为普遍的尸体处理方式,焚烧设施的建设应在养殖场较为集中的地区。同时对于焚烧可能产生的废气也要做好有效的处理净化措施。以防止污染的进一步扩散。缺乏有效焚烧条件的养殖场在处理畜禽尸体的过程中,可以采用挖坑填埋的方式进行处理。对于挖坑的深度也要有所规定,一般在深挖2米以上方可进行尸体的掩埋。在此基础上,还应加以石灰粉的覆盖,以实现对掩埋区的消毒。

八、生物媒介控制管理

啮齿类动物、害虫、野兽以及飞鸟等生物媒介可传播多种猪病,制订生物媒介控制方案是防范疫病传入的重要措施，包括：妥善维护猪场的围栏等设施设备，以防止野生动物进入；控制生产区内及周围的植被生长，以保持养殖场的清洁整齐；及时清除垃圾、杂物、溢出的饲料、动物尸体以及积水等。

要检查建筑物和饲料储存区是否存在啮齿动物粪便和巢穴；确定并切断其食物来源，捣毁巢穴、堵住漏洞，防止其反复进场；使用相距3～6米的陷阱或诱饵站捕捉啮齿动物；对死亡啮齿动物，不得徒手触摸，需妥善处理；保持清洁和定期检查隔离设施，防止更多啮齿动物进入猪场。

为减少猪与鸟类及其粪便的接触，要先评估当前养殖场中野鸟的相关情况。评估内容包括：确定养殖场内野鸟种类及其筑巢、洗澡和栖息的地方，检查养殖场是否有大量鸟粪，观察野鸟类是否停留在畜禽身上，观察鸟是否在水槽中洗澡。根据评估结果采取相应控制措施，包括：安装防鸟屏障，防止鸟类进入谷仓；确保给料机等设备封闭；及时清理水槽及食槽；对室外饲养的畜禽，确保其远离鸟类聚集的水域；捣毁场内的鸟巢和鸟蛋、及时清理洒落的饲料、播放鸟类驱离声音、安装反光镜等。

按季度监测畜禽粪便，以确定畜禽只是否存在寄生虫感染，根据检查结果完善驱虫程序，同时实施有效的杀灭蚊蝇计划。

九、改善动物福利

现代化规模养殖场追求极致空间利用和饲料转化率，除放牧、间断林养等饲养方式外，绝大多数养殖场养殖空间狭小封闭，违背动物天性；更快的生长周期导致动物机体发育不完善，先天免疫力低下；大量且不科学地使用抗生素，导致病原微生物耐药性增强和药物残留等问题。长期以来，我国养殖业一直注重提高生产率，增加畜禽数量。发达国家畜牧业现代化程度高，在满足畜禽数量需求后，更加注重质量，因而动物福利要求高。我国进入畜牧业高质量发展的新时期，对肉蛋奶消费需求进一步提升，养殖业发展方式由粗放扩展向精细化、特色化转变，对动物产品的质量与安全提出了更高的要求。

提高动物福利，为动物营造舒适的生存环境，将使动物更加健康强壮，降低疾病发生率，减少抗生素使用量，最终会减少动物疾病，可以有效降低生物安全发生风险，促进畜牧养殖业发展，保护公共卫生安全、维护人类健康。规模养殖场要坚决落实"减抗"行动，通过加强运动、科学保健等方式，做好动物疫病防控；有条件的规模养殖场可以提前布局优化，制订适宜自身实际的方案，逐步改善动物福利，增强畜禽疾病抵抗力，提升畜禽产品质量，打造健康优质的品牌形象。

第六章 畜禽动物疫病防治

随着我国国民经济的不断增长，人民物质需求的不断提升，人们对畜禽产品的需求也越来越旺盛，因此我国养殖业的发展在近年来也得到巨大提升。但是随着养殖业的迅猛发展，养殖过程中动物疫病对经济动物的影响也逐年增大，因此如何科学防治动物疫病是我国养殖业面临的重大问题。多年来，我国畜禽动物疫病的防治策略和方法都有较大提升。从动物疫病防治角度出发做好养殖过程中的疫病防治，不仅能够有效减少养殖损失，增加养殖户的经济效益，还能有效减少养殖过程中的疾病发生，大大减少治疗用抗生素在临床中的使用，从而达到减抗的目的。

第一节 动物防疫工作基本原则

防疫工作是每个养殖场工作的重中之重，每个养殖场都要根据基本的防疫原则和内容结合自身实际情况制定防疫策略，最大化提升养殖场的防疫能力，减少疫病的发展和传播，保持养殖场的健康环境。目前防疫工作主要有以下几个重要原则。

一、健全机构

畜禽防疫工作是一项复杂的系统化工程，不仅仅涉及养殖场环节，还涉及销售、运输、屠宰等诸多环节，每个环节之间的防疫配合是做好防疫工作的基础。在这个过程中健全防疫机构具有重要意义。县级以上地方人民政府的农业行政主管部门是兽医行政机构。县级和乡级人民政府应当采取有效措施，加强村镇防疫队伍的建设，根据当前动物疫病防治工作的需要，可以向乡、镇或者特定区域派驻兽医机构，有一些屠宰场或者大型养殖场还可以长期派驻人员，定期进行防疫检查，共同负担畜禽传染病的预防和扑灭工作。

二、坚持预防为主

在集约化畜禽生产的大背景下，畜禽的养殖密度持续升高，密集的畜禽养殖极易引发疾病传播，因此提前搞好防疫措施极其重要。预防为主、防治结合是我国畜禽传染病防治的基本政策，预防主要是指在传染病发生前或者传染病高发的时间段做好防疫工作和畜舍的消杀工作。一般来说传染病发生后的治疗费用要远远高于预防工作的费用支出，因此积极进行防疫工作、制定符合自身条件的防疫措施能够显著减少养殖场疫病，增加牧场经济效益。

三、完善法规建设

防疫法律发挥的建设和完善是指导防疫政策制定和实施的重要约束力,早在20世纪90年代我国就开始了防疫相关法律法规的制定和实施,1991年开始实施了《中华人民共和国进出境动植物检疫法》;1998年又出台了《中华人民共和国动物防疫法》,2007年进行了修订并于2008年1月1日正式执行,最新版于2021年5月1日生效实施。上述防疫相关法规对我国当前畜禽防疫和检疫工作的方向和基本原则进行了具体叙述,产生了巨大的约束力,增加了国内养殖企业对防疫的重视程度,大幅度减少了国内由于疫病爆发而可能造成的经济损失和健康隐患。这些法律法规的制定和出台为兽医工作者开展防疫和检疫工作提供了法律依据。

四、加强调查监测

传染病的暴发具有时间性和地域性,不同传染病的暴发时间和地域各不相同,有些传染病在春、秋易感,有些传染病则是在冬、夏易感,因此建立长效的监察机制,实时监测传染病的病原菌感染情况,对于预防传染病大规模暴发具有重要意义。传染病的调查监测要符合当地的实际情况,对于重点养殖企业和屠宰加工企业应派驻人员、定期定时进行抽检,以便提早发现传染病病原。早发现早治疗对于减少养殖场损失意义重大。

五、突出重点

动物疫病的防控需要针对疾病流行过程的三个基本环节采取综合措施,也要根据疫病发生的不同阶段和区域,针对不同的防控重点采取措施。重点措施要根据传染病的特点,突出主要感染因素、传播途径等。同时,在传染病防控过程中还要根据实际情况进行防控措施的变化,有针对性地对不同养殖场进行重点防控,减少人力物力的浪费。

第二节 疫情报告和诊断

一、动物疫情的报告

从事动物疫病监测、检测、检验检疫、研究、诊疗以及动物饲养、屠宰、经营、隔离、运输等活动的单位和个人,发现动物染疫或者疑似染疫的,应当立即向所在地农业农村主管部门或者动物疫病预防控制机构报告,并迅速采取隔离等控制措施,防止动物疫情扩散。其他单位和个人发现动物染疫或者疑似染疫的,应当及时报告。接到动物疫情报告的单位,应当及时采取临时隔离控制等必要措施,防止延误防控时机,并及时按照国家规定的程序上报。动物疫情由县级以上人民政府农业农村主管部门认定,其中重大动物疫情由省(自治区、直辖市)级人民政府农业农村主管部门认定,必要时报国务院农业农村主管部门认定。《中华人民共和国动物防疫法》所称重大动物疫情指一、二、三类动物疫病突然发生,迅速传播,给养殖业生产安全造成严重威胁、危害,以及可能对公众身体健康与生命安全造成危害的情形。在重大动物疫情报告期间,必要时,所在地县级以上地方人民政府可以作出封锁决定并采取扑杀、销毁等措施。

国家实行动物疫情通报制度。国务院农业农村主管部门应当及时向国务院卫生健康等有关部门和军队有关部门以及省（自治区、直辖市）人民政府农业农村主管部门通报重大动物疫情的发生和处置情况。海关发现进出境动物和动物产品染疫或者疑似染疫的，应当及时处置并向农业农村主管部门通报。县级以上地方人民政府野生动物保护主管部门发现野生动物染疫或者疑似染疫的，应当及时处置并向本级人民政府农业农村主管部门通报。国务院农业农村主管部门应当依照我国缔结或者参加的条约、协定，及时向有关国际组织或者贸易方通报重大动物疫情的发生和处置情况。发生人畜共患传染病疫情时，县级以上人民政府农业农村主管部门与本级人民政府卫生健康、野生动物保护等主管部门应当及时相互通报。发生人畜共患传染病时，卫生健康主管部门应当对疫区易感染的人群进行监测，并应当依照《中华人民共和国传染病防治法》的规定及时公布疫情，采取相应的预防、控制措施。患有人畜共患传染病的人员不得直接从事动物疫病监测、检测、检验检疫、诊疗以及易感染动物的饲养、屠宰、经营、隔离、运输等活动。国务院农业农村主管部门向社会及时公布全国动物疫情，也可以根据需要授权省、自治区、直辖市人民政府农业农村主管部门公布本行政区域的动物疫情。其他单位和个人不得发布动物疫情。任何单位和个人不得瞒报、谎报、迟报、漏报动物疫情，不得授意他人瞒报、谎报、迟报动物疫情，不得阻碍他人报告动物疫情。

（一）疫情报告分类

动物疫情报告实行快报、月报和年报。

1. 快报

有下列情形之一，应当进行快报：

（1）当发生口蹄疫、高致病性禽流感、小反刍兽疫等重大动物疫情时，发现人应该及时上报当地收益管理部门；

（2）当发生新发动物疫病或新传入动物疫病时，发现人应及时上报对应单位的相关部门；

（3）当无规定动物疫病区、无规定动物疫病小区发生规定动物疫病时，应及时向当地相关防疫部门报告疫情；

（4）当二、三类动物疫病呈暴发流行时，应当及时向当地动物疫病检测主管部门进行上报；

（5）当动物疫病的寄主范围、致病性以及病原学特征等发生重大变化时，比如之前不易传播的传染病表现出传播途径和传播能力的显著增强时，或者当本应在禽类中传播的传染病突然感染人类时，应该快速及时地向当地防疫主管部门报告；

（6）当动物发生不明原因急性发病、大量死亡时，相关人员应该快速上报当地的防疫主管部门；

（7）其他符合农业农村部规定需要快报的情形也需快速及时的上报当地防疫主管部门。

当符合快报规定情形的疫情情况出现时，县级动物疫病预防控制机构应当在2小时内将情况逐级报至省级动物疫病预防控制机构，并同时报所在地人民政府兽医主管部门。省级动物疫病预防控制机构应当在接到报告后1小时内，报本级人民政府兽医主管部门，确认后报至中国动物疫病预防控制中心。中国动物疫病预防控制中心应当在接到报告后1小时内报至农业农村部兽医局。快报应当包括基础信息、疫情概况、疫点情况、疫区及受威胁区情况、流行病学信息、控制措施、诊断方法及结果、疫点位置及经纬度、疫情处置进展以及其他需要说明的信息等内容。进行快报后，县级动物疫病预防控制机构应当每周进行后续报告，疫情被排除或解除封锁、撤销疫区，应当进行最终报告。后续报告和最终报告按快报程序上报。

2. 月报和年报

县级以上地方动物疫病预防控制机构应当每月对本行政区域内动物疫情进行汇总，经同级人民政府兽医主管部门审核后，在次月5日前通过动物疫情信息管理系统将上月汇总的动物疫情逐级上报至中国动物疫病预防控制中心。中国动物疫病预防控制中心应当在每月15日前将上月汇总分析结果上报农业农村部兽医局。中国动物疫病预防控制中心应当于次年2月15日前将上年度汇总分析结果上报农业农村部兽医局。月报、年报包括动物种类、疫病名称、疫情县数、疫点数、疫区内易感动物存栏数、发病数、病死数、扑杀与无害化处理数、急宰数、紧急免疫数、治疗数等内容。

二、疫病确诊与疫情认定

疑似发生口蹄疫、高致病性禽流感和小反刍兽疫等重大动物疫情的，由县级动物疫病预防控制机构负责采集或接收病料及其相关样品，并按要求将病料样品送至省级动物疫病预防控制机构。省级动物疫病预防控制机构应当按有关防治技术规范进行诊断。无法确诊的，应当将病料样品送相关国家兽医参考实验室进行确诊；能够确诊的，应当将病料样品送相关国家兽医参考实验室进行进一步病原分析和研究。

疑似发生新发动物疫病或新传入动物疫病，动物发生不明原因急性发病、大量死亡，省级动物疫病预防控制机构无法确诊的，送中国动物疫病预防控制中心进行确诊，或者由中国动物疫病预防控制中心组织相关兽医实验室进行确诊。

动物疫情由县级以上人民政府兽医主管部门认定，其中重大动物疫情由省级人民政府兽医主管部门认定。新发动物疫病、新传入动物疫病疫情以及省级人民政府兽医主管部门无法认定的动物疫情，由农业农村部认定。

三、疫情通报与公布

发生口蹄疫、高致病性禽流感、小反刍兽疫、新发动物疫病和新传入动物疫病疫情，农业农村部将及时向国务院有关部门和军队有关部门以及省级人民政府兽医主管部门通报疫情的发生和处理情况；依照我国缔结或参加的条约、协定，向世界动物卫生组织、联合国粮农组织等国际组织及有关贸易方通报动物疫情发生和处理情况。

发生人畜共患传染病疫情时，县级以上人民政府兽医主管部门应当按照《中华人民共和国动物防疫法》要求，与同级卫生主管部门及时相互通报。

农业农村部负责向社会公布全国动物疫情，省级人民政府兽医主管部门可以根据农业农村部授权公布本行政区域内的动物疫情。

四、疫情举报和核查

县级以上地方人民政府兽医主管部门应当向社会公布动物疫情举报电话,并由专门机构受理动物疫情举报。农业农村部在中国动物疫病预防控制中心设立重大动物疫情举报电话,负责受理全国重大动物疫情举报。动物疫情举报受理机构接到举报,应及时向举报人核实其基本信息和举报内容,包括举报人真实姓名、联系电话及详细地址,举报的疑似发病动物种类、发病情况和养殖场(户)基本信息等。核实举报信息后,应当及时组织有关单位进行核查和处置。核查处置完成后,有关单位应当及时按要求进行疫情报告并向举报受理部门反馈核查结果。

五、其他要求

中国动物卫生与流行病学中心应当定期将境外动物疫情的汇总分析结果报农业农村部兽医局。国家兽医参考实验室和专业实验室在监测、病原研究等活动中,发现符合快报情形的,应当及时报至中国动物疫病预防控制中心,并抄送样品来源省份的省级动物疫病预防控制机构。国家兽医参考实验室、专业实验室和有关单位应当做好国内外期刊、相关数据库中有关我国动物疫情信息的收集、分析预警,发现符合快报情形的,应当及时报至中国动物疫病预防控制中心。中国动物疫病预防控制中心接到上述报告后,应当在1小时内报至农业农村部兽医局。

各地动物疫情报告工作情况将被纳入农业农村部重大动物疫病防控工作延伸绩效考核。各地也应将动物疫情报告工作情况作为对市县兽医部门考核的重要内容,加强考核。

六、动物疫病的诊断

在动物疫病发生初期,及时快速的诊断病因是阻止传染病发生、发展的重要手段。当诊断出传染病的病原后,可以快速判定传染病类别,制定防治策略,第一时间阻止传染病的扩散,减少畜禽养殖企业的经济损失。当前传染病的诊断方法主要是依赖于流行病学诊断、临床诊断、病理学诊断、微生物学诊断和免疫学诊断,针对不同的传染病所使用的诊断方法也不尽相同。

(一)临床诊断

临床诊断是动物疫病发生时最基础、最常规的诊断方法,临床诊断主要根据患病动物的临床症状,利用兽医工作者的临床经验、知识储备和基础临床诊断工具(如听诊器、体温计等)对畜禽疾病进行一个初步判断。部分具有典型症状的病例可以通过临床诊断给出临床判断,但是临床诊断在患病初期的准确率有限,具有一定的局限性和片面性,大多数传染病在发生过程中经历了复杂的环境演变,不一定具备传染病的典型症状,或者是混合感染了其他疾病,因此临床诊断无法直接进行确诊,需要配合其他诊断方式进行联合分析以最终确诊。

(二)流行病学诊断

流行病学诊断是动物疫病防控的重要环节,流行病学诊断主要是与临床诊断相结合,通过调查当地畜禽的传染病流行情况,取得与传染病感染相关的第一手资料,并对传染病的流行分布、周期进行统计分析,初步摸清传染病的流行规律,以帮助明确传染病的传播范围、疫病种类等。由于不同的疫病其传染源、传播途径各不相同，因此进行流行病学诊断的重点也不一样，应根据具体情况进行有针对性的流行病学调查。

（三）病理诊断

不同的疫病在发生后都会对畜禽的某个特定部位和器官造成典型损伤，形成不同的病理变化，这些病理变化对于确诊动物疫病具有重要意义，尤其是有一些传染病具有非常典型的病理变化，比如球虫病、猪瘟、鸡新城疫、禽霍乱和猪气喘病等。对于一些寄生虫病，直接进行剖检可以检查到虫体，这一方法适用于自然原因死亡、急宰或屠宰的动物。但是有一些病例的病理变化并不典型，因此需要多剖检一些病例进行综合研判方可发现某些疾病的典型变化，比如非典型鸡新城疫等。传染病病理组织学诊断是经典的诊断方法之一，主要通过显微镜观察组织切片中的特征性病变或病变所形成的特殊结构，对疫病进行诊断或区分不同疫病。目前，病理组织学诊断依然是诊断某些疾病诸如狂犬病和牛海绵状脑病的最主要和可靠的方法。

（四）微生物学诊断

微生物学诊断主要是应用兽医微生物学的方法和手段检查传染病的病原微生物，是诊断畜禽传染病的重要手段之一。在进行病原筛查时，可根据临床诊断、流行病学调查或病理学诊断所得出的可能疫病，初步判断可能导致上述症状的病原微生物种类，并进行病料送检。送检的病料可通过涂片镜检、细菌分离鉴定、动物接种试验等方法确定引起疫病的病原微生物。

（1）涂片镜检法。通常可以选择病理变化显著的病料进行涂片染色镜检试验。这一方法可以快速诊断出具有特定形态的病原微生物，例如炭疽杆菌、巴氏杆菌和寄生虫等，但是对大部分传染病来说只能作为一个初步诊断结果，辅助后续诊断。

（2）病原的分离和鉴定。将病料中的病原微生物进行分离培养。细菌和真菌可以使用特异性的培养基进行分离培养，病毒则可以通过动物或组织培养等方法分离培养，分离得到的病原体则可以进行形态学鉴定或者进行PCR方法直接鉴定细菌或病毒的种类。

（3）动物接种试验。通常可以选择对该病原敏感的试验动物，如家兔、小鼠等小型动物进行病原人工感染试验。将病例中的病原以适当的方法进行人工接种，根据对试验动物的致病力、典型症状和病理变化特点辅助诊断。

（五）免疫学诊断

免疫学诊断主要是指通过免疫学的方法对传染病进行诊断。免疫学诊断的特异性非常高，且诊断速度快是目前比较主流的传染病检测方法，主要包括变态反应、细胞免疫功能试验、凝集试验、沉淀实验、酶联免疫吸附试验等。

（六）分子生物学诊断

分子生物学诊断的出现极大提升了病原诊断的准确性，目前以多种细菌、真菌、支原体、病毒等作为病原的传染病都可以使用分子生物学方法进行诊断。目前，在临床中广泛使用的分子生物学技术主要是PCR技术、核酸探针技术和DNA芯片技术。

第三节 免疫接种

一、免疫接种

免疫接种是给畜禽接种各种免疫制剂（如疫苗、类毒素、高免血清等）从而将动物体内的特异性免疫力激发出来，并且将大部分易感动物成功转变为非易感动物的一项重要的方法，是基层动物疫病防治的重要手段。当前，随着人们物质水平的提高，对食品安全问题的重视度也在提升，面对养殖业中较容易出现的疾病，相关部门需要有计划地进行动物疫苗免疫接种，并确保接种过程的科学性，使实际结果与预期结果一致，为养殖户和消费者提供保障。目前，免疫接种主要包括预防接种和紧急接种。

（一）预防接种

预防性接种目前已经在我国集约化养殖场中得到了普及，一般来说预防接种主要是指在某些传染病常发的地区，或某些传染病的潜在传播地区，或邻近传染病有可能威胁到的地区对畜禽进行免疫接种，从而预防和控制传染病的传播以及扩散，减少养殖户的经济损失。在某些特定疾病与鸡新城疫、猪瘟等疾病中免疫接种已经成为了疾病防治的关键手段。因此制定详尽的免疫接种计划，并有计划地给畜禽进行预防性接种具有重要意义。预防中常见的疫苗多为疫苗、菌苗、类毒素等。

1. 疫苗的接种方式

主要有肌肉注射、滴鼻、点眼、饮水等，需要根据不同的畜禽种类和疫苗类型视具体情况而定。目前主要的接种方法如下：

（1）注射。要充分区别胸腔注射、肌肉注射、穴位注射等不同注射方法的使用，并根据动物的体型进行针头、针管选择，保证疫苗确实有注射进动物的身体内，有效避免注射不畅、注射倒流情况。

（2）饮水。饮水方法相较于注射方法其动物应激情况较轻，并且适用于进行群体接种，尤其是大型动物接种，但是接种的均匀性较差，会造成一定的疫苗损失。因此在实际使用时要注意稀释药物并根据疫苗的剂量确定好饮水量，在使用饮水法接种疫苗时尽可能将不同年龄段的动物隔离开，对不同年龄段的动物进行不同剂量的调整，在加入疫苗药剂的饮水饮用完之后要间隔1小时左右再提供正常的饮水。

（3）点眼、滴鼻。这种方法较多使用在家禽疫病免疫中，先将疫苗药剂进行稀释，然后将家禽的头颈摆成水平位置，并且需要一侧的眼鼻能够朝向上方，同时相关人员从几厘米高的地方滴下疫苗药剂，防止出现滴管口碰到家禽眼睛造成损失的情况。同时还需要注意的是药剂的量要充足并且需要保证滴入的药剂不会被甩出、喷出，在点眼滴鼻与注射需要同步进行时候要先注射后点眼滴鼻。

（4）气雾法。该方法对呼吸道相关的疫病有较好的疫苗使用效果。接种时需要注意器械内无沉淀物，并按照详细说明调节气雾器械的压力，选择最合适的雾粒密度和大小，在傍晚或者清晨开展，借助灯光缓解应激反应。喷完药剂之后间隔20分钟左右通风换气。

2. 科学的免疫程序

除了需要注意接种方法，还需要做好接种计划制定前的各种调查研究、注意预防接种反应、考虑多种疫苗联合应用和制定合理的免疫程序。

(1) 调查研究。目前畜禽的免疫程序都有一套相对比较固定的流程，但是不同地区高发的传染病种类也不尽相同，因此需要提前对本地区的传染病类型进行流行病学调查，获得第一手资料，针对本地区传染病的流行情况进行调查了解，有针对性地制定年度或周期接种计划，确定免疫接种的疫苗类型和时间。在进行预防接种前不光要对当地传染病的流行情况进行调查，还需要针对养殖场内动物的饲养品种、养殖状况、年龄阶段分批次进行统计和调查，对不同年龄阶段、健康状态的畜禽群体制定不同的免疫接种计划。如在免疫接种前遇到突发传染病暴发情况，还需要认真调研传染病的种类，首先安排紧急接种，接种后也需要加强饲养管理，做好接种后的饲养工作，同时抽检接种后畜群的免疫水平，从而制定新的免疫计划。

(2) 注意预防接种的不良反应。在预防接种前要了解和掌握畜禽对于不同疫苗的正常反应和不良反应，从而提前制定好针对不良反应的具体处置措施，减少畜禽因为免疫接种产生的不良反应而带来的损失。一般来说，免疫接种疫苗对于畜禽机体都属于异物，接种后会发生免疫反应，正常的免疫反应不需要多余的处置手段，只需要精心饲养，保持好畜舍的温度、湿度、注意采食、饮水即可。但是有一些不良反应则会严重影响畜禽的正常活动，甚至会对畜禽的组织器官造成功能障碍，影响其经济价值。

正常反应：主要是指由于接种疫苗所产生的正常免疫反应，其反应时间和程度都比较轻微，不会对畜禽的后续生产或生长产生影响。

严重不良反应：严重不良反应和正常反应有本质区别。由于机体的个体差异，有一些个体对疫苗的免疫反应较大，严重的甚至会导致畜禽死亡，如果一个群体中只有个别个体发生严重不良反应多是由于个体差异导致的，但是如果出现群体性不良反应则可能是由于疫苗本身或者接种时机出现问题，因此需要在接种前制定好接种计划。

并发症：主要是发生于个体，个体对于疫苗反应非常大，产生了对应的并发症，主要包括血清病、过敏休克、变态反应或者扩散为全身感染和诱发潜在感染等。

(3) 多种疫苗的联合应用。目前大多数养殖场都是进行多种疫苗的联合应用，这样不仅有助于提升接种效率，而且可以同时应对某一地区多种疫病的流行。近年来的研究表明灭活疫苗不仅很少会出现相互影响的情况，而且某些疫苗的联合应用会增强其他疫苗的免疫效果。但是在制备疫苗过程中也要考虑畜禽的承受能力、传染病的危害程度和疫苗工艺的研发水平等，要根据实际情况制备多联苗。

(4) 合理免疫程序的制定。免疫程序（immunity procedure）指的是根据当地疫情、动物机体状况（主要是指母源及后天获得的抗体消长情况）以及现有疫（菌）苗的性能，选用适当的疫苗，安排在适当的时间给动物进行免疫接种，使动物机体获得稳定的免疫力。简单地说是免疫计划（immunization schedule）。目前，虽然国内都没有一个统一的疫苗接种程序，但是每种畜禽在不同时期的易感传染病已经相对明确，针对这些易感传染病，同时结合当地的流行病学调查来制定合理免疫程序是保证畜禽健康成长的重要手段。

制定免疫程序通常要遵守一些原则如下：

畜禽免疫程序应参考传染病的流行病学特征。由于传染病在不同畜禽和不同地区之间的流行性时间、分布特点和流行规律不尽相同，对于不同畜禽所造成的危害程度也受到诸多因素影响，因此畜禽的免疫程序要根据养殖场的实际情况来决定，根据传染病的流行规律来调整免疫接种计划。

疫苗免疫学特性直接影响免疫程序。由于不同种属畜禽、不同种类病原的缘故，疫苗的种类、特性和产生抗体时效都各不相同，因此在制定免疫程序的过程中应该充分考虑不同疫苗的特性，从而最大化发挥疫苗的免疫保护效力。

因地制宜地制定免疫程序。一般在未受到其他因素影响时，一个地区所发生的疫病是有其规律的，因此根据畜禽传染病的分布特征和规律制定当地的免疫程序能够有效避免畜禽群体被疫病感染。若免疫程序制定且实施后取得了良好的防疫效果，则应持续坚持既定的免疫程序，如果未取得良好效果则应当及时检查免疫环节、免疫操作和免疫程序的整个流程，查明原因并依据实际情况制定免疫程序。

考虑幼畜的母源抗体水平。免疫过的妊娠母畜所产出的幼崽一般都带有较高水平的母源抗体，不过母源抗体的持续时间依据不同品种畜禽、不同传染病抗性会有所差异，因此针对母源抗体的持续时间来确定首次免疫的时间能够最大化疫苗的免疫效果。以猪瘟为例，一般对于母猪配种前后接种过猪瘟疫苗的情况下，所产仔猪能够在初乳中获得母源抗体，在20日龄以前对猪瘟都有很强的免疫力，30日龄以后猪瘟急剧衰减，40日龄左右时几乎全部消失，因此在制定首免时间时最好在20日龄左右进行猪瘟弱毒苗接种，65日龄时进行猪瘟二免接种，这是我国普遍使用的猪瘟疫苗接种程序。

实行免疫监测制度。免疫监测制度主要是针对免疫后全群免疫水平的整体筛查，如果免疫接种后抗体效价无法达到保护畜禽水平，就应该及时查找原因，补充接种疫苗，直至整个畜禽群体的抗体效价达到具有保护力的水平。由于许多传染病相关疫苗在接种后是有保护周期的，因此免疫监测的结果也直接受到了疫苗接种的周期的影响。为了使免疫接种的效果达到最佳，应根据免疫监测结果来制定免疫接种的时间和周期，这一制度能够合理的排除畜禽自身免疫功能的干扰，从而保证免疫程序的有效性。目前，所采取的免疫监测制度多以血清学方法为主，使用血清学方法跟踪监测畜禽免疫后机体中的抗体效价水平，从而明确疫苗接种时间和免疫效果。在正式接种疫苗前进行免疫监测能够明确畜禽体内有无相应抗体水平（例如母源抗体），从而掌握合理的免疫接种时机，避免重复接种，减少对畜禽的应激和疫苗的浪费。免疫后检测则是为了掌握整个畜禽群体的免疫水平，对于免疫效果不理想的疫苗接种进行原因查找，从而进行全群重新免疫或者针对个体补免。

预防性接种失败原因的筛查。一般而言，免疫失败有多重原因，个体免疫失败主要是由于个体差异、接种操作不当或单个疫苗失活等因素，个体免疫失败对于畜禽群体免疫该类传染病的影响较小，只需要重新免疫即可。如果在疫苗接种后整个群体免疫失败，抗体效价无法达标，则会严重影响畜禽的健康成长，一般而言，群体免疫失败可能与疫苗本身的质量、免疫接种操作、畜禽群体本身已经潜伏该传染病等因素有关，因此要及时排查原因，针对免疫失败的原因查缺补漏，重新进行免疫。

（二）紧急接种

紧急接种是指在发生严重的畜禽传染病时，为了迅速控制和扑灭疫情，对疫区的畜禽或者受威胁区但是尚未感染的畜禽进行紧急免疫接种。一般而言，紧急接种需要先使用免疫血清，2周之后再进行疫苗接种，即共同接种更为安全有效。但是由于血清的用量大、价格昂贵因此很难在普通养殖场普及，一般只有在种畜禽场才会使用。众多实践表明，在疫区、受威胁区进行紧急接种能够有效控制疫病传播，减少疫病的扩散。

当某一地区发生急性、烈性传染病时，在封锁疫点和疫区的基础上对外围一周一定区域内的所有易感畜禽进行免疫接种，从而建立起一个环状的免疫带。环状免疫带的建立能够有效阻止疫病扩散，将疫病控制在疫区之内，减少由于疫病扩散所带来的经济损失。

（三）疫苗选择

动物疫苗是用于动物疾病预防控制的一种生物制品，目前按照疫苗的成分分类主要有灭活疫苗、减毒活疫苗、亚单位疫苗、基因工程疫苗和其他新型疫苗。灭活疫苗是通过某些方式，使病原微生物灭活，制成相应的疫苗；减毒活疫苗是经过特殊处理，使病原微生物毒性减弱后，制成相应的疫苗；亚单位疫苗是通过特殊方法，提取病原微生物的特殊蛋白质结构，选择免疫活性的片段制成相应的疫苗；基因工程疫苗是使用DNA重组技术，把遗传物质定向植入病原微生物中，充分表达、纯化，而制成的疫苗；其他新型疫苗包括mRNA疫苗、多肽疫苗等，主要是根据病原微生物的基因序列，通过现有技术进行研发制备而成的疫苗。

目前，根据国家防疫政策要求，结合地区实际情况，辽宁省对所有猪、牛、羊、鹿、骆驼等进行O型和A型口蹄疫强制免疫；对所有鸡、鸭、鹅、鹌鹑等人工饲养的禽类，进行H5亚型和H7亚型高致病性禽流感强制免疫；对全省普通牛、羊等易感动物实行布病强制免疫（除本溪市、丹东市、营口市外），种用、乳用动物禁止布病免疫，乳用动物布病免疫应向市级农业农村部门申请，通过评估后方可开展，须向省农业农村主管部门备案；对全省所有羊进行小反刍兽疫强制免疫。

猪场常用疫苗有猪瘟疫苗、猪繁殖和呼吸综合征疫苗、猪丹毒疫苗、猪乙型脑炎疫苗、猪圆环病毒疫苗和猪伪狂犬病疫苗等。鸡场常用的疫苗有鸡传染性支气管炎疫苗、鸡传染性喉气管炎疫苗、鸡传染性法氏囊病疫苗、鸡痘疫苗、鸡减蛋综合征灭活疫苗、鸡新城疫疫苗、鸡病毒性关节炎疫苗、鸡马立克氏病疫苗等。牛场常用的疫苗有炭疽疫苗。羊场常用的疫苗有炭疽疫苗、羊快疫、猝狙、羔羊痢疾、肠毒血症三联四防疫苗、山羊痘疫苗、山羊传染性胸膜肺炎疫苗等。

1. 猪疫苗免疫接种

（1）猪口蹄疫O-A型二价灭活疫苗。用于预防猪O型和A型口蹄疫。疫苗应在2～8℃下冷藏保存，使用前将疫苗恢复至室温并充分摇匀。仔猪在28～35日龄时进行首免，间隔1个月进行加强免疫，免疫期为6个月。耳根后肌肉注射，每头猪2毫升，仔猪用量减半。保证一头猪注射完毕就更换一次针头。对于患病、体弱、临产、怀孕母猪和长途运输后处于应激状态的猪只暂不注射。发生严重过敏反应时，可用肾上腺素或地塞米松脱敏施救。

（2）猪口蹄疫O-A型二价合成肽疫苗。用于预防猪O型和A型口蹄疫。疫苗应在2～8℃下冷藏保存，使用前将疫苗恢复至室温并充分摇匀。仔猪在28～35日龄时进行首免，间隔1个月进行加强免疫，免疫期为6个月。耳根后深层肌肉注射，大猪、仔猪均1

毫升。保证一头猪注射完毕就更换一次针头。对于患病、体弱、临产、怀孕母猪和长途运输后处于应激状态的猪只暂不注射。发生严重过敏反应时，可用肾上腺素或地塞米松脱敏施救。

（3）猪瘟活疫苗（细胞源）。用于预防猪瘟。疫苗应在－15℃以下保存，使用前将疫苗恢复至室温并充分摇匀。仔猪在21~30日龄时进行首免，间隔55~60日进行加强免疫，每年普免2~3次。肌肉注射，大猪、仔猪均1头份。免疫期为12个月。保证一头猪注射完毕就更换一次针头。对于患病、体弱、临产、怀孕母猪和长途运输后处于应激状态的猪只暂不注射。发生严重过敏反应时，可用肾上腺素或地塞米松脱敏施救。

（4）猪繁殖和呼吸综合征疫苗。用于预防猪蓝耳病。疫苗应在－20℃以下保存，使用前将疫苗恢复至室温并充分摇匀。仔猪在14~28日龄时进行首免，间隔21~28日龄进行加强免疫，每年普免3~4次。肌肉注射，大猪、仔猪均1头份。接种后7~14日产生免疫力，免疫期为4个月。保证一头猪注射完毕就更换一次针头。对于患病、体弱、临产、怀孕母猪和长途运输后处于应激状态的猪只暂不注射。发生严重过敏反应时，可用肾上腺素或地塞米松脱敏施救。

（5）猪丹毒疫苗。用于预防猪丹毒。疫苗在2~8℃或－15℃以下保存，低温保存疫苗有效期更长。使用前将疫苗恢复至室温并充分摇匀。仔猪在50~60日龄免疫接种1次，种公猪每年春、秋各免疫1次，或普免。母猪跟胎免疫，产后25~30天免疫1次，或普免。皮下注射，大猪、仔猪均1头份，免疫期为6个月。保证一头猪注射完毕就更换一次针头。对于患病、体弱、临产、怀孕母猪和长途运输后处于应激状态的猪只暂不注射。发生严重过敏反应时，可用肾上腺素或地塞米松脱敏施救。

（6）猪乙型脑炎疫苗。用于预防猪乙型脑炎。疫苗应在2~8℃保存，有效期为9个月；在－15℃以下保存，有效期为18个月。使用前将疫苗恢复至室温并充分摇匀。后备母猪配种前接种2次。经产母猪每年3~4月份、9~10月份各免疫1次。乙型脑炎流行地区和热带地区，猪群应普免，每年免疫3次。肌肉注射，大小猪均1头份，免疫期为12个月。保证一头猪注射完毕就更换一次针头。对于患病、体弱、临产、怀孕母猪和长途运输后处于应激状态猪只暂不注射。发生严重过敏反应时，可用肾上腺素或地塞米松脱敏施救。

（7）猪圆环病毒疫苗。用于预防圆环病毒的发生和阻断猪圆环病毒垂直传播。疫苗应在2~8℃避光保存，使用前将疫苗恢复至室温并充分摇匀。仔猪在14~21日龄时进行首免，肌肉注射1头份（2毫升）。不稳定养殖场仔猪在14~21日龄时进行首免，肌肉注射1毫升，间隔2~3周加强免疫1次，肌肉注射1毫升。后备母猪配种前免疫2次，间隔3~4周，产前1个月加强免疫1次，每次肌肉注射1头份。经产母猪产前1个月免疫1头份或普免，每年3次。种公猪每年3次免疫，每次肌肉注射1头份，免疫期为4个月。保证一头猪注射完毕就更换一次针头。对于患病、体弱、临产、怀孕母猪和长途运输后处于应激状态的猪只暂不注射。发生严重过敏反应时，可用肾上腺素或地塞米松脱敏施救。

（8）猪伪狂犬病疫苗。用于预防猪伪狂犬病。疫苗在2~8℃保存，有效期为9个月；－20℃以下保存，有效期为18个月。使用前将疫苗恢复至室温并充分摇匀。仔猪免疫根据感染风险大小选择不同的免疫方法。存在高感染风险的猪场，仔猪在0~3日龄滴鼻1头份，在35～40日龄肌注1头份，70～75日龄肌注1头份，100～120日肌注1头份。感染低风险的猪场仔猪35～40日龄时肌注1头份，在70～75日龄时肌注1头份进行加强免疫。后备种猪配种前4～5周和2～3周各免疫1次，肌肉注射2头份。经产母猪和种公猪每年普免3～4次，每次肌肉注射2头份。接种后第6日产生免疫力，免疫期为12个月。保证一头猪注射完毕就更换一次针头。对于患病、体弱、临产、怀孕母猪和长途运输后处于应激状态的猪只暂不注射。发生严重过敏反应时，可用肾上腺素或地塞米松脱敏施救。

2. 禽类疫苗免疫接种

（1）重组禽流感病毒（H5+H7）三价灭活疫苗。用于预防由H5亚型和H7亚型引起的禽流感。疫苗应在2～8℃下冷藏保存，使用前将疫苗恢复至室温并充分摇匀。雏禽在7～14日龄时进行首免，3～4周后进行加强免疫。胸部肌肉或颈部皮下注射。2～5周龄鸡，每羽0.3毫升；5周龄以上鸡，每羽0.5毫升。2～5周龄鸭和鹅，每羽0.5毫升；5周龄以上鸭和鹅，每羽1毫升。免疫期为4个月。禽流感感染的禽或健康状况异常的禽暂不注射。注射时最好1只禽1个针头。屠宰前28日内禁止注射该疫苗。

（2）鸡传染性支气管炎疫苗。H120株用于预防鸡传染性支气管炎。疫苗应在−15℃下保存。使用前将疫苗恢复至室温并充分摇匀。用于初生雏鸡的首免，滴鼻或饮水接种。滴鼻每羽约0.03毫升，饮水接种时剂量加倍。鸡至1～2月龄时，须用H52疫苗进行加强免疫。采用鸡传染性支气管炎油乳剂灭活时，时行胸部肌内或颈部皮下注射。30日龄以内的雏鸡，每羽0.3毫升；青年鸡、成年鸡每羽0.5毫升。接种后5～8天产生免疫力，免疫期为2个月。注射时最好1只禽1个针头。

（3）鸡传染性喉气管炎疫苗。K317株用于预防鸡传染性喉气管炎。疫苗应在−15℃下保存。使用前将疫苗恢复至室温并充分摇匀，点眼接种。蛋鸡在35日龄时第1次接种，在产蛋前再接种1次，每羽1滴（约0.03毫升）。免疫期为6个月。

（4）鸡传染性法氏囊病疫苗。B87株用于预防雏鸡传染性法氏囊病。疫苗应在−15℃下保存。使用前将疫苗恢复至室温并充分摇匀，点眼、饮水、注射接种。对于母源抗体不明的鸡群，推荐首免时间为10～14日龄，间隔2周后进行加强免疫。对已知母源抗体水平较高的鸡群，推荐首免时间为15～20日龄，间隔2周后进行加强免疫，按瓶签注明羽份数量使用。

（5）鸡痘疫苗。鸡痘活疫苗（鹌鹑化弱毒株）用于预防鸡痘。疫苗应在2～8℃保存。使用前将疫苗恢复至室温并充分摇匀，翅膀内侧无血管处皮下刺种。20～30日龄雏鸡刺种1针；30日龄以上鸡刺种2针；初次免疫后2个月再加强刺种1次。成鸡免疫期为5个月，初生雏鸡为2个月。按瓶签注明羽份数量使用。

（6）鸡减蛋综合征灭活疫苗。127株用于预防鸡减蛋综合征。疫苗应在2～8℃保存。使用前将疫苗恢复至室温并充分摇匀，用于皮下（颈背部）或肌肉（胸部肌肉）注射种鸡或蛋鸡，每只1羽份（0.5毫升）。免疫期为6个月。推荐在18～20周时进行接种，或在开产前4～6周时进行接种。

（7）鸡新城疫疫苗。HB1株用于预防鸡新城疫。疫苗应在−15℃以下保存。使用前将疫苗恢复至室温并充分摇匀，滴鼻、点眼、饮水或喷雾接种均可。滴鼻或点眼，每羽0.05毫升；饮水或喷雾，剂量加倍。

（8）鸡病毒性关节炎疫苗。ZJS株用于预防5日龄及以上的鸡病毒性关节炎。疫苗应在-15℃以下保存。使用前将疫苗恢复至室温并充分摇匀,颈部皮下或肌肉注射。每羽 0.2 毫升。

(9) 鸡马立克氏病疫苗。CVI988/Rispens 株用于预防鸡马立克氏病。鸡马立克氏病疫苗液氮保存。使用前将疫苗恢复至室温并充分摇匀,颈背皮下注射,每羽 0.2 毫升。适用于各品种的 1 日龄雏鸡。鸡马立克氏病双价疫苗,接种 1 周后产生免疫力,可获终生免疫。

3. 羊疫苗免疫接种

(1) 羊口蹄疫 O-A 型二价灭活疫苗。用于预防羊 O 型和 A 型口蹄疫。疫苗应在 2~8℃下冷藏保存,使用前将疫苗恢复至室温并充分摇匀。羔羊断奶后 35~40 日龄进行首免,间隔 1 个月进行加强免疫。耳根后肌肉注射,每只羊 0.5 头份。免疫期为 6 个月。保证一只羊注射完毕就更换一次针头。对于患病、体弱、临产、怀孕的母羊和长途运输后处于应激状态的羊只暂不注射。发生严重过敏反应时,可用肾上腺素或地塞米松脱敏施救。

(2) 羊布病疫苗（S2 株）。用于预防羊布氏菌病。疫苗应在 2~8℃下冷藏保存,使用前将疫苗恢复至室温并充分摇匀。口服、皮下或肌肉注射接种,但要注意的是注射法不能用于小尾寒羊和怀孕母羊。羔羊首免,在 4~5 月龄时皮下注射 1 次。口服免疫要在 7 月龄以上进行,间隔 1 个月再口服 1 次。每只羊 1 头份。羊免疫期为 36 个月。保证一只羊注射完毕就更换一次针头。对于患病、体弱和长途运输后处于应激状态的羊只暂不注射。

(3) 小反刍兽疫疫苗。用于预防羊的小反刍兽疫。疫苗应在-20℃以下保存,使用前将疫苗恢复至室温并充分摇匀。颈部皮下注射接种,羔羊满 1 月龄可以皮下注射免疫,成年羊每年 1 次免疫。每只羊 1 头份（1 毫升）。免疫期为 36 个月。保证一只羊注射完毕就更换一次针头。对于患病、体弱和长途运输后处于应激状态的羊只暂不注射。

(4) 羊炭疽疫苗。Ⅱ号炭疽芽孢疫苗用于预防山羊炭疽病。疫苗应在 2~8℃下冷藏保存,使用前将疫苗恢复至室温并充分摇匀。每年春、秋两季定期给羊接种疫苗。山羊皮内注射接种。皮内注射 0.2 毫升。免疫期为 6 个月。保证一只羊注射完毕就更换一次针头。对于患病、体弱、怀孕和长途运输后处于应激状态的羊只暂不注射。

(5) 羊快疫、猝狙、羔羊痢疾、肠毒血症三联四防疫苗。用于预防绵羊或山羊快疫、猝狙、羔羊痢疾、肠毒血症。该疫苗应在 2~8℃下冷藏保存,使用前将疫苗恢复至室温并充分摇匀。肌肉或皮下注射。大小羊只用量均为 5 毫升。预防快疫、猝狙、羔羊痢疾免疫期为 12 个月,预防肠毒血症的免疫期为 6 个月。保证一只羊注射完毕就更换一次针头。对于患病、体弱和长途运输后处于应激状态羊只暂不注射。

(6) 山羊痘疫苗。用于预防山羊痘及绵羊痘。该疫苗在 2~8℃下冷藏保存,有效期为 18 个月;-15℃以下保存,有效期为 24 个月。使用前将疫苗恢复至室温并充分摇匀。尾根内侧或股内侧皮内注射。每头份用稀释液稀释为 0.5 毫升,大小羊只用量均为 0.5 毫升。接种后 4~5 日产生免疫力,免疫期为 12 个月。保证一只羊注射完毕就更换一次针头。对于患病、体弱和长途运输后处于应激状态的羊只暂不注射,孕羊慎用。

(7) 山羊传染性胸膜肺炎疫苗。用于预防山羊传染性胸膜肺炎。该疫苗在 2~8℃下冷藏保存,有效期为 18 个月。使用前将疫苗恢复至室温并充分摇匀。皮下或肌肉注射。6

月龄以下羔羊每只3毫升，成年羊每只5毫升。免疫期为12个月。保证一只羊注射完毕就更换一次针头。对于患病、体弱和长途运输后处于应激状态的羊只暂不注射。

4. 牛疫苗免疫接种

(1) 牛口蹄疫 O-A 型二价灭活疫苗。用于预防牛 O 型和 A 型口蹄疫。该疫苗应在 2~8℃下冷藏保存，使用前将疫苗恢复至室温并充分摇匀。犊牛在 90 日龄时进行首免，间隔 1 个月进行加强免疫。耳根后肌肉注射，大小牛均 1 头份。免疫期为 6 个月。最好是一头牛注射完毕就更换一次针头。对于患病、体弱、临产、怀孕母牛和长途运输后处于应激状态的牛只暂不注射。发生严重过敏反应时，可用肾上腺素或地塞米松脱敏施救。

(2) 牛布病疫苗（S2株）。用于预防牛布氏菌病。该疫苗应在 2~8℃下冷藏保存，使用前将疫苗恢复至室温并充分摇匀。口服接种。幼牛口服免疫首免在 5~7 月龄，间隔 1 个月再口服 1 次。每头牛用量 5 头份。牛免疫期为 24 个月。保证一头牛更换一次针头。对于患病、体弱和长途运输后处于应激状态牛只暂不注射。

(3) Ⅱ号炭疽芽孢疫苗。用于预防牛炭疽病。该疫苗应在 2~8℃下冷藏保存，使用前将疫苗恢复至室温并充分摇匀。每年春秋两季必须定期给牛接种 1 次疫苗。免疫期为 1 年。牛可以皮内注射或皮下注射接种。皮内注射 0.2 毫升，皮下注射 1 毫升。免疫期为 12 个月。保证一头牛注射完毕就更换一次针头。对于患病、体弱、怀孕和长途运输后处于应激状态的牛只暂不注射。

第四节 药物预防

一、药物预防的概念及意义

药物预防是为了预防某些畜禽传染病，在畜禽群体的饲料或者饮水中添加某些安全的、化学合成或者天然提取的药物进行群体药物预防。这种预防方法可以在一定程度上保护易感畜禽不受传染病危害。这是目前畜禽养殖中应用范围非常广泛的方法，也是被证明的、行之有效的预防措施之一。

群体药物预防和群体治疗是防疫的一个较新途径。在一定条悠扬下，对某些疫病采用群体化学预防和群体治疗的方法可以收到显著的效果。集体治疗应使用低价高效的化学合成药剂或中药加入饲料或饮水中进行群体药物治疗，这种方式既可以减少经济损失，又可以达到治疗疫病的目的。现代畜牧业进行工厂化和集约化生产要求做到使畜群无病、无虫、健康。而密闭式的饲养又极易导致畜禽的传染病和寄生虫病流行，虽然在饲料中添加化学合成药物或者天然产物可以有效减少疾病的发生，但是目前我国政策是逐步推进替抗、禁抗，因此在使用抗生素药物进行预防时要特别注意其用法和用量。

二、饲料和饮水中内服药物的添加剂量换算

内服给药剂量一般是指畜禽每次的直接给药剂量，这与畜禽的体重有关，以每千克体重的药物量来表示，例如千克/毫克，前面的单位是畜禽的体重单位，后面是内服给药剂量的单位，如果动物体重过大，则内服给药，剂量可根据实际情况增加。畜禽一次给

药剂量的多少与畜禽体重呈正相关。畜禽每日的饲料或饮水摄入量是相对固定的,除非受到极端天气影响,比如夏日高温或者冬季严寒,才会导致畜禽的饲料或者饮水摄入量发生变动。根据畜禽每日的饮水或者饲料摄入量可以计算出饲料或者饮水中需要添加的药物剂量,如果每日饲料消耗量增加则可以减少药物添加量,反之则增加药物添加量,饮水也是一样。

三、药物预防的注意事项

药物预防的重点是保证药物在饲料和饮水中的添加安全有效,因此药物预防过程中需要特别注意以下问题。

1. 明确饲料中原本药物添加与预防添加的药物种类是否重复。目前,一些饲料在生产时会带有一些天然或化学合成的药物添加。因此当牧场需要针对某种疾病进行药物预防时,就需要明确所要添加的药物是否在饲料中原本就有添加,如果有添加则需要计算药量是否达到治疗剂量,如果达到治疗剂量则无需额外添加。

2. 药物添加剂量的控制。药物治疗和预防的剂量在临床应用中有所不同,预防剂量一般为药物治疗剂量的 $1/4 \sim 1/2$,多数情况下药物与饲料混合都是为了预防传染病或其他疾病,药物的添加时间普遍较长,所以必须严格控制药物的添加剂量,不然药物在动物体内蓄积可能会引起动物中毒。需要特别注意的是不要将治疗剂量长期用于某种动物疾病的预防。

3. 药物与饲料的混合方法。在日常饲养管理过程中,药物需要被添加到饲料中进行传染病的预防和治疗,药物的添加剂量与每日的饲料消耗量相比差距较大,因此直接将药物混入大量饲料中可能会导致药物混合不均,造成畜禽对药物的摄入量存在巨大差异,不能够有效地进行全群防护,甚至还有可能会造成部分畜禽出现药物中毒的情况,给养殖场带来巨大的经济损失。为了应对这一问题,当前养殖场一方面严格依照生产工艺执行,另一方面则是采用"等量递升"的方法,先将等量的饲料和药物混匀,再逐渐增加饲料的量,每次加饲料后都需要混匀,直至全部饲料添加完毕。

4. 药物添加方式。目前,主流的药物添加方式为饲料添加和饮水添加。饲料添加的方式更多应用于传染病的预防,而饮水添加的方式则更多应用于传染病的治疗。这主要是由于病畜禽在发生传染病时食欲普遍降低,严重时甚至会发生食欲废绝,因此饲料添加的方式给药会严重影响治疗效果。而病畜禽在患病初期普遍会出现饮水增加的情况,此时在饮水中添加药物进行治疗会显著增加畜禽的药物摄入。多种畜禽的饮水量普遍高于饲料摄入量,例如猪的饮水量大约是饲料摄入量的 2 倍。饮水给药的方式主要针对水溶性好的药物,若药物水溶性较差则会在水中形成沉淀,造成给药不均匀。在临床实践中,选择给药方式也要灵活多变,可依据实际情况来采取合理的给药措施。

5. 掌握在饲料中一次性给药的添加方法。某些化学合成药物特别是以治疗寄生虫为主的药物,例如伊维菌素、左咪唑、苯并咪唑类药物等在治疗传染病时都是一次性内服或者注射给药。此类药物毒性较大,安全范围较小,因此在给药时应特别注意混匀饲料,计算好添加剂量,最好是将一次的给药量直接拌入畜禽的饲料中,或者将一次的药量分 $2 \sim 3$ 天添加到饲料中。

6. 严格控制药物添加以防止出现耐药。长期以药物添加的方式来预防传染病有可能会让细菌产生耐药性，从而影响药物的治疗效果。因此，一般来说，我们需要先明确传染病的发生类型再进行药物治疗。药物预防需要提前熟悉当地传染病的流行情况，有针对性地进行传染病预防工作，不可以滥用药物。

第五节 畜禽传染病的治疗

　　动物疫病的治疗与普通疾病治疗的方法不同，因为动物疫病的传染性强、致死率高，会给养殖业带来巨大的经济损失，因此许多动物疫病必须要在隔离或封锁的条件下进行。患病畜禽的治疗一方面是为了挽救病畜和减少损失；另一方面也是为了消除传染源，这也是综合性防疫措施中的一个重要组成部分。从流行病学观点来看。传染病的治疗还应考虑经济问题，用最少的花费取得最佳的治疗效果。如果经济上不划算，则一般不予治疗。目前，对各种家畜传染病的治疗方法虽有所改进，但仍有一些疫病尚无有效的疗法。当认为病畜无法治愈，或治疗周期较长，治疗费用超过病畜痊愈后的价值，或当传染病对周围的人畜有严重的再次传播威胁时，可以淘汰宰杀。尤其是当某地传入一种新发传染病时，为了防止疫病扩散而造成严重危害，应在严密封锁、消毒的情况下将病畜淘汰处理。一般情况下，动物疫病的治疗既要反对那种只管治不管防的单纯治疗观点，又要反对那种从另一个极端曲解"预防为主""防重于治"的观点，即认为重在预防，治疗就可有可无的偏见。在传染病防治过程中，应在用药方面着重考虑经济性和疗效的平衡，既要考虑针对病原体，消除其致病因素，帮助动物机体增强抗病能力和调整、恢复生理机能，采取综合性的治疗方法，又要考虑用药和治疗策略的经济效益。

一、针对病原体的疗法

　　在家畜传染病的治疗方面，帮助动物机体杀灭或抑制病原体或消除其致病因素的疗法是很重要的，一般可分为特异性疗法、抗生素疗法和化学药物疗法等。

（一）特异性疗法

　　针对某种传染病所开发出来的特异性疗法，主要指用根据某种传染病开发出来的针对性极强的免疫血清、痊愈血清（或全血）、卵黄抗体等特异性生物制品进行治疗，这种特异性极强的生物制品只对该传染病有效，对其他疾病疗效非常有限，除非是病原结构极其相似的传染病。例如破伤风抗毒素血清只能治破伤风，对其他病无效。

　　高度免疫血清又称高免血清，是临床中治疗某些急性传染病的重要方法，高免血清主要针对病毒性传染病，如圆环病毒病、口蹄疫、猪丹毒、巴氏杆菌病、猪瘟、犬细小病等。由于高免血清的生产成本较高、难以购买等客观因素，因此高免血清的应用主要是在一些具有较高经济价值或者情感价值的畜禽或宠物上。如果在患病畜禽早期确诊某些传染病后给予足够剂量的高免血清，就能取得良好的疗效。但是目前对一些疾病治疗效果也较差，如非洲猪瘟等。由于目前缺乏高免血清，因此可用耐过动物或人工免疫动物的血清或血液代替。临床治疗结果表明其有一定效果，但是需要加大使用剂量，此外，如果使用异种畜禽的血清还要特别注意防止自身免疫反应的产生。近年来，对于禽类传染病的免疫手段也有了一些突破，尤其是高免卵黄液的开发应用，这主要是利用卵黄中和机体内的抗体几乎一致的特性。一般来说，高度免疫血清价格昂贵，产量较低，而且并非随时可以购得，因此在兽医实践中的应用远不如抗生素或磺胺类药物应用广泛。

（二）抗生素疗法

抗生素为细菌性急、慢性传染病的主要治疗药物。近年来其在兽医实践中的应用日益广泛，并已获得显著成效。但是由于细菌在繁殖过程中会不断产生对抗生素的耐药性，因此大量滥用抗生素不仅对治疗疾病意义有限，还可能引起不必要的抗生素污染，甚至产生超级细菌等。因此，合理地应用抗生素是发挥抗生素疗效，保护畜禽甚至人类健康的重要前提。不合理地应用或滥用抗生素还可能引起机体不良反应，破坏肠道菌群，影响畜禽的正常生长，甚至引起中毒。使用抗生素时一般要注意如下几个问题。

1. 对症治疗

抗生素各有其主要适应征，可根据当季疾病的流行情况、临床状态、疾病症状，初步判断致病菌种，选用适当抗生素。如果想通过明确致病菌种类，选择对此菌敏感的药物进行治疗，则需要分离致病菌并进行药敏试验，但这种方案的时效性较慢。

2. 制定合理的治疗方案

在细菌性传染病的发病初期，可以先适当增加抗生素剂量，以便快速增加抗生素的血药浓度，精准控制细菌繁殖，以后再根据病情酌减用量。疗程应根据疾病的类型、病畜的具体情况决定，一般急性感染的疗程不必过长，当疾病症状得到有效缓解，可于感染控制后3天左右停药。而慢性感染的治疗过程则相对较长，一般需要根据感染致病菌的种类制定治疗方案，可以控制在5~7天，如果治疗后效果不佳，可根据需要换其他抗生素继续治疗，一般来说，用药方案需要根据具体临床诊断进行确定。不同的疾病对应的给药方式也有较大区别，一般来说，胃肠道疾病多采用饲料拌药的方式，如患畜采食困难则可采用饮水的方式给药，饮水途径只能使用水溶性较好的药物。但是有一些药物很容易受到胃酸等胃肠道消化物质的破坏从而丧失药效，这时候则需要采用静脉注射、肌肉注射等方式进行给药。对于给药后的患畜需要经常观察以避免产生不良反应，在发生不良反应后要及时停药和救治，以避免患畜出现死亡。一般来说，当疾病的治疗费用超过患畜的经济价值时则不予治疗，直接淘汰处理。

3. 合理使用抗生素

滥用抗生素不仅对病畜无益，还可能会产生细菌耐药性、抗生素污染、自身不适等不良后果。例如常用的抗生素对大多病毒性传染病无效，一般不宜应用。即使在某种情况下应用于控制继发感染，但在病毒性感染继续加剧的情况下，对病畜也是有害无益的。此外，还应注意，肉用动物在屠宰前一定时间内不准使用抗生素等药物治疗，因为这些药物在畜产品中的残留可能会威胁人类健康。

根据临床症状联合应用抗生素。抗生素的联合应用有可能通过协同作用增进疗效，如青霉素与链霉素的合用，土霉素与氯霉素的合用等，主要可表现为协同作用。但是，不适当的抗生素联合应用（如青霉素与氯霉素合用，土霉素与链霉素合用会产生拮抗作用），不仅不能提高疗效，还可能影响疗效，因为增加了致病菌与其他抗生素的接触机会，所以更易产生广泛的耐药性。

抗生素的联合应用在临床中发挥了重要作用。虽然有许多取得成功的案例，但是也不能滥用抗生素联合。使用时必须要有明确的特征。一般来说，抗生素联合应用多适用于以下情况：病因尚不明确但是感染严重甚至出现败血症；单一抗生素给药效果有限无法控制细菌感染或者患畜发生混合感染；对于单一抗生素不易渗入的感染病灶，如中枢神经系统感染；单一用药毒性较大，而联合用药后能够减少用药剂量从而降低不良反应的情况。

（三）化学药物疗法

使用有效的化学药物帮助动物机体消灭或抑制病原体的治疗方法，称为化学药物疗法。治疗家畜传染病最常用的化学药物如下：

1. 磺胺类药物

这是一类化学合成的抗菌药物，可抑制大多数革兰氏阳性和部分革兰氏阴性细菌，对放线菌和一些大型病毒以及弓形虫也有一定的效果。同时，磺胺类药物可以用于抗水生动物的细菌病，个别磺胺类药物还能选择性地抑制某些原虫（如球虫等）。磺胺类药又分为：全身感染用药，如磺胺甲基异恶唑（新明磺），磺胺嘧啶；肠道用磺胺：如磺胺脒（SG）、琥磺噻唑（SST），酞磺胺噻唑（PST），这类药肠道吸收很少；外用磺胺，如磺胺嘧啶银（SD-Ag），磺胺醋酰钠（SA；SC-Na）等。

2. 抗菌增效剂

甲氧苄啶类药是一类合成的广谱抗菌药物，与磺胺类药并用，能显著增加疗效，曾被称为磺胺增效剂，后来发现这类药物亦能大大增加某些其他抗生素的疗效，故现在称之为抗菌增效剂。我国已大量生产供临床使用的抗菌增效剂，有三甲氧苄胺嘧啶（TMP）和二甲氧苄胺嘧啶（DVD，又称敌菌净）等。

3. 硝基呋喃类药物

本类药物是一种合成的广谱抗菌药。其作用于微生物的酶系统，抑制乙酰辅酶A，干扰微生物的糖类代谢，可对抗多种革兰氏阴性及阳性细菌，常用的有呋喃嘧酮（痢特灵）、呋喃妥因等。在低浓度时，其呈抑菌作用，在高浓度时有杀菌作用，也有抗球虫的作用。本类药物性质稳定，其抗菌效力不受脓汁及组织分解产物的影响，外用对组织刺激性较小。多数细菌对本类药物虽不易产生耐药，但该药也有一定毒性，使用时应注意剂量。

4. 氟喹诺酮类药

氟喹诺酮类药又被称为吡酮酸类或吡啶酮酸类，是一类新的合成抗菌药。该药可以口服，抗菌谱广，对革兰氏阴性菌和阳性菌均有良好抗菌效果，对于厌氧微生物和分枝杆菌也有良好的抑制作用，目前还研制出抗支原体喹诺酮。这类抗菌药的作用机理不同于其他抗菌药，喹诺酮类药物是以细菌的脱氧核糖核酸（DNA）为靶目标，通过阻碍细菌DNA回旋酶（一种使DNA形成超螺旋结构的酶）来对细菌染色体造成不可逆损伤，使细菌不能分裂增殖，对细菌具有选择性毒性，该类化学药物与很多抗菌药之间没有交叉耐药性。根据喹诺酮的发明先后及抗菌性能不同，分为一、二、三代药。目前，这类新药品种比较多，如诺氟沙星（氟哌酸）、环丙沙星（环丙氟哌酸）、恩诺沙星（乙基环丙沙星）、沙拉沙星等，后两种为动物专用药。

5. 其他药物

抗菌药有黄连素、大蒜素等，这些药物抗菌谱广，抗菌活性强，多用于畜禽胃肠道感染。对氨柳酸、异烟肼（雷米封）等对治疗结核病有一定疗效。

抗病毒感染的药物种类近年来有所发展，但仍远少于抗菌药物，毒性一般也较大。目前，已有如下列几种用于动物病毒感染的化学药物。

（1）干扰素。干扰素早在1957年就被发现了，由于其具有抗病毒和免疫调节的双重功能而受到广泛关注。在兽医临床中，干扰素主要应用于治疗仔猪腹泻、猪瘟、仔猪传染性胃肠炎等疾病。虽然干扰素的功能强大但是也有一定局限性，干扰素必须在病毒感染早期，也就是体内病毒尚未广泛散布和引起严重病变之前应用，而且需要经过反复多次使用效果才比较显著。此外，干扰素有明显的种属特异性，某种属动物细胞产生的干扰素只能保护同种属或非常接近种属的动物。

（2）甲红硫脲。即甲基靛红-β-缩氨基硫脲，具有明显的抑制痘病毒的作用。痘苗病毒、兔痘病毒、猴痘病毒和牛痘病毒均对甲红硫脲敏感。此药对痘苗病毒感染的小鼠有效，能抑制小鼠的兔痘病毒感染，但是目前已在痘病毒中发现耐药毒株。

（3）金刚烷胺盐酸盐。给感染流感病毒的小鼠腹腔注射，经口或鼻内滴药，均有延缓死亡时间以及增加存活率的效果。目前，部分猪场也应用金刚烷胺预防和治疗猪流感，金刚烷胺对猪流感的防治效果会随着用药时间和剂量出现不同程度差异，在感染的同时或感染后1~3天内用药，猪群的发病率和死亡率都会降低，但是用药后可能会导致耐药毒株的出现。金刚乙胺对甲型流感病毒的活性比金刚烷胺高2~4倍，且毒性低。

（4）5-碘去氧尿苷（碘贰、疱疹净、碘去氧尿啶、碘脱氧尿苷、IDU）。5-碘去氧尿苷可在细胞培养物中抑制疱疹病毒和痘苗病毒的繁殖，对家兔疱疹性角膜炎也有较好的治疗效果，但对脑内及全身性疱疹感染无效。

（5）阿糖腺苷。具有广谱抗病毒活性，且可局部应用和静脉注射用。其不仅能治疗仓鼠的疱疹病毒性角膜炎，而且对小鼠和仓鼠的脑内疱疹病毒感染也有明显的抑制作用。其能抑制病毒DNA多聚酶，阻断病毒合成。兽医临床上，主用于防治仔猪伪狂犬病、单纯疱疹病毒引起的角膜炎以及母牛乳头病毒损伤和马疱疹病毒。

（6）三氮唑核苷。又称病毒唑，具有广谱抗病毒作用。以小鼠、仓鼠、雪貂和猴作为实验动物，经鼻内、皮下或腹腔等部位注射三氮唑核苷，证明其对流感病毒、副流感病毒、白血病病毒、口蹄疫病毒和鼠肝炎病毒等都有抗病毒活性。兽医学临床上证明，其对犬传染性肝炎有效，是当前效果不错的一种抗病毒治疗剂。常作肌肉或静脉滴注，也可口服或作气雾剂喷雾，用以治疗和预防呼吸道的病毒感染。

（7）阿昔洛韦（无环鸟苷）。主要用于治疗疱疹病毒感染。可以局部应用，也可静脉滴注。局部用药对家兔疱疹病毒性角膜炎、豚鼠皮肤和阴道的疱疹感染有效。小鼠口服或注射用药，可降低疱疹病毒性脑炎的死亡率。

二、针对动物机体的疗法

在家畜传染病的治疗工作中，既要考虑帮助机体消灭或抑制病原体，消除其致病因素，又要帮助机体增强抵抗力和调整、恢复生理机能，促使机体战胜疫病，恢复健康。目前，针对动物机体的治疗方法主要还是对症治疗、对因治疗和加强护理三种方式。

（一）对症治疗

对症治疗，或称治标的目的在于改善症状。对症治疗虽然不能根除病因，但是在诊断未明或病因暂时未明且无法根治的疾病时则十分必要。在兽医临床上，当面临某些重危急症，如休克、心力衰竭、高热、剧痛时，对症治疗的需求比对因治疗更为迫切。退热、止痛、止血、镇静、强心、利尿、轻泻、止泻、防止酸、碱中毒和调节电解质平衡等药物以及某些急救手术和局部治疗等，都属于对症治疗的范畴。当明确疾病原因后则需要对因治疗和对症治疗同时进行。

（二）对因治疗

对因治疗是指针对引起疾病的原因，选用对应的特异性药物进行治疗，以达到消除病因为主要目的治疗方法。在兽医临床中需要及时确定病因，只有针对病因进行治疗才能彻底消除致病因子，从而减少畜禽的损失，才能防止传染病的扩散。

（三）加强护理

对病畜护理工作的好坏，直接关系到治疗效果的好坏，是治疗工作的基础。传染病患畜的治疗，应在严格隔离的畜舍中进行，冬季应注意防寒保暖，夏季应注意防暑降温。隔离舍必须光线充足，通风良好，并有单独的栅栏，防止病畜彼此接触，应保持安静、干爽、清洁，并制定严格的消毒措施，严禁无关人员入内。同时要保证隔离畜舍的饮食饮水充足，隔离病畜应准备单独的水桶或水盆，每天更换清洁的饮水，同时给予新鲜而易消化的高质量饲料，少喂勤添，必要时可人工灌服。根据病情的需要，患畜如果无法进食或采食量不够也可用注射葡萄糖、维生素或其他营养性物质的方式来维持其生命，帮助机体渡过难关。此外，应根据当时当地的具体情况、传染病的性质和患畜的临床状态制定合理的护理策略。

随着我国集约化养殖水平的逐年提升，针对群体的治疗策略和手段被日益重视。集约化养殖会导致畜禽高度集中，传染病的危害会更为严重，因此在集约化养殖的大型养殖场中更应该注重对传染病的治疗和防护。除了对单个患畜进行对症治疗、对因治疗和护理之外，更重要的还有针对整个群体的传染病监测和防治。除了药物治疗外，如果突然爆发大规模传染病还需要紧急接种疫苗和进行血清治疗。

第六节 检 疫

检疫是整个防疫工作中不可分割的重要组成部分，也是畜禽重大疫病防控的重要组成部分。通过畜禽检疫可以快速查出传染性疾病的传染源，切断传染病的传播途径，从而阻止疫病的传播。检疫工作具有特殊性和重要性，是由动物卫生监督机构按照相关的法律法规实施检疫。动物卫生监督机构的官方兽医利用各种检测方法和诊断方式对畜禽及其产品进行相关的检查，并由实施检疫的官方兽医对检疫结论负责。畜禽检疫工作是阻断动物疫病传播的一项日常性工作，畜禽检疫的目的是保护牧业生产，消除重大疫情的灾害性影响，促进经济的发展，保护人民身体健康。因此畜禽检疫具有强制性，须由法定的机构和人员实施，按照法定的检疫项目和检疫对象进行检查，按照法定的检疫标准和方法进行操作，按照法定的处理方式处理检疫结果，出具法定的检疫证、章及标志等特点。

一、检疫的范围

（一）进出口畜禽检疫

进出口检疫的范围主要包括畜禽和畜禽产品、装载动物的运输工具和场地等都需要进行检疫或防疫消毒处理。畜禽主要指国家允许进口或出口的经济动物、观赏类动物和野生的活动物，如猪、马、牛、羊、犬、猫，等等。畜禽产品主要指未经加工的动物源产品或经过加工后还有传播疫病可能的产品，如一些初级加工的农产品、生皮毛、肉类等；还有一些其他检疫物品，例如血清、疫苗等。

（二）国内畜禽检疫

国内检疫的范围主要包括畜禽和畜禽产品。畜禽主要是人工饲养的经济动物、合法捕获的野生动物，经济畜禽主要指猪、马、牛、羊、鸡、鸭、鹅等。其他一些观赏性动物和试验动物也需要进行检疫。畜禽产品指来源于畜禽的未加工或初级加工的一些仍然具有传播疾病可能的动物产品，例如生皮、种蛋、未加工的内脏、血液等。

跨境或跨省运输需检疫的动物或动物产品所使用的车、船、飞机、包装物、垫料等都需要进行防疫消杀。

二、检疫的对象

动物疫病的种类较多，其中畜禽疫病检疫是动物疫病检疫的一部分，并不是所有动物疫病的检疫对象都是畜禽。其中《中华人民共和国动物防疫法》第十条规定，全国畜禽检疫对象的具体病种名录由国务院畜牧兽医行政管理部门规定并公布。对于进出境畜禽或畜禽产品则由《中华人民共和国进出境动植物检疫法》第十八条规定，进境畜禽检疫对象的名录由国务院农业行政主管部门制定并公布。

《国际动物卫生法典》规定了与国际畜禽检疫的对象为具有通报疫病的畜禽，主要包括具有传染性的病毒病、细菌病和寄生虫病等，例如猪繁殖与呼吸综合征、高致病性禽流感、包那米虫、棘球蚴等。

（一）进口畜禽检疫对象

为了防止国外畜禽或畜禽产品所携带的病原体入侵我国，导致我国出现疫病流行，国务院行政主管部门制定并公布了《中华人民共和国进境畜禽一、二类传染病、寄生虫病名录》，其中一类疫病主要包括口蹄疫、非洲猪瘟、猪水疱病、猪瘟、牛瘟、小反刍兽疫、蓝舌病、痒病、牛海绵状脑病、非洲马瘟、鸡瘟、新城疫、鸭瘟、牛肺疫、牛结节疹；二类疫病主要包括共患病：炭疽、伪狂犬病、心水病、狂犬病、Q 热、裂谷热、副结核病、巴氏杆菌病、布氏杆菌病、结核病、鹿流行性出血热、细小病毒病、梨型虫病，牛病：锥虫病、边虫病、牛地方流行性白血病、牛传染性鼻气管炎、牛病毒性腹泻—黏膜病、牛生殖道弯曲杆菌病、赤羽病、中山病、水泡性口炎、牛流行热、茨城病，绵羊和山羊病：绵羊痘和山羊痘、衣原体病、梅迪-维斯纳病、边界病、绵羊肺腺瘤病、山羊关节炎/脑炎，猪病：猪传染性脑脊髓炎、猪传染性胃肠炎、猪流行性腹泻、猪密螺旋体痢疾（猪血痢）、猪传染性胸膜肺炎、猪生殖和呼吸系统综合征（蓝耳病），马病：马传染性贫血、马脑脊髓炎、委内瑞拉马脑脊髓炎、马鼻疽、马流行性淋巴管炎、马沙门氏杆菌病（马流产沙门氏杆菌）、类鼻疽、马传染性动脉炎、马鼻肺炎，禽病：鸡传染性喉气管炎、鸡传染性支气管炎、鸡传染性囊病（甘保罗病）、鸭病毒性肝炎、鸡伤寒、禽痘、鹅螺旋体病、马立克氏病、住白细胞原虫病、鸡白痢、家禽支原体病、鹦鹉病（鸟疫）、鸡病毒性关节炎、禽白血病，啮齿动物病：兔病毒性出血症（兔瘟）、兔黏液瘤病、野兔热，水生动物病：鲑鱼传染性胰脏坏死、鱼传染性造血器官坏死、鲤春病毒病、鲑鳟鱼病毒性出血性败血症、鱼鳔炎症、鱼眩转病、鱼鳃霉病、鱼疖疮病、异尖线虫病、对虾杆状病毒病、斑节对是杆状病毒病，蜂病：美洲蜂幼虫腐臭病、欧洲蜂幼虫腐臭病、蜂螨病、瓦螨病、蜂孢子虫病，其他动物疾病：蚕微粒子病、水貂阿留申病、犬瘟热、利什曼病。

（二）国内畜禽检疫对象

我国目前将全国动物疫病分成三类，总共157种，其中一类疫病17种，二类疫病77种，三类疫病63种，我国主要的检疫对象是针对这三类动物疫病。

三、检疫的类型

动物检疫可分为国内检疫和国境检疫，国内检疫主要包括产地检疫、净化检疫、运输检疫、屠宰检疫和市场检疫，国境检疫主要分为进境检疫、出境检疫和过境检疫。

（一）产地检疫

在畜禽离开饲养或生产地之前所进行的检疫称之为产地检疫。产地检疫可以在病原离开饲养或生产地之前进行检测，发现病原后可以直接控制在产地，消灭其于移动之前。产地检疫主要是由对应的乡（镇）畜牧兽医站来负责。

（二）净化检疫

净化检疫又叫疫区检疫，是当国内某地发生疫病流行时进行的检疫。如发现一类疫病后，当地县级以上人民政府畜牧兽医行政管理部门应该立即依据防疫管理条例行动，根据对疫情的现场评估和后续商讨及时提出净化检疫的方案。

（三）运输检疫

主要指对运出县以外区域的畜禽及其产品进行检疫。运输检疫主要包括铁路、公路、水运和空运检疫等。运输检疫主要是负责监督检查、即时验证和核对检疫对象。

（四）屠宰检疫

在对畜禽进行屠宰加工之前，要进行屠宰前检疫和屠宰后检疫。屠宰前检疫主要是针对待屠宰的畜禽进行检疫，屠宰前检疫可以在畜禽屠宰前对畜禽可能携带的传染病进行检疫，屠宰前检疫能够检出屠宰后检疫难以检出的传染病，例如破伤风、狂犬病、李氏杆菌病、乙型脑炎，等等。屠宰后检疫主要是对屠宰前检疫进行补充，屠宰前检疫主要是针对有明显临床症状的畜禽进行抽检，但是对于临床症状不明显的畜禽则难以发现并抽检，屠宰后检疫则可以观察到畜禽的组织器官形态，同时还会针对血液或不同组织器官进行抽检，比如检测牛羊的布鲁氏杆菌病，等等。

（五）市场检疫

市场检疫主要指当畜禽及畜禽产品在进入市场交易时所实施的检疫。市场检疫主要包括集市检疫、交易检疫、采购检疫。市场中各种畜禽或畜禽产品相互之间接触的机会较多，极易相互传播传染病，当市场活动结束，离散的畜禽又很容易将传染病带到各自的区域扩散传播，因此做好市场检疫对于减少传染病的传播扩散具有重要意义。市场检疫能够有效减少市场中动物疫病的传播，保护畜禽或畜禽产品的正常交易，保护人民的身体健康，促进畜禽贸易的发展。

（六）进境检疫

主要指畜禽或畜禽产品在进入我国境内或通过我国境内时对畜禽及其产品进行的检验检疫。进境检疫对于我国防控传染病具有非常重要的意义，其主要检疫对象为一类、二类、三类传染病，若发现进境畜禽或产品有农业部颁布的《中华人民共和国进境畜禽一、二、三类传染病、寄生虫名录》中的一类传染病时，全群畜禽或畜禽产品都会禁止进入我国境内，作退回或销毁处理；检出二类传染病的阳性畜禽作退回或销毁处理，同群的其他畜禽则进行隔离观察，阴性后则可入境。

（七）出境检疫

主要是指我国的畜禽或畜禽产品出口到国外之前进行的检疫。出境检疫能够维护我国畜禽出口的国际信誉，促进对外贸易，因此出境检疫是保持我国畜禽或畜禽产品出口活力的有力保证。出境检疫主要根据出口国的具体规定进行检疫，只有出境检疫合格的畜禽或畜禽产品才能准予出境。

第七节　隔离和封锁

畜禽传染病流行传播包括3个环节：传染源、传播途径、易感畜禽。一旦有传染病发生，控制和扑灭传染病应从这3个环节入手，采取各种措施消除某个环节或切断三者之间的联系，如此便可预防或将传染病控制起来，然后根据各种传染病的流行病学特点，分清轻重缓急，抓住薄弱环节，找出重点措施，在较短的期间内以较少的人力、物力控制传染病的流行。但是，在此过程中只进行1~2项单独的防疫措施是不够的，只有采取综合性防疫措施才能收到最有效的防疫效果。这里只论述控制传染源隔离和封锁措施。这是因为及时进行隔离和封锁，是控制畜禽传染病传播的重要防疫措施。

一、隔离

隔离患病畜禽和可疑感染畜禽是传染病防治的重要措施之一，能有效防止健康畜禽受到感染，将疫情控制在最小范围。发现流行性传染病后，首先要查明在畜禽间的蔓延程度，应逐一检查临诊症状，必要时要进行血清学和变态反应检查（如进行大批畜禽逐一检查时，应注意不能使检查工作成为散播传染的因素）。根据检查结果，把全部受检畜禽分为病畜禽、可疑感染畜禽、假定健康畜禽3类，并采取相应的应对措施。

（一）病畜禽的隔离

病畜禽指有典型症状或类似症状，或特殊检查为阳性的畜禽。病畜禽是危险性最大的传染源，应选择在不易散播病原体、消毒处理方便的场所进行隔离。如果病畜禽数量较多，可集中隔离在原来的畜禽舍内，进行严密消毒，加强卫生护理，要指定专人看管，并对病畜禽及时治疗，隔离场所禁止闲杂人员出入和畜禽接近，工作人员应严格遵守消毒制度，开展彻底的、有效的消毒工作。隔离区内的用具、用水、用料和畜禽粪便等未经彻底消毒处理，不得运出。没有治疗价值病的畜禽，由辖区内动物疫病防控人员按国家有关规定进行严密处理。

（二）可疑感染畜禽的隔离

可疑感染畜禽指未发现任何临床症状，但与病畜禽及其污染的环境有过明显的接触，包括同群、同圈、通槽、同牧，或共用水源、用具等，这些畜禽可能处在潜伏期，应立即进行紧急免疫接种。隔离观察时间的长短，应根据该种传染病的潜伏期而定，如一定时间内不发病，可以取消限制。

（三）假定健康畜禽的隔离

假定健康畜禽指除上述两类外，疫区内其他易感畜禽。对于该类畜禽应采取严格隔离饲养，加强防疫消毒，立即进行紧急免疫接种，必要时可根据实际情况分散或转移饲养。

二、封锁

若发生某类传染病，在隔离病畜禽的同时，还应该科学的实施划区封锁以防止疫病散播和健康畜禽因误入而被感染。根据《中华人民共和国动物防疫法》规定，当确定为牛瘟、口蹄疫、炭疽、气肿疽、羊痘等传染病时，动物防疫人员应立即报请当地政府机关，划定疫区范围，进行严格封锁。其目的是保护疫区外畜禽安全和人民健康，把疫病控制在封锁区内，发动群众集中力量就地扑灭。

划分封锁区，必须根据该病的流行规律、当地疫病流行的具体情况和具体条件，确定疫区和受威胁区。要坚持"早、快、严、小"的原则，在疫病流行早期，果断处置，严密封锁，切断传播途径。

（一）封锁区的设立

封锁区边缘设立明显标志，如指明绕道路线，设置监督岗亭，禁止易感畜禽通过封锁线，在交通路口设立检疫消毒站，对过往车辆、人员和非易感动物进行消毒检疫，彻底将疫情消灭在疫区内。

（二）疫点管理

严禁人、畜、车辆出入，严禁将畜产品及可能受到污染的物品运出。在特殊情况下人员需要出入疫点时须经有关兽医人员许可。出入疫点的人员须经严格消毒后方可放行。对病死畜禽及其同群畜禽县以上农牧部门有权采取销毁、扑杀及进行无害化处理。畜主不得拒绝。疫点出入口应有消毒设施，疫点内一切污染或可能污染的环境、用具、草料、粪便等应在兽医人员监督指导下进行消毒或无害化处理。

（三）疫区管理

交通要道设立临时性监视卡监视畜禽、人员、车辆等的出入，要设立消毒站对出去的人员、车辆进行消毒，畜禽不得随便出入疫区。应停止集市贸易及畜禽和其产品的交易。未污染的畜禽产品需要运出疫区时，须经县级以上农牧部门批准，在兽医人员监督指导下，经外包装消毒后运出。对易感畜禽进行检疫，对病畜进行隔离治疗或淘汰，对可疑感染畜进行预防治疗或免疫。假定健康畜进行免疫接种畜禽在指定疫区内饲养放牧。役畜可限制在疫区内使役。

（四）受威胁区的管理

疫区周围一定地区为受威胁区，区域大小应据疾病性质，疫区周围的山川河流、草场、交通等具体情况而定。受威胁区应采取措施对易感动物及时进行免疫接种以建立免疫带。禁止易感动物出入疫区,并避免饮用疫区流出的水,禁止从疫区购买畜禽、畜产品、草料等,如从解除封锁不久的地区买进畜禽及畜产品时,应注意隔离观察和检疫。

(五) 加强对疫区内畜禽的处理

1. 疫区内隔离的病畜禽,分情况及时进行治疗、急宰和扑杀等处理。对污染的饲草、饲料、垫料、畜禽粪尿、用具、畜禽舍、道路等进行严格彻底消毒。病死的动物应按要求进行深埋或化制。同时做好杀虫、灭鼠工作。

2. 暂停集市和各种畜禽交易活动,禁止从疫区输出易感动物及产品和污染的饲料饲草等。

3. 疫区内的易感动物应及时采取紧急接种。

(六) 病畜的淘汰与宰杀

传染病病畜在失去治疗价值或传染病病情严重、传播力强的情况下,养殖场应及时止损,淘汰患病的病畜,将其进行集中处理。如果将未经处理的动物任意处置,不仅会污染环境,还可能会传播重大动物疫病,引发畜牧业的生产安全,严重的还要追究责任人的刑事责任。目前的研究表明,深埋和化尸窖等传统处理方式很难彻底杀灭病原微生物,而且还可能造成土壤和水体的二次传播,不利于畜牧业的可持续发展。由于传统的私自掩埋或搭建化尸窖的方法缺乏有效监管,容易造成人民生命和食品安全风险。因此,目前主要的处理方式为由各个地方政府牵头,进行统一的无害化处理,同时建立健全的报备、运输、处理流程,将病畜进行集中运输和处理。

三、解除封锁

在最后1头(只)畜禽痊愈、急宰和扑杀后,经过一定封锁期(根据该病的潜伏期而定),再无疫情发生,并经过彻底消毒后,可以解除封锁。解除封锁后有些病愈畜禽在一定时间内有带菌(毒)现象,仍属于传染源,因此,对这些病愈畜禽应限制其活动范围,特别应注意不能将其带到安全区。

(一) 养殖场封锁隔离管理原则

养殖场的封锁隔离不能背离人性化管理原则,要坚持顾客是上帝、员工也是上帝的"2个上帝"理念,并在这一理念的指导下进行养殖场设计、人员聘用及文体娱乐设施配备。最好将养殖场设计成3个区域,即接待区、生活区与生产区。

1. 接待区

在设计上要避免进行紫外线照射与喷雾消毒,尽可能体现人性化接待;还要根据时令的不同制定不同的接待规程,比如:寒冷季节可以穿白大褂、戴防疫帽、套鞋套,炎热季节可以直接冲凉并更换干净卫生的衣服,人走后零时间消毒。内部接待人员出入视同外来人员管理。

2. 生活区

为财务、后勤等管理人员生活活动场所。生活区人员随时可能进入生产区或与生产区人员接触,因此进生活区的人员必须洗澡并更换消毒好了的衣物。食品带入必须有相关规定。

3. 生产区

一线生产技术人员生活、工作的地方，实行常年封场管理。所有进入人员必须在生活区隔离3个晚上，洗澡并经喷淋消毒后方能进入；所带衣物必须浸泡消毒，不能浸泡的物品可进行熏蒸或喷雾消毒后带入（或直接购买有外包装的新商品进行喷雾后带入），但只限于宿舍内使用。为了体现人文关怀，最好聘用夫妻或青年男女恋人，两地分居的单身员工需确定好"牛郎织女"相会的时间。要配备较为完整的文体娱乐设施，营造向上、欢乐、活泼、和谐的大家庭氛围。

（二）养殖场封锁隔离管理规范

1. 全场实行全员常年封场管理

凡出入接待区、生活区和生产区的人员及车辆都要按相应的程序进行管理。非本场员工严禁进入生活区和生产区，要进入时必须经场长批准。接待区、生活区和生产区的门钥匙要指定专人管理。

2. 确定负责人

确定每天的接待、防疫和卫生负责人并从中挑选或另选具有担当总负责资格的人，按顺序担任每天的总负责人管理全场事务，人员不足时可以一兼多职。制定负责人岗位职责并严格履行。

3. 场内人员管理

带入接待区的所有衣物、鞋等物品须在防疫负责人的监督下进行浸泡、熏蒸或喷雾消毒。接待区活动人员一旦与外人接触，其外用衣物和鞋当天必须在防疫负责人的监督下进行浸泡、熏蒸或喷雾消毒；若穿了白大褂且外人在场时未脱下，其当天在接待区穿的衣服可以不进行消毒，可继续在接待区使用。除门卫外，任何人不得越场门一步，一旦跨出再返回须重新按程序进行操作。

进生活区的人员，须在进入生活区的洗澡间洗澡并更换上场内备置的衣服后方能进入，换下的所有衣物、鞋等须在防疫负责人的监督下全部浸泡消毒后再带入生活区，无须带入的衣物由门卫安排存放。若需进入生产区则要在生活区隔离3个晚上以上，在进生产区的洗澡间洗澡并进行喷淋消毒，换上生产区备置的衣服后方能进入，需带进生产区的衣物必须在技术场长或其指定人员的监督下全部浸泡消毒，无需带进的衣物由技术部安排存放。

4. 场外人员管理

场外人员进入接待区，寒冷季节可以穿白大褂、戴防疫帽、套鞋套；炎热季节可以直接冲凉并换上场内备置的干净衣服后进入。外来人员进入后要有专人陪同并监督其执行防疫规范，人走后零时间消毒。

5. 车辆管理

本场小车进入接待区应按"清洗—风干—百胜30消毒"的程序进入；外来小车进接待区需经场长批准，并按"清洗—风干—消毒—经消毒池"的程序进入。运输种养殖的车辆必须在防疫负责人或其指定人员的监督下，按"清洗—冲洗风干—百胜30消毒—经消毒池"的程序进入。运输商品养殖或淘汰养殖的车辆不能进入接待区，须在防疫负责人或其指定人员的监督下，在远离养殖场的地方清洗干净后，再到第一道消毒池消毒并等待，商品养殖或淘汰养殖由本场用拖拉机转出。送货车辆必须有油布覆盖，否则坚决拒收；门卫负责对车辆进行全方位（包括驾驶室）消毒；司机穿上防疫服、戴上防疫帽、套好鞋套后保证不下车方可驾车进入，需下车的则应按进生活区的程序办理，全程要有防疫负责人或其指定人员陪同，以监督其执行防疫规范。

第七章 兽医流行病学调查

第一节 兽医流行病学概述

一、兽医流行病学概念

兽医流行病学（Veterinary Epidemiology）是研究动物疾病和卫生事件在动物群体中的分布情况、发生原因以及发展规律，制定防控措施、评估防控效果的一门学科。该学科从群体水平出发，研究对象包括各种动物疾病和卫生事件，它不仅研究疫病和具有负面影响的因素即风险因子，还研究那些对健康有促进作用的因素，如营养、环境条件等。兽医流行病学以描述疾病分布、揭示疾病成因为手段，以提出疾病防控措施、增进动物群体健康为目的。在当前重大动物疫病和公共卫生事件时有发生的新形势下，兽医流行病学正在得到各国政府乃至国际社会的高度重视，研究正在不断拓宽和深入。

二、兽医流行病学的主要特征

兽医学突破个体范围，从宏观水平去观察和认识疾病，强化对健康群体的保护，可视为兽医流行病学的萌芽。20世纪70年代以后，随着现代畜牧业和现代科学技术的发展，研究人员结合重大动物疫病防控实际，融合多学科知识，以揭示动物群体疾病发生流行规律、制定防控措施和评估防控效果为任务，逐步把兽医流行病学发展为一门独立学科。兽医流行病学具有明显不同于其他兽医学科的一些特征，突出表现在以下四点。

（一）群体特征

随着现代畜牧业的发展，兽医实践的重点已由动物个体转向动物群体，兽医流行病学正是为适应这种需要而发展起来的。从兽医流行病学的定义可以看出，兽医流行病学研究的基本对象是动物群体。其主要目的是通过对发病群体的研究，总结动物疫病发生规律，总结防控经验教训，做好健康群体的保护工作。发病动物个体的患病和治疗不是兽医流行病学的研究重点。这就要求研究人员要始终从群体、区域乃至国家层面上考虑问题、设计方案，提出防控对策和建议，偏离了这一点，兽医流行病学就失去了存在价值。也正是基于这一特点，兽医流行病学研究结果成为政府决策不可缺失的科学依据。

（二）多学科融合特征

首先，兽医流行病学是一门兽医学科，旨在解决动物疾病防控中出现的问题，为动物健康和公共卫生服务。其次，兽医流行病学是一门数理学科，研究过程自始至终贯穿着对比的思想，即在对比调查、对比分析中发现疾病发生的原因和发展规律，因此有人称之为分母学科。再次，兽医流行病学面对的是一个复杂系统，研究对象除病原和动物本身外，还要考虑生态环境、经济环境、社会环境等多个方面。进行研究时既需要运用生态学、地理学、经济学、遗传学的方法论，又需要信息技术、生物技术支持。因此，兽医流行病学是一门关于动物疾病防控和促进动物健康的综合学科。一个优秀的流行病学研究人才，必须具备系统思维和多学科知识；一个优秀的流行病学研究团队，必须建立一支多学科有机融合的工作队伍。

（三）社会实践特征

兽医流行病学主要是为生产实践服务目的，其目的是提出动物疾病防控对策建议，或者为合理制定动物群发病的防控措施提供可靠的数据支持。就动物疾病的发生或流行而言，除病原因素、个体因素外，群体受所处的自然和社会环境的影响很大。因此，动物疾病防控不仅仅是一种技术行为，而且关系到自然环境、经济发展、社会文化等诸多方面。无论是设计调查方案，还是提出防控措施，都应考虑技术的可行性、资源的支持程度以及社会的认可程度。由于兽医流行病学调查旨在提供防控措施，与政府防控决策关系甚密，因此有人还将兽医流行病学称之为兽医领域的"官方学科"。

（四）动态特征

兽医流行病学是一门关于动物疾病防控和促进动物健康的战略性综合学科，这就要求研究人员具备战略性思维，时时刻刻关注不断发展变化的动物群体饲养模式、自然和社会环境、科学技术手段，创新研究思路、创新组织方式，为不断优化防控措施提供强有力的技术支持。兽医流行病学从建立到现在的30多年间，其研究方法不断创新，研究工具不断增多，研究领域不断拓宽，学科分支不断增加，无不揭示着本学科正在不断快速发展。

三、兽医流行病学与其他兽医学科的关系

兽医学分为基础兽医学、预防兽医学和临床兽医学。兽医流行病学属于预防兽医学的一个重要组成部分，与其他学科相比，它们之间并非研究病种不同，而是研究的角度不同。兽医流行病学主要是从群体角度出发，研究动物群体的疾病防控措施，以保障健康群体安全为第一目标。临床兽医学主要是建立在个体水平上，侧重于对患病动物（个体或群体）的诊断与治疗。基础兽医学则是建立在细胞分子水平上，阐明疾病发生机理。

需要指出的是，各类学科之间并不是孤立的而是联系紧密的，至少可以表现在两个方面：一是研究方法可以相互应用。临床兽医学既要利用基础兽医学的方法，也要借鉴流行病学研究结果，如多数临床疾病的诊断需要观察患病个体或群体的流行病学特征；流行病学研究既要应用临床学科的知识，也要应用基础学科的方法，如获取的疫情信息大都需要可靠的实验室检测技术支持。三大类学科中任何一种学科的发展，往往会对其他一些学科产生积极影响。二是当前兽医流行病学与相关学科相互渗透、相互融合的特点日益明显，并由此产生了一系列流行病学分支学科，如分子流行病学（Moecular Epidemiology）、血清流行病学（Sero-epidemiology）、临床流行病学（Clinical Epidemiology）、现场流行病学（Field Epidemiology）等，这些分支学科的形成，对于判断疾病发展趋势、评估防控效果、制定防控对策发挥了重要作用。

另外，兽医流行病学和其他非兽医学科相互融合，也结出了累累硕果。如和地理生

态学结合形成了地理流行病学（Geographical Epidemiology），和经济学结合形成了动物卫生经济学（Animal Health Economics），和风险分析技术相结合形成的动物疫病风险分析技术等。这些科学对防控决策也具有重要支持作用。

第二节　兽医流行病学的因果关联（病因论）

因果关联（causality）是处理科学和哲学中各种事件原因和结果的关系，在不同科学领域里都有应用。在兽医流行病学中，因果关联研究是为了确定病因，即引起动物疾病的决定因素和动物疾病之间的关联，以便制定有效防控对策。通过测量暴露因素和动物疾病之间的关联强度，可用于确定风险因素，定量测量其对动物疾病发生可能性的作用，可以给出有利于动物疾病健康管理的建议。

一、病因认识的发展简史

人们对病因的认识，从病因神灵说到病因瘴气说，再到病因故障说，之后到19世纪中叶萌芽的病因微生物说，最后发展至今形成现代多病因说。其中，最具代表性的是Koch假说和Evans假说。

（一）Koch假说

1890年，Robert Koch提出了确定传染病病因的假说，认为疾病是由单一的病原体引起的。这个假说是根据归纳法推理的，认为一种微生物作为某种传染病病因必须符合下列条件：①可能的病原微生物必须存在于该病的所有病例中；②该微生物必须能从患该病个体分离获得并能在体外培养；③当该微生物接种于易感动物时，能复制出同样的疾病，并能从被复制病例的动物体重新分离出且得到鉴定。

Koch假说为确定一种微生物是某种传染病的病原体提供了必须遵循的程序和规则，对传染病特别是病因单一的烈性传染病病原体的确定做出了重要贡献。直到现在，我们在确定一个新发传染病（emerging disease）时，仍必须遵循Koch氏假说的原则，如确定SARS冠状病毒是SARS的病原体。但是随着对疾病病因研究的深入，这一假说的缺点和局限性也暴露出来。该假说把病原微生物作为疾病的唯一原因，忽略了环境因素和宿主因素对疾病的影响。事实上，很多微生物病原体不能满足Koch假说。一些病原微生物在不同的条件下可以产生不同的疾病，如牛传染性鼻气管炎病毒可引起牛呼吸道疾病，也可引起生殖道疾病或结膜炎、脑膜脑炎等不同类型疾病。另一些微生物病原体则必须在一定的宿主和环境条件下才能致病，如猪痢疾短螺旋体可以使常规的健康猪和SPF猪致病，却不能使无菌猪致病。还有一些微生物病原体可从明显健康的动物体内分离到，如大肠杆菌等。此外，还有一些传染病，如古典型牛恶性卡他热和水牛类恶性卡他热，至今尚未将其病原体分离成纯培养。一方面，Koch假说未考虑病原体、环境和宿主因素的相互作用，因此它对很多传染病是不适用的；另一方面，Koch假说也不能应用于非传染病。

（二）Evans假说

1976年，Evans提出了与现代因果概念相一致的病因假说，认为疾病是由多因素引起的,是一种多元病因理论。该假说的主要内容如下:①暴露于某假设病因的群体中,发病个体比例应显著高于未暴露群体中的发病个体比例;②在所有其他危险因素都均衡的条件下,患病动物应比未患病动物更普遍暴露于假设病因;③在前瞻性研究中,暴露于假设病因组的新增病例应显著高于非暴露组;④在时间上,暴露于假设病因后疾病的分布应呈正态曲线分布;⑤暴露于假设病因后,宿主从轻微到严重的应答反应呈符合逻辑的生物学梯度;⑥暴露于假设病因后,应有规则地出现暴露前未出现的可测量宿主应答反应(如特异抗体、癌细胞等),如在暴露前有这种宿主应答,则暴露后应答的强度应增加,未暴露个体不应出现这种现象;⑦在实验室或现场进行的人工复制疾病时,暴露于假设病因动物的疾病频率应高于未暴露动物;⑧除去假设病因(如除去特异的传染性病原体,撤换含有毒物质的饲料成分等)后,该病的发生频率应下降;⑨防止或改变宿主的应答反应(如通过免疫接种或在癌症中使用特异淋巴细胞转移因子)应该能减少或消除在正常情况下暴露于假设病因所发生的疾病;⑩疾病和假设病因之间的所有关系和联系在生物学上和流行病学上都应是可信的。

Evans假说考虑到致病因子、环境因素和宿主因素在影响疾病分布过程中的相互作用,不仅适用于传染病,也适用于非传染病,能较好地反映病因问题的本质,已为越来越多的学者所接受。

二、病因的分类

病因有以下几个特征:一是病因发生于结果之前;二是病因可以说是与环境因素或者宿主有关的因素(例如特征、条件、个体的行为、事件或自然地、社会的、经济学的现象);三是病因可以是正向的(出现了一个暴露)也可以是反向的(减少了一个暴露,比如接种疫苗)。

按照病因来源分类,可分为宿主因素,如遗传、免疫、内分泌等;环境因素,包括外环境中各种有害因素总和,如生物因素、理化因素、社会因素等;个人行为因素,如吸烟、饮酒、不良饮食习惯等。

按照作用程度分类,可分为直接病因、间接病因。

按照与疾病的逻辑关系分类,可分为组分病因、充分病因和必要病因,具体如下。

(一)组分病因(component cause)

组分病因是发生疾病的条件,指部分病因,不指所有的病因。例如,高胆固醇、吸烟、缺乏锻炼、遗传、出现并发症等都是冠心病的组分病因,当部分或所有的组分病因在个体水平上一起发生时,通过累计或者交互作用,导致发生冠心病。

(二)充分病因(sufficient cause)

充分病因指不可避免要产生疾病的原因,是产生疾病的病因复合体,只要缺少了其中任何一样,疾病就不会发生。例如,吸烟是肺癌的充分病因,但是非吸烟者暴露于氡或者某些会接触到的化学物质的职业也会引起肺癌。

(三)必要病因(necessary cause)

必要病因是指产生疾病所必须存在的原因,即如果发生疾病,则该因素总是存在。但是有该因素存在,却并不会一定导致疾病的发生。传染病的特定病原体为必要病因。例如,结核分枝杆菌是结核病的必要病因。

将疾病的致病因素看作是被分割的馅饼来定义病因是最简单的方法。充分病因是分割后的整个馅饼，组分病因是馅饼中的一块，而必要病因则是最关键的一块。如图7-1，组分病因A~J以不同的组合构成了3种充分病因，其中A是唯一的必要病因，因为它是在所有3种充分病因中唯一都出现的组分。其余病因（B~J）都不是必要的，因为有些充分病因的组分中没有它们。

图7-1　某假设疾病的充分病因、必要病因及组分病因

一种病因可以是必要病因或充分病因，也可以两者都是或两者都不是。其中，单一的病因组分既是必要病因又是充分病因的情况是不常见的，如暴露于大剂量γ射线造成的辐射病就属这种特例情况。一种病因虽是必要病因但却是不充分病因的例子很多，如牛结核病，只有在缺乏营养、拥挤和遗传等因素使牛对牛分枝杆菌易感性增高的情况下暴露于牛分枝杆菌，才能被感染发病，否则即使存在细菌也不发病。有些疾病，到目前为止我们已确认了多种充分病因，但尚未确认或找到某必要病因，根据症状、病变或症候群来命名而非按照病因学来命名的疾病多属于这种情况。如果疾病是按照病因学来分类，根据定义通常就只有一个主要病因，它也很可能就是必要病因。流行病学病因研究不仅同疾病的诊断有关，还直接关系到疾病的治疗和预防。流行病学病因研究目的是找出充分病因及其组分，从充分病因中除去一个或几个组分，从而防止该充分病因引起疾病。

第三节　动物疫病频率测量、发生模式和分布

一、动物疾病频率测量

我们在工作中常常遇到这样的问题，猪群中非洲猪瘟发病和死亡情况如何？2022年的疫病是不是比2021年严重？散养猪的疫病是不是比集约化养殖多？哪个地区羊的布病发病风险最高？目前动物布病的现状如何，是否会越来越严重？如何控制？控制措施是否有效？要回答这些问题，就需要科学可靠的动物疾病频率测量。其目的是描述动物疾病流行状态和比较不同因素对动物疾病发生的风险。

对动物疾病的频率进行量化分析是日常监测、观察性研究和暴发调查等多种流行病学活动的基础。在观察性研究中，测量动物疾病和暴露因素的频率，进而确定它们之间的联系，是推断病因的第一步。

那么哪些指标可以用来描述一个疾病的频率？在兽医实践中，记录疾病发生的病例（动物或者场户）的数量，通常会用到计数这个指标；描述群体中感染某病动物的占比通常会用比例来表示，在群体中感染动物与健康动物的比值，一般称作比。

在兽医流行病学中，动物疾病发生或相对频率的测量可以分为两种方法：一种反映的是某时间点或某观察时段内的疾病状态（患病数和流行率），另一种反映的是疾病状态的改变（发病数和发病率）。

此外，兽医流行病学观点认为，动物疾病的发生是多个因素共同作用的结果，而不仅仅是病原。因此，除了针对病原，还可以控制相关风险因素。不同因素与疾病发生的关联性程度不同，控制关键风险因素，也属于因果关联测量的讨论范畴。

总之，动物疾病的发生在群体水平上都有一定的规律，通过常见的指标描述疾病状况，将有利于我们找到病因，预测疾病发展趋势，找到有效控制措施。

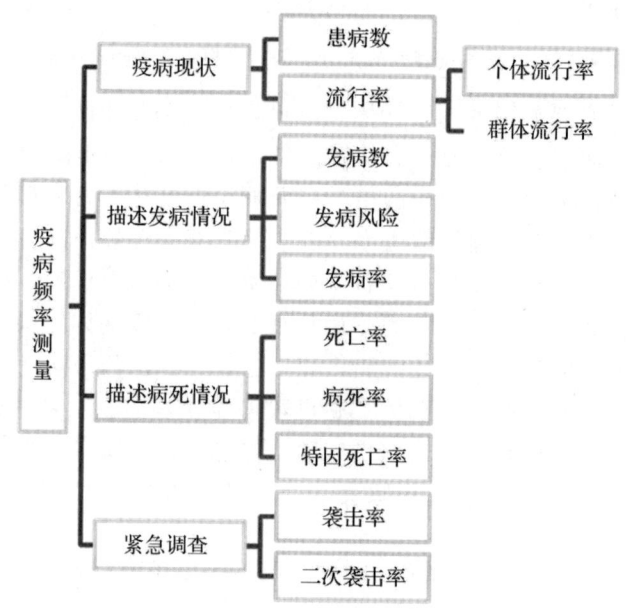

图 7-2 疫病频率测量的应用

二、动物疾病频率测量指标

（一）流行率（Prevalence）

流行率是描述疾病存在情况的指标，又称现患率、患病率，指特定时刻或时段，群体中患有某病的病例或具有某种属性的个体所占比例。流行率是比例的一种，其特点是群体在某个时间点的患病情况，且不区分新旧病例。

$$流行率 = \frac{有病例}{物}$$

流行率的常用表示形式，如 17/51（分母较小时）或约 33%。它通常反映群体内任一个体在某个时间点的患病风险。

可以通过两种不同的角度对流行率进行阐述，一种是从概率的角度，如 100 头奶牛的群体中，通过抽检发现群内布病的流行率为 10%，则在检测时点上，从此群中随机挑出一头奶牛，这头奶牛感染布病的可能性为10%；另一种是从比例的角度，即此群中有10%的奶牛感染布病。

1. 个体流行率与群体流行率

根据研究目的的不同，可以从个体和群体水平计算流行率，分别以个体流行率和群流行率表示。

例1：某易感牛群存栏50 000头牛，观察期内有1200头牛感染了乳房炎，那么，该牛群的乳房炎感染率为1200/50000×100%＝2.4%。

此时的研究单元是动物个体，2.4%为个体流行率。

例2：某地区共有500个奶牛场，观察期内有33个奶牛场感染了乳房炎，那么，该地区感染乳房炎的牛场所占比例为33/500×100%＝6.6%。

此时所用的流行病学单元为群体，6.6%为群体流行率。

在研究动物疫病分布时，一定要把动物群间分布情况作为一项重要的指标进行统计。这与卫生流行病学有着很大的区别。

2. 表观流行率与真实流行率

在流行病学中，通常检测试验的特性会影响流行率的估计。现实情况下，很多检测试验并不是完美试验（敏感性＝100%，特异性＝100%）。因此，根据试验结果直接计算得到的流行率，我们称之为表观流行率（Apparent Prevalence），是试验阳性结果数和检测动物总数的比例，可能大于、小于或等于真实流行率。如果试验的敏感性和特异性已知，那么真实流行率（True Prevalence）计算公式如下：

$$TP = \frac{AP - (1 - Sp)}{1 - [(1 - Sp) + (1 - Se)]} = \frac{AP + Sp - 1}{Se + Sp - 1}$$

其中：

AP：表观流行率，

Se：敏感性，取值范围：0~1，

Sp：特异性，取值范围：0~1。

例：随机从动物群中采集600份样品，用敏感性为90%、特异性为95%的某试验进行检测，结果90份样品检测为阳性，问该动物群中此病的表观流行率和真实流行率各为多少？

解：根据上述公式可以求得：

表观流行率＝90/600＝15%

真实流行率＝$\frac{AP + Sp - 1}{Se + Sp - 1}$＝(15%＋95%－1)/(90%＋95%－1)＝11.8%

可以看出，在检测方法不"完美"情况下得到的表观流行率与真实流行率之间的差异是明显的。

影响流行率的因素除检测方法的特性以外，还包括新发病例数、疫病持续期、发病动物的调入或调出、健康动物的调入或调出、检测方法的改进、治愈率的提高等因素。此外，我们通过抽样测定总体的流行率，任何情况下都需要给出置信区间。

（二）发病风险

发病风险（Incidence Risk）又称累积发病（Cumulative Incidence），指易感动物个体

在特定时期内感染或发生某种疾病的可能性，即发生某种疾病的概率。发病风险作为描述疾病频率的度量方式，适用于封闭群体。由于风险是概率，所以没有单位，取值范围为0～1。虽然风险没有单位，但是在流行病学研究或实际工作中，发病风险所处的时间段必须明确，例如，奶牛下一年发生乳房炎风险与下个星期发生乳房炎的风险很明显是不同的。

$$发病风险（R）= \frac{特定的新病例}{群体的物量}$$

例1：今年1月1日，对某猪场100头育肥猪抽血检测布病抗体（猪场未免疫），其中5头阳性；2月1日再次对这100头猪抽血检测，其中25头阳性（包括原来的5头）。该场布病流行率（血清阳性率）和1个月时间的发病风险？

（1）流行率：两个时间点，分别为5%和25%。

（2）发病风险计算：

新病例数量：25－5＝20

初始健康易感动物数量：100－5＝95

月发病风险：20/95≈21%

如何解读这个结果？该猪群中的一头猪，经历一个月的时间，感染布病的可能性为21%；对全群来讲，一个月的时间内，21%的动物会感染布病。

例2：今年1月1日，对某猪场100头育肥猪抽血检测布病抗体，其中5头阳性；2月1日再次对这100头猪抽血检测，其中25头阳性（包括原来的5头）。

1月发病风险：20/95≈21%。

那么该猪群中的一头猪经历4个月的育肥期后，感染的风险是多少？

$IR_y = 1-(1-IR_x)^{y/x}$，即四个月的发病风险＝$1-(1-0.21)^{4/1}=61\%$。

（三）发病率

发病率（Incidence Rate，IR）又称发病密度（Incidence Density），指特定时段内，群体中每单位动物－时新发病例数。发病率有单位，为动物－时；取值可以大于1，没有上限，下限为0。

动物－时作为发病率的单位，是动物个体在群体中的存在与时间的结合。由于多数动物生长周期短，流动快，导致群体中的个体进出较为频繁，所以现实中的动物群多数是开放群，特别是研究时段比较长的群。动物个体只有在群体中时才被作为计算发病率的基数，离开以后对群体发病无贡献，需要从群体中剔除。为了解决动物在研究时段内进出对发病基数的影响，流行病学引入了"动物－时"这一概念。如：

1只猪12个月的动物时为12猪－月；

2只猪6个月的动物时为12猪－月；

3只猪4个月的动物时为12猪－月；

12只猪1个月的动物时为12猪－月。

风险动物－时有精确和近似计算两种方式。

例1：观察4个健康动物30天内的发病情况，每个个体历史情况如下：

第1个动物没有发病；

第2个动物第10天发病；

第 3 个动物第 20 天发病；

第 4 个动物第 15 天卖出。

精确计算：与动物调出一样，动物发病后会离开群体或不具有发病风险，不能作为计算发病率的基数，所以各个动物对群体的贡献为：

第 1 个动物没有发病　　　　　　1.00　动物—月；

第 2 个动物第 10 天发病　　　　　0.33　动物—月；

第 3 个动物第 20 天发病　　　　　0.67　动物—月；

第 4 个动物第 15 天卖出　　　　　0.50　动物—月；

计算得出风险群体总数＝1.00＋0.33＋0.67＋0.50＝2.50 个动物—月，且 30 天内共有 2 个动物发病，所以发病率 I＝2/2.5＝0.8 个病例/动物—月。

例 2：某农户自 1 月 1 日起，开始养 10 头猪，5 月 1 日卖了 5 只，10 月 1 日又买了 2 只，到 12 月底该农户家的猪产生了多少动物时？

精确计算：每个动物经历的风险动物时总和，即 5 头猪×4 月＋5 头猪×12 月＋2 头猪×3 月＝86 猪—月。

流行病学研究中，发病率常用来确定哪种因素与疫病有关以及在疫病发生中所起的作用。常用于开放群和研究时段较长的情况。

（四）袭击率

袭击率（Attack Rate，AR）多指某种突发疾病在某一局限范围的发病率，用以描述短时间内的感染情况。通常用于重大动物疫病、食物中毒等的暴发调查中，可反映出传染病的烈性程度。观察期一般以日、周、旬、月，或者一个流行周期为时间单位。

$$袭击率＝\frac{观察期内新病例数}{观察其初始时易感动物数}\times 100\%$$

例：某农户 1000 头猪暴发非洲猪瘟疫情，3 天内 200 头猪发病，该场户中非洲猪瘟的袭击率为多少？

3 天内的袭击率＝200/1000×100％＝20％

二次袭击率（Second Attack Rate）：某一动物群体出现第一个病例后在该病最短潜伏期至最长潜伏期之间，新出现的病例称之为续发病例，也称二代病例。在易感接触的动物中，续发病例数占该群体所有易感接触动物总数的比例称为二次袭击率或续发率。

$$二次袭击率袭＝\frac{一个潜伏期内的总病例数－原发病例数}{观察其初始时易感动物总数}\times 100\%$$

二次袭击率是描述病原传播能力的指标。用于分析疫情流行因素，也可用于评价防控措施的实施效果。例如，新冠肺炎疫情发生后，如果不采取封城措施，必然会出现较高的二次袭击率。

（五）死亡率

死亡率（Mortality Rate）指在特定时段内，单位动物—时因各种原因造成的死亡动物数，是发病率的一个特例。这里关注的结局是死亡而非患病。死亡率是一种率，类似发病率（动物—时）。

例：2021 年 12 月，某 100 只存栏羊场一个月内共有 60 只发病，45 只羊死亡，其中 35 只因为感染 PPR 死亡，另有 5 只感染 FMD 死亡，5 头因挤压死亡。该场 12 月份羊只死亡率?

12月份死亡率：45/（100－0.5*45）≈0.58例/羊－月

某病的死亡率通常用于描述其危害程度，一些烈性传染病如牛瘟、高致病性禽流感等，其死亡率和发病率十分接近。群体死亡率常用于评价某个场群、某地区乃至全国动物疫病的防控水平，可为制定实施动物疫病防控规划提供信息支持。

（六）特因死亡率

特因死亡率（Cause-specific Mortality Rate）指特定时段内，单位动物－时内因某种特定疫病死亡的动物数。特因死亡率的分母既包括该病的现有病例（指患病但还未死亡的个体），也包括有患病风险的个体。

例：2021年12月，某100只存栏羊场一个月内共有60只发病，45只羊死亡，其中35只因为感染PPR死亡，另有5只感染FMD死亡，5头因挤压死亡。该场12月份羊只PPR的特因死亡率多少？

12月PPR的特因死亡率：35/（100－0.5*45）≈0.45例/羊－月

（七）病死率

病死率（Case Fatality Rate），指特定时期内，患病的个体中因病死亡所占的比例。病死率反映了疫病病例的预后情况，测量的是发病动物死亡的概率，是一种"风险"度量，是一种"比例"，而不是"率"。病死率描述疫病严重程度，如高致病性禽流感的病死率明显高于传染性鼻炎的病死率。其大小与观察时段有关。

$$病死率 = \frac{死亡数}{发病动物数}$$

例：2021年12月，某100只存栏羊场一个月内共有60只发病，45只羊死亡，其中35只因为感染PPR死亡，另有5只感染FMD死亡，5头因挤压死亡。该场12月份羊只病死率是40/60。

三、描述疾病分布

疾病分布是指疾病在畜群间、时间和空间的频率分布状况，又称三间分布。描述疾病的分布涉及群体中疾病发生的形式和量度。疾病在群体中有散发流行、地方流行、流行、大流行等形式。疾病在不同时间、不同地区和不同畜群中的频率分布，可用动态率和静态率来表示。动态率是在一定时间内群体中新发生某事件的频率，以发病率为代表，其譬如死亡率、罹患率、治愈率、出生率等；静态率是在一定时间内存在某事件的频率，以患病率为代表，其他如感染率、携带率等。把疾病和卫生事件描述清楚，是流行病学的基本任务之一。描述疾病分布就是对特定疾病在不同时间、空间（地域）、群间（种群）的发病率、患病率或死亡率等指标所作的描述。只有用数量形式，把不同疾病的时间、空间、群间分布特征正确表示出来，方可对该病的发生情况、危害程度、流行规律有一个基本认识，才能为疾病防治工作提供科学依据。

（一）时间分布

描述疾病发生过程中病例时随时间变化而变化的情况。是根据时间顺序，对疾病发生、接触暴露因素、采取控制措施、出现控制效果等主要事件进行排序。并根据发病时间制作流行病学曲线，简单显示疾病流行强度、推断暴露时间或潜伏期、传播方式、传播周期、预测可能的发病趋势。如下图7-3为某猪场猪瘟感染时间分布曲线图。

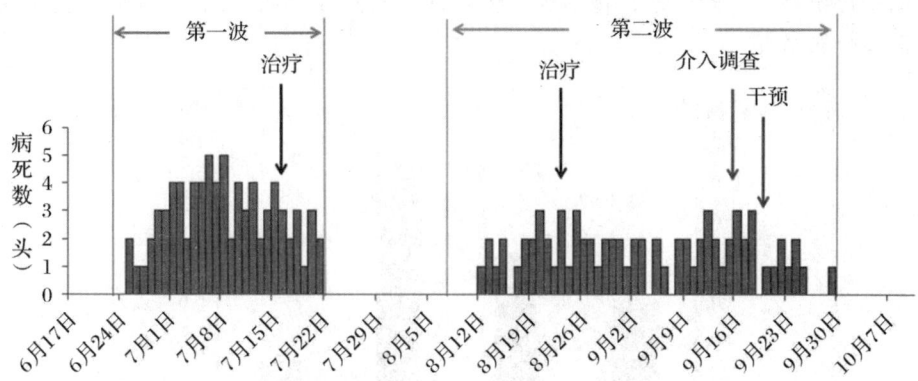

图7-3 某场猪瘟感染时间分布曲线图

（二）空间分布

描述疾病发生过程中病例在不同行政区域、地理环境、栋舍、栏舍位置等空间条件下病例的情况。用地图等显示病例的地区分布特征，可提示暴发的地区范围，有助于建立有关暴露因素、暴露地点的假设。如下图7-4为某猪场猪瘟感染发病空间分布情况。

猪舍	发病仔猪窝数	未发病仔猪窝数
北舍	9	14
中舍	4	8
共计	13	22

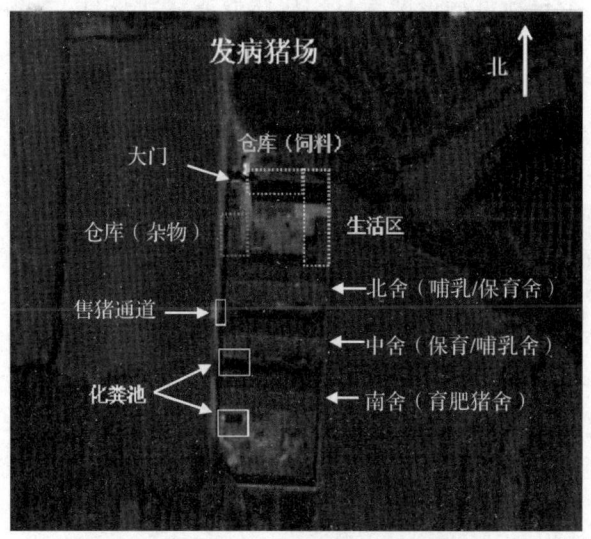

图7-4 某场猪瘟感染空间分布图

（三）群间分布

描述疾病发生过程中按病例不同品种、性别、年龄等特定属性划分的群体内发生情况。何种动物发病多？何种动物发病少？何种动物不发病？发病与年龄、性别、饲养方式、用途的关系，发病群的免疫状况、饲养方式、管理水平等。描述疫病的群间分布特征，有助于提出相关危险因素、传染源、传播方式的假设。如下图7-5所示为某猪场猪瘟感染群间分布情况。

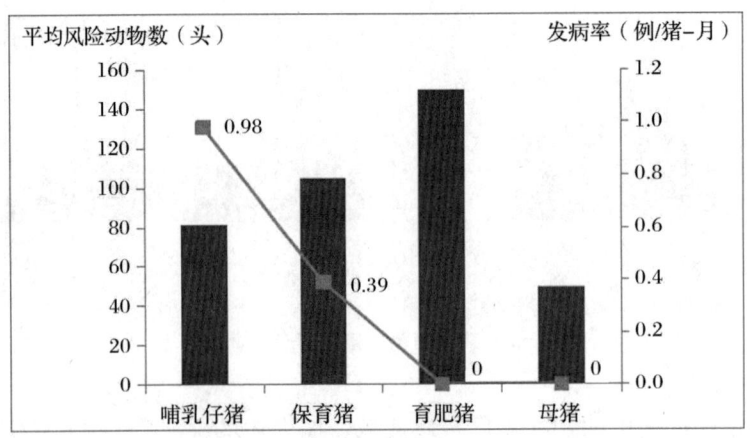

图7-5 某场猪瘟感染群间分布图

第四节 流行病学调查数据信息的采集

开展流行病学调查时，可根据发病动物种类，按所推荐的流行病学调查表采集数据信息，也可根据调查目的需要自行设计相应的调查表收集数据信息。

收集的数据应至少包括疫病诊断信息、症候群或症状信息、疾病间接指示信息、疫病风险因素信息等几类。具体包括：

一、诊断信息

在动物个体水平上，诊断所给的信息就是这个动物患有什么病。在流行病学调查中，诊断用于区分动物是否患有特定疾病，即一些动物患有特定疾病，而另一些动物没有这种疾病。因此流行病学调查中的诊断信息指疾病发生情况，通常指根据临床症状确定的动物疾病（可称为"临床疾病"）。

二、分类信息

通常情况下，流行病学调查分析中所关注的不仅仅是临床疾病，还包括一些与疾病有关的特征信息。例如，在开展血清学调查证明羊群布病无疫时，将羊分为血清学阳性和血清学阴性两类。这里用血清学状态仅为表明动物过去是不是接触过布氏杆菌（有可能是疫苗），而不是说血清学阳性动物一定是感染发病动物。再如，在利用监测评价口蹄疫免疫计划的实施情况时，可以通过估计具有保护性抗体的动物所占比例，即抗体转阳率来进行评价，而不是根据疾病的诊断评价。任何可量度的特征均可用于与流行病学调查有关的动物分类，如年龄、品种、性别等。

三、样品信息

在动物疾病诊断和根据某种特征对动物分类时，通常情况下，需要某种类型的检测。一些检测是以实验室技术为基础的，如利用 ELISA 检测抗体水平、病原分离和 PCR 检测疾病病原等；其他一些检测可以在现场实施，如兽医临床诊断、屠宰场肉品检查，其均可以被看作流行病学意义上的检测。当使用实验室检测技术进行疾病检测时，所收集的是来自动物群体的样品（血、牛奶或组织样品等）信息。这种采集的样品检测后的结果就是我们需要的数据信息。

四、临床症状信息

获得诊断信息需要兽医观察疾病症状，检查解剖变化，有时候还需要实验室检测确诊，但很多时候这是做不到的。因此可以设计一些流行病学调查系统，利用非兽医人员（如养殖场户、村防疫员、检疫员等）收集这些临床症状信息，如利用养殖场主收集仔猪腹泻、具有神经症状禽或出现高热症状猪的发病数量等。收集这些症状或症候群信息目的不是用于诊断，而是通过这些症状在群体中或区域上的变化情况来判断某种或某些疾病的变化情况。

五、阴性报告信息

阴性报告是疾病报告的特例，即报告动物群体中没有所关注的特定疾病。阴性报告数据可用于某些临床症状明显、传播迅速、易于辨认动物疾病的无疫证明，如易感动物群中的口蹄疫，官方兽医（村防疫员）巡查养殖场户时，没有发现牛、羊或猪出现口鼻、蹄部、乳房出现水泡、跛行、流涎等症状，表明巡查时没有发现 FMD 疾病发生或流行。

六、间接指示信息

多数流行病学调查及监测活动可以直接收集动物疾病或健康状况的数据，但有些收集的是间接指示信息，如通过兽药公司、疫苗生产公司、饲料经销商、无害化处理厂、养殖保险公司代表等收集某种用于特定疾病的兽药或疫苗销售情况、无害化处理量、养殖保险理赔数量等信息来间接判断这种疾病流行情况。收集这些间接指示信息的主要目的是观察其变化情况，来间接判断某种或某些疾病流行的变化情况。

七、风险因素信息

与间接指示信息一样，风险因素信息调查不是直接调查疫病，而是调查能够引起疫病发生或传播的因素。这种类型的调查主要用于疫病暴发或流行之前的预警。如对于虫媒病，通过调查和监测虫媒或与虫媒生长繁殖有关的自然条件来判断疾病的发生情况或走势；通过活动物调运或地区之间动物及其产品的价格差异来预测疾病暴发的风险和可能的区域。

第五节 流行病学调查抽样

一、抽样基本概念

(一) 总体

流行病学调查监测中的观察单位,亦称之为个体,是统计研究中的基本单位,也就是流行病学研究中所说的流行病学单元。它可以是一个动物,也可以是一个群体(一栋禽舍、一个养殖场、一个自然村等)。

总体是根据研究目的而确定的同质观察单位的全体,即调查对象的全体,也就是流行病学研究中所要研究的目标群。例如,需要掌握某县猪群猪瘟感染情况,那么该县境内所有猪构成调查的总体,也就是流行病学意义上的目标群。再如,调查某地区猪场生物安全防护措施,那么该地区所有养猪场构成所研究的总体。这些研究对象的同质基础是同一地区内的所有猪或猪场。另外,所研究个体的同质基础也可以是同一时间段、同一品种、同一养殖规模,等等。总体的限定是人为的,根据目的和关注范围的不同而不同,但调查对象必须是明确的。

(二) 样本

在流行病学研究中,为节省人力、物力、财力和时间,一般都是采取从总体中抽取样本,根据样本信息来推断总体特征的方法,即通过抽样研究的方法来实现。这种从总体中抽取部分观察单位的过程称为抽样。

样本是总体的一部分,是由按照一定程序从总体中抽取的那部分个体或抽样单元组成。和总体一样,样本也是一个集合。样本中包含的抽样单元数称为该样本的样本量。样本量与总体中的总单元数之比称为抽样比。例如,从某地区随机抽取 110 个养猪场,逐个调查每个猪场流行性腹泻情况,得到 110 个养猪场的流行性腹泻发病率,组成样本。应当强调的是,获取样本仅仅是手段,而通过样本信息来推断总体特征才是调查研究的目的。

(三) 抽样单元和抽样框

抽样单元 (Sampling Unit),是构成总体的个体要素,也是构成抽样框的基本要素。抽样单元可以只包含一个个体,也可以是包括若干个个体的群体,抽样单元还可以分级。在抽样单元分级的情况下,总体由若干个较大规模的抽样单元组成,这些较大规模的抽样单元称为初级单元,每个初级单元中又可以包含若干个规模较小的单元,称为二级单元。以此类推,可以定义三级、四级单元等。通常把接受调查的最小一级的抽样单元称为基本抽样单元。如通过抽样调查掌握某地区母猪猪瘟带毒情况,采用多级抽样,那么该地区的 278 个乡镇可以看作是初级抽样单元,也就是一级抽样单元;养猪的 5890 个自然村和 840 个规模猪场为二级单元;每个自然村和规模场内的母猪则为三级单元,由于母猪是最小一级的抽样单元,因此为基本抽样单元。

抽样框 (Sample Frame) 指在抽样前,为便于组织,在可能条件下编制用来进行抽样、记录或表明总体所有抽样单元的框架。在抽样框中,每个抽样单元都要编以号码。

抽样框可以是一份名单（名单抽样框）、一张地图（区域抽样框）或数据包，具有目录性。在与实践有关的调查中，也可以按时间先后顺序排列总体中的单元，这样得到的抽样框称为时序抽样框。目录性清单中的每个目录项与实际总体的每个单元之间存在确定的对应关系，即根据一个目录项总可以找到实际总体中特定的一个或一些单元。无论抽样框采取何种形式，在抽样之后，调查者必须能够根据抽样框找到具体的抽样单元。如前所述，由于抽样单元可以分级，因此就有了与之对应的不同级别的抽样框。在抽样实践中，无论抽选哪个级的抽样单元，都只需要有同级的抽样框即可。前述例子中，给该地区的278个乡镇的每个乡镇冠以唯一的编号，就构成了抽取初级单元的抽样框。如果需要抽取25个乡镇进行调查，那么这25个乡镇各自辖区内的自然村和规模场就构成了各自的抽样框。

二、抽样策略

根据调查对象的特征、分布特点等，确定需要采取的抽样策略。例如采取非概率抽样（便利抽样、判断抽样、配额抽样），或者采取概率抽样（简单随机抽样、系统抽样、分层抽样、整群抽样、多阶段抽样、按规模大小成比例的概率抽样）等抽样策略。结合所能提供的经费、时间、人力资源等实际问题，以及所需的科学性问题，如敏感性、特异性要求等，计算样本量。理论上讲，抽取的样本量越大，对总体的估计就越准确。但是样本量的大小直接关系调查成本、费用、时间要求及人力资源。样本量越大，调查所需的时间、人力、物力等也越多。样本大小的确定需要进行综合考虑，既要考虑抽样的科学性，又要考虑现实约束条件。

（一）非概率抽样

非概率抽样不是按照概率均等的原则，而是根据主观经验或其他条件来抽取样本。非概率抽样获取的样本的准确度较小，误差较大，而且抽样误差无法估计。非概率抽样中，每个个体被抽入样本的概率是未知的，很难排除调查者的主观印象，因而无法说明通过样本获得的参数是否反映了总体。但是非概率抽样操作方便、省钱省力，如果能对调查总体和调查对象有较好的了解，非概率抽样也可获得相当高的准确率。非概率抽样一般有以下几种类型：

1. 便利抽样

便利抽样（Convenient Sampling），又称偶遇抽样、方便抽样，指在抽取抽样单元时以方便为原则，以无目标、随意的方式进行的抽样。兽医流行病学调查中经常采取便利抽样。例如，在调查养猪场流行性腹泻发病情况时，调查人员会考虑交通的便利情况而沿路况好的公路前行，碰到路边的养猪场户就下车调查，这就是典型的便利调查。又如在对牛羊布病进行抽样检测时，调查人员经常会选取最近的、最易抓到的牛和羊采样。

便利抽样是非随机抽样中最简单的方法，能及时取得所需要的信息，省时省钱。该方法的最主要局限性是样本信息无法说明总体状况，无法根据样本信息对总体进行数量特征的推断，所以不适合描述性研究和因果关系研究。但该方法比较适合探索性研究，即通过调查发现问题，产生想法和假设。该方法可以用于正式调查前的预调查。如果总体中抽样单元的同质性好，即抽样单元间差异不大时，采取便利抽样构成的样本也能很好的代表总体。

2. 判断抽样

判断抽样（Judgmental Sampling），又称目的抽样（Purpose Sampling），是指在抽取样本时，调查人员依据调查目的和对调查对象情况的了解，人为地确定样本单元，即由调查人员有目的地抽选他认为"有代表性"的抽样单元入样。在实践中，确定样本通常有几种情况，一种是选择"平均型"或"众数型"的单元作为样本，目的是了解总体平均水平或大多数单元情况；另一种是选择"特殊型"单元作为样本，如选择很好或很差的典型单元为样本，目的是分析造成这种异常的原因。

由于判断抽样受调查人员倾向性的影响，如果这种倾向不准确，则调查结果会产生较大的偏差。判断抽样多适用于研究总体规模小、内部差异大的情况，以及总体边界无法确定或因研究者时间与人力、物力有限的小规模调查。当调查人员对自己的研究领域十分熟悉，对研究总体比较了解时，采用这种抽样方法，可获代表性较高的样本。例如，动物疫病防控人员为了初步判断是否有疫情出现，选取几个疫病多发的养殖场户进行调查。判断调查也适用于探索性研究。

3. 配额抽样

配额抽样也称"定额抽样"，指调查人员将调查总体按一定特征分类或分层，确定各类（层）的样本数量，在配额内任意抽选样本的抽样方式。配额抽样和分层随机抽样既有相似之处，也有很大区别。相似的地方是两种方式事先都对总体中所有单元按其属性、特征分类。例如，先按照养殖场的规模化程度、按照动物种类或不同的生产阶段等进行分类、分层，然后按类或层分配样本数额。两种方式的区别是分层抽样是按随机原则在层内抽选样本，而配额抽样则是由调查人员在配额内凭主观判断选定样本。

配额抽样的优点是调查者在对总体有关特征具有一定了解的基础上，先分层（事先确定每层的样本量）再判断（在每层中以判断抽样的方法选取抽样个体），费用不高，易于实施，能满足总体比例的要求。其缺点是容易掩盖不可忽略的偏差。

（二）概率抽样

概率抽样也称随机抽样，指依据随机原则，按照某种事先设计的程序，从总体中抽取部分单元的抽样方法。概率抽样时，总体中每个抽样单元都有被抽中的可能，群体任何一个研究对象被抽入样本的概率是已知的或可计算的，且不为零。概率抽样方法有统计学作为其理论依据，可计算抽样误差，能客观地评价调查结果的精度，在抽样设计时还能对调查误差加以控制。

常用的概率抽样方法，包括简单随机抽样、系统抽样、分层抽样、整群抽样、多阶段抽样、按规模大小成比例抽样等。其中简单随机、分层抽样和系统抽样可以直接从总体中抽取抽样单元，整群抽样和多阶段抽样则需要对总体进行多次抽样，首先进行一级抽样，在得到一级样本后再抽取基本抽样单元，或抽取下一级样本。

1. 简单随机抽样

简单随机抽样（Simple Random Sampling，SRS）是按照等概率原则直接从含有 N 个单元的总体中抽取 n 个单元组成样本，是一种最简单的概率抽样方式，要求目标群中每一个个体被抽到的概率相等。为了保证每一个个体被抽到的概率相等，需要采取随机方式，即先将目标群中所有抽样单元连续编号，形成完整的抽样框，然后通过随机数字表、抽签、掷骰子、电脑产生随机数字等方法进行随机抽取。简单随机抽样是最基本的概率抽样方式，其他几种概率抽样方法都以简单随机抽样为基础。

简单随机抽样适用于总体规模不大或总体内个体之间差异较小的情况。优点是率及标准误的计算简便；缺点是当总体中单元数量较多时，要对每个单元一一编号，比较麻烦，实际工作中多数难以办到。

2. 系统抽样

系统抽样（Systematic Sampling）也称为等距抽样，不需要抽样框，只需要抽取总体中的动物数量并确定其顺序即可。抽样间隔通过总体中动物数量除以抽样数量计算获得。首个样本点在第一批研究对象（按照确定的顺序，第一批研究对象个数等于抽样间隔数）中随机选取，然后按照确定的间隔依次抽取，构成样本。如需要从一个500只羊的羊群中抽取50个样本，其抽样间隔为500÷50＝10，首先从1到10中随机选择一个数，假设随机选出的数字为5。羊群中个体顺序，按照早上羊出圈门（圈门足够窄，一次只能通过1只羊）先后顺序确定。我们首先抽取第5只通过圈门的羊作为第一个样本点，然后每隔10只羊再抽取一只进入样本，依次抽取形成样本。

系统抽样具有样本分布均匀、易于理解、简单易行的优点，此外，以这种方式容易得到一个按比例分配的样本，其抽样误差小于简单随机抽样。其缺点是当总体中研究的因素有周期性或单调递增或单调递减趋势时，系统抽样能产生明显的偏差，也缺少代表性。

3. 分层抽样

分层抽样（Stratified Sampling）指首先将总体中各单元按照某种特征或标志，划分为若干不同的层或亚群，然后在各层中分别进行简单随机或系统抽样等概率抽样，最后将各子样本合并在一起构成样本的抽样方式。分层时，要使总体中的每一个个体仅属于某一个层，而不能同时属于其他层。层的划分，可以依据年龄、性别、区域、规模化程度、不同养殖阶段等标准进行。分层时，要求层内个体之间差别小，层间个体之间差别大。

分层抽样优点很多：一是可对各层的基本特征分别估计。把总体分层后，每一层分别成为一个独立的亚总体，进行抽样获得的结果不仅可以用来估计总体情况，还可以说明各层情况。如对猪群进行发病率调查时，将调查对象按饲养阶段和用途分为仔猪（28日龄以内）、保育猪（20日龄～10周龄）、育肥猪（10周龄以上）、母猪、种公猪，共5个层，对每层分别进行抽样调查，调查结果不仅可以说明各层层内的发病率，还可以根据各层在总体中所占比例计算猪群总体发病率。二是样本代表性好，抽样精度高。分层抽样前，先根据特征差异对总体进行了分类，这样使各类样本在总体中的分布比简单随机更均匀，避免样本分布不平衡的现象。同时，分层使每一类内部个体间差异变小，即降低了层内方差，因此降低了标准误，提高了抽样的精度。

分层抽样作为应用广泛的抽样方法，也有其缺点。一是需要完整准确的抽样框。既要了解各层特征，又要准群确掌握各层所占比例。二是所需的人力、物力、财力成本高。

当样本量确定以后，有两种方法可以用于确定各层单元数，一是按比例分配，即每一层的抽样数与层中单元数呈比例；二是最优分配，即同时按照各层单元数的多少和标准差的大小分配各层抽样单元数。每一层内，可采用简单随机或系统抽样的方式进行抽样。

4. 整群抽样

整群抽样（Cluster Sampling）是把总体中单元先按照一定形式分成若干部分，每一部分成为一个子群，然后从总体中随机抽取若干个子群，由所抽取子群内所有调查单元构成调查的样本。如当想了解某地奶牛布病感染情况时，随机抽取一定数量的奶牛场进行全群检测，即为整群。整群抽样中对子群的抽取可采用简单随机抽样、系统抽样或分层抽样的方法进行抽样。整群抽样与前几种抽样的最大差别在于其抽样单元不是个体，而是由个体组成的子群。

整群抽样是实际抽样调查中常用的抽样方法，一般用于缺少抽样框的情况。该方法的优点是便于组织、调查方便且成本小，以及容易控制调查质量。缺点是当样本含量一定时，其抽样误差一般大于单纯随机抽样的误差。应用整群抽样时，要求子群内抽样单元间差异大，子群间差异小。因此，在样本含量确定以后，应增加抽样的子群数而相应地减少群内的调查单元数，从而提高调查的"精度"。

5. 多阶段抽样

多阶段抽样（Multiple-stage sampling）是整群抽样的特例，指抽取样本不是一步完成的，而是通过两个或两个以上的阶段分步完成的抽样方法。该方法先从总体中抽取范围较大的单元，称为一级抽样单元，再从每个抽得的一级单元中抽取范围更小的二级单元，以此类推，最后抽取其中范围更小的单元作为调查单位。例如，为掌握某地区奶牛布病感染情况，首先在该地区抽取养殖场、养殖小区或专业村，然后在每个群中抽取奶牛个体采血检测，判断布病感染情况。

多阶段抽样在实际应用中具有明显的优点：一是能够简化抽样框的编制。当调查对象的数量巨大、分布范围广时，很难找到一个包含全体的抽样框。例如，全国奶牛布病感染情况调查，显然不可能一次性对全国所有奶牛编号以制成完整的抽样框。多阶段抽样通过分阶段，分级准备抽样框，即每次只需对被抽中的单元准备下一阶段抽样框。二是节约相应的人力和物力。从一个范围较大的总体中一次性抽取样本，抽到的个体比较分散，若要派人到各样本点去调查，会耗费大量的人力、物力。三是代表较好。多阶段抽样的样本分布比整群抽样的样本分布更均匀，样本代表性更好。其缺点：一是抽样较为复杂。抽样要分多阶段实施，较为繁琐。在运用样本数据估计总体特征值时，也要综合各阶段抽样结果，比较复杂；二是级数越多，误差越大。虽然在每一阶段进行抽样可以降低抽样成本，但是每一阶段都会带来误差，而且阶段数越多，抽样误差越大，因此阶段不宜划分过多。

多阶段抽样适用于抽样调查面比较广的情况，应用于大型调查，可以相对节省调查费用，因此多数兽医流行病学调查与监测采用多阶段抽样。此外，在无法编制包括所有总体单位的抽样框、总体范围太大或无法一次性直接抽取样本时，通常也采用多阶段抽样。

6. 按规模大小成比例的概率抽样

按规模大小成比例的概率抽样（Probability Proportional to Size Sampling），简称为PPS抽样，属于抽样方法中的不等概率抽样，是一种使用辅助信息（通常是规模的大小），从而使每个单位均有按其规模大小成比例的被抽中概率的一种抽样方式。在多阶段抽样中，尤其是二阶段抽样中，初级抽样单位被抽中的概率取决于其初级抽样单位的规模大小，初级抽样单位规模越大，被抽中的机会就越大，初级抽样单位规模越小，被抽中的概率就越小。

PPS抽样的主要优点是使用了辅助信息，总体中含量大的部分被抽中的概率也大，这样可以提高样本的代表性，减少抽样误差；主要缺点是对辅助信息要求较高，方差的估计较复杂等。

三、样本量计算

（一）掌握流行率的抽样

按照抽样基本原理，实施代表性抽样，掌握流行率的抽样需要考虑4个指标，置信水平、可接受误差、预期流行率和抽样群大小。

1. 简单随机抽样

（1）无限群抽样数量计算

群内个体数量无限大或群内个体数量对抽样数量的影响可忽略不计时，计算流行率所需抽样数量的公式如下。

$$n=\frac{p(1-p)\times z^2}{e^2} \qquad 7-1$$

其中：

p 为预期流行率；

z 为来自标准正态分布 $1-\alpha/2$ 百分位点。对于每一个置信水平，都有一个相应的 z 值。生物学研究中，常用的置信水平为90%、95%、99%，其对应的 z 值分别是1.64、1.96、2.58。当然，也可以选择其他不同的置信水平。

e 为可接受的最大绝对误差。

（2）有限群抽样数量的校正

群内个体数量较少时，在计算出相同条件下无限群抽样数量的基础上，根据目标群内个体数量对所需抽样数量进行校正，校正公式如下。

$$n_a=\frac{n}{1+\frac{n}{N}} \qquad 7-2$$

其中：

n 为无限群的抽样数量；

N 为目标群内的个体数。

一般当 n 与 N 之比大于等于5%时，即抽样比大于等于5%时，运用上述公式进行校正。

（3）考虑试验特异性和敏感性的样本量计算

通常情况下，开展流行病学调查或监测都会应用诊断试验来确定疫病，而诊断试验都不是百分之百的准确，即诊断试验的特异性和敏感性均少于100%，这样就会产生假阴性和假阳性的问题，由此得到的是表观流行率的估计，而不是真实流行率的估计。考虑试验的敏感性和特异性，针对无限群的抽样量计算公式为。

$$n=\frac{z^2[(Se\times P)+(1-Sp)(1-P)][1-Se\times P-(1-Sp)(1-P)]}{e^2(Se+Sp-1)^2} \qquad 7-3$$

其中：

z 为特定置信水平下来自标准正态分布的临界值；

e 为可接受误差（绝对误差）；

Se 为试验的敏感性；

Sp 为试验的特异性；

P 为预期流行率。

当群内个体数量较少时，考虑试验敏感性和特异性的抽样数量同样应用公式7－2进行校正。

2. 系统抽样

进行抽样调查时，如果假设认为系统抽样和简单随机抽样一样具有代表性是合理的，那么抽样量的计算可以根据上述简单随机抽样的样本量计算公式进行计算。但是，如果所调查的特征在抽样框中表现出周期性，就应该应用相应的更复杂的公式进行计算。

3. 分层抽样

一般情况下，分层抽样先按照简单随机抽样样本量计算公式计算样本量，然后按各层在总体中所占的比例在各层中分配抽样数量。但是，如果采用更复杂的分配方法在各层中分配抽样数量，就需要应用其他公式计算样本量。

4. 整群抽样

简单随机抽样中用于确定流行率的计算公式不能用于整群抽样的样本量计算，因为它没有考虑抽样单元之间的、潜在的变异。在流行率的简单随机抽样中，只需知道抽样单元感染与否即可，即通过抽样，找出"感染"单元的数量而获得流行率。但在整群抽样中，由于总体中的抽样单元——群，有的感染有的没有感染，不同的感染群其群内流行率亦不相同，即群间存在变异。因此，在计算整群抽样的样本量时，需要考虑群与群之间的变异性，即首先需要掌握群间的方差分量 V_c（variance component）。其是群内所有动物均被抽样检测（群内不存在抽样变异）情况下的群间变异性。如果之前有群样本数据，群间方差就可用下述公式近似计算。

$$Vc = c \times \left\{ \frac{K_1 cV}{T^2 (c-1)} - \frac{K_2 P (1-P)}{T} \right\}$$

其中

$$K_1 = \frac{(C-c)}{C}$$

$$K_2 = \frac{(N-T)}{N}$$

$$V = \hat{P}^2 \left(\sum n^2 \right) - 2\bar{P}\left(\sum nm \right) + \left(\sum m^2 \right)$$

公式中符号说明：

c 为样本中群的数量；

C 为总体中群的数量；

T 为抽样动物总数；

N 为总体中动物总数；

$\bar{P}$ 为总体率的样本估计；

n 为每个抽样群内的动物数；

m 为每个抽样群中的发病动物数。

如果预期流行率与总体率的样本估计 $\hat{P}$ 不同，那么需要用下述公式进行校正。

$$V_{C校正} = \frac{V_c \times P_e \times (1-P_e)}{\bar{P} \times (1-\bar{P})}$$

其中：

P_e 为预期流行率；

$\bar{P}$ 为根据已有数据计算得到的总体率的样本估计；

c 为根据已有数据计算得到的群间方差。

计算抽样群数，当所选择的预期流行率与根据已有数据获得流行率不同时，需要把根据预期流行率校正的 $V_{C校正}$ 作为抽样计算时的 V_c。

整群抽样样本量近似计算公式为：

$$n_g = \frac{[n \times V_c + p(1-p)] \times z^2}{n \times e^2} \qquad 7-4$$

其中：

n_g 为抽样群数；

n 为平均每群动物个体数；

p 为预期流行率；

z 为来自标准正态分布的临界值；

e 为可接受的最大绝对误差；

V_c 为群间方差。

公式 7-4 为总体中群数较大，可看作无限总体时的样本量计算公式。当总体中群数较少时，也用公式 7-2 进行校正。

5. 两阶段抽样

一般在同一阶段内各抽样单元间同质性好，即在抽样单元间差异小的情况下，每个阶段所需样本量，可根据各个阶段所给出的抽样参数，按照前述简单随机样本量计算公式 7-1 进行计算，然后综合计算所需的基本抽样单元数量。

当我们知道两阶段抽样策略的设计效应时，可以根据工作中不同阶段的抽样成本，在不同阶段间调整相应的抽样数量。考虑设计效应的两阶段抽样量计算公式为：

$$n = \frac{p \times (1-p) \times z^2 \times D}{e^2 \times b} \qquad 7-5$$

其中：

p 为预期流行率；

z 为来自标准正态分布 $1-\alpha/2$ 百分位点，对于每一个置信水平，都有一个相应的 z 值；

e 为可接受的最大绝对误差；

D 为设计效应；

b 为每群采样数量；

n 为抽样群数。

(二) 证明无疫或发现疫病的抽样

1. 概述

证明无疫或发现疫病的目的是确定一个群或一个地区是否存在感染。只要检测到一例动物感染，就可以证明这个地区疫病的存在。如果想确定一个群体中是否存在疫病感染，最好的方法就是进行全群检测，但这种做法往往是不可行的。通常情况下，对于多数动物疫病而言，如果群中存在这种疫病，其流行率将会等于或高于某个最小流行率，即疫病在群体中流行有一个"阈值"。因此，可以以这个最小流行率为基础，计算出达到特定置信水平时，至少能够检测到一只阳性动物或群所需要的样本数，即可证明无疫或没有发现疫病。

预定流行率意义与确定。抽样时所需要的预定流行率（Design Prevalence）并不是疫病在动物群中的实际流行率，而是在证明无疫或发现疫病时确定样本含量的指标，是根据疫病流行病学特征、经验、专家观点以及可接受的动物卫生保护水平等所确定的最低流行率。从理论上讲，当流行率低于所设的流行率时，疫病不会在群内传播流行。预定流行率是证明无疫或发现疫病时，疫病是否在群体中存在、流行的阈值。

相对无疫与绝对无疫。"无疫"有两种解读方式：一是绝对无疫，二是相对无疫。前述以预定流行率为基础计算至少能够检测到一只感染发病动物的样本数，且检测没有发现感染发病动物，我们说群体中该病的流行率低于所设定的预定流行率，即"无疫"，此种是相对无疫。绝对无疫，指群体中没有该病病原体的存在。区域内"无疫"，指区域内所有易感动物群内不存在病原。

2. 证明无疫或发现疫病的样本量计算

当调查群体为有限群时，证明无疫或发现疫病的样本量计算公式为：

$$n = \left[1 - (1-CL)^{\frac{1}{D}}\right]\left(N - \frac{D-1}{2}\right) \qquad 7-6$$

其中：

n 为抽样个数；

CL 为置信水平；

D 为群中的阳性动物数，等于群内个体数与预定流行率的乘积，即 $D = N \times p$；

N 为群内个体数。

例：应用某敏感性为100%的试验，确保有95%的把握在有100头动物、流行率≥10%的畜群中发现疫病，需抽取多少动物？

应用敏感性为100%的试验，100头动物中至少检出10头感染发病，那么抽样数量

$$n = \left[1 - (1-CL)^{\frac{1}{D}}\right]\left(N - \frac{D-1}{2}\right)$$

$$= \left[1 - (1-0.95)^{\frac{1}{10}}\right]\left(100 - \frac{10-1}{2}\right)$$

$$= 25$$

即应用某敏感性为100%的试验进行检测，确保有95%的把握在有100头动物、流行率≥10%的畜群中发现疫病，需要抽取25头动物。

如果畜群有 300 头动物,应抽取多少样本?

根据上述公式,计算结果为 28 头。即如果畜群中有 300 头动物,需要抽取 28 头。

在动物疫病防控实践中,证明无疫或发现疫病通常是通过实验室检测实现的,采用实验室检测就应该考虑检测方法的敏感性,即检测到阳性动物。考虑检测试验敏感性的计算公式为:

$$n=\frac{[1-(1-CL)^{\frac{1}{D}}]\left(N-\frac{D\times Se-1}{2}\right)}{Se} \quad 7-7$$

其中:

Se 为检测方法的敏感性;

n 为抽样个数;

CL 为置信水平;

D 为群中的阳性动物数,等于群内个体数与预定流行率的乘积,即 $D=N\times p$;

N 为群内个体数。

例:应用敏感性为 90% 的试验,100 头动物中至少 10 头感染发病,又该抽取多少样本?

根据公式 7-7 计算得:

$$n=\frac{[1-(1-CL)^{\frac{1}{D}}]\left(N-\frac{D\times Se-1}{2}\right)}{Se}$$

$$=\frac{[1-(1-0.95)^{\frac{1}{10}}]\left(100-\frac{10\times 0.9-1}{2}\right)}{0.9}$$

$$=28$$

如果畜群中有 300 头,根据公式 7-7,需要抽取 31 头。

如果流行率≥5%,抽样数量如何?

(1) 应用敏感性为 100% 的试验,根据公式 7-6,100 头动物需要抽取 45 头,300 头动物需要抽取 54 头。

(2) 应用敏感性为 90% 的试验,根据公式 7-7,100 头动物需要抽取 50 头,300 头动物需要抽取 60 头。

当地抽样单元为群,当不考虑试验敏感性时,抽样数量计算和抽样对象与为个体动物时一样。当考虑试验敏感性时,计算抽样量所用的敏感性为群敏感性,因此抽样计算公式是一致的。

3. 无限群证明无疫的样本量计算

当源群中个体数量大,可看作是无限群时,证明无疫或发现疫病的抽样数量计算公式为:

$$n=\frac{\ln(\alpha)}{\ln(1-p)} \quad 7-8$$

其中:

α 为可接受误差,等于 1-置信水平;

p 为预定流行率。

此为不考虑诊断试验的情况下抽样数量的计算。考虑诊断试验敏感性时，抽样数量计算公式为：

$$n = \frac{\ln(\alpha)}{\ln(1-p \times Se)} \qquad 7-9$$

其中：

Se 为诊断试验的敏感性。

证明无限群无疫的公式来自群敏感性（$Herd\ Sensitivity$）计算公式：$HSe = 1-(1-p)^n$。此公式是阈值为1，即只要有1只动物感染即认为该群感染。将此公式反推，即可得到特定流行率条件下，达到特定置信水平的抽样数量。

4. 利用负二项分布进行抽样

负二项分布是二项过程中描述取得 s 次成功试验之前试验失败次数的分布，由2个参数去描述其特征，即成功数（s）和成功概率（p）。运用负二项分布可以估算取得了 s 次成功试验之前实施的试验数 n，其中 n 等于成功数 s 和失败数 Negbin(x, p) 之和。

$$n = s + Negbin(s, p) \qquad 7-10$$

证明无疫，只要在群体中发现1只感染即可把无疫状态推翻，因此，在确保能够发现1个"病例"的抽样量中没有发现病例，我们就说群体无疫。这里成功的次数为1。例如，确定抽到1只感染动物之前需要从流行率为10%的感染畜群中抽取多少动物。在这个例子中，因为只需要知道抽到第1只感染动物之前抽取了多少只未感染动物数（"失败"的次数），所以公式表示为 Negbin(1, 0.1)（图7-6）。如果需要知道抽到第1只感染动物时一共抽取了多少动物，那么公式表示为：1+Negbin(1, 0.1)。

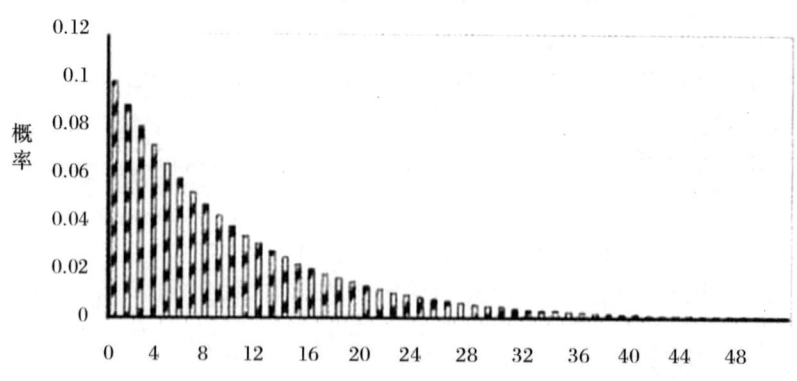

图7-6 从发病率为10%的畜群中抽到1只感染动物时已经抽出的未感染动物只数的负二项分布

可以用 Excel、@Risk、ModelRisk、Poptool 等软件中的负二项分布直接计算样本量。

（三）以风险为基础的抽样

以风险为基础的抽样就是有意抽取更容易感染或感染后更容易产生阳性检测结果的

单元,用于证明无疫或发现疫病。如世界动物卫生组织《OIE陆生动物卫生法典》中关于疯牛病的监测即为以风险为基础的抽样监测。根据不同类型的牛检测疯牛病阳性的可能性不同,即不同类型的牛所在亚群群内流行率不同,将检测对象分为四类,临床疑似牛、紧急屠宰牛、死牛和常规屠宰牛,其中以临床疑似牛检出疯牛病阳性的可能性最大,同时将不同类的牛按年龄进行进一步细分,以4~6岁的牛检出疯牛病阳性的可能性最大。通过优先抽取高风险亚群,在抽取较少样本的条件下,证明无疫或发现疫病时,取得与代表性抽样相同的效果。对于以风险为基础的抽样,应该确保对每一个亚群的抽样能够代表本亚群。代表性抽样是以风险为基础抽样的基础。

以风险为基础的抽样,过程和代表性调查抽样相同,但考虑到需要优先抽取高风险单元,需要校正抽样过程中的预定流行率、样本大小、系统敏感性,因此需要获得两个额外的参数,即不同亚群间的相对风险及其在总群中所占的比例。

1. 校正疫病风险

证明无疫或发现疫病抽样的关键指标之一是确定预定流行率。考虑到不同亚群感染风险不同,为了不会人为地改变预定流行率,用下述公式校正相对风险值:

$$AR_i = RR_i / \sum(RR_i \times PPr_i) \qquad 7-11$$

其中:

AR_i 为各个亚群校正的风险值;

RR_i 为各亚群的相对风险值;

PPr_i 为各亚群在目标群中所占比例。

$\sum(RR_i \times PPr_i)$ 为每一个风险群的相对风险与该风险群在目标群中所占比例乘积之和。这样对于每一个风险群均可产生一个校正的风险估计值,用这个风险估计值乘以预定流行率,可以得到这个群校正后的感染概率。

例如,根据研究结果或已有的资料分析,认为大群的布病感染风险(RR=3)是小群的3倍(RR=1),目标群中大群占10%,那么大群校正的风险为 $3/(3\times0.1+1\times0.9)=2.5$,小群的校正风险为 $1/(3\times0.1+1\times0.9)=0.833$。

2. 计算各风险群预定流行率

根据其相对风险大小及在目标群中所占比例计算出校正风险后,可根据下述公式计算出风险群 i 的预定流行率:

$$P_i^* = AR_i \times P^* \qquad 7-12$$

其中:

AR_i 为风险群 i 校正的风险值

P^* 为总预定流行率

继续前面例题,如果预定流行率 $P^*=0.02$,那么大群校正的感染概率(流行率)为 $P_H^* = AR_H \times P^* = 2.5 \times 0.02 = 0.05$,小群校正的感染概率(流行率) $P_L^* = AR_L \times P^* = 0.833 \times 0.02 = 0.017$。所有计算的关键是保持群的总预定流行率不变:$0.05 \times 0.1 + 0.017 \times 0.9 = 0.02$,达到此目的,需要在不同风险群中重新分配预定流行率。

3. 根据比例计算抽样预定流行率

对于以风险为基础的抽样,需要用根据比例加权(根据样本中各风险群所占比例加权）后的预定流行率 P_a^* 代替 P^*，表示如下：
$$P_a^* = Pr_H \times P_H^* + Pr_L \times P_L^* \qquad 7-13$$

其中：

Pr_H 为样本中高风险单元所占比例；

Pr_L 为样本中低风险单元所占比例；

P_H^* 为修正后的高风险单元感染的概率；

P_L^* 为修正后的低风险单元感染的概率。

4. 计算样本量

对于代表性抽样，计算群敏感性的抽样数量是由群敏感性计算公式反推出来的（目标群中抽样单元数量大，看作无限群），表示如下：
$$n = ln(1-HSe)/ln(1-P^* \times Se) \qquad 7-14$$

将样本中经过修正的预定流行率 P_a^* 代替 P^*，以风险为基础的抽样公式为：
$$n = ln(1-HSe)/(ln(1-(Pr_H \times P_H^* + Pr_L \times P_L^*) \times Se)) \qquad 7-15$$

可以看出，计算以风险为基础的抽样样本量，首先需要确定样本中高风险单元和低风险单元各自所占的比例，以及高风险单元和低风险单元各自修正的预定流行率。继续之前关于布病的例子，如果我们计划样本中高风险群的比例占60%，低风险群占40%，所用检测试验的敏感性为80%，为了保证系统的敏感性为95%，我们需要检测多少个群？根据公式7-15：

$$N = ln(1-0.95)/ln(1-(0.6 \times 0.05 + 0.4 \times 0.017) \times 0.8)$$
$$= 100.3$$
$$\approx 101$$

可以看出，需要抽取101个样本，其中61个高风险群，40个低风险群。如果群内抽样也采取以风险为基础的策略，就可以使用上述相同的过程来确定每个群中的抽样数量。

上述为无限群证明无疫的抽样，如果目标群为有限群，即数量较少，就需在求出加权修正的预定流行率后，带入代表性证明无疫样本量计算公式。

$$n = \frac{[1-(1-CL)^{\frac{1}{D}}]\left(N-\frac{D \times Se-1}{2}\right)}{Se} \qquad 7-16$$

在计算出抽样数量，然后在高风险群和低风险群之间分配。

第六节 流行病学抽样调查方案的设计

在动物疫病防控实践中，科学的流行病学抽样调查是一项逻辑性强、技术要求高、实施过程较为复杂的系统工程。面对所要解决的问题，确定调查对象和范围，根据实际情况确定抽样策略并计算样本量，实施流行病学抽样调查并对调查结果进行分析，调查过程中应实施质量控制，尽量减少误差。

一、确定调查目的和分析指标

确定调查目的就是明确所要解决的问题，是抽样调查的关键。明确所要解决的问题以后，需要确定说明问题的指标，如想要调查口蹄疫强制性免疫措施的实施效果，则需要掌握疫苗副反应率、田间免疫抗体合格率、免疫动物所占百分比、疫苗免疫的接受程度，以及实施免疫后动物的发病率、带毒率等指标。

二、明确调查对象和范围

根据解决问题所需要的指标，明确调查的对象及其范围，即界定调查总体。如要对掌握禽群结构和卫生状况开展调查，那么需要明确调查的对象是谁，范围如何？掌握禽群结构，需要用规模化程度、不同养殖方式、不同种类、不同类型、不同品种在群体中所占比重、区域分布等指标来说明，需要调查的对象为当地的畜牧业生产部门；掌握禽群卫生状况，需要用各类禽的发病、死亡、免疫、生物安全防护等指标来说明，需要调查的对象为养禽场户。

三、确定抽样策略并计算样本量

根据调查对象的特征、分布特点等，确定需要采取的抽样策略，如采用非概率抽样，或者采取简单随机抽样、系统抽样、分层抽样、整群抽样、多阶段抽样或以风险为基础的抽样等抽样策略。结合所能提供的经费、时间要求、人力资源等实际问题，以及所需的科学性问题，如敏感性、特异性要求等，计算样本量。

从理论上讲，抽取的样本量越大，对总体的估计就越准确。但是样本量的大小直接关系调查成本、费用、时间要求及人力资源，样本量越大，调查所需的时间、人力、物力等也越多。确定样本大小需要进行综合考虑，既要考虑抽样的科学性，又要考虑现实约束条件。

四、选择抽样框

确定抽样策略和计算出样本量后，需要编制总体抽样单元清单——抽样框。兽医流行病学调查与监测中常见的抽样框包括养殖场、村、户名册和屠宰场名录等。抽样框是否完整，关系到调查的代表性和调查结果的准确性。有了完整的抽样框才能保证每个单元被抽中的概率相等。但大规模抽样中，完整的抽样框通常难以编制。

五、抽取样本

按照确定的抽样对象、抽样策略、样本量，取得所要调查的样本，调查获取所要的数据。

六、数据整理与分析

调查完成后，需要对原始数据进行整理、校对、分析。数据分析一方面根据确定的分析方法获得所需的指标和内容，用于说明所要解决的问题；另一方面需要对抽样误差进行估计判断。

第七节 流行病学调查问卷的设计

问卷调查是流行病学研究中搜集信息的途径之一,即由调查者根据调查目的和所需要的信息确定调查对象、设计各类调查问卷,通过调查者对被调查者的访问完成事先设计的问卷,并由统计分析得出调查结果的一种方式。问卷设计需要严格遵循统计原理,调查方式也需要有科学性。调查问卷对调查结果的影响,除了样本选择、调查者和被调查者素质、统计手段等因素外,问卷设计水平也是其中很重要的前提性条件。

一、调查问卷设计概述

(一)问卷设计目的和用途

问卷又称调查表或询问表,是进行流行病学调查时了解动物或养殖场的背景信息以及风险因素的一种重要工具,用来记载和反映调查内容。问卷有时称为调查表、征询表、访谈表等,不论称谓如何,它都是用来从被调查者处获得格式化信息的工具。

问卷必须承载调查的目的,要紧紧围绕调查主题,把调查目的转化为有效的问题,使问题和答案范围标准化,让所有被调查者面临同样的问题,以便进行统计处理。同时,问卷也应把调查目标表述成被调查者容易理解并愿意回答的问题,由此记录被调查者对调查目标中各项问题的真实态度,从而获得所需要的数据资料。

(二)问卷设计的基本原则

起草问题时必须考虑的因素包括:谁来回答这些问题,数据是否容易获得,问卷的长度是否合适,所收集数据的复杂性、保密性和敏感性,数据的可靠性,在调查时调查者和被调查者是否会觉得尴尬,最终如何处理这些数据。

此外,在设计问卷时还应考虑被调查者对问题的回答。回答问题常常涉及三阶段。第一阶段:理解问题,从记录或记忆中提取信息,对主观性的问题进行思考和判断,做口头或书面回答。当一个问题起草完毕后,要考虑被调查者能否理解这个问题。第二阶段:被调查者能否给出答案或需要搜索额外的信息回答问题。第三阶段:所有问题的回答是否都可以清晰地记录下来。要想设计好的问卷,必须考虑每个问题的各个方面。

1. 目标性

所有的问题都是围绕问卷的目标展开的,所以在问卷设计前一定要反复梳理调查的需求。前提是调研人员对流行病学调查有相对充分的了解,了解在动物疫病三间分布描述时需要哪些数据,在假设和验证假设时需要哪些数据。

2. 逻辑性

逻辑性是问卷设计中非常重要的一部分。一方面,有逻辑性的问卷会让被调查者更愿意按照基本情况(需要思考)向调查内容(需要思考或回忆)提供更多的信息;另一方面,有逻辑性的问卷题目会更易于调查者对收集到的信息进行后期的整理和分析。

3. 规范性

所提出的每一个问题都准确、清晰、便于被调查者回答。

4. 客观性

避免出现主观暗示性字眼，避免出现对被调查者产生不利影响的字眼。例如：是否开展了布鲁氏菌病相关知识培训。这会让被调查者选择时出现倾向性。

5. 简明性

问卷的问题切忌反复出现，不能就同一个问题翻来覆去反复提问，这会消磨被调查者的耐心。当然，有些时候为了验证一个问题的有效性，可以从不同角度提问。封闭式问题和开放式问题一定要安排合理。开放型问题不宜过多。

每个问题只表达一个观点。避免出现或、且、与等带有双重含义的字，以免增加被调查者的理解难度。

6. 避免涉及隐私

涉及隐私、利益的问题会引起被调查者戒备和抵触情绪，从而得不到真实答案。如果调查需要涉及此类问题，就要照顾到被调查者的情绪。调查者可以使用口语、方言等更贴近被调查者的语言，以便准确得出调查事项的结论。

（三）问卷的基本结构

一份完整的自答式调查问卷的通常包括标题、前言（卷首语、填写说明）、问卷主体（基本信息、调查内容）、结束语（致谢或征求意见）等内容。

1. 标题

要概括说明调查主题，使被调查者对所要回答什么方面的问题有一个大致的了解。标题应当简明扼要，既让被调查者知道下面将要回答哪方面的内容，又要易于引起被调查者的兴趣。不要简单地采用"调查问卷"这样的标题，容易引起被调查者不必要的怀疑而拒绝回答。

2. 前言

包括但不限于卷首语、填写说明。卷首语也称为封面信，用来说明调查的目的、调查单位或调查者的身份、调查的大致内容、调查对象的选取方法和调查结果的保密措施，以及用途、致谢等文字。

填写说明，是用来指导被调查者填写问卷的各种解释和说明。有些问卷还有填表须知、交表时间、地点及其他事项说明等。填写说明一般放在问卷开头，通过它被调查者可以了解调查目的，消除顾虑，并按照要求填写问卷。问卷说明可以采取开门见山的方式，也可以对问卷的重要性进行阐述，引起被调查者对问卷的重视。

3. 问卷主体

（1）被调查者的基本信息。这里指被调查者的基本统计特征。

例如：养殖场主或动物主人的基本信息，包括姓名、联系方式、受教育程度、住址等。

养殖场或动物的基本信息，包括养殖场地址、兽医姓名和联系方式、畜种、品种、存栏数量、饲养量、饲养模式、动物年龄、性别、生理状况、免疫状况等。同时，问卷要对如何记录这些数据的类型做出明确的规定。例如，在自填式问卷中调查养殖的畜种。由于不同养殖户对畜种的概念不明确，会使用牛、奶牛、肉牛、黄牛等词，因此在被调查者回答问题时，要根据调查目标明确具体包含哪些动物。

（2）调查内容。调查内容是调查者要了解的基本内容，也是调查问卷中最重要的部分。主要是以提问的形式提供给被调查者，这部分的质量直接影响调查结果的统计和分析。

主要包括以下三个方面：第一，对人们行为的调查，包括了解被调查者的行为和通过被调查者了解其他人的行为；第二，对人们行为后果的调查；第三，对人们的认识、态度、意见、感觉、偏好等进行调查。

（3）编码。将调查问卷中的调查项目转变为数据的过程。大多数情况是对封闭问题加以编码，以便分类整理，或者进行计算机处理和统计分析。

4. 结束语

主要是对被调查者的致谢，也可以是征询被调查者对问卷设计和问卷调查本身的看法和感受，有时可以略去。

二、问卷设计流程

（一）前期准备工作

问卷的设计者必然是深入了解情况的人员，在明确研究主题的背景下，确定想要了解的内容，或要解决什么样的问题。要学习、研究问题相关的资料，理论知识和实践中基本的情况。了解其他同类研究者在进行相关调查时的问题设置等，可以少走弯路。这是问卷设计的大方向，如果在这里出现偏倚，那么此后的工作基本上是无用功。

比如，我们现在想了解动物疫病强制免疫"先打后补"政策执行的难点。那问卷设计者自己首先需要非常了解"先打后补"政策内容、执行情况、存在的问题等一系列内容。为达到这一目的，调查者可以阅读相关文章、报告。这不仅有助于避免走错方向，还能提供新的思路。如果有条件，可以先搜集整理相关数据，提前做一些数据分析，这非常有利于问卷的设计和发放。同时，我们也需要通过访谈了解被调查者，了解他们对于调查者想了解的内容怎么想？怎么看？哪些人才是问卷调查的对象？如何确保问卷无误地送达到被调查者手中。我们不仅可以找几位被调查者坐在一起，了解我们想了解的主题，还可以从中找到一些有典型意义的被调查者，进行深度访谈，把了解到的信息与其共享，征求他们的想法。

（二）确定调查的内容

我们需要根据研究主题、收集或了解到的信息和访谈结果提出所需要的三类数据。在动物疫病流行病学调查过程中，通常是结局数据、暴露数据和其他相关风险因素的数据。

比如，在研究"奶牛场布鲁氏菌病传入风险因素"时，结局数据可以通过实验研究获得。暴露数据和其他风险因素数据可以根据当地饲养模式、养殖场的生物安全水平等因素进行综合考虑，然后提出假设。假设病原通过病牛进入养殖场，对应的也可以提出相关的3~5个问题。假设病原通过人员、车辆、饲料、野生动物等媒介携带进入养殖场，对应的可以提出一些问题。

在这样的思路下，首先通过需要了解的数据类型提出我们需要调查的内容，然后根据假设内容确定所需的关键数据，最后提出问题。这样做的目的非常简单，一是对整个研究思路有清楚的梳理，并且用具体问题进行量化表达呈现出来；二是有利于后续进行有效的研究分析。

（三）确定调查对象和问题

"一门百发百中的大炮胜过一百门百发一中的大炮"，同理，几百份精确的，具有代表性的问卷远胜过随意填写的几万份问卷。基本信息部分，要简单描述被调查者。这可以作为筛选问卷是否有效的标准。例如：我要调查饲养行为与疫病暴露风险的关系，但是结果问卷是由养殖场主、驻场兽医、挤奶工等与饲养行为无关的人员回答的，那么通过这样的方法，就可以区别出哪些是无效问卷。同时，要保证提出的问题要与研究的问题一致，例如：在研究疫病风险的时候，有些调查者希望能够顺便收集到养殖者的经济收入，但这明显与研究的问题不一致。

问卷调查的目的是挖掘各类主体或因素之间的关系，发现潜在的数据规律。数据之间的关系通常可以分为两大类，分别是差异关系，相关关系。差异关系用于研究不同类别数据的差异性，差异关系可以包括定性数据和定量数据的差异性。定性数据之间的差异性，比如：品种和疾病之间的差异关系，某地区西门塔尔和安格斯牛对犊牛腹泻易感性有没有差异？定性和定量数据的差异性，比如：品种和体重的差异关系，不同品种的羊在体重上有没有差异？定量数据之间的差异性，比如：某规模奶牛场使用了某种饲料添加剂，在使用前和使用后，奶牛的产奶量有没有明显变化？

相关关系研究不同类别数据的相关性。不同类别数据对定量数据的影响，比如：存栏数量、养殖密度、疫病流行率对疫病防控投入的影响。不同类别数据对定性数据的影响，比如：管理羊只数量、是否开展布病免疫、使用疫苗种类、使用疫苗方式、防护用品的使用等因素对防疫人员是否感染布病的影响。

（四）确定问题顺序

可以使用卡片法来确定问题的顺序。①根据调查项目清单的具体内容，把每一项内容转化为问题记录在一张卡片上；②根据卡片上问题的性质与类别，将询问相同事物的卡片放在一起，把卡片分成若干类；③给每一类中的问题排出合理的顺序；④根据问卷的整体逻辑结构排出各类问题的前后顺序，使卡片连成一个整体；⑤检查问题的前后连贯性和顺序，考虑被调查者的接受情况，对不当之处逐一修改。

（五）重新检查问卷

在问卷调查中，经常会通过研究小组讨论来避免问卷中出现的问题或问卷与研究偏离的情况。主要是两个方面，一是帮助问卷设计者评估被调查者对问题的理解是否有歧义；二是问题是否恰当地涵盖了被调查者应该描述的内容或提供的数据。

例如：调查者想对驻场兽医开展临床巡查的行为进行研究。

怎么才算是"临床巡查"，如果途经某个圈舍运动场时，发现有一头牛生病了，算不算"临床巡查"。通过研究小组讨论可以让设计者知道被调查者描绘现实的复杂性。在实际生产中，驻场兽医显然是会抱着多种目的开展巡查的，而且一旦发现新的情况，兽医的行为也会发生改变。通过讨论，问卷设计者可以知道发现一些含糊其词的语句，增加问卷的准确性、逻辑性。

此外，问卷设计者也可以通过与一部分被调查者进行深度沟通来检查问卷。设计者可以让被调查者自己解释对问题和术语的理解；询问被调查者对备选"答案"是否有不明白的地方；询问被调查者是否愿意提供真实准确的答案；如果答案中涉及定量，还要询问被调查者是怎么得到这些数据的。在这种情况下，被调查者容易谈论他们的思考过程，详细的解释自己的答案。如此便有利于问卷设计者对问卷进行检查、修订。

问卷初步完成后，可以对10～20位与正式调查相似的被调查进行访谈。数据收集整理过程也和正式调查的过程相仿，唯一有区别的是，调查对象的选择是基于方便和可获得性，而不是按照标准的抽样方法来确定被调查者。这样的预调查可以发现印刷、排版错误，以及不适当选项等实际问题，还可以弄清楚一个访谈到底需要多长时间，是否会对被调查者造成困扰等问题。在正式开展调查前，这样的预调查是非常有必要的。

（六）人员培训和实施调查

调查人员要熟悉调查问卷，对调查问卷的术语、定义有一定的了解。在访谈过程中，调查人员只能客观地提出问卷的问题，尽量不要对问题做解释。同时，用平静的非意向性的方式来提出问题，避免对被调查者产生影响，给调查结果带来偏倚。

调查过程要尽可能友好，根据实际工作需要调查人员可以通过聊天的方式进行询问和记录，并承诺为被调查者保密。不要通过命令或要求的方式让被调查者提供相关信息。

第八节 流行病学调查结果分析和报告

调查报告大体可以分为官方报告和科技论文报告两种类别，两者主体结构和内容基本相同，只是官方报告更为简明扼要，科技论文报告更为翔实。本章主要以撰写科技论文报告为例进行介绍。报告大体由标题、编写单位、前言、正文、附件组成。正文内容一般涵盖调查方案简介、调查结果、调查结论及分析、存在的问题及政策建议等，可以根据具体调查案例增减内容。

一、报告标题

标题的基本要求是标题要确切、简洁、醒目。避免太大、太长、读起来拗口。

（一）确切

标题对于任何报告和文章来说显然都是关键要素，标题一定要题文相符，高度概括报告的中心内容和思想，要开门见山、直奔主题，让读者或者领导一看标题就大概明白这份报告要说的事。标题千万不可跑偏，与文章的内容和思想不符，造成误解或者误导。

比如："辽宁省某县一起非洲猪瘟疫情暴发调查"。

（二）简洁

简洁是标题本身的特性，拖泥带水、过分修饰只会让标题冗长，体现不了文章的中心思想。因此标题一般不超过15个字，太长的标题可分出副标题来。当然标题的长短也不是绝对的，必要时为了表达清楚，也可以长些。

比如："一起猪蓝耳病与伪狂犬病混合感染的紧急流行病学调查"。

（三）醒目

标题的构思十分重要，好的标题能引人入胜，能让关心相关主题的领导和读者有读这篇文章的欲望。当然，这是对标题的统一要求。对于流行病学调查来说，标题与内容贴切即可，突出主题，也就达到了醒目的目的。

二、编写单位

通常是参与调查的单位,有时也可能以调查组名称出现,如在给上级或者有关部门提交调查报告时,或者多部门联合调查某一事件时。编写单位的排名也很重要,通常以参与调查时的工作量和完成调查工作的重要性为考量,当然很多时候也会以上下级的顺序来确定编写单位排名。

三、前言

前言亦称引言、引论、结论、绪论或导论,是调查报告的开头部分,即开场白。前言主要介绍开展本次调查的背景(包括疾病、疫情暴发的信息来源,是上报的、举报的或者上级或兄弟单位通报来的等)、开展调查的原因(领导指令、基层要求或者疫情本身需要等)和调查的目的及意义(通过调查能发挥什么作用等),使读者或领导对报告内容先有个概括性的了解,并且让其感受到开展调查的重要性。简略说明调查时间和地点,有时也可简要概述一下调查的基本结论。

前言形式比较自由,不拘一格,能起到引领全文的作用即可。例如"一起猪蓝耳病与伪狂犬病混合感染的紧急流行病学调查"中,其前言过渡内容为:"2017年11月初,山东省某猪场育肥猪、哺乳仔猪、保育猪陆续出现咳嗽、气喘、发烧等症状,随后1周左右死亡,其间还有个别母猪发生流产。11月中旬,经该地动物疫病预防控制中心初步治疗,疫情未见好转。截至11月底,累计发病猪只近200头,病死50余头。12月2日,调查组了解情况后立即赶赴现场进行了调查。"简要介绍了疫情发生的过程,基层采取的措施,但是效果不理想,所以要到现场调查。

四、调查方案简介

简明扼要介绍调查方案,以实施调查时的方案为参考,把方案的主要内容归纳总结出来,涉及调查范围(包括区域、场点、随访人员、时间等)、调查内容、调查方式和方法(必要时的抽样设计)、采用的实验室检测方法、数据收集类型、数据收集工具、需要统计的指标和参数、数据和信息报告方式,等等。

如果是开展暴发调查,科学确定病例定义就非常关键,另外,调查方式、抽样检测以及数据收集、整理和分析都是基本要素。比如:

1 方法
1.1 病例定义
1.1.1 可疑病例 2017年11月4日至12月20日,该养殖场出现咳嗽、气喘、发烧症状之一的猪,以及出现流产的妊娠母猪。
1.1.2 死亡病例 2017年11月4日至12月20日,死亡的可疑病例。
1.1.3 确诊病例、可疑病例的淋巴结、肺、脾、扁桃体、肾等组织样品,经PCR/RT~PCR检测,结合扩增产物测序分析,PRRSV野毒与PRV野毒均为阳性的。
1.2 调查方式
1.2.1 现场调查 到发病养殖场户实地调查,查看生产记录;与养殖场管理人员座谈,了解发病经过、免疫、治疗、日常饲养管理以及猪只调运等信息;进入猪场生产区,观察养殖环境、圈舍卫生状况；同时搜索可疑病例，进行临床诊断及病理剖检。

1.2.2 抽样检测 结合临床诊断和病理剖检得出初步结论后，分别采集1头发病仔猪及1头死亡仔猪的淋巴结、扁桃体、肺、脾、肾等病变组织样品，进行PRRSV、猪瘟病毒（CSFV）、PRV、猪圆环病毒2型（PCV2）等高热类病原的PCR/RT～PCR检测，将阳性样品的扩增产物送上海生工生物工程有限公司测序，以判定是否为野毒感染。

1.2.3 数据收集、整理和分析 用Excel整理收集到的有关猪只发病和死亡信息，并进行数据分析，对疫情分布情况进行描述性分析。

五、调查结果

（一）疾病的流行情况描述

系统全面描述疾病的发生和流行情况。例如，开展疫情的暴发调查。若是区域性多场点暴发，这些情况可能包括疫情发生地的地理位置、环境、气候条件、区域养殖情况、养殖方式、养殖场户（屠宰场、交易市场、无害化处理场、洗消中心、道路检查站）分布、社会经济状况、兽医服务机构、平时疫病流行情况或历史上该疫病在该地区流行状况、该地区有关的疫苗免疫接种情况、必要时还有相关经济人及运输车辆等情况。重点说明与疫情性质和原因有关的各种情况。虫媒传染病还应说明媒介虫种的种群，密度与变化等情况。

若暴发是仅限于一个养殖场户，这些情况可能包括疫情发生地的地理位置（坐标）、选址条件、周边环境、气候条件、养殖场户生产的基本情况（存栏量、养殖结构、场户内圈舍分布、饲料兽药疫苗等投入品来源、动物引入和销售情况）、近期诊疗情况、平时疫病流行情况或历史上该疫病在该场的流行状况、养殖场户预防接种情况等。重点说明与疫情性质和原因有关的情况。

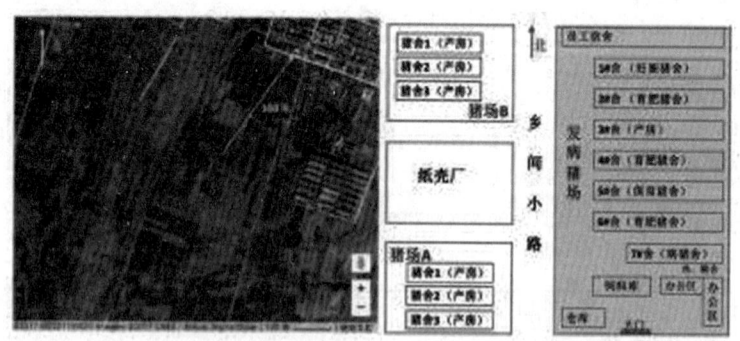

图7-6 疫点地理位置（左）与功能区域布局（右）

例：某养殖场PRV与PRRSV混合感染的流行病学调查结果报告

1. 现场调查

（1）养殖场基本情况。该场于2011年开始启用，为某饲料企业合作猪场，且为该公司明星示范场。该场养殖规模中等，现有员工8人，包括场主1人、技术员1人、饲养员6人。现有猪舍6栋，每个饲养员负责1栋。存栏生猪约2150头，其中能繁母猪120头，采取自繁自养的连续饲养模式。该场还混养鸡、鹅数十只。养殖场毗邻乡村小路，与另外两家小规模猪场（A、B）仅一路之隔，距居民区约300 m。该场对主要猪病均进行常规免疫。2017年初至此次疫情暴发前，猪群比较健康，仅有正常的零星发病和死淘现象。养殖场地理位置及功能区划见图7-6。

（2）疫病经过及防控情况。自2017年11月4日起，该猪场育肥猪出现咳嗽、气喘、发低烧（40℃）等症状；自11月7日起，3头妊娠中期母猪先后发生流产；11月8日～11月9日，哺乳仔猪、保育猪也陆续出现与育肥猪类似的症状。11月13日，该县疫控中心专业人员到现场，根据临诊表现初步诊断为PRV与PRRSV的混合感染，并建议紧急采用免疫伪狂犬病疫苗，配合使用泰万菌素、替米考星进行治疗。11月17日～11月20日，养殖户采取了相应措施，但未能控制住疫情。12月2日，调查组进行现场调查，此时场中累计发病猪只约200头，病死50余头。12月11日，养殖户采取新的控制措施。12月21日以后再无病死猪出现，疫情得到有效控制。

（二）疫病流行强度与三间分布情况描述

描述疫情流行强度指标，包括动物总发病数、发病率、死亡数和死亡率、袭击率，等等。描述疫病的三间分布，即发病动物的时间分布、空间分布和群间分布，可以用图表结合文字描述的方式来表示。这样可以使收集的数据得到更有效展示。

（三）抽样及实验室检测情况

描述在相关养殖场（户）开展流行病学调查过程中，样品采集的抽样策略、样品采集的类型和数量、开展实验室检测所依据的检测标准和方法、所采用的检测试剂以及检测结果等信息，对实验室检测结果进行分析，并给出结论。

（四）病因分析结果

通过比较分析查找病因，为后续的病因推断提供数据支持。

（五）其他

调查过程中其他与暴发相关的信息，包括当地或者暴发场点相关畜牧养殖信息、辅助病因推断信息（可能涉及当地的地理信息、气候信息、人文信息、野生动物或者媒介动物分布等信息）的整理分析结果。

六、调查结论及分析

（一）针对结果展开分析找出病因

以疫情暴发调查为例，一次暴发涉及的病因通常都不会是单一的，病因包括动物疾病、饲养管理因素、气候、存在野生或媒介动物界面等。动物疾病方面的因素，主要考虑动物传染病、寄生虫病、中毒和营养代谢病等。饲养管理方面的因素，主要考虑养殖场选址（地势过于低洼阴暗等，容易引发细菌病、寄生虫病）、布局（圈舍间距过窄或者圈舍动物养殖密度过大，容易造成空气流通不利、卫生清理困难、病原容易蓄积等问题；场内净污道不分或者交叉，容易造成交叉污染；场内高风险场所比如发病动物隔离舍、兽医诊疗室等设置在上风向等，都会给动物疫病暴发带来便利条件）、周边环境（离主干道、无害化处理场、屠宰场、村庄和其他养殖场等相关场所过近）、引种管理（检疫、检测与隔离，以及精液和胚胎的引入）、动物销售管理、投入品管理，等等。根据特定暴发的特点收集的数据分析寻找可能的病因。

（二）建立病因假设并验证

综合寻找到的病因的数据，针对病因展开分析，确定暴发和病因的关联程度，建立该暴发的病因假设，进行推断验证，或者通过对病因采取的干预措施验证病因假设是否正确。许多暴发往往在针对假设病因采取针对性的干预措施后就能得到控制，对于验证假设非常有效。如果采取针对某假设病因的措施效果不佳，那么说明病因假设可能有问题，应及时作出改变，重新建立病因假设并验证，直到真正找到主因。

（三）得出调查结论

通过反复分析、病因推断、假设建立与验证，找到主因后，可以得出暴发的主要病因，给调查结论提供主要信息。

（四）存在的问题及政策建议

1. 问题

描述暴发调查开展过程中的局限性、存在的困难和问题，等等。

2. 政策建议

综合调查结果、病因推断与分析、疫情干预措施实施效果等各方面情况，提出政策建议，包括可能需要进一步开展调查的建议；根据暴发调查开展过程中所发现问题提出的针对性对策、建议；根据该起疫情的病因调查和控制实践经验，提出的防止类似疫情再次暴发的建议。当然，不一定每次暴发调查都需要政策建议。

七、附件

附件内容包括：

1. 各种调查表格；
2. 原始数据；
3. 研究设计记录；
4. 其他证明材料：笔录、养殖场相关草图、地形图、调查过程搜索和复制的资料等。

第八章　畜禽及其产品药物残留检测技术

第一节　样品前处理

样品前处理是指样品的制备和样品中目标化合物的提取、富集、净化、浓缩。动物源性样品组织比较复杂、基质存在较大差异，基质本身所含有的杂质特别是蛋白质、糖类、脂肪等含量较高，在进行样品检测时，这些杂质作为主要的干扰物质，严重影响检测结果。因此，在样品前处理阶段，有效地提高兽药残留检测的灵敏度、准确度和精密度，降低基质效应和基质干扰，保证检测仪器状态稳定至关重要。目前，常见的兽药残留前处理技术主要有液液萃取法、固相萃取法、固相微萃取法、分散固相萃取法、QuEChERS 萃取法、基质固相分散萃取法、凝胶渗透色谱法和加速溶剂萃取法等。

一、液液萃取法（LLE）

（一）原理及应用

液液萃取法应用较早，在分析物与干扰物的分离方面非常有用。其利用样品化合物在两种互不相溶或微溶的液体或相之间的溶解度或分配系数的差异，来达到分离和净化的目的。液液萃取中的第一相通常是水相而第二相则是有机溶剂。亲水性化合物倾向于溶于极性水相，而疏水性化合物则主要溶于有机溶剂。正己烷、乙腈、乙酸乙酯、甲醇和丙酮等常用有机溶剂均可作为萃取溶剂。该方法无须配套仪器，且回收率较高，被广泛应用于兽药残留检测中，如动物源性食品中硝基呋喃类药物残留的检测，猪肉组织中磺胺类药物残留的检测，牛奶中 β-内酰胺类药物残留的检测，鸡肉组织中磺胺类药物残留的检测。有研究采用 LLE 对动物源性食品中甲苯咪唑等兽药进行了测定，方法回收率在 79.3%～105.2%，相对标准偏差低于 20%，方法定量限低于限量要求水平。也有学者利用乙酸乙酯建立 LLE 萃取体系，对禽肉中硝基咪唑类残留进行了测定，回收率均高于 80%，检出限在 1 μg/kg～4 μg/kg。

（二）常见问题

液液萃取法虽然在某些方面有较强的优势，但是也存在一定缺陷，比如萃取液需要氮气吹干耗时长，正己烷除油时，操作复杂且耗时长，有机溶剂消耗较多，也会出现一些其他问题，如乳浊液的形成、两相的相互溶解度有差异等。

1. 乳浊液的形成

乳化现象是肉制品样品（脂肪基质）在特定溶剂条件下产生的问题。如果不能破坏乳浊液层，使有机相和水相之间形成清晰的边界，那么分析物的回收率就会受到影响。

用以下几种方法可以消除乳化现象：(1) 向水相中加入盐；(2) 加入或冷却萃取容器；(3) 通过玻璃棉塞进行过滤；(4) 使用相分离滤纸过滤；(5) 添加少量其他有机溶剂；(6) 离心。

2. 不同相的相互溶解度

"不混溶"溶剂具有较小但有限的相互溶解度，溶解的溶剂可以改变两相的体积。因此最好使用两相彼此饱和，这样我们才能明确知道含有分析物的体积从而准确测定分析物回收率。最简单的饱和方式是在不加入样品的情况下在分液漏斗中平衡两相。例如有正己烷饱和的乙腈或乙腈饱和的正己烷用于前处理的提取或除油过程。

二、固相萃取法（SPE）

（一）基本原理

固相萃取技术以其简单、高效、易实现自动化和有机溶剂低耗量等优点而被广泛应用于各种生物样品的分离和纯化。它通过选择性地吸附，从而对样品进行富集、分离和纯化。该技术根据待测物在液相和固相之间的分配不同来进行保留和洗脱。该技术分为保留目标化合物型和保留干扰物型两种。保留目标化合物型指当样品提取液经过吸附剂时，目标化合物被吸附剂吸附，杂质随溶液流出，然后用洗脱液把目标化合物洗脱。保留干扰物型指当样品提取液经过吸附剂时，杂质成分被吸附剂吸附，目标化合物随溶液流出。

目前最常用的方法是保留目标化合物型的固相萃取法。在萃取过程中，固相对目标物的吸附力大于样品基液，因此，当样品流经固相柱时，目标物被吸附在固体填料表面而其他样品组分则通过柱子，目标物可用适当的溶剂洗脱下来。SPE实质上是一个柱色谱分离的过程，其分离机理、固定相和溶剂选择等方面都类似于高效液相色谱（HPLC），但SPE柱材料的颗粒一般较大且柱床较短，这使得SPE柱的分离能力远远低于HPLC柱，该特点决定了SPE的主要功能是用于样品富集或样品中性质差别较大的物质的预分离。SPE按分离模式的不同可分为正相、反相和离子交换萃取。正相SPE一般用来保留极性物质，目标物通过氢键、π—π相互作用、偶极—偶极作用和偶极—诱导偶极作用等在SPE柱上保留；反相SPE所用的吸附剂通常是非极性或极性较弱的，所萃取的目标化合物通常是中等极性到非极性化合物，目标化合物与吸附剂间的作用为疏水相互作用，即范德华力或色散力；离子交换SPE所用的吸附剂是带有电荷的离子交换树脂，所萃取的目标物是带有电荷的化合物，目标物与吸附剂之间的相互作用是静电吸引力。

（二）SPE装置

1. SPE小柱

SPE构造采用的是小型一次性塑料小柱，通常是填充了0.1 g~10.0 g吸附剂的医用注射筒，下端有一孔径为20 μm 的烧结筛板，用以支撑吸附剂。先在筛板上填装一定量的吸附剂（100 mg~1000 mg，视需而定），然后在吸附剂上再加一块筛板，以防止加样品时破坏柱床。目前已有各种规格、装有各种吸附剂的SPE小柱出售，使用起来十分方便。

2. SPE盘

SPE装置的另一种形式是SPE盘。盘式萃取器是含有填料的聚四氟乙烯圆片或载有填料的玻璃纤维片,填料约占 SPE 盘总量的 60%~90%。由于填料颗粒紧密地嵌在盘片内,因此在萃取时无沟流形成。SPE 小柱和盘式萃取器的主要区别在于床厚度与直径(L/d)的比。对于等重量的填料,盘式萃取的截面积比柱约大 10 倍,因而允许液体试样以较高的流量通过,大大提高了萃取容量。

3. 其他装置

其他类似专用装置,如操作更简便的微型化的固相萃取移液枪头、更好地满足药物筛选和生物领域高通量样品分析要求的 96 或 384 通道萃取阵列。

(三) SPE 步骤

SPE 以离线或在线方式进行。在离线操作的情况下,SPE 与分析独立进行,SPE 仅为以后的分析制备合适的试样。通常包括 4 个步骤:活化、上样、淋洗和洗脱。

1. 吸附剂

以反相 SPE(C_{18} 柱)为例,先使数毫升的甲醇通过萃取柱,再用水或缓冲液顶替滞留在柱中的甲醇。柱预处理一方面可除去填料中可能存在的杂质,另一方面能使填料溶剂化,提高固相萃取的重现性。填料未经预处理或者未被溶剂润湿可引起溶质过早穿透,影响回收率。

2. 上样

将液态或溶解后的固态样品先倒入活化后的 SPE 小柱,然后利用抽真空、加压或是离心的方法使样品通过吸附剂。

3. 淋洗除去干扰杂质

用中等强度的溶剂,将干扰组分洗脱下来,同时保持分析物仍留在柱上。

4. 分析物的洗脱和收集

将分析物完全洗脱并收集在最小体积的级分中,同时使比分析物更难保留的杂质尽可能多地残留在 SPE 上。为提高分析物的浓度或调整溶剂性质,也可把收集的分析物先用氮气吹干,再溶于小体积的适当溶剂中。如果选择的吸附剂对目标物的吸附很弱或不吸附,对干扰物却有较强的吸附能力时,也可让目标物先淋洗下来加以收集,而干扰物保留在吸附剂上,使两者得到分离。

(四) SPE 的影响因素

1. 吸附剂

正如固定相是液相色谱的核心,吸附剂也是影响固相萃取的关键因素,因制备高选择性、高吸附容量的吸附剂是 SPE 技术得以发展的关键,也是前处理方法研究中最活跃的领域之一。

SPE 吸附剂的选择要综合考虑目标物和样品基体的性质,目标物的极性与吸附剂的极性越相似,保留就越好,因此要尽量选择与待测物极性相似的吸附剂。除了活性炭、硅胶、氧化铝等传统的吸附介质外,应用于生物样品分析的 SPE 吸附剂主要有以下几种。表 8-1 给出了常用吸附剂类型以及相关的分离机理、洗脱剂性质、待测组分的性质和应用范围。

表 8-1　　　　　　　　　　　不同种类的 SPE 吸附剂及其应用

吸附剂	分离原理	洗脱溶剂	分析物性质	分析应用
键合硅胶 C_{18}、C_8	反相	有机溶剂	非极性—弱极性	氨基偶联苯，多氯苯酚类，多氯联苯类，芳烃类，多环芳烃类，有机磷和有机氯农药类
多孔苯乙烯-二乙烯基苯共聚物	反相	有机溶剂	非极性—中等极性	苯酚，氯代苯酚，苯胺，氯代苯胺，中等极性除草剂等
多孔石墨碳	反相	有机溶剂	非极性—相当极性	醇类，硝基苯酚类，相当大极性除草剂
丙胺键合硅胶	正相	有机溶剂	极性化合物	碳水化合物，有机酸等
硅酸镁	正相	有机溶剂	极性化合物	醇，醛，胺，有机酸等
离子交换树脂	离子交换	一定 pH 的水溶液	阴阳离子型有机物	苯酚，次氮基三乙酸，苯胺和极性衍生物，邻苯二甲酸类
抗体键合吸附剂	免疫亲和反应	甲醇-水溶液	特定污染物	多环芳烃，多氯联苯，有机磷，有机氯农药类及燃料等

2. 保留体积

SPE 是分析物在液相样品与固相吸附剂间的分配过程，意味着萃取过程中要求保留因子 K_w 越大越好；洗脱过程中要求保留因子 K_w 越小越好。对 SPE 来说，穿透体积是一个至关重要的参数，我们需要在不超过待测组分吸附容量的情况下进行萃取，追求的是 100％的回收率。穿透体积 V_b 指滤液中的分析物浓度为原样品溶液中分析物浓度 1％时的样品溶液的总流出体积。

3. 洗脱溶剂

洗脱溶剂的选择与分析物性质和吸附剂特性密切相关：反相吸附剂，一般使用甲醇或乙腈作为洗脱溶剂；正相吸附剂，一般使用正己烷、四氯化碳等非极性有机溶剂；离子交换吸附剂，采用高离子强度的缓冲液作为洗脱剂。理想的洗脱溶剂应具备两个要求：①溶剂强度足够大，即使用该洗脱溶剂时分析物的保留因子 K_w 尽可能小；②溶剂应与后续的检测方法相匹配。

（五）固相萃取法的应用及展望

固相萃取技术在兽药残留检测中应用比较广泛。如肉制品中氯霉素、金刚烷胺、利巴韦林、β-受体激动剂、喹乙醇代谢物的检测，水产品中孔雀石绿检测，牛奶中磺胺、喹诺酮和苯并咪唑类兽药检测，蜂蜜中喹诺酮类兽药检测等。有文献采用 HLB 柱结合 LC-MS 检测技术对虾中 18 种兽药残留（包括四环素、磺胺、喹诺酮等）进行了测定，在添加和污染样品中运用此方法，均表现出良好的结果。有国外研究报道，以 HLB 柱作为前处理 SPE 柱，LC-TOF/MS 测定了肌肉、肝和肾中 100 种兽药残留，60％的化合物回收率大于80%。有国外研究人员对牛奶中多类兽药残留进行了测定，方法采用StrataX SPE进行前处理，LC-TOF/MS进行测定，回收率在80%～120%的药物占总数的88%。国内工作者采用固相萃取法对鸡蛋中17种性激素进行了测定，样品经提取后，分别采用C_{18}和NH_2柱对样品进行净化，由LC-MS/MS测定，方法回收率在70%～121%，相对标准偏差为2.3%～11.2%。固相萃取技术具有较强的富集能力和抗基质干扰能力，能够更彻底地萃取分析物，其有机溶剂消耗量少，操作简便，而且选择性、重现性以及回收率都比较好。但是该方法也具有一些缺点，比如SPE中可能发生混合机制，一些分析物会不可逆地吸附在SPE小柱上，需要进行更复杂的方法开发，因为耗材价格相对较高，所以在一定程度上提高了检测成本。

三、固相微萃取法（SPME）

（一）基本原理

固相微萃取是在固相萃取技术基础上发展起来的一种新型样品前处理技术，主要针对样品中微量或痕量有机物进行分析，与色谱柱的原理很相似，根据有机物与溶剂之间"相似相溶"的原则，其基本原理是在一根细小的固体熔融石英纤维上涂覆聚合物固定相图层，如聚二甲基硅氧烷（PDMS）或聚丙烯酸酯，通过图层对分析组分的吸附作用，达到对待测组分进行提取和富集的目的，完成样品的前处理过程。SPME的主要优势在于，它在采样过程中避免基质效应组分，具有简便性和易用性，降低溶剂消耗或者根本不使用溶剂，现阶段已实现自动化。在随后十几年的发展过程中，SPME技术无论在应用模式、萃取涂层研制、基础理论研究还是在应用方面均得到了很大的发展。研究人员采用固相微萃取结合液相色谱技术检测鸡蛋中氟喹诺酮类药物，五种药物在2 ng/mL～500 ng/mL范围内具有良好的线性关系，检出限为0.1 μg/kg～2.6 μg/kg。该方法成功地应用于实际鸡蛋样品中喹诺酮类药物残留的检测，结果令人满意。

（二）SPME的萃取模式

纤维涂层固相微萃取（Fiber SPME）是最早的固相微萃取技术形式。之后又相继出现搅拌棒式固相微萃取技术（Stir Bar Sorptive Extraction，SBSE）和管内固相微萃取技术（In tube SPME），富集倍数和萃取效率进一步提高。目前，三种模式的微萃取技术已广泛用于对气体、液体和固体中的挥发性、半挥发性、难挥发性物质的萃取富集和分析，并与GC、GC-MS、HPLC和HPLC-MS等分析技术实现了联用。

1. Fiber SPME

Fiber SPME装置由手柄（holder）和萃取头或纤维头（fiber）两部分组成，萃取固定相涂渍于萃取头或纤维头的一端。该装置操作简单，样品萃取过程中只需将SPME针管刺入样品瓶，推动手柄杆使纤维头伸出针管，开始萃取。纤维头可以浸入样品溶液或是置于样品液面上部空间（顶空方式），萃取结束后缩回纤维头，最后将针管拔出样品瓶。萃取纤维的基质材料主要为熔融石英纤维，而常用的涂层材料可分为非极性、中等极性和较强极性3种。商品化萃取纤维的涂层包括PDMS、PA、PDMS/DVB以及Carbowax/TPR等。

2. SBSE

SBSE技术于1999年由比利时Sandra教授提出，由德国Gerstel公司将其商品化。

该技术是在磁子的外壁包覆 1 mm 厚的 PDMS 涂层，萃取时将搅拌子放入样品溶液中进行搅拌，分析物被 PDMS 涂层萃取。萃取完成后，搅拌子可经热解吸进样装置直接进行 GC 分析或以溶剂解吸后进行 LC 分析。SBSE 方法的出现改善了传统 SPME 涂层纤维涂层量较少，萃取效率较低的状况。该方法操作简单，灵敏度高于涂层纤维 SPME，在环境水样分析、食品分析和体液分析中均有应用，但 SBSE 萃取时间较长，不能实现整个过程的自动操作，且目前搅拌子的涂层仅有 PDMS，因此，在对一些极性较强的化合物进行分析时需用衍生的方法来提高萃取效率。

3. In-tube SPME

In-tube SPME 和 Fiber SPME 的理论基础基本相同，但 Fiber SPME 的萃取介质处于纤维的外层，而 In-tube SPME 的萃取介质在毛细管的内表面。In-tube SPME 包括毛细管内壁涂层 SPME、毛细管填充型 SPME 及聚合物整体柱 SPME。

4. 毛细管内壁涂层 SPME

毛细管内壁涂层 SPME 是通过热固法或溶胶－凝胶技术将各种涂层涂覆于毛细管内壁来进行待测物的萃取。与传统的涂层纤维萃取头相比，In-tube SPME 具有更大的萃取表面积和更薄的固定相膜，样品扩散快，平衡时间短，且寿命更长，不易损坏，是一种有发展前途的 SPME 萃取形式。

应用于 In-tube SPME 技术的萃取毛细管主要是从 GC 毛细管商品柱移植而来的，如 PDMS、苯基甲基聚硅氧烷（如 SPB-5）、聚乙二醇涂层（如 Omega wax 250）等。然而这些商品化涂层在一些极性较强的溶剂中萃取并不十分稳定，毛细管的使用寿命受到了限制，因此发展选择性更好、萃取效率更高的萃取毛细管是 SPME 发展的前提。Pawliszyn 等人采用氧化还原引发体系将吡咯聚合到石英毛细管的内壁，得到了新型的萃取毛细管，并成功对尿样和血清中的 β-阻断剂进行了分析。以溶胶-凝胶技术制备的涂层毛细管也被应用于 In-tube SPME 技术，有文献制备了 PEG、PDMS/ZrO_2、树形分子、聚四氯呋喃等内壁涂层毛细管，用于与 GC 的联用分析。另外，具有特异选择性的分子印迹聚合物也可以应用于 In-tube SPME 技术。

5. 填充型毛细管 SPME

内壁涂层的毛细管涂层厚度一般较薄，涂层总体积有限，相比较小，这限制了萃取效率的提高和检出限的降低。为了从萃取毛细管形式上做进一步的改进，"填充"型的萃取毛细管相继出现。研究人员将不锈钢丝插入 DB-1 萃取毛细管内，在样品溶液与涂层接触表面积不变的同时减少毛细管死体积，使相比增加，也进一步降低了解吸所需的有机溶剂。由于不锈钢材料不适用于生物样品，但为了更大地增加萃取介质的体积，因此该小组以聚纤维取代不锈钢丝，放入 PEEK（Polyther Ether Ketone）管内构成新的萃取柱，分别对水样中的邻苯二甲酸丁酯和尿样中的三环类抗抑郁剂进行了萃取，结果表明其萃取效率较涂层毛细管大大增加，如邻苯二甲酸丁酯的富集倍数达 160 倍。

另一类 In-tube SPME 使用的填充型毛细管类似于微径液相色谱柱。研究者将烷基二醇硅胶颗粒以匀浆法填入 50 mm×0.76 mm 的 PEEK 管中，构成了可直接用于生物样品分析的限制进入介质萃取毛细管，对血清中的苯并二氮类化合物进行了分析。该小组还将心得安印迹的聚合物磨碎后填入 PEEK 管中构成分子印迹萃取毛细管，对血浆中的心得安类 β-阻断剂进行了高选择性分析。

6. 整体柱 SPME

整体柱材料（monolith）通常是通过反应试剂原位聚合而得到的棒状整体。将无机或有机整体材料引入 In-tube SPME，可使萃取介质相比于传统的涂层毛细管萃取柱的相比大大增加，从而提高萃取容量；而相对于填充型萃取柱而言，使用整体柱不仅省去了烦琐的填装过程，而且整体柱中特有的穿透孔为液体的流动提供了大孔通道。以对流传质取代了缓慢的扩散传质，有利于萃取效率的提高。国外研究者首次将 C_{18} 改性的硅胶整体柱引入 In-tube SPME 技术中，以烷基酚类稠环芳烃和农药样品对其萃取性能进行了评价，结果表明 15cm 长毛细管整体柱对联苯的萃取量达 $1\mu g$ 以上，萃取容量较涂层毛细管大幅度增加。有机聚合物整体柱材料的制备简单，容易实现对整体柱孔结构、比表面积、表面性质的调控。此外，由于可供聚合的单体种类繁多，容易实现聚合物不同功能团的调控，而且许多聚合物具有较好的生物相容性。因此，聚合物整体柱材料是一种很有发展潜力的萃取介质。

四、分散固相萃取法（DSPE）与 QuEChERS 萃取法

分散固相萃取技术是直接将固相吸附剂分散在提取液中，从而达到吸附提取液杂质的目的。该方法简单、快速、高效。2003 年，美国农业部在此方法的基础上开发的 QuEChERS 方法（Quick、Easy、Cheap、Effective、Rugged、Safe），现已被广泛应用到各类食品检测中。

（一）QuEChERS 法的原理及步骤

QuEChERS 方法一般分为三个步骤：萃取、除水、净化。萃取剂常用的为：乙腈、乙酸乙酯。乙腈通过盐析能够分离水层，适用于 GC、LC、LC－MS MS 等分析仪器；使用乙酸乙酯会萃取出脂肪等极性小的物质。脱水剂常用的为：无水 Na_2SO_4 和无水 $MgSO_4$。$MgSO_4$ 在提取过程中吸水性强且放热，有利于农药的提取。NaCl 也能除去水溶性好的极性杂质，一般采用 NaCl 和 $MgSO_4$ 混合物作为脱水剂。吸附剂常用为：C_{18}、乙二胺-N-丙基硅烷（PSA）、氨基（$-NH_2$）吸附剂。

（二）QuEChERS 方法的优点

与传统的前处理方法相比，QuEChERS 方法具有以下优点：①分析速度快耗费时间少，操作简便；②溶剂使用量少，污染小，检测成本较低；③检测指标稳定性、精密度与准确度好，可用内标法进行校正；④回收率高，对大量极性及挥发性的农药品种的回收率大于 85%；⑤可分析的农药范围广，包括极性、非极性的农药种类，均能利用此技术得到较好的回收率；⑥食品检验批次量化和检测指标多样化。

（三）QuEChERS 法在动物源性食品检测中的应用

QuEChERS 法最初被用于植物性样品的农残检测当中，但是随着技术的发展，为适应动物源基质的特性，近年来对 QuEChERS 法开展了一些改进工作，解决了回收率低的问题，并被广泛应用到兽残检测中来。有文献研究比较了甲醇、乙腈、丙酮、乙酸乙酯、甲酸-乙腈（V∶V＝1∶99）和不同比例乙酸－乙腈等 6 种溶剂提取的效果，结果表明，乙酸-乙腈（V∶V＝1∶99）的提取效果最佳。采用 PSA 和 C_{18} 作为净化剂，可去除基质中的脂类、蛋白质、有机酸、糖类等干扰物。C_{18} 吸附剂可以去除基质中的脂类和蛋白质；NH_2、SAX 等吸附剂，可以更好地去除基质中的极性有机酸、糖类和脂肪酸等酸性干扰

物。有研究采用 QuEChERS-HPLC-MS/MS 相结合的方法，建立了苯并烯氟菌唑在 4 种动物源性产品（猪肉、鸡肉、牛肉和鸡蛋）中的检测方法。该方法以乙腈为提取剂，PSA 为吸附剂净化后，用 HPLC-MS/MS 检测，外标法定量。结果表明，在 0.001mg/L～1.000 mg/L 范围，苯并烯氟菌唑在线性范围内均呈现良好的线性关系，线性系数大于 0.9910。在 0.004 mg/kg、0.010 mg/kg 和 0.100 mg/kg 3 个添加水平下，苯并烯氟菌唑在鸡蛋、鸡肉、猪肉和牛肉中的回收率分别为 83%～90%、82%～96%、85%～96% 和 77%～97%，相对标准偏差分别为 6.9%～11%、5.4%～8.7%、2.6%～7.3% 和 7.2%～10%。方法的定量限均为 0.004 mg/kg。

（四）QuEChERS 法在水产品中的应用

水产品基质中含有大量的脂肪、蛋白质以及色素等杂质，不同目标物之间结构和理化性质差异较大，存在检测周期长、成本高等缺点。而 QuEChERS 法具有快速、简单、灵活等特点，可用于不同性质药物的快速筛查。

五、基质固相分散萃取法（MSPD）

基质固相分散萃取法是一种集提取、净化和富集技术于一体的快速样品前处理技术。

（一）原理

该方法将样品与特定的固相萃取支持剂（如 C_{18} 键合硅胶）混匀研磨，研磨过程破坏样品的组织结构，使样品研磨成细小颗粒吸附在填料表面，将研磨物装柱压实，用不同的淋洗液对目标化合物进行洗脱。

（二）应用

该技术适用于固体、半固体及黏稠样品的萃取。此方法集提取、富集、净化于一体，操作简单，较少的前处理步骤能够有效避免检测误差的产生，适用于多种药物残留检测的样品前处理。对于动物组织这类最难弄碎和均质的样品，MSPD 技术克服了 SPE 需要样品处于无黏性、无颗粒、均匀的液态的缺陷，在食品的药物、毒物安全分析中，显示出较大的应用前景。但是该方法不适用于含水量高的样品，如饮料、酒类。同时，该方法需要充分研磨，因此也不适合自动化样品前处理。此外，MSPD 技术散在固定相上的基质是不固定的，故某些洗脱液会造成基质与待测物共洗脱，从而影响方法的检测限。该方法在兽药残留分析中广泛应用。某文献研究建立了一种基于 MSPD 测定牛奶和鸡蛋中 12 种磺胺类药物的方法，在 50 μg/kg 的添加水平下，牛奶和鸡蛋中回收率在 77%～92%，相对标准偏差范围为 1%～11%，牛奶和鸡蛋中定量限分别为 1 μg/kg～3 μg/kg 和 2 μg/kg～6 μg/kg。国外研究者将 MSPD 提取结合 C_{18} SPE 柱净化用于测定猪肉组织中 5 种青霉素残留，检出限为 20 μg/kg 回收率范围为 40%～90%。以硅胶为分散剂，建立鸡肉中 4 种氟喹诺酮类药物的分析方法；以硅藻土为分散剂，采用基质固相分散结合超高效液相色谱测定了牛肉中磺胺类药物。此外，该技术在四环素类、氯霉素类、苯并咪唑类等兽药残留检测中也得到了应用。

六、凝胶渗透色谱法（GPC）

（一）原理

凝胶渗透色谱又称为体积排除色谱、凝胶过滤色谱，其根据物质的分子量大小不同达到分离分子的目的,其可有效分离食品中分子较大的脂肪、色素、蛋白质等,从而起到良好的净化效果。色谱柱以凝胶或其他多孔性填料填充,填充物的孔径在制备时已加以控制,大小与样品分子大小相应。当样品随流动相进入时,大尺寸的分子不能渗入凝胶颗粒微孔,所以较早地被冲洗出来;而较小尺寸的分子可以渗入凝胶颗粒微孔,且有一个平衡过程所以较晚被冲洗出来。因此样品中的各种成分可以得到很好的分离。该方法具有操作简单、分离效果好、自动化程度高、适用范围广等特点。常用的淋洗溶剂包括环己烷、丙酮、二氯甲烷、乙酸乙酯等。

(二)凝胶色谱仪的组成

凝胶色谱仪主要由泵系统、(自动)进样系统、凝胶色谱柱、检测系统和数据采集与处理系统组成。

1. 泵系统

泵系统包括一个溶剂储存器、一套脱气装置和一个高压泵。它的工作是使流动相(溶剂)以恒定的流速流入色谱柱。泵的工作状况好坏直接影响着最终数据的准确性。越是精密的仪器,要求泵的工作状态越稳定。要求流量的误差应该低于 0.01mL/min。

2. 色谱柱

色谱柱是凝胶色谱仪分离的核心部件。它是在一根不锈钢(或玻璃)空心细管中加入孔径不同的微粒。每根色谱柱都有一定的相对分子质量分离范围和渗透极限,色谱柱有使用的上限和下限。色谱柱的使用上限是聚合物最小的分子的尺寸比色谱柱中最大的凝胶的尺寸还大。这时高聚物进入不了凝胶颗粒孔径,全部从凝胶颗粒外部流过,这不仅没有达到分离不同相对分子质量的高聚物的目的,而且还有堵塞凝胶孔的可能,影响色谱柱的分离效果,降低其使用寿命。色谱柱的使用下限就是聚合物中最大尺寸的分子量比凝胶孔的最小孔径还要小。这时也没有达到分离不同相对分子质量的目的。因此在使用凝胶色谱仪测定相对分子质量时,必须首先选择好与聚合物相对分子质量范围相配的色谱柱。

色谱柱的填料是根据所使用的溶剂选择的,常用的填料有交联聚苯乙烯凝胶(适用于有机溶剂,可耐高温)、交联聚乙酸乙烯酯凝胶(最高100℃,适用于乙醇、丙酮一类极性溶剂)、多孔硅球(适用于水和有机溶剂)、多孔玻璃、多孔氧化铝(适用于水和有机溶剂)。

3. 检测系统

常用的检测器有示差折光仪检测器、紫外吸收检测器、黏度检测器等。对于有特殊响应的高聚物和有机化合物,可选择红外、荧光、电导检测器等。

4. 凝胶渗透色谱法的应用

该技术在兽药残留检测中有广泛应用,有学者研究采用乙酸乙酯-甲醇混合溶液作为提取剂,利用 GPC 技术结合高效液相色谱法测定鱼肉中 5 种激素类药物残留,5 种激素类药物线性关系良好,检出限为 10 μg/kg～24 μg/kg,平均加标回收率为 60.1%～89.0%,相对标准偏差为 2.0%～7.4%;也有采用乙酸乙酯作为提取剂,经 Sephadex LH-20gel 柱净化分离,经液相色谱对虾肉中的磺胺类药物残留进行测定,方法回收率在 70%～100%。GPC 技术在效果上有明显优势,并且可在仪器辅助下完成处理的自动化,但其也存在耗时较长的弊端,不利于检测效率的提高。此外,实验过程中大量有机溶剂的使用对实验人员和环境也会造成一定程度的危害。

七、加速溶剂萃取法（ASE）

加速溶剂萃取技术是一种全新的提取技术，是在温度和压力的作用下，采用有机溶剂对固态或半固态样品进行萃取的方法。在较高的温度（50℃～200℃）和压力（$6.8 \times 10^6 Pa \sim 2.0 \times 10^7 Pa$）的双重作用下降低了溶剂进入固体样品的阻力，提高物质溶解度和溶质的扩散率，从而提高了目标化合物的提取效率。加速溶剂萃取包括加压萃取、高压溶剂萃取、加压热溶剂萃取、高温高压溶剂萃取和加压热水萃取。

（一）萃取原理与过程

基本原理是利用升高温度和压力，增加物质溶解度和溶质扩散效率，提高萃取效率。温度的升高能够提高溶剂的溶解能力，降低溶剂的黏度和溶剂基质的表面强度，克服溶剂与基质之间的作用力（范德华力，氢键等），提高目标物质的扩散能力，降低传质阻力，加快萃取过程。升高压力可提高溶剂沸点，使之保持液态；促进溶剂进入基质微孔，与基质更充分地接触。将样品加入含有溶剂的萃取池，保持一定的压力和温度（静态萃取），向萃取池中注入清洁溶剂，然后由压缩氮气将萃取的样品从样品池吹入收集器。固体样品萃取在50℃～200℃，在0.345 MPa～2.07 MPa压力条件下只需要5 min～10 min即可完成。

（二）影响萃取的因素

目标物质从固体样品中的萃取需经3步完成。首先，目标物质从固体样品中的解析；其次，通过样品颗粒空隙中的溶剂向外扩散；最后，转移到流体。萃取过程受以下多种因素的影响。

1. 温度和压力的影响

温度是加速溶剂萃取最重要的影响因素之一。肌肉和肝脏样品在40℃～80℃下萃取，四环素的提取率为69℃～94℃，呈现明显差异。高于60℃，因为四环素的分解或形成异构体，所以提取率降低，萃取液不浑浊。低于50℃，由于四环素的解析效率低，所以降低提取率。在60℃时提取效率最佳，可达94%。以水作溶剂，可在100℃～200℃下萃取，但是在萃取之前通常需要核对目标物质的热稳定性。

压力是加速溶剂萃取的另一个重要影响因素。在升温过程中，高的压力可使溶剂在远高于其沸点之上仍保持液体状态，促使溶剂进入样品颗粒空穴，提高提取效率。但从食品中萃取多环芳烃时，未发现压力与提取率之间的关联性。

2. 溶剂的种类与组成的影响

选择合适的溶剂是加速溶剂萃取技术发展的关键。在选择萃取溶剂时，通常应考虑其理化特性，如沸点、极性、比重和毒性等。除强酸、强碱以及燃点温度为40℃～200℃的溶剂（如二硫化碳、二乙醚和1,4二氧杂环乙烷）之外，宽范围的溶剂可用于加速溶剂萃取。水作为良好的溶剂已用于加速溶剂萃取，如从肌肉样品中萃取土霉素、四环素、金霉素、二甲胺四环素、甲烯土霉素、强力霉素等，但当基质为肝脏时，萃取后的杂质将干扰土霉素和四环素的测定，而采用水-乙腈混合溶剂从肝脏样品中萃取金霉素和二甲胺四环素也不理想，使用TCA-乙腈（体积比为1∶2）混合溶剂，可消除干扰，获得稳定的回收率。

使用极性较强的溶剂如乙腈、甲醇、乙酸乙酯和水等可较好地用于湿样品的萃取。从理论上讲,萃取溶剂的极性应与目标物质的极性相匹配。但在某些情况下极性溶剂和非极性溶剂的混合物可提高提取率,如以正己烷-乙腈(体积比为1:9)混合溶剂萃取目标物质双甲脒和2,4-二甲基苯胺时得到了最佳的效果。

3. 分散剂与改进剂的影响

样品在加入萃取池之前,应进行研磨和筛分,降低粒子尺寸,促进目标物质向溶剂中的扩散。为了确保溶剂和样品基质的良好接触,通常要求在预处理样品中添加惰性物质以避免样品粒子的聚合。EDTA-水洗砂子、碱式氧化铝、硫酸钠、石英砂和硅藻土已作为样品混合剂用于加速溶剂萃取。加入某些有机、无机改进剂和添加剂可改变溶剂在升温时的理化特性,增强目标物质在溶剂中的溶解性及其与溶剂间的作用。在甲醇溶剂中加入环庚三烯酮酚改进剂可使单丁基三氯化锡的提取率提高60%。单丁基三氯化锡的提取率受两个对立因素的影响:一方面,单丁基三氯化锡与环庚三烯酮酚络合生成低极性的分子,在中等极性溶剂中具有低的溶解度,这导致了提取效率降低;另一方面,目标物质分子因被屏蔽而阻碍了其与蛋白基质的结合,提高了提取效率。

4. 样品基质组成的影响

基质的影响取决于样品的组成。食品样品在其理化特性、目标化合物的种类粒径等方面差异很大,影响目标物质的吸附和保持。使用同样的加速溶剂萃取条件,不同基质样品中同一目标物质的提取效率也存在较大差异。如在100℃,用庚烷从植物饲料、家禽饲料、鲭油和猪肉脂肪中萃取多氯联苯时,其平均回收率分别为110%、89%、81%和77%。为了提高目标物质在萃取过程中的溶解性,应选择合适的条件以降低有机组分和目标物质的相互作用。

5. 萃取模式的影响

加速溶剂萃取可采取静态和动态两种操作模式。萃取温度和时间是静态模式的两个临界因子。在静态萃取过程中,为了实现目标物质从样品中预期离析,提高提取率,可采取多次循环萃取。动态萃取模式可改善质量传输,但因较高的溶剂消耗而导致少有使用。动态(1 mL/min)和静态(8 min)这两种模式已用于萃取磺胺类药物。使用静态模式目标物质的萃取效率取决于分配平衡常数和化合物在升温条件下的溶解性。高浓缩的样品和低溶解度的目标物质因溶剂用量所限而不能被定量萃取。静态-动态模式已被用于从水果和蔬菜中提取N-甲氨基甲酸盐。

(三) 加速溶剂萃取法的应用

与其他溶剂萃取技术相比,ASE具有快速、高效、有机溶剂用量少、可批量自动化提取、系统封闭减少溶剂挥发对人体危害等优点。目前,加速溶剂萃取作为绿色样品制备技术已被用于动物源性食品中高通量兽药残留分析。下面介绍一个典型的应用实例:将ASE用于从肉类样品中萃取β-内酰胺类、林可酰胺类、大环内酯类喹诺酮类、磺胺类、四环素类、硝基咪唑类和甲氧苄啶等抗生素残留,以LC-MS MS测定了31种抗生素。方法的定量限较最高残留量MRLs低10倍。

1. 磺胺类药物

磺胺类药物潜在的致癌性已引起分析工作者对食品残留检测的高度关注。磺胺类药物是极性和中等极性的化合物,在水中具有高的溶解性。已有多篇文献报道以水为溶剂,用ASE技术从动物源性食品中萃取多种磺胺类药物。以乙腈作萃取剂，采取静态模式，以HPLC-UV分离检测了牛肉和鱼肉中5种磺胺类药物。最近，有研究人员通过优化压力、温度、静态时间、循环次数等参数建立了加速溶剂萃取－高效液相色谱分析奶粉中磺胺类药物的方法，结果表明，加速溶剂萃取法提取测定奶粉中的磺胺类药物显著高于固相萃取法的提取量。动态加速溶剂萃取模式结合基质固相分散净化，以LC-MS检测法可检测牛肉和鱼肉中12种磺胺药物残留。静态模式加速溶剂萃取之后通过固相萃取净化，以CE-MS/MS法可检测猪肉中12种磺胺药物残留。静态模式加速溶剂萃取结合LC-MS/MS法可检测生肉与婴儿食品中13种磺胺药物残留。加速溶剂萃取与质谱检测相结合是食品中磺胺类药物残留检测的首选方法。

2. 氟喹诺酮类药物

美国禁止在食品动物中使用氟喹诺酮类药物。加速溶剂萃取已用于肉和鸡蛋样品中喹诺酮类药物的萃取。以甲醇/水（体积比25∶75）作萃取剂，在70℃，1.035 MPa条件下，可静态萃取肉类样品中的喹诺酮类药物残留。产蛋鸡经施药处理，所产鸡蛋经均化后，加入硅藻土分散剂，以磷酸盐缓冲液/乙腈（体积比50∶50）作萃取剂，在70℃，1.035 MPa压力下，静态萃取5 min，循环萃取3次。萃取液可不经进一步净化即以LC-FLD分离检测，回收率为67%～90%。这种方法已成功地测定了鸡蛋中的恩诺沙星及其代谢物环丙沙星。同时，该方法还可用来筛查污染物和给鸡服药。加速溶剂萃取－反相高效液相色谱－紫外串联荧光检测方法已用于太平湖白鱼中4种氟喹诺酮类药物残留的定量检测。

3. 四环素类药物

四环素类药物广泛用于畜牧业。由于这种抗生素的滥用，已引起消费者对动物源性食品药物残留的关注。一种简便快速的ASE－UPLC－UV方法已被用于猪肉、鸡肉、牛肉和肝脏中7种代表性四环素残留的检测。以三氯乙酸/乙腈（体积比1∶2）作萃取剂，温度为60℃，压力为6.5 MPa，静态萃取5 min，静态周期为2，回收率为75～104.9%，方法的定量限不高于15 $\mu g/kg$。

4. 阿伏霉素

阿伏霉素属糖肽类抗生素，使用阿伏霉素作为饲料添加剂，可预防肉鸡因产气荚膜梭状芽孢菌侵入引起的坏死性肠炎，并提高其体重和饲料利用效率。欧盟和日本已批准其被用作饲料添加剂，但中国尚未批准使用。肾样中的阿伏霉素以水/体积分数30%乙醇作萃取剂，三乙基氨磷酸盐作为溶剂改进剂。在75℃，5 MPa条件下静态萃取5 min，循环萃取3次，以丙烯酸聚合物XAD－7HP进行原位基质固相分散净化。提取液经固相萃取进一步净化，使用Hilic柱分离和UV225检测，保留时间低于15min，阿伏霉素的回收率为108%。

5. 氨基糖苷类抗生素

全脂牛奶中的氨基糖苷类抗生素以热水动态萃取，基质固相分散净化后，以LC-MS/MS和MRM模式获取质谱数据，回收率为70%～92%。定量限2 ng/mL～13 ng/mL低于欧盟和美国食品药品管理局规定的允许水平。

6. 皮质类固醇药物

类固醇激素是一类脂溶性激素，在结构上均为环戊烷多氢菲衍生物。脊椎动物的类固醇激素可分为肾上腺皮质激素和性激素两类。由于类固醇激素的特殊生理功能,因此具有重要的药用价值。但系统性类固醇治疗,特别是长期或大剂量使用,常伴发许多潜在的不良反应。加速溶剂萃取结合 LC-MS/MS 检测可快速萃取和确证牛肝中的地塞米松及其异构体和猪肉、牛肉、羊肉中的泼尼松、氢化泼尼松、氢化可的松、甲氢化泼尼松、地塞米松、被他米松、氯地米松和氟氢可的松等皮质类固醇药物。合成的促孕激素对新陈代谢具有副作用,为控制违规使用,需要建立灵敏的检测方法。采用加速溶剂萃取技术,脂肪被萃取而类固醇被在线捕集,然后以 LC-MS/MS 净化和 LC-MS 检测,这种方法已用于筛查肾脂中醋酸氟孕酮、醋酸地马孕酮、醋酸甲地孕酮、醋酸氯地孕酮、醋酸美仑孕酮和醋酸甲羟孕酮等 6 种促孕激素。加速溶剂萃取结合 LC-MS/MS 已被用于测定肉和鱼中的大环内酯物。

巴比妥酸盐类药物是对中枢神经系统产生抑制作用的药物。它在体内可分布于所有的组织和器官。加速溶剂萃取已被用于萃取猪肉中的巴比妥、异戊巴比妥和苯巴比妥米那。样品以正己烷/乙酸乙酯(体积比 7:3)萃取,C_{18}-SPE 净化,衍生后的巴比妥酸盐通过 HP-5MS 毛细管柱分离并以质谱检测,实现了对这 3 种巴比妥酸盐类药物的鉴定和准确定量。

7. 孔雀石绿

孔雀石绿为有毒的三苯甲烷类化学物质,在水产和渔业中用作杀菌剂,具有潜在的健康和环境危害性。最近,加速溶剂萃取已被用来萃取虾和鲑鱼中的孔雀石绿、结晶紫、隐孔雀石绿和隐结晶紫。在同样的加速溶剂萃取条件下比较了 4 种萃取系统(Mcllvaine 缓冲溶液-乙腈,醋酸铵缓冲溶液-乙腈,三氯乙酸-乙腈,高氯酸-乙腈)萃取孔雀石绿、隐孔雀石绿、结晶紫和隐结晶紫的效果。结果表明,使用 2.5 mL Mellvaine 缓冲溶液(pH 值为 3)/10 mL 乙腈混合萃取剂可获得最佳的提取效率。萃取液经固相萃取净化后,以 LC-MS/MS 检测,可用于水产品的监控检测。

第二节 分析检测技术

由于动物源性食品中兽药残留检测通常是痕量检测,且基质往往较为复杂,因此,对检测仪器的灵敏度和选择性提出了很高的要求。此外,兽药主要以难挥发的极性和弱极性化合物为主,其不适合使用气相色谱及相关技术进行检测。因此,目前兽药残留检测技术,主要包括酶联免疫吸附法、高效液相色谱法、液相色谱-串联质谱法,以及高分辨质谱法。

一、酶联免疫吸附法(ELISA)

(一)原理

酶联免疫吸附法是被广泛使用的一种免疫分析技术。其基本原理是抗原或抗体结合到某种固相载体表面,并保持其免疫活性,而对应的抗体或抗原与某种酶连接成酶标抗体或抗原,酶标抗体或抗原既保留了免疫活性可以与固相载体表面的抗原或抗体结合,又保留了酶活性,能够以酶为有色产物。产物的量与受检抗体或抗原的量成比例,故可根据颜色深浅来定性或定量分析。

（二）应用

该技术简单、快捷、灵敏度高、特异性强，已成为动物源性食品中兽药残留快速筛选检测的一项技术。酶联免疫吸附法虽然简单快捷，但是只能对某种或某类药物进行检测，不能满足大量目标化合物同时快速筛查的需要。有学者建立了一种 ELISA 方法用于检测鸡肉中 12 种喹诺酮类药物残留，方法检出限为 0.8 ng/mL～6.5 ng/mL，回收率为 67.6%～94.6%，变异系数小于 12.4%，可用于动物源性食品中喹诺酮药物的日常检测。也有文献报道学者建立了一种利用 ELISA 法，该法可以简单、快速检测猪肉中氯丙嗪（CPZ）。以 CPZ-牛血清白蛋包为包被抗原，自制鼠抗 CPZ 单克隆抗体，在此基础上建立可用于定量检测猪肉中 CPZ 含量的间接酶联免疫吸附法，同时优化检测条件并对该方法进行评价。采用自行制备的特异性鼠抗 CPZ 单克隆抗体，同时建立间接竞争 ELISA 检测法，优化得到最佳反应条件：包被抗原最佳稀释倍数为 1∶10000，单克隆抗体最佳工作浓度为 1μg/mL，酶标二抗最佳稀释倍数为 1∶1000，最低检测限为 0.51ng/mL，线性检测范围为 1.37 ng/mL～111.11 ng/mL。建立的间接竞争 ELISA 方法特异性强，灵敏度、精密度、准确度和重现性良好，可用于猪肉组织中 CPZ 残留的快速检测。

二、高效液相色谱法（HPLC）

高效液相色谱法是 20 世纪 70 年发展起来的一项高效、快速的分离分析技术。液相色谱法是指流动相为液体的色谱技术。在技术上采用了高压泵、高效固定相和高灵敏度检测器，实现了分析速度快、分离效率高和操作自动化。它可以用来进行液固吸附、液液分配、离子交换和空间排阻色谱分析，应用非常广泛。高效液相色谱具有高压、高速、高效、高灵敏度等特点。

（一）高效液相色谱-紫外检测法

1. 原理及特点

紫外检测器（Ultraviolet Detector，UVD）是基于溶质分子吸收紫外光的原理设计的检测器，其工作原理是 Lambert-Beer 定律，即当一束单色光透过流动池时，若流动相不吸收光，则吸收度 A 与吸光组分的浓度 C 和流动池的光径长度 L 成正比。其可对具有紫外或可见光吸收基团的物质进行测定。具有选择性好、噪声低、灵敏度高、线性范围宽等特点。

紫外检测器用于检测大部分常见的具有紫外吸收能力的有机物质和部分无机物质。紫外检测器对占物质总数约 80% 的有紫外吸收的物质均可检测，既可测 190 nm～550 nm 范围的光吸收变化，也可向可见光范围 350 nm～700 nm 延伸。紫外检测器适用于有机分子具紫外或可见光吸收基团，有较强的紫外或可见光吸收能力的物质检测。一般当物质在 200 nm～400 nm 有紫外吸收时，考虑用紫外检测器。

紫外吸收检测器优点是不仅灵敏度高、噪声低、线性范围宽、有较好的选择性，而且对环境温度、流动相组成变化和流速波动不太敏感，因此其既可用于等度洗脱，也可用于梯度洗脱。紫外检测器对流速和温度均不敏感，可用于制备色谱。由于灵敏度高，因此即使是那些光吸收小、消光系数低的物质也可用紫外检测器进行微量分析。紫外缺点在于对紫外吸收差的化合物如不含不饱和键的烃类等灵敏度很低。

2. 应用

UVD（紫外检测器）和 DAD（光电二极管阵列检测器）主要用于对磺胺类、喹诺酮类等具有特定紫外和可见光吸收基团的兽药残留的检测，对于其他类别没有特定紫外和可见光吸收基团的兽药没有检测能力或灵敏度较低，并且就其目前的灵敏度也很难适应越来越严格的残留限量的要求。此外，在使用 UVD 和 DAD 检测过程中，化合物的定性和定量测定容易受到基质的干扰和影响，存在因假阳性结果而产生的潜在风险。

（二）高效液相色谱－荧光检测法

1. 原理及特点

荧光检测器（Fluorescence Detector，FLD）是利用被测化合物受到照射后所产生的特征荧光进行测定，其灵敏度在目前常用的 HPLC 检测器中最高，因此在 HPLC 中应用较多。它被用于检测能激发荧光的化合物，最大的优点是极高灵敏度和良好选择性，因而在某些领域如药物和生化分析中起着不可替代的作用。工作原理是当用紫外光照射某些化合物时，药物因受激发而发出荧光，故测定发出的荧光能量即可定量。

荧光检测法的优点：①灵敏度极高。比紫外-可见光检测器的灵敏度约高两个数量级，最小检测量可达 10~13。这是因为在紫外吸收检测法中，被检测的信号 $A=\lg(I_o/I)$，即当样品浓度很低时，检测器所检测的是两个较大信号 I_o 及 I 的微小差别。而在荧光检测法中，被检测的是叠加在很小背景上的荧光强度。荧光检测器是最灵敏的液相色谱检测器，特别适合于痕量分析。另外，荧光检测器的灵敏度还可以用水的拉曼谱带的信噪比来衡量。②良好的选择性。产生荧光的一个必要条件是该物质的分子具有能吸收激发光能量的吸收带，即物质分子具有一定的吸收结构；另一个条件是吸收了激发光能量之后的分子具有高的荧光效率。相对较少的分子具有大的足够检测的量子效率是荧光检测器高选择性的主要原因。在很多情况下，荧光检测器的高选择性能够避免不发荧光的成分的干扰，这也成为荧光检测的独特优点。③虽然荧光检测器比紫外吸收检测器窄，但是对大多数痕量分析来说，该线性范围已足够宽。在分析物质浓度较大时，发射强度由于内滤效应可能随浓度增加而降低。④受外界条件的影响较小。

荧光检测法的缺点：①荧光检测器的高选择性优点在一些情况下，也是该检测器的缺点。因为不是所有的化合物在选择的条件下都能发生荧光，所以荧光检测器不属于通用型检测器，与紫外-可见光检测器相比，荧光检测器应用范围较窄。②对通常发生在荧光测量中的一些干扰非常敏感，如背景荧光和猝灭效应等。虽然这些干扰在液相分析中不经常遇到，但是在进行定量分析时，有必要验证这些干扰是否存在，以及对样品测定的影响程度。尤其对某些物质，如卤素离子、重金属离子、氧分子及硝基化合物等，都应予以特别注意。

2. 应用

喹诺酮类药物具有荧光反应，因此一些研究采用其作为检测方法。国外研究者采用 HPLC-FLD 法对禽类血清样品中环丙沙星、恩诺沙星、达氟沙星和麻保沙星进行测定，方法定量限为 10 ng/mL~120 ng/mL。对于其他兽药则需要添加衍生步骤才可对其进行检测，徐威等人采用 LC-FLD 对牛奶和猪肉中土霉素和四环素残留进行了测定，采用 8% 氧氯化锆溶液进行柱后衍生，激发波长和发射波长分别设置为 406 mm 和 515 m。土霉素和四环素的检出浓度分别为 3 ng/mL 和 5 ng/mL。Galarini 等人开发和验证一种 LC-FLD

法同时测定食品（肝脏，肌肉和牛奶）及饲料中抗寄生虫兽药残留，样品经提取、纯化，由 N-甲基咪唑、三氟乙酸酐和乙酸处理来产生稳定的荧光衍生物，之后由 HPLC-FLD 进行分析。也有研究人员在检测肉类组织中的磺胺类药物时，利用微萃取对目标化合物进行提取，荧光胺衍生后，由 HPLC-FLD 进行检测，方法定量限为 12 ug/kg～44 ug/kg。

（三）高效液相色谱-串联质谱法

高效液相色谱-串联质谱技术是以质谱仪为检测手段，集高效液相色谱（HPLC）的高分辨能力与质谱（MS）的高灵敏度和高选择性于一体的分离分析方法。近年来，随着质谱技术的发展，电喷雾、大气压化学电离等软电离技术日趋成熟，高效液相色谱-串联质谱法定性定量分析结果更加可靠。由于液相色谱质谱联用技术对高沸点、难挥发和热不稳定化合物的分离和鉴定具有独特的优势，已成为中药制剂分析、药代动力学、食品安全检测和临床医药学研究等不可缺少的手段。

样品通过进样系统进入电离源，将样品离子化变为气态离子混合物，由于结构性质不同，因此被电离为各种不同质荷比（m/z）的分子离子和碎片离子。而后，带有样品信息的离子碎片加速进入质量分析器，不同的离子在质量分析器中被分离并按质荷比大小依次抵达检测器。经记录即得到按不同质荷比排列的离子质量谱也就是质谱（mass spectrum）。

1. 质谱的基本结构

质谱仪一般由进样系统、电离源、质量分析器、检测器和真空系统等组成。

（1）进样系统

液质联用仪进样系统一般有两种方式：第一种是输注，即用注射器泵（syringe pump）将样品溶液直接缓慢输入到电离源。这种方法虽然简便、快速，但是需要相对多的样品，且难以实现自动进样分析，一般用于方法开发确定母离子、子离子或调谐时使用。第二种是流动注射，即将样品溶液注入 HPLC 进样系统，由泵缓慢推动溶剂将样品溶液直接注入电离源。这种方法简便、快速，样品溶液的用量较小，易于实现自动进样分析。

（2）电离源

根据离子化的方式不同，电离源可分为电喷雾电离源（ESI）和大气压化学电离源（APCI）。ESI 可产生多电荷离子，可测得分子量范围很大；APCI 适合中等极性的化合物，APCI 模式一般只产生单电荷离子。因此，ESI 的应用更为广泛，如小分子化合物及其各种体液内代谢产物的测定，农药及化工产品的中间体和杂质鉴定，食品中农残和兽残的测定，大分子的蛋白质和肽类的分子量的测定，以及分子生物学等许多重要的研究和生产领域。ESI 源属于温和的软电离方式，主要通过电喷雾形成离子，即当液滴表面电荷达到瑞利极限时发生库仑爆炸，从而使化合物发生离子化而带电。

（3）质量分析器

任何质谱仪的基本功能都是分析气态离子。样品的电离过程和蒸发都在电离源中进行。质量分析器用于分析那些离子，当它们进入检测器时，控制它们的移动，并将它们转化为实际信号。

四极杆质量分析器由 4 个平行且等距离的金属棒组成。四级杆处于对角位置的两根杆被连接在一起，施加直流电压和交流电压，同时在另外一对杆上施加大小相同、极性相反的直流电压和相位相反、振幅与频率相同的交流电压。DC 和 RF 电压被加载在四极杆上，当施加某个电压时，只允许某个特定数值的质荷比的离子能通过四极杆到检测器中，当电压变化成其他数值，其他质荷比的离子也能通过。因此，一个完整的质谱扫描就是应用到四极杆上的 DC 和 RF 电压不断的变动。

对于 DF 和 RF 电压来说质量太大的离子将会漂到负极杆，因为 RF 力不足以克服离子的动能，所以向负杆漂移。当电极杆有负电压时，质荷比低于所选择的质荷比的离子将会加速而漂到正极杆。这个过程将超过带宽的质量数过滤掉，这一带宽是通过在调谐文件中设定的 DC 和 RF 的比值确定的。改变施加于杆的 DC 和 RF 电压，另一质量的离子将会通过四级杆进入检测器。随着四级杆上施加的电压次序的变化，质荷比在某质量范围内的各个离子，可以依次穿过四级杆到达检测器给出响应信号，得到采集数据。

为了使用四极杆进行多级质量分析，需要按顺序摆放三个四极杆。每个四极杆有独立的功能：第一个四极杆（Q1）用于扫描目前的质荷比范围，选择需要的离子；第二个四极杆（Q2）也被称为碰撞池，它集中和传输离子，并在所选择的离子的飞行路径中引入碰撞气体（氩气或氦气），离子进入碰撞池和碰撞气体进行碰撞，如果碰撞能量足够高，离子就会分解，碎裂的方式取决于能量、气体和化合物性质，小离子只需要很少的能量，更重的离子需要更多的能量来碎裂；第三个四极杆（Q3）用于分析在碰撞池（Q2）产生的碎片离子。

三重四极杆有以下几种扫描模式。子离子扫描：MS1 选择了某一特定质量的母离子，碰撞池产生碎片离子，然后在 MS2 中分析，即第一个四极杆在选择性离子监测模式，第二个在全扫描监测模式。母离子扫描：MS1 进行全扫描，碰撞池产生碎片离子，MS2 进行选择特定的碎片离子扫描。中性丢失扫描：MS1 和 MS2 同时扫描，监测母离子特定的中性丢失。单个反应监测：MS1 选择某一质量的母离子，碰撞池产生碎片离子，MS1 只分析一个碎片离子，此过程产生一个简单的单个离子碎片谱图。多重反应监测：MS1 选择某一质量的母离子，碰撞池产生碎片离子，MSI 用于搜寻多个选择反应监测。

（4）检测器

检测器主要由 lris 透镜、高能打拿极（High Energy Dynode，HED）和电子倍增器（Electronic Multiplier，EM）组成，可进行正离子和负离子模式的检测。这个检测器主要用于放大记录通过质量过滤器的离子数目。检测器与离子飞行的路径是离轴的。这样可以保护电子倍增器不受不带电荷的粒子如灰尘和溶剂的影响。

在正离子模式里，正离子通过 lris 透镜聚焦进入检测器。高能打拿极带的负压使离子加速。通过打击打拿极产生电子。电子通过匹配的打拿极聚焦并加速到电子倍增器。每一次有一个电子打击电子倍增器的表面，就会有许多电子释放出来。在电子倍增器上如此反复几次就会有效地增加信号增益。在负离子模式里负离子通过 Iris 透镜聚焦进入检测器。高能打拿极带的正电势使负离子加速。通过打击打拿极表面溅射出正离子。这些正离子打击相应的打拿极，释放出电子到达电子倍增器上。

（5）真空系统

真空系统主要包括前级泵（机械真空泵）和高真空泵（分子涡轮泵或扩散泵）。前级泵为机械泵，又叫粗真空泵，开机时，系统自动先开机械泵降低真空腔的压力，以便高真空泵可以运作。机械泵在系统中降低真空至 $10^{-1}\sim 10^{-2}$ torr。它也作为高真空的"后备泵"。前级泵通常是灌满油的机械泵。这个泵每隔一段时间就需要维护一次，需要更换泵油、过滤器。高真空泵制造低压（高真空），通常被称作"涡轮泵"，可将系统真空降至 10^{-5} torr。分子涡轮泵在进口安装了马达，可以以每分钟 60000 转的速度旋转。这种旋转可使在泵中的气体向下压缩偏转到另一个扇叶，最终排到泵的出口，被机械泵带走。

2. 高效液相色谱-串联质谱的特点

传统的液相色谱法具有高效、快速、高灵敏度的特点，但却只能显示色谱峰保留时间和色谱峰强度，对未知化合物只能通过三维图进行半定性判断，不能准确提供未知组分的结构信息，也不能对未知化合物进行结构鉴定。质谱具有很强的结构鉴定能力，具有选择性高、灵敏度高、专属性好的特点，是进行纯物质分析的有效手段之一，但质谱不能对物质进行有效的分离，在处理复杂组分的时候容易出现混淆，干扰物质结构判断。将色谱和质谱有效结合起来，既能满足未知物质的定性需要，也能满足定量需要，集高效分离和结构鉴定于一体，是对食品等复杂基质中痕量组分定性和定量分析的最有效手段之一。

3. 高效液相色谱-串联质谱法的应用

近年来，高效液相色谱-串联质谱技术在食品安全检测方面应用得越来越广泛，对规范食品生产、控制食品质量、保证食品安全提供了有效的分析测定手段。动物性食品中兽药残留的特点是样品中的残留物水平很低，样品基质复杂，干扰物质多，不易从样品中分离、纯化残留物。因此，进行残留物质的分析和测定必须要有良好的前处理技术及选择性好、灵敏度高的分析仪器，而高效液相色谱-串联质谱完全能够满足这些要求，其适用于需要高灵敏度、宽适用范围、复杂基质的多残留分析工作。目前，这种应用高效液相色谱-串联质谱进行兽药残留的多组分检测技术已逐渐被国内外广泛应用。

四、高分辨质谱法（HRMS）

（一）简介及原理

常见的高分辨质谱主要有傅里叶变换离子回旋共振质谱（FTICR），傅里叶变换静电场轨道阱质谱（Orbitrap），飞行时间质谱（TOF-MS），四级杆-飞行时间质谱（Q-TOF-MS）等。飞行时间质谱通过不同质荷比的离子在飞行管中飞行时间的不同来对目标化合物加以区分，目标化合物在离子源中电离后，经过传输进入飞行管，在脉冲电场的作用下对离子施加相同的电势能，并转化为离子的动能，从而使得离子在飞行管中飞行。由于施加电势能相同，因此离子的质荷比与其在飞行管中的飞行时间的平方成正比关系。通过计算飞行时间最终可确定离子的质荷比。此外，飞行时间质谱也可与四级杆等组件进行串联，从而起到对目标离子进行过滤和筛选的目的，并可进一步通过碰撞碎裂获得相应的碎片离子信息。

（二）应用

高分辨质谱具有同时筛查大量目标化合物的能力，并且在全扫描模式下无须考虑目标化合物的数量，被广泛应用于农兽药多残留筛查与检测中。目前，在兽药残留领域，LC-Orbitrap、LC-TOF/MS、LC-Q-TOF/MS 等技术的应用最为广泛。对于高分辨质谱，其应用于多残留筛查主要有以下几种方式。第一种方式是基于精确质量数，色谱保留时间和同位素分布等条件对目标化合物进行定性测定。第二种方式是采用源内碎裂离子作为辅助定性的依据。第三种方式是通过使用四级杆或线性离子阱的过滤和筛选功能，由碰撞池产生目标化合物的全扫描碎片离子信息，用于最终的定性确认。全扫描碎片离子信息的使用使得化合物获得更多的定性信息和结构信息，从而使化合物确证更加准确可靠。

第三节 药残检测分析

一、氨基糖苷类抗生素

（一）概述

氨基糖苷类抗生素经肌肉注射或静脉滴注吸收，内服后不吸收或很少吸收。其与血浆蛋白结合很少，主要分布在细胞外液。肾脏皮质内药物浓度可超过血药浓度10～50倍，也可进入内耳外淋巴液，其半衰期较血浆半衰期长5～6倍。氨基糖苷类药物在体内几乎不被代谢，约90%以原形经肾小球过滤排出，尿药浓度极高，约为血浆峰浓度的25～100倍。

（二）性状、药动学及残留情况

1. 庆大霉素（Gentamicin）

庆大霉素内服很少吸收，注射后24 h内有40%～65%药物以原形经肾排泄。一次治疗量肌内注射后，在肝和肾中浓度高，肌肉和脂肪中浓度很低，体内不代谢。14天后肾脏中残留量低于 $0.08\mu g/g$。奶牛在一次肌肉或乳房、宫腔注射后，60 h～84 h时牛奶中检测不到残留量。连续5天注射，228 h时残留量低于 30 ng/g。庆大霉素使用后，在动物组织中滞留期为数个月。即使口服，肾脏中残留量也会超过允许限量，在肾脏中滞留期至少为105天，而在肌肉中滞留期为5天。肌注后，在肌肉中滞留期为60天。

2. 卡那霉素（Kanamycin）

卡那霉素肌注，1 h血药浓度达峰值，血浆蛋白结合率很低。用药后24 h内有90%的药物经肾以原形排泄。卡那霉素可透过胎盘进入羊水和胎儿循环中，在牛奶中可检测到。牛、羊、猪肌注，1日5 mg/kg～10 mg/kg，分2次给予，间隔12 h，36 h后牛奶中检测不到卡那霉素残留，肾脏中药物滞留期长。

3. 链霉素（Streptomycin）和双氢链霉素（Dihydrostreptomycin）

链霉素和双氢链霉素内服吸收差，大部分以原形随粪便和尿液排出。牛、羊、马肌注后，血药浓度于1 h达到峰值。一次肌注有效浓度可维持12 h。24 h内，30%～90%的药物以原形经肾排出。链霉素和双氢链霉素主要用于结核杆菌感染，也可用于布氏杆菌病、鼠疫以及其他敏感菌所致的感染；链霉素与磺胺类药物联用，内服用于治疗动物肠道感染。与普鲁卡因、青霉素联用，用于家畜早期非典型治疗和动物乳腺炎；肌注剂量 5 mg/kg～10 mg/kg，口服剂量 20 mg/kg 添加饲料中对动物促生长有作用。双氢链霉素主要用于动物乳腺炎和局部炎症的治疗。注射部位和肾脏中链霉素残留滞留期较长，其他可食部分残留量低，停药期不必很长。乳牛肌注双氢链霉素后不久，在乳汁中残留量很低，为 0.05 ng/g～0.13 ng/g。乳房注入不吸收，药物滞留期应予注意，以免乳汁中残留超标。

4. 壮观霉素（Spectinomycin）

壮观霉素内服、肌注或皮下注射，用于治疗牛、羊、猪或家禽的呼吸道、肠道及其他敏感菌所致的感染。家禽肌注 7.5 mg/kg～12.5 mg/kg，飞禽每只皮下注射 1 mg～5 mg。与林可霉素联用，牛、羊、猪肌注 15 mg/kg 或内服 5 mg/kg～10mg/kg，家禽肌注 30 mg/kg，家禽饲料中添加量 50 mg/kg～150 mg/kg。

壮观霉素主要以原形药由肾排泄出体外，半衰期约为 2.5 h。牛皮下注射后，70%～83%的药物随尿液排出，62%～64%的药物以原形排出。尿中代谢物主要为双氢壮观霉素和两个乙酰化异构体，以及少量氨化壮观霉素和乙酰化衍生物。肝和肾中代谢物主要为双氢壮观霉素和壮观霉素。肝和肾中药物残留量高，滞留期约 15 天。

残留衰竭研究表明，犊牛日肌注 30 mg/kg，连续 5 日，停药后第 3 天在肝、肾、肌肉和脂肪中母药平均浓度分别为 4654 ng/g、43053 ng/g、646 ng/g 和 200 ng/g，停药后第 14 天在肝、肾、肌肉和脂肪中母药平均浓度分别为 903 ng/g、2750 ng/g、200 ng/g 和小于 27 ng/g。

乳猪连服 5 日，日剂量 30 mg/kg，停药后第 3 天肝、肾、肌肉和脂肪中母药平均浓度分别为 1030 ng/g、7700 ng/g、300 ng/g 和 394 ng/g，停药后第 14 天肝、肾、肌肉和脂肪中原药平均浓度分别为 198 ng/g、500 ng/g、小于 300 ng/g 和 26 ng/g。

壮观霉素在血清中以离子化形式为主，低脂溶性，奶汁中浓度有限。奶牛用药后于 12 h、24 h 和 36 h 时采奶，奶汁中药物浓度分别为 1431 ng/g、439 ng/g 和小于 100 ng/g。

5. 新霉素（Neomycin）

新霉素有 A、B、C 三种组分，其中新霉素 B 为主要成分（90%以上），常用其硫酸盐，为白色或类白色粉末，无臭，有引湿性，极易溶于水。

新霉素属广谱氨基苷类抗生素，对多数革兰氏阳性及阴性菌（包括结核杆菌在内）都有较好的抗菌作用。口服很少被吸收，大部分以原形随粪便排出，由于毒性过大，对耳蜗神经及肾脏损害较严重，因此一般不作注射用。其主要用于治疗牛、羊、猪、家禽的细菌性感染。与其他抗生素如土霉素、竹桃霉素、林可霉素和氢化泼尼松联用，治疗奶牛的乳腺炎。添加饲料中对动物促生长有作用。

新霉素几乎不被胃肠道吸收，乳腺很少吸收。药物非经胃肠道给予，吸收迅速，体内药物生物转化很小。内服大部分以原形随粪便排出，注射很快随尿液排出。新霉素在动物可食部分、鸡蛋、牛奶中药物滞留期长，应予注意。

6. 妥布霉素（Tobramycin）

本品内服不吸收，肌注 30 min 可达血药峰值浓度，半衰期为 1.5 h～3 h。主要经肾小球滤过排出，24 h 尿中排出率约 80%～85%。

7. 斑伯毒素（Bambermycin）

斑伯霉素是大分子化合物，易形成复杂的络合物，因而极难被动物消化吸收，食入的斑伯霉素最终以原形并带有生物活性随粪排出体外。其被用作饲料添加剂，具有抗生素类添加剂的防病和促生长等作用。由于其在动物消化道内不吸收，不会在体内和产品中有残留，因而公认它是安全而无公害的。也有人把斑伯霉素称之为绿色"抗生素"。斑伯霉素最先由德国赫司特（Hoechst）公司推出，现已风行全世界。

（三）样品处理

1. 提取

氨基糖苷类抗生素分子均为氨基糖与氨基环醇的缩合苷，为一类水溶性、不挥发、较强极性的碱性抗生素。由于分子结构中含有多羟基，因此易与玻璃表面的硅羟基形成氢键。为了避免玻璃器皿对样品的吸附，在前处理过程中宜用塑料器皿。

生物样品中氨基糖苷类与蛋白质和脂类等混杂在一起，杂质的存在导致色谱柱污染，柱压上升，严重影响色谱柱的分辨率，缩短色谱柱的寿命。生物样品预处理是除去混杂物以免污染色谱柱和干扰氨基糖苷类的分离、分析。样品的预处理包括提取、脱脂、净化和样品浓缩。

生物样品中氨基糖苷类药物仍具有水溶性质，难以用有机溶剂提取，因此必须用蛋白沉淀剂或固相萃取柱除去生物组织（如蛋白质、脂肪等）。含脂高的生物样品一般在提取前先除去脂类。体液样品脱脂可采用离心或正己烷提取。固态样品（如肌肉、肾、肝）的处理相对复杂些，包括匀浆、提取/脱脂等步骤。

除蛋白的方法有许多种。一是沉淀法，即在样品溶液中加入甲醇-盐酸溶液沉淀蛋白质。二是酸提取法，即在样品中加入三氟乙酸、三氯乙酸、三氯乙酸-柠檬酸盐、高氯酸溶液沉淀蛋白质，将生物样品与酸溶液混匀或一起均质。在某些情况下，如测定肾脏中阿布拉霉素，还需用浓氢氧化氨溶液对蛋白进行水解以确保有较好的样品回收率。蛋白水解包括酸解法或碱解法，上清液再经中和。三是超滤法，经超滤法处理后的样品不会引入新的盐类污染及假色谱峰。四是固相萃取法，这是近年来在残留分析中应用最广的一种快速、简便的除蛋白方法。

用高或低的pH值介质可有效提取生物样品中氨基糖苷类药物。例如，用三氯醋酸、三氟醋酸、高氯酸、三氯醋酸-柠檬酸或甲醇-高氯酸溶液与样品一起均质、提取。又如用碱性介质如甲醇-氢氧化氨溶液提取猪肾组织中的阿布拉霉素。食品中氨基糖苷类药物的提取，可加入碱性缓冲液，并加热脱去蛋白，达到净化的目的。

2. 净化

净化方法包括液-液分配、固相萃取和基质固相分散技术（MSD）、在线痕量富集法等。有时为了达到更好的净化效果，通常将几种方法结合应用。

（四）分析方法（现行标准）

主要现行国内标准：

（1）GB/T 22969-2008 奶粉和牛奶中链霉素、双氢链霉素和卡那霉素残留量的测定 液相色谱-串联质谱法。

（2）GB/T 21323-2007 动物组织中氨基糖苷类药物残留量的测定 高效液相色谱-质谱/质谱法。

（3）GB/T 21329-2007 动物源性食品中庆大霉素残留量检验方法 酶联免疫法。

（4）GB/T 21330-2007 动物源性食品中链霉素残留量测定方法 酶联免疫法。

（5）SN/T 5119-2019 进出口食用动物中新霉素药物残留测定 酶联免疫吸附法和液相色谱－质谱/质谱法。

（6）农业农村部公告第197号-3-2019 饲料中硫酸新霉素的测定 液相色谱－串联质

谱法。

（7）农业部 1163 号公告-7-2009 动物性食品中庆大霉素残留检测 高效液相色谱法。

二、四环素类

（一）概述

四环素类（Tetracyclines）抗生素是一类碱性广谱抗生素，包括从链霉菌属培养物提取的土霉素、四环素、金霉素以及多种半合成四环素如强力霉素、米诺环素等。

（二）药动学及残留情况

1. 土霉素（Oxytetracycline）

内服易吸收，但不完全。一次内服后，一般 2 h～4 h 达血药峰浓度，牛因部分药物进入瘤胃后延缓吸收，需 4 h～8 h 才达峰浓度。吸收后广泛分布于肝、肾、肺等组织和体液中，易渗入胸水、腹水、胎畜循环及乳汁中，不易透过血脑屏障。在脑脊液中的浓度约为血浓度的 10%～20%，脑膜发炎时可略高。也有微量渗入瘤胃液中，并能沉积于骨、齿等组织内。主要以原形从尿中排出。一部分在肝脏胆汁中浓缩，排入肠内，部分再被吸收，形成"肝肠循环"。肾功能减退时可在体内蓄积。

绵羊肌注后 14 天，组织中残留量低于允许限量值 0.1 mg/kg。奶牛肌注 5 mg/kg 后 1～4 天，奶中残留量在 370～10 μg/kg。猪内服 40 mg/（kg/d），连服 5 日，休药 4 天可食组织中残留量 0.04 mg/kg。犊牛同剂量用药后休药 5 天，肾、肝、肌肉和脂肪中残留量分别为 0.40 mg/kg、0.20 mg/kg、0.060 mg/kg 和 0.027 mg/kg。大剂量用药（800 mg/kg～1600 mg/kg）后，可食组织中残留量维持 7 天。蛋鸡饮服 7 天，蛋清浓度迅速达到峰值，但蛋黄浓度维持时间长，休药 13 天蛋清和蛋黄中均可检测到残留量。

2. 四环素（Tetracycline）

内服吸收不完全，吸收量约为 30%～70%。血药浓度较土霉素略高，对组织的透过率亦较高。蛋白结合率 65%。在胆汁中浓度可达血清浓度的 5～20 倍，可透入胎盘进入乳汁。水牛、黄牛、猪一次静脉注射盐酸四环素的半衰期分别为 3.99 h、5.39 h、3.62 h。休药期为：牛 5 日，猪 5 日，鸡 2 日。

狗、鼠内服放射性标记四环素后，发现体内没有代谢物，主要以金属螯合物的形式经肾排泄，体内的四环素结构未发生变化。鸡内服 100 mg/kg 或静注 20 mg/kg 后，休药 5 天，肌肉、肾和肝中残留量分别为 0.03 mg/kg、0.13 mg/kg 和 0.05 mg/kg。山羊每日肌注四环素和土霉素 15 mg/kg，连注 4 日，休药 4 天，奶中残留量为：四环素 0.913 mg/kg，土霉素 0.459 mg/kg。

3. 金霉素（Chlortetracycline）

在药动学上同土霉素。金霉素在体内不稳定，易发生异构化，形成 4-差向金霉素（4-epichlortetracycline）和少量的异金霉素（isochlortetracycline），主要经肾和胆汁排泄。

4. 强力霉素（Doxycycline）

内服吸收良好，生物利用度为 90%～100%。与四环素和土霉素不同，进食对强力霉素的吸收影响小，仅降低 20%。体内分布广泛，以肾和肝中浓度最高，骨和牙质次之。具有较高的脂溶性，较之四环素或土霉素更易透入体组织和体液。不同动物有不同的血浆蛋白结合率，犬 75%～86%，牛、猪约 93%。体内代谢程度约 40%。强力霉素的排泄相当独特,主要以非活性形式沿非胆汁途径排入粪便内,即药物在肠组织内以螯合形式部分被灭活,随之排入肠腔。大约有75%的用药量以此种方式排泄,肾排泄仅占用药量的25%,而胆汁排泄小于5%。犬的血清半衰期约为10 h～12 h。犊牛的药动学数值与之相似。猪肌每日注10mg/kg,连注4日后,休药6天,肺、肌肉、肝和肾中残留量分别为0.067 μg/kg、0.047 μg/kg、0.18 μg/kg和0.47 μg/kg,但脂肪中未检出。犊牛每日内服10 mg/kg连服5日后,14天,肾和肝中仍存在残留。鸡单次内服100 mg/kg或静注20 mg/kg后,休药5天,肌肉、肾和肝中残留量分别为0.06 mg/kg、0.17 mg/kg和0.12 mg/kg。

5. 米诺环素（Minocycline）

内服吸收迅速完全,几乎不受食物的影响。一次内服后2 h～3 h达血药浓度峰值。主要经肾排泄和肝代谢。

（三）样品处理

1. 提取

四环素类抗生素的四环母核上含有下列官能团：二甲氨基［—N（CH3）$_2$］、酰氨基（—CONH$_2$）、酚羟基（在D环上）和两个含有酮基和烯醇基的共纯双键系统。本类抗生素是两性化合物,分子中存在酚羟基和烯醇型羟基,显弱酸性；同时含有二甲胺基,显弱碱性,故遇酸及碱,均能生成相应的盐。四环素类抗生素的游离碱,在水中的溶解度很小,其溶解度与溶液的pH值有关,在pH4.5～pH7.2时难溶于水,但若酸性或碱性增强,则溶解度增加。当pH值低于4或高于8时,可以得到高浓度的四环类化合物的水溶液。其盐类在水中会水解,当溶液浓度较大时,会析出游离碱,酸度大时能防止水解。四环素类抗生素对各种氧化剂（包括空气中的氧在内）都是不稳定的。其碱性水溶液特别容易氧化,颜色很快变深。

由于四环类抗生素的分子内含有蒽酮类发色团,一般为黄色结晶性粉末,在270 nm～360 nm处有强的紫外吸收。四环类抗生素在碱性溶液中,C环打开,生成无活性的具有内酯类结构的异四环素。若在强碱性溶液中加热,几乎可以定量转化为异四环素类产物,具有强烈荧光。

四环素类抗生素在弱酸性（pH2.0～pH6.0）溶液中,A环上手性碳原子C4的构型易改变,发生差向异构化反应,形成差向化合物。反应是可逆的,达到平衡时溶液中差向对映体的含量可达到40%～60%。四环素、金霉素很容易差向化,形成4-差向四环素和4-差向金霉素。土霉素类抗生素,由于C5上的羟基和二甲氨基形成氢键,因而较稳定,不易发生差向异构化。差向化速度与很多因素有关,当pH<2或pH>9时,差向化速度很小。溶液中阴离子的性质和浓度也对差向化速度有影响,高价的无机酸、有机酸根存在或阴离子的浓度增加,都能使差向化速度增大。

四环素类抗生素在0.03 mol/L盐酸溶液中最稳定,在浓度盐酸溶液中能够长期放置而不降解。但在较酸或较碱溶液中,甚至在中性溶液中均可能发生复杂的降解反应或异构化。

液体样品（如牛奶）一般先通过离心去除部分蛋白和颗粒,再用乙酸盐、磷酸盐、McIlvaine或McIlvaine/EDTA缓冲液稀释。组织样品（肌肉、肾脏、肝脏）提取前,样品需要剁碎或均质。

从生物样品中分离四环素类比较复杂，因为这类药物易与金属离子形成螯合物，以及与组织中的蛋白强烈结合，因此须用强酸或酸性脱蛋白剂进行提取。然而，在酸性条件下（pH值＜2.0），四环素类药物降解为脱水物，加热时又可转变为差向异构体。因此，提取时最好用含有EDTA、琥珀酸盐、草酸等螯合剂的弱酸性溶剂。常用的弱酸性溶剂有EDTA-McIlvaine缓冲液（pH值为4.0）、琥珀酸盐缓冲液（pH值为4.0）、酸化乙腈、酸化甲醇。另外，三氯乙酸（pH值为2.0）、柠檬酸盐缓冲液（pH值为4.0）、柠檬酸盐缓冲液/乙酸乙酯（pH值为4～5）和盐酸/甘氨酸缓冲液亦用于样品的提取和沉淀蛋白质。其他提取方法包括用含苯丁唑酮离子对试剂的二氯甲烷提取蛋中四环素类药物，超滤法提取牛奶、猪组织中四环素类药物。

2. 净化

初提取液中含大量的内源性干扰杂质，还需要净化处理，包括液-液分配、固相萃取（SPE）、基质固相分散、超滤、免疫亲和色谱和在线痕量富集等方法。为达到更好的净化效果，可将几种方法结合使用。

四环素类药物不溶于二氯甲烷等疏水性有机溶剂，因此液-液分配利用疏水性有机溶剂将水相中的一些脂溶性杂质洗去。但当有四丁基铉离子对试剂存在时，二氯甲烷可直接提取水相中（pH值为8.2）的土霉素和四环素，其萃取率达85%以上。

由于四环素类不易从水相进入有机相，因此可采用固相萃取柱净化。

（四）分析方法

生物样品中四环素药物的含量测定方法，除有微生物测定外，主要还有荧光分光光度法、薄层色谱法、高效液相色谱法和毛细管电泳法等。

主要现行国内标准：

(1) GB 31658.6-2021 食品安全国家标准 动物性食品中四环素类药物残留量的测定 高效液相色谱法。

(2) GB 31658.17-2021 食品安全国家标准 动物性食品中四环素类、磺胺类和喹诺酮类药物残留量的测定 液相色谱-串联质谱法。

(3) GB/T 5009.116-2003 畜、禽肉中土霉素、四环素、金霉素残留量的测定（高效液相色谱法）。

(4) GB/T 19684-2005 饲料中金霉素的测定 高效液相色谱法。

(5) GB/T 20444-2006 猪组织中四环素族抗生素残留量检测方法 微生物学检测法。

(6) GB/T 20764-2006 可食动物肌肉中土霉素、四环素、金霉素、强力霉素残留量的测定 液相色谱-紫外检测法。

(7) GB/T 21317-2007 动物源性食品中四环素类兽药残留量检测方法 液相色谱-质谱/质谱法与高效液相色谱法。

(8) GB/T 22259-2008 饲料中土霉素的测定 高效液相色谱法。

(9) GB/T 22990-2008 牛奶和奶粉中土霉素、四环素、金霉素、强力霉素残留量的测定 液相色谱－紫外检测法。

(10) SB/T 10500-2008 饲料中土霉素的测定-高效液相色谱法。

(11) SN/T 3256-2012 出口牛奶中β-内酰胺类和四环素类药物残留快速检测法 ROSA法。

（12）SN/T 4814-2017 进出口食用动物四环素类药物残留量的测定 液相色谱-质谱/质谱法。

（13）SN/T 4924-2017 进出口食用动物中四环素类药物残留量的测定 放射受体分析法。

（14）农业部 958 号公告-2-2007 猪鸡可食性组织中四环素类残留检测方法 高效液相色谱法。

（15）农业部 1025 号公告-12-2008 鸡肉、猪肉中四环素类药物残留检测 液相色谱-串联质谱法。

（16）农业部 1025 号公告-20-2008 动物性食品中四环素类药物残留检测 酶联免疫吸附法。

（17）农业农村部公告第 282 号-2-2020 饲料中土霉素、四环素、金霉素、多西环素的测定。

（18）DB12/T 987-2020 鲜、冻畜禽肉中磺胺类、喹诺酮类和四环素类兽药残留量的测定 液相色谱-串联质谱法。

（19）DB13/T 1384.2-2011 饲料中土霉素、四环素、金霉素的测定。

（20）T/SATA 012-2019 蛋制品中多种药物（磺胺类、喹诺酮类、四环素类、氯羟吡啶、金刚烷胺）残留量的测定 液相色谱-串联质谱法。

（21）T/JZNX 006-2020 牛奶中四环素类、大环内酯类、头孢菌素类、酰胺醇类、喹诺酮类、磺胺类兽药多残留的测定 液相色谱－串联质谱法。

（22）T/KJFX 002-2021 畜禽肉中喹诺酮类、四环素族、甲砜霉素和氟苯尼考残留量的同时快速测定 联免疫微阵列生物芯片法。

三、氯霉素类

（一）概述

氯霉素类属酰胺醇类广谱抗生素，包括氯霉素、甲砜霉素和氟苯尼考，后两者为氯霉素的衍生物。早期的氯霉素是从委内瑞拉链霉菌的培养液中获得，现均为人工合成。由于分子中存在两个不对称碳原子，故有四个立体异构体。在这些异构体中，唯具左旋性的 D-（-）-苏阿糖型有抑菌活性。

（二）药动学及残留情况

1. 氯霉素（Chloramphenicol）

氯霉素口服吸收良好，在体内分布广泛，可进入胸水、腹水、滑膜液和玻璃体内。脑组织中药物浓度可高于血清浓度几倍，但脑脊液药物浓度只为血清浓度的 1/2。可透过胎盘，并进入乳汁。在胆汁中含量较低，有一半以上药物在肝、肾和血清中与葡萄糖醛酸结合失活，肌肉中呈游离态。犊牛一次内服 50 mg/kg，3 h 时血浆中发现有 6 个代谢物，其中与葡萄糖醛酸共轭结合代谢物为主要成分，浓度达到 2.6 mg/kg，代谢物硝基胺基丙二醇，浓度为 0.13 mg/kg；约有 2%其他代谢物是脱乙酰基和脱氯；另有 10%在尿液中以原形排出。

氯霉素的药动学在不同动物间差异很大，给犬、猫、猪、山羊和马静脉注射 22 mg/kg 后，其血浓度以马最高（21.5 mg/L），猫最低（9.3 mg/L），而犬（12.4 mg/L）、猪

(21 mg/L) 和山羊（16.5 mg/L）则介于马、猫中间。消除半衰期以马最短（0.9 h），猫最长（5.1 h），而犬、猪、山羊则分别为 4.2 h、1.3 h 和 2 h。

氯霉素肌内注射后在注射部位蓄积，吸收比内服慢（反刍动物除外），牛在 2 h～12 h 产生并维持有效血浓度。琥珀氯霉素的水溶性强，注射后吸收迅速，给母牛一次肌注 50 mg/kg，其血药峰浓度较同量氯霉素高 6 倍，消失也较快。静脉注射氯霉素能立即达到血药峰浓度，有效血浓度的维持时间短，例如，给母牛静脉注射 11 mg/kg 只能维持有效血浓度 4 h～5 h。琥珀氯霉素给鸡肌内注射后，吸收及消除均迅速，10 min 达血药峰浓度，6 h 即不易检出；以 40 mg/kg～80 mg/kg 体重的剂量混于饲料中喂服，4 h 达有效血浓度（4 mg/L～16 mg/L）；以 0.1% 和 0.2% 浓度的饮水给鸡饮服，36 h 亦能在血中达到以上水平。由于马静脉注射后氯霉素从体内消失迅速，故马不适合静脉注射。

氯霉素注射后迅速进入肠肝循环，药物作用时间较长，数周内都可以检出药物的残留。例如，山羊肌注后残留量降到 0.05 mg/kg 时，注射部位需要 14 天，非注射部位肌肉需要 6 天，脂肪需要 9 天，肝和肾需要 11 天。

氯霉素在肝脏中的主要代谢产物主要为氯霉素-葡萄糖醛酸结合物、氯霉素碱、氯霉素醇和氯霉素草氨酸盐。肝中生物转化后，大部分随尿液排出。

2. 甲砜霉素（Thiamphenicol）

内服或注射吸收快而完全，给药后 2 h 血药浓度达峰值，胆汁中浓度可为血药浓度的 4 倍。连续用药在体内无蓄积现象。甲砜霉素吸收后在体内分布广泛，以肾、脾、肝、肺等中的含量较多，比同剂量的氯霉素约高 3～4 倍。甲砜霉素在体内很少代谢，兔和鼠中 90% 以上药物以原形自尿中排出，部分自粪便中排出，但在猪中葡萄苷酸化相对较高。

牛饲喂后，4 天时，牛肝、肾和肌肉中药物残留量分别为 65 μg/kg～77 μg/kg、50 μg/kg～115 μg/kg 和低于 20 μg/kg，10 天时，低于 20 μg/kg。奶牛乳房注射后，24 h 时，牛奶中残留量大于 800 μg/kg，48 h 时，低于 20 μg/kg。鸡饮服后，24 h 时鸡肝、肾、肌肉、表皮/脂肪中残留量分别为 310.2 μg/kg、386.2 μg/kg、852.4 μg/kg 和 20100 μg/kg，17 天时，鸡肝、肾、肌肉、表皮/脂肪中残留量分别为 7 μg/kg～21 μg/kg、低于 3 μg/kg、4.6 μg/kg～57.8 μg/kg 和 5100 μg/kg。蛋鸡停药后，4～7 天内鸡蛋中药物残留量从 72 μg/kg～190 μg/kg 降至 20 μg/kg～43 μg/kg。

3. 氟苯尼考（Florfenicol）

氟苯尼考在动物胃肠道内吸收良好。猪经胃管灌喂 5 mg/kg 后 1 h，血药浓度即达 2.25 mg/L，是甲砜霉素的 3 倍多；鱼、鸡、马和牛静脉注射的半衰期分别为 12.2 h、173 min、(1.8±0.9) h 和 159 min。氟苯尼考在动物体内主要代谢产物是氟苯尼考胺（FFA）和氟苯尼考醇（Florfenlcolalcohol）。美国残留监控中把 FFA 作为鱼组织中氟苯尼考的标志残留物。

氟苯尼考内服吸收良好，在动物体内呈全身性分布，但各组织器官药物浓度不同。血液和肌肉中药物浓度相近，脑中药物浓度较低，胆汁中浓度高，且有较高的内服生物利用度（猪 109%、犊牛 88%、肉仔鸡 55%）。这预示存在肠肝循环。在肾和眼球脉络膜中有蓄积作用，说明氟苯尼考及其代谢物可能与黑色素结合。氟苯尼考主要经肾排泄，犊牛静脉注射和内服后分别有 50% 和 65% 的原药从尿排出，少量经粪便排出。

(三) 样品处理

1. 提取

液体样品（如牛奶）通过离心脱脂，用水稀释后再经固相萃取柱净化。组织样品（肌肉、肾脏、肝）在提取前，需要将样品粉碎或均质。氯霉素有一半以上药物在肝、肾和血清中与葡萄糖醛酸结合，故用葡糖苷酸酶水解，释出游离的氯霉素，但在猪、鸡和牛肌肉组织中未发现有葡萄糖醛酸结合。组织样品的提取/脱蛋白一般用乙酸乙酯和乙腈。乙腈适合氯霉素类三种药物的同时提取，但其提取效率不及乙酸乙酯。其他有机溶剂及无机溶剂有丙酮、甲醇、乙醚、乙酸异戊酯、三氯乙酸、磷酸盐缓冲液（pH值为7.8）、水和尿素溶液。

2. 净化

初提取液净化可采用液-液分配、透析、固相萃取、基质固相分散、免疫亲和色谱、液相色谱和在线富集技术等。为获得更高的净化效果，可将几种方法结合使用。

(四) 分析方法

生物样品中氯霉素类的分析主要采用色谱法，包括薄层色谱法、液相色谱法和气相色谱法。

主要现行国内标准：

(1) GB 29688-2013 食品安全国家标准 牛奶中氯霉素残留量的测定 液相色谱-串联质谱法。

(2) GB 31658.2-2021 食品安全国家标准 动物性食品中氯霉素残留量的测定 液相色谱-串联质谱法。

(3) GB/T 8381.9-2005 饲料中氯霉素的测定 气相色谱法。

(4) GB/T 9695.32-2009 肉与肉制品 氯霉素含量的测定。

(5) GB/T 20756-2006 可食动物肌肉、肝脏和水产品中氯霉素、甲砜霉素和氟苯尼考残留量的测定 液相色谱-串联质谱法。

(6) GB/T 21108-2007 饲料中氯霉素的测定 高效液相色谱串联质谱法。

(7) GB/T 21165-2007 肠衣中氯霉素残留量的测定 液相色谱-串联质谱法。

(8) GB/T 22338-2008 动物源性食品中氯霉素类药物残留量测定。

(9) NY/T 3409-2018 畜禽肉中氯霉素的测定。

(10) SN/T 1864-2007 进出口动物源食品中氯霉素残留量的检测方法 液相色谱-串联质谱法。

(11) SN/T 4537.1-2016 商品化试剂盒检测方法 氯霉素 方法一。

(12) SN/T 4537.2-2016 商品化试剂盒检测方法 氯霉素 方法二。

(13) SN/T 4537.3-2016 商品化试剂盒检测方法 氯霉素 方法三。

(14) GSB 11-3563-2019 鸡肉中氯霉素定量分析标准样品。

(15) 农业部 781 号公告-1-2006 动物源食品中氯霉素残留量的测定 气相色谱-质谱法。

(16) 农业部 781 号公告-2-2006 动物源食品中氯霉素残留量的测定 高效液相色谱-串联质谱法。

(17) 农业部 1025 号公告-21-2008 动物源食品中氯霉素残留检测 气相色谱法。

(18) 农业部 1025 号公告-26-2008 动物源食品中氯霉素残留检测 酶联免疫吸附法。

(19) 农业部 2483 号公告-8-2016 饲料中氯霉素、甲砜霉素和氟苯尼考的测定 液相色谱-串联质谱法。

(20) DB37/T 3118-2018 禽蛋中氯霉素类药物残留量的测定 液相色谱法。

(21) DB34/T 821-2008 动物组织中氯霉素的残留测定 酶联免疫吸附法。

(22) GSB 11-3563-2019 鸡肉中氯霉素定量分析标准样品。

(23) DB34/T 1361-2011 饲料中氯霉素的测定气相色谱质谱法。

(24) DB32/T 905-2006 兽药散剂中氯霉素的测定 高效液相色谱法。

(25) T/JAASS 17-2021 液态乳和乳粉中氯霉素、氟苯尼考、甲砜霉素、林可霉素、替米考星、诺氟沙星、环丙沙星、恩诺沙星残留量的测定 液相色谱-串联质谱法。

(26) T/KJFX 001-2021 畜禽肉中磺胺类、氯霉素和硝基呋喃代谢物残留量的同时快速测定 酶联免疫微阵列生物芯片法。

(27) T/FSAS 7-2017 禽畜产品及水产品中氯霉素残留的快速检测。

四、大环内酯类和林可霉素类

(一) 概述

大环内酯类内服可吸收,体内分布广泛,胆汁中浓度很高,不易透过血脑屏障。主要从胆汁排出,粪中浓度较高。

林可霉素类(Lincosamides)是一类具有氨基酸侧链单苷结构的碱性抗生素,天然制品由链霉菌培养液中取得,经半合成改造可制得新型品种,代表品种有林可霉素、克林霉素和吡利霉素。林可霉素类抗菌谱较大环内酯类窄。革兰氏阳性菌及某些支原体(猪肺炎支原体、猪鼻支原体、猪关节液支原体)、钩端螺旋体均对本品敏感。而革兰氏阴性菌对本品耐药。林可霉素类的最大特点是对厌氧菌有良好抗菌活性。本类药物的作用机理同大环内酯类,主要作用于细菌核糖体的 50S 亚基,通过抑制肽链的延长而影响蛋白质的合成。

(二) 药动学及残留情况

1. 大环内酯类抗生素

(1) 泰乐菌素(Tylosin)

酒石酸泰乐菌素内服后易从胃肠道(主要是肠道)吸收。给猪内服后 1 h 即达血药峰浓度。磷酸泰乐菌素则较少被吸收。泰乐菌素碱基注射液皮下或肌内注射能迅速吸收。泰乐菌素吸收后同红霉素一样在体内广泛分布,注射给药的脏器浓度比内服高 2～3 倍,但不易透入脑脊液。泰乐菌素进入乳汁中的浓度约为血清浓度的 20%。由于药物在体内经肝肠循环再吸收,故鸡在内服 6 h 后,其血浓度和脏器浓度常高于 1 h 的浓度。小动物的消除半衰期为 0.9 h,新生犊牛为 2.3 h,而 2 月龄以上犊牛为 1.1 h。猪的排泄速度比家禽快。部分药物在体内代谢,但组织中的母药浓度较代谢物浓度高。猪内服后,主要经胆汁以泰乐菌素 A、D 和双氢去碳霉糖泰乐菌素(dihydrodesmycosin)排泄,肾和肝中的残留量极低。

动物组织中残留量取决于给药方式。肌注在注射部位和肾中残留量为最高,内服在肝中残留量为最高,而且肌注比内服残留量高、滞留时间更长。由于内服残留量比较低,因此饲料中即使添加 1000 mg/kg，家畜喂服后在肝脏中也很难检测到残留物。泰乐菌素可以进入奶和蛋中，因此产蛋母鸡和泌乳奶牛禁用。有试验表明，奶牛日肌注 17.6 mg/kg，连续 5 日，停药后 3 天内奶中可检出残留量，平均浓度为 0.03 mg/kg。因此，奶牛用药后 96 h 内采的奶不能供人类食用。肉鸡宰杀前，饲服休药期为 1 天，肌注休药期为 3 天。火鸡和猪宰杀前休药期为 5 天和 21 天。

(2) 替米考星（Tilmicosin）

与其他大环内酯类抗生素相比，替米考星用药安全性低，其毒作用的靶器官是心脏，可引起心动过速和收缩力减弱。牛皮下注射 50 mg/kg 不致死，150 mg/kg 则致死。猪肌内注射 10 mg/kg 引起呼吸增数、呕吐和惊厥，20 mg/kg 可使 3/4 的试验猪死亡。猴一次肌内注射 10 mg/kg 无中毒症状，20 mg/kg 引起呕吐，30 mg/kg 则致死。

内服或皮下注射本品后吸收快，组织穿透力强，分布容积大，尤以肝和乳中浓度较高。半衰期可达 1～2 日，体内维持时间长。牛皮下注射 100 mg/kg，1 h 血药浓度达峰值，3 天后血清浓度保持 0.07 mg/L。给奶牛静脉注射后 0.5 h 乳中药物浓度远高于血药浓度，乳中药物半衰期为 22.6 h。皮下注射后 0.5 h，乳中浓度高于血药浓度近 52 倍，半衰期长达 33.8 h。通过给牛放射性标记替米考星的测定，发现替米考星主要通过粪排泄；可食组织、肝和肾中含高浓度的残留，尤以肝中残留量为最高且滞留期长；28 天后肝中母体残留量降至 1 mg/kg；肝中代谢物为脱甲基代谢物。替米考星在体内滞留时间长，产奶期奶牛和肉牛犊禁用。有试验表明，奶牛一次量皮下注射 10 mg/kg，停药后第 19～31 天，奶中残留量超过 25 μg/kg。奶羊皮下注射后，8 h 时奶中残留量达最高为 10247 μg/kg，12 天时奶中残留量低于 MRL 值（50 μg/kg），奶中药物半衰期约 24 h。通过给鸡日饮服放射性标记替米考星 25 mg/L～450 mg/L，连续 3～5 日，发现标记物主要分布在肝和肾中，少量在肌肉和脂肪中；组织、排泄物和胆汁中的残留物主要为母药，部分为去甲基化、羟基化、还原化和硫酸化的代谢产物。牛、猪和羊的药动学与鸡相似。按药品使用规定给鸡用药，停药后第 3～17 天肝中母药残留量从 2.6 mg/kg 降至 0.13 mg/kg；第 3～10 天肾中残留量从 0.65 mg/kg 降至 0.08 mg/kg，第 10 天后低于 0.06 mg/kg，第 3～14 天肌肉、脂肪和皮中残留量从 0.10 mg/kg 降至 0.014 mg/kg。

(3) 西地霉素（Sedecamycin）

西地霉素母药和代谢物在体内的滞留期短，休药 1 天后组织中检测不出总残留。猪在 14 天或 28 天内连续喂服 50 mg/kg～500 mg/kg，停药后 2 h 时肝中药物残留达最高，但肌肉、脂肪中未检出残留，即使在 500 mg/kg 大剂量情况下也一样。

(4) 红霉素（Erythromycin）

红霉素能广泛分布到各种组织和体液中，在肝和胆汁中含量最高，胆汁中药物浓度为血清浓度的 30 倍。大部分药物在肝脏代谢，主要代谢途径为脱氧糖胺（desosamine sugar）的 N-去甲基化。主要经胆汁排泄，部分在肠道中重吸收，少量以原形经尿排泄。其消除半衰期：猪 1.21 h、黄牛 1.97 h。用其肠溶片，内服吸收率约为 18%～45%，但可被胃酸破坏。猪按 50 mg/kg 量喂服红霉素肠溶片，1 h 达血药峰浓度，有 73% 的猪在血中较长时间地维持大于 1 mg/L 浓度。给猪静脉注射乳糖酸红霉素 8 mg/kg 后 5 min 血浓度为 7.63 mg/L，1 h 后降至 1 mg/L，6 h 仅存 0.06 mg/L。同量给黄牛一次静脉注射，0.08 h 血清浓度为 14.09 mg/L，1 h 降至 2.88 mg/L，6 h 尚存 0.50 mg/L。肌肉注射后，

2 h 肝、肺和肾中药物浓度达峰。产蛋鸡肌内注射 25 mg/kg 后 0.5 h 达血药峰浓度 (1.3 mg/L)，内服 100 mg/kg 后 1 h 达血药峰浓度 (0.59 mg/L)，在饮水中投喂 0.5 g/L~1 g/L，血中浓度甚低 (0.08 mg/L~0.76 mg/L)。

(5) 竹桃霉素 (Oleandomycin)

内服吸收慢，内服需用三乙酰竹桃霉素，但三乙酰竹桃霉素连续服用会损害肝脏，有皮肤过敏或腹泻等反应。三乙酰竹桃霉素在体内可代谢，但竹桃霉素在体内不代谢。内服或注射后，大部分组织如肝、肾、脾、心、肺和胆中可以检测到残留物。

(6) 螺旋霉素 (Spiramycin)

内服胃肠吸收不规则，吸收后广泛分布于体内。部分药物被胃酸分解为新螺旋霉素 (neospiramycin)，其抗菌活性与螺旋霉素相似。螺旋霉素在肝脏代谢，主要经胆汁和肾排泄，部分由乳汁排出，乳汁中新螺旋霉素浓度是螺旋霉素浓度的 6%~7%。

螺旋霉素在体内吸收后滞留时间较长，药效维持时间长。牛注射 30 mg/kg 后，肝和肾中药物浓度较高，肝中滞留期为 28 天。犊牛日饲服 25 mg/kg，连续 7 日，肝和肾中药物残留很高，休药 24 天降至 0.1 mg/kg，而脂肪和肌肉休药 3 天后检测不出残留量。猪和家禽内服后休药 10 天，肝和肾中残留量低于 0.3 mg/kg。肉鸡饲服 300 mg/kg 连续 10 日，休药 8 天，肝中残留量低于 0.02 mg/kg。

(7) 吉他霉素 (Kitasamycin)

本品内服吸收良好，广泛分布于主要脏器，尤以肾和肝中浓度为最高。猪单次内服 20 mg/kg，0.5 h 达血药峰浓度 4.5 mg/kg，半衰期 0.7 h，1~2 h 达肾药峰浓度 21 mg/kg，肾、肝最高浓度比约为 3∶2。鸡单次内服 200 mg/kg，2 h 达血药峰浓度 4 mg/kg，半衰期 1.2 h，肝脏残留最高，2 h 峰浓度 40 mg/kg，肝、肾、肌肉最高浓度比约为 12、8、1。主要经肝胆系统排泄，在胆汁和粪中浓度高，少量经肾排泄。吉他霉素在肠道内吸收快，但释出亦快，24 h 后在脏器中无明显残留，故其在组织中残留量是大环内酯类抗生素中最低的一种。给猪饲喂 330 mg/kg，14 日，当日肝和肾中残留量为 10 μg/kg 和 60 μg/kg，休药 1 天，只有肝脏能检测出残留量。给鸡饲喂 500 mg/kg，14 日，当日只有肝中能检测出残留量 70 μg/kg，休药 1 天后，无组织残留。

(8) 交沙霉素 (Josamycin)

本品主要特点是口服吸收迅速，体内分布快而广，组织和脏器中浓度高，特别在肺和胆汁中有较高的浓度。主要经胆汁排泄。鼠内服 400 mg/kg，4 日内通过尿和粪排出给药量的 99%。主要代谢产物为脱异戊酰-交沙霉素，占尿中代谢物的 96%。鸡用药后，24 h 时肝、肾和脂肪/皮中残留量分别为 490 μg/kg、240 μg/kg 330 μg/kg~41810 μg/kg。蛋鸡用药后，3 天时蛋中残留量为 100 μg/kg~450 μg/kg。猪内服后，2 天时肌肉、脂肪、皮和肾中残留量分别为 100 μg/kg~190 μg/kg、4100 μg/kg、780 μg/kg 和 100 μg/kg~1660 μg/kg。

2. 林可霉素类 (Lincosamides)

(1) 林可霉素 (Lincomycin)

内服后可自胃肠道吸收，不被胃酸所破坏，空腹内服仅 20%~30% 被吸收，食物可降低其吸收速度和吸收量。吸收后除脑脊液外，广泛及迅速分布于各体液和组织中，并能渗入骨组织内，也能进入乳汁和透过胎盘。犬内服后，2~4 h 达血药峰浓度。肌内注射后吸收迅速,短时即可取得比内服高几倍的血药峰浓度。如猪一次肌内注射 11 mg/kg,其血药峰浓度为 6.25 mg/L,而内服同量仅为 1.5 mg/L。不同动物间吸收速率也不一致,给猪肌内注射 20 mg/kg 后 5 min 达血药峰浓度 13.47 mg/L;黄牛一次肌内注射 20 mg/kg,0.25 h 达血药峰浓度;水牛肌内注射同量需 0.5 h 才达到 5.83 mg/L 的血药峰浓度。林可霉素的血浆蛋白结合率取决于药物浓度,为 57%~72%。林可霉素主要在肝内代谢,代谢途径为结构中的硫原子被氧化为亚砜代谢物以及 N-去甲基化,最终得到 N-去甲基-林可霉素亚砜(N-desmethyl lincomycin sulfoxide)代谢产物。大部分随胆汁排泄,少部分随尿和乳汁排泄。犬内服后经粪便排泄的药物占 77%,经尿排泄的占 14%。肌内注射给药的消除半衰期为:小动物 3~4 h、猪 66.79 h、奶牛 2.2 h、黄牛 4.13 h、水牛 9.27 h、马 8.1 h。蛋鸡日内服 0.55 mg,连续 12 日,其间蛋中残留量为 1.2 μg/kg~12.0 μg/kg、肝 24 μg/kg~114 μg/kg、肾 21 μg/kg~152 μg/kg、肌肉 13 μg/kg~20 μg/kg;停药 3 天,蛋 1 μg/kg~4 μg/kg、肝 6 μg/kg、肾 6 μg/kg、肌肉 10 μg/kg;停药 4 h、28 h 和 76 h,脂肪/皮分别为 19 μg/kg、14 μg/kg 和 3 μg/kg。

猪肌肉注射后停药 3 天、6 天、12 天、24 天、48 天和 144 天,肝中残留量分别为 4710 μg/kg、4860 μg/kg、2480 μg/kg、552 μg/kg、65 μg/kg、小于 17 μg/kg;肾 20900 μg/kg、18400 μg/kg、7470 μg/kg、1360 μg/kg、239 μg/kg、小于 60 μg/kg;肌肉 2460 μg/kg、1840 μg/kg、638 μg/kg、85 μg/kg、小于 17 μg/kg、小于 17 μg/kg;猪饮服 66mg/L 的水,连续 7 日,停药后 3 天、6 天、12 天、24 天和 48 天,肝中残留量分别为 204 μg/kg、105 μg/kg、53 μg/kg、17 μg/kg、小于 17 μg/kg;肾 647 μg/kg、296 μg/kg、161 μg/kg、小于 60 μg/kg、小于 60 μg/kg;肌肉 42 μg/kg、28 μg/kg、小于 17 μg/kg、小于 17 μg/kg、小于 17 μg/kg。绵羊日肌注 5mg/kg,连续 3 日,停药后 8h、7 天、14 天和 21 天,肝中残留量分别为 4340 μg/kg、27 μg/kg、小于 17 μg/kg、小于 17 μg/kg;奶牛乳房注入 200mg(历时 15min),停药后 12 h、24 h、36 h 和 48 h,奶中残留量分别为 64000 μg/kg~1150000 μg/kg、4900 mg/kg~62000 mg/kg、200 μg/kg~3950 μg/kg 和小于 200 μg/kg。奶羊日肌注 15 mg/kg,连续 3 日,停药后 24 h、36 h、48 h 和 60 h,奶中残留量分别为 2110 μg/kg、443 μg/kg、115 μg/kg 和小于 100 μg/kg。

(2) 克林霉素(Clindamycin)

克林霉素内服吸收明显优于林可霉素,它吸收快而完全(约 90%),进食对吸收的影响不大,内服后约 0.75 h~1 h 达血药峰浓度。肌内注射后血药达峰时间约为 1h~3 h。约有 93% 的药量与血浆蛋白结合。体内分布广泛,可进入唾液、呼吸系统、胸腔积液、胆汁、肝脏、软组织、骨和关节等,也可透过胎盘,但不易进入脑脊液中。克林霉素在肝脏代谢,部分代谢物可保留抗菌活性。代谢物由胆汁和尿液排泄,约 10% 给药量以活性成分由尿排出,其余以不具活性的代谢产物排出。

(3) 吡利霉素(PiHimycin)

口服盐酸盐,4 h 血药浓度达峰值,约有 45% 的药量与血浆蛋白结合。分布于组织中,尤以肝脏中浓度最高。在肝内代谢,约 77% 的药量代谢为硫氧吡利霉素,其残留量占总残留量的 62%。通过奶牛乳房注入放射性标记吡利霉素,发现乳房吸收快,约有 68% 的药量以原形随乳汁、尿和粪排出;4% 的药量在肝内代谢为硫氧吡利霉素,经胆汁和肾排泄。与林可霉素不同,没有去甲基代谢物。部分吡利霉素和硫氧吡利霉素在胃肠道中与胃肠菌结合，形成核苷酸结合物，由粪便排出。结合物呈极性，在体内不再被吸收，奶和组织中无残留。奶牛用药后，12 h奶中总残留量为43.95 mg/kg，但释出亦快，120 h降至0.09 mg/kg；第4天肌肉、脂肪、肝和肾中残留量分别为0.10 mg/kg、0.22 mg/kg、9.18 mg/kg和1.96 mg/kg；第6天肌肉和脂肪中检测不出残留；第28天肝和肾中残留量为0.50 mg/kg和0.01 mg/kg。

（三）样品处理

1. 理化性质

大环内酯类和林可霉素类都是弱碱性化合物，微溶于水，易溶于有机溶剂。除了竹桃霉素，大环内酯类抗生素在酸性或碱性条件下都不稳定。大环内酯类抗生素为多官能团的糖苷结构，由大环内酯苷元部分和至少一个氨基糖组成。此类药物有14-内酯环的红霉素和竹桃霉素，以及多烯大环内酯的纳他霉素和两性霉素等。红霉素是由红霉内酯与去氧氨基糖和红霉糖缩合而成的碱性苷。红霉内酯环上的C3和C5分别通过氧原子与红霉糖和去氧氨基糖连接。将去氧氨基糖中的羟基进行"改造"，可得到其他红霉素类抗生素。由于红霉素是碱性化合物，因此还可同某些有机酸形成盐。红霉素在低温和pH7时最稳定，在酸或碱中水解而失效。其酸性水解过程为：红霉素C6上的羟基与C9上的羰基形成半缩酮的羟基，再与C8上氢消去一分子水，形成脱水物（Ⅰ）；脱水物C12上的羟基与C8-C9双键加成，得螺旋缩酮（Ⅱ）；其C11羟基与C10上的氢消去一分子水，同时水解成红霉胺（Ⅲ）和红霉糖（Ⅳ）。

2. 提取及脱蛋白

液体样品（如牛奶）中的大环内酯类和林可霉素类残留分析时，一般先对样品离心脱蛋白处理。半固体样品（如肌肉、肾脏、肝脏）要进行研磨或匀浆处理，破碎组织。欲有效提取食物中的大环内酯类和林可霉素类残留，首先要将结合态的药物解离出来，尽可能去除蛋白质，这样能得到高的提取效率。由于本类抗生素与蛋白质的结合不是很强，对于液体样品的提取/脱蛋白，通常用有机溶剂振荡提取，离心脱蛋白质。对于半固体样品则加入有机溶剂，均质处理。常用的有机溶剂有乙腈、酸化乙腈或碱化乙腈、甲醇、酸化甲醇或者碱化甲醇、氯仿、碱化二氯甲烷。西地霉素属中性化合物，组织样品可在酸性介质中用乙酸乙酯提取。

3. 纯化

样品的粗提液要通过各种方法进一步纯化，这些方法包括液-液分配、固相萃取、液相色谱纯化。有时将几种方法结合使用，以获取高纯度的提取物。

（四）分析方法

大环内酯类和林可霉素类药物残留的分析方法有薄层色谱法、气相色谱法、液相色谱法等。

主要现行国内标准：

（1）GB 29685-2013 食品安全国家标准 动物性食品中林可霉素、克林霉素和大观霉素多残留的测定 气相色谱质谱法。

（2）GB 31613.2-2021 食品安全国家标准 猪、鸡可食性组织中泰万菌素和3-乙酰泰乐菌素残留量的测定 液相色谱-串联质谱法。

（3）GB/T 8381.3-2005 饲料中林可霉素的测定。

(4) GB/T 20762-2006 畜禽肉中林可霉素、竹桃霉素、红霉素、替米考星、泰乐菌素、克林霉素、螺旋霉素、吉它霉素、交沙霉素残留量的测定 液相色谱-串联质谱法。

(5) GB/T 22988-2008 牛奶和奶粉中螺旋霉素、吡利霉素、竹桃霉素、替米卡星、红霉素、泰乐菌素残留量的测定 液相色谱-串联质谱法。

(6) GB/T 30945-2014 饲料中泰乐菌素的测定 高效液相色谱法。

(7) SN/T 0538-2010 进出口肉品中螺旋霉素残留量检测方法 杯碟法。

(8) SN/T 0666-2011 出口肉及肉制品中竹桃霉素残留量检测方法 杯碟法。

(9) SN/T 0670-2012 出口食品中泰乐菌素残留量的测定 液相色谱-质谱 质谱法。

(10) SN/T 1777.1-2006 动物源性食品中大环内酯残留测定方法 第1部分：放射受体分析法。

(11) SN/T 1777.2-2007 动物源性食品中大环内酯类抗生素残留测定方法 第2部分：高效液相色谱-串联质谱法。

(12) SN/T 1777.3-2008 进出口动物源食品中大环内酯类抗生素残留检测方法 微生物抑制法。

(13) SN/T 4747.1-2017 进出口食用动物大环内酯类药物残留量的测定 放射受体分析法。

(14) SN/T 4747.2-2017 进出口食用动物大环内酯类药物残留量的测定 微生物抑制法。

(15) SN/T 4747.3-2017 进出口食用动物大环内酯类药物残留量的测定 液相色谱-质谱/质谱法。

(16) 农业部783号公告-4-2006 饲料中替米考星的测定 高效液相色谱法。

(17) 农业部958号公告-1-2007 牛奶中替米考星残留量测定 高效液相色谱法。

(18) 农业农村部公告第358号-4-2020 饲料中交沙霉素和麦迪霉素的测定 液相色谱-串联质谱法。

(19) 农业部958号公告-5-2007 鸡可食性组织中泰乐菌素残留检测方法 高效液相色谱法。

(20) 农业部1163号公告-2-2009 动物性食品中林可霉素和大观霉素残留检测 气相色谱法。

(21) 农业部1163号公告-6-2009 动物性食品中泰乐菌素残留检测 高效液相色谱法。

(22) 农业部1025号公告-10-2008 动物性食品中替米考星残留检测 高效液相色谱法。

(23) DB22/T 2695-2017 饲料中林可霉素、红霉素的测定 液相色谱 质谱/质谱法。

(24) DB34/T 1032-2009 饲料中林可霉素的测定 高效液相色谱法。

(25) DB34/T 3991-2021 禽蛋中替米考星残留的测定 高效液相色谱法。

(26) DB13/T 1384.6-2011 饲料中泰乐菌素的测定。

(27) DB34/T 1372-2011 动物组织中泰乐菌素的残留测定酶联免疫吸附法；

(28) T/JAASS 17-2021 液态乳和乳粉中氯霉素、氟苯尼考、甲砜霉素、林可霉素、替米考星、诺氟沙星、环丙沙星、恩诺沙星残留量的测定 液相色谱-串联质谱法。

(29) T/JZNX 006-2020 牛奶中四环素类、大环内酯类、头孢菌素类、酰胺醇类、喹诺酮类、磺胺类兽药多残留的测定 液相色谱-串联质谱法。

（30）T/PIAC 00003-2021 抗生素菌渣及有机肥基料、作物、环境介质中红霉素检测方法。

（31）T/JAASS 17-2021 液态乳和乳粉中氯霉素、氟苯尼考、甲砜霉素、林可霉素、替米考星、诺氟沙星、环丙沙星、恩诺沙星残留量的测定 液相色谱-串联质谱法。

五、磺胺类

（一）概述

磺胺药在体内分布相当广泛。各种组织和体液均能到达。以血液中含量最高，肝、肾次之，胸水、腹水、滑膜液、房水中浓度也较高，并能透过胎盘进入胎儿体内。磺胺药在神经、肌肉及脂肪组织中的含量则较低。与血浆蛋白的结合是影响磺胺药在体内分布的一个主要因素，不同的磺胺药其血浆蛋白的结合率不同，因此其在体内的分布就不一样。在常用的磺胺药中磺胺嘧啶与血浆蛋白的结合率低，脑脊液中的浓度比其他磺胺药高，因此磺胺嘧啶是磺胺类药中治疗脑部细菌性感染的首选药。磺胺药主要在肝脏代谢，代谢方式有乙酰化、羟基化、结合等，其中以乙酰化为主。磺胺药乙酰化后失去抗菌作用，且在尿中的溶解度降低，易在肾小管析出结晶，但会造成对泌尿道的损害。因此在应用磺胺药特别是在应用 SD、SMZ 等乙酰化率高、乙酰化物的溶解度低的磺胺时，应注意同服碳酸氢钠，并增加饮水，以减少或避免其对泌尿道的损害。部分磺胺药及代谢产物因在肝内成为水溶性的葡萄糖醛酸结合物而失去活性。

内服难吸收的磺胺药，主要由粪便排出；内服易吸收的磺胺药，主要通过肾脏排泄。通过肾小球滤过或肾小管分泌到达肾小管腔内的药物，有一部分被肾小管重吸收。重吸收少、排泄快的药物，如磺胺异噁唑在尿中浓度较高，适用于治疗泌尿道感染。主要由肾小管分泌，重吸收多的药物在尿中浓度低，但在血中有效浓度维持时间较长，多数长效，如 SMZ、SMM 等。磺胺药可经肠液、胆汁分泌排出，也可由乳汁排泄，但量较少。

（二）药动学及残留情况

1. 磺胺嘧啶（Sulfadiazine）

内服易吸收，排泄较缓慢，血药浓度易达到有效水平。由于与血浆蛋白结合率低（牛 24%、犬 17%、家禽 16%），易通过血脑屏障，故能进入脑脊液中达到较高的药物浓度，在体内半衰期，犬 9.84 h，马 2.7 h，牛 2.5 h。猪内服磺胺嘧啶/甲氧苄啶后，胃肠道吸收甲氧苄啶较磺胺嘧啶快，但甲氧苄啶消除期较磺胺嘧啶消除期缓慢。休药 1 天，甲氧苄啶残留最高的靶组织为肝脏（0.29 μg/kg），但磺胺嘧啶残留最高的靶组织为肾脏（0.23 mg/kg）。休药 8 天，所有组织均检测不出磺胺嘧啶和甲氧苄啶的残留量。

2. 磺胺二甲嘧啶（Sulfamethazine）

内服后吸收迅速而完全，维持有效血药浓度时间较长。水牛一次内服 0.2 g/kg，平均血中浓度和脑脊液中浓度，12 h 后分别为 115.5 mg/L 和 54.1 mg/L，24 h 后分别为 22.8 mg/L 和 42.4 mg/L。排泄较慢，乙酰化率牛较低（14.17%），猪次之（21%），羊较高（50%～70%），其乙酰化物溶解度高，在肾小管内沉淀的发生率较低，不易引起结晶尿或血尿。注射消除期比内服短。

磺胺二甲嘧啶在牛体内的代谢方式有乙酰化、羟基化、结合等，其中以羟基化为主，其次为乙酰化，代谢物为 6-羟甲基磺胺二甲嘧啶（6-hydroxymethyl sulfamethazine）和

N-乙酰磺胺二甲嘧啶（N-acetyl sulfamethazine）。血液和奶中药物浓度最高，肌肉、肾和肝次之。肌肉、肾和肝中的N-乙酰磺胺二甲嘧啶浓度比母药浓度低，但肾中的6-羟甲基磺胺二甲嘧啶浓度超过母药浓度。

奶牛内服或肌注放射性标记磺胺二甲嘧啶220 mg/kg，休药0 h~48 h，奶中含1.1%~2.0%的给药量，除有母药外，还有N-乳糖结合物和N-乙酰磺胺二甲嘧啶的两个代谢物。乙酰化代谢物在各组织中均有，但量很低。血液、骨骼肉和脂肪中主要为母药。肝和肾中还有一系列的极性代谢物，其代谢过程相当复杂，包括甲基氧化形成羟甲基、硫酸酯化、N^1位置上与抗坏血酸或己糖缀和、苯环C3羟基化再与抗坏血酸缀和、N^1-C断裂形成氨基苯磺酰胺（sulfanilamide）等。

奶牛内服或肌注后，奶中母药残留量内服较肌注高，但残留消除期基本相同。例如，休药3天，奶中的乳糖结合物和乙酰化代谢物均低于10 μg/kg，休药4天，奶中母药残留量均低于10 μg/kg。猪体内代谢主要以乙酰化为主，血浆和组织中N-乙酰磺胺二甲嘧啶代谢物浓度最高，其他代谢物（如磺胺二甲嘧啶-寡糖缀和物、脱氨基磺胺二甲嘧啶等）则次之。组织消除半衰期10 h~14 h，血浆消除半衰期3~9天。休药18天，血浆中残留量接近允许限量值（0.1 mg/kg）。羊一次静注107 mg/kg后，体内残留消除很快，休药5天，组织（肉、肝、肾、脂肪）中残留量低于0.1 mg/kg。

3. 磺胺二甲氧嘧啶（Sulfadimethoxine）

家禽饲服后吸收快而排泄慢，作用维持时间长。肝和肾中有较高的药物浓度，血浆蛋白结合率为80%~85%。除肾脏外，其他组织中药物浓度降低至0.1 mg/kg或以下需休药8天。蛋鸡或火鸡内服后，蛋鸡休药6天、火鸡休药8天，这样组织残留可低于允许限量值（0.1 mg/kg）。体内乙酰化率低，代谢物N^4-乙酰磺胺二甲嘧啶主要存在于血浆、组织和粪中，消除期约7天。

蛋鸡饮服1.0 g/L/日或0.5 g/L/日，连续5日，蛋中有较高的残留，蛋清和蛋黄的最高残留可达30 mg/kg和9 mg/kg；若残留降至0.1 mg/kg，蛋清需休药4~6天，蛋黄需休药7天。

与奥美普林（ormethoprim）联用，三文鱼用药后3~8天，两种药物在血浆和组织中达到一个相对稳定的残留量。磺胺二甲氧嘧啶的最高平均残留量：血浆14.3 mg/kg、肌肉17.7 mg/kg、肝7.4 mg/kg、肾6.8 mg/kg；消除半衰期：血浆20 h、肌肉19 h、肝62 h、肾45 h。奥美普林的最高平均残留量：血浆1.5 mg/kg、肌肉3.7 mg/kg、肝9.1 mg/kg、肾166.0 mg/kg；消除半衰期：血浆63 h、肌肉143 h、肝95 h、肾410 h。

4. 磺胺喹恶啉（Sulfaquinoxaline）

家禽内服后吸收迅速，但排泄缓慢，残留在组织器官及鸡蛋中时间长。兔饲喂100 mg/kg，一日两次、连喂5日，肝和肾中残留量较高，第4天达峰值。休药7~8天，肝、肾和血浆中的残留量降到0.1 mg/kg。

5. 磺胺噻唑（Sulfathiazole）

内服吸收不完全，马、牛、猪、羊一次内服0.1 mg/kg，其血药峰浓度仅为20 mg/L。其可溶性钠盐肌内注射后迅速吸收。吸收后排泄迅速，单胃动物内服后，在12 h内经肾排出量约50%，24 h约90%。其半衰期短，不易维持有效血浓度。在体内与血浆蛋白的结合率和乙酰化程度均较高，其乙酰化物溶解度比原药低，易产生结晶尿损害肾脏。

磺胺噻唑具有静电性，常被用来防治蜂巢的污染，但由此也带来了蜂蜜的残留，尤其是在采蜜期。

6. 巴喹普林（Baquiloprim）

内服生物利用度高且分布广泛，体内的消除半衰期长。猪肌注的休药期为28天，牛肌注和内服的休药期分别为28天和21天。奶牛用药后的弃乳期为4天。巴喹普林主要经胆汁和肾排泄。体内高度代谢，代谢物有去甲基巴喹普林（desmethylbaquiloprim）、双去甲基巴喹普林（bis-desmethylbaquiloprim）、巴喹普林-1-氮氧化物（baquiloprim-l-N-oxide）、巴喹普林-3-氮氧化物（baquiloprim-3-N-oxide）和6-羟基巴喹普林（6-hydroxy-baquiloprim）。肝、肾和注射部位的残留物有一部分以共价结合。猪、牛用药后14~42天，肝、肾和注射部位的母药残留在总残留中占的百分比很低，同时肌肉和脂肪的残留量低于检测方法的测定限。猪皮中含相当高的母药残留，而且降解和消除都比牛快，残留量相应亦低。

7. 三甲氧苄啶（Trimethoprim）

内服吸收快而完全，体内分布广，组织中浓度一般比血中浓度高，肺、肾中浓度分别比血中浓度高17倍和10倍，胆汁中浓度分别比血中浓度高2.5倍和2倍。三甲氧苄啶以非离子形式从肾排出，24 h排出内服量的40%~60%。少量从胆汁排泄，其浓度比血浓度高。马、水牛、黄牛、奶山羊和猪静脉注射的消除半衰期分别为4.2 h、3.4 h、0.94 h、1.43 h和2.5 h。鸡、鸭约2 h。体内代谢较少，代谢过程包括氮氧化和羟基化，所有代谢物之和不超过总残留的5%。

猪按规定剂量肌注后3~10天，组织中未检出残留量。连续饲喂10日剂量5 mg/kg/d，休药3天，只有一个肌肉样品能检测到残留量34 μg/kg（方法检测限15 μg/kg），休药5天，有两个皮/脂肪样品的残留量为31 μg/kg，休药10天，残留量为27 μg/kg。犊牛用药后（内服、肌注、乳房注入）7天，可食组织中的总残留量低于100 μg/kg。奶牛一次乳房注入40 mg/15min，休药6 h，奶中的平均残留量4749 μg/kg，休药12 h降至215 μg/kg。山羊一次静注13 mg/kg后3 h，肌肉、肝和肾的平均残留量分别为1100 μg/kg、800 μg/kg和2100 μg/kg。绵羊一次肌注5mg/kg后停药7天，肝、肌肉和脂肪的平均残留量分别为400 μg/kg、30 μg/kg和40 μg/kg。肉鸡内服7.5mg/kg/d，连服5日后停药1天，肾、肝、肌肉、脂肪和皮的平均残留量分别为1000 μg/kg、1340 μg/kg、110 μg/kg、90 μg/kg和210 μg/kg；停药7天，分别为60 μg/kg、30 μg/kg、小于10 μg/kg、小于10 μg/kg和30 μg/kg。

（三）样品处理

1. 提取

本类药物水溶性较低，易溶于极性有机溶剂如乙醇、丙酮、乙腈、氯仿和二氯甲烷，难溶于非极性有机溶剂。由于磺胺药具有酸碱两性，通过调节溶液的pH值（pH为7~9），可以使磺胺药呈不同状态，即中性分子还是离子态分子，从而改变水相和有机相的分配系数。例如，磺胺的中性分子，在二氯甲烷等有机溶剂中分配系数大；离子态分子，则在水性溶液中分配系数大。生物样品通过多次液-液分配，可达到净化的目的。

2. 净化

初提取液中含大量的内源性干扰杂质，在痕量分析时会干扰组分的测定，因此还需要净化处理。净化方法有液-液分配、固相萃取净化、基质固相分散、在线痕量富集、液相色谱、在线透析和超临界流体萃取等。有时为了获得高的净化效果，会将几种方法结合应用。虽然液-液分配操作烦琐、耗费溶剂，但是在所有净化方法中应用最广。调节样液的pH值可以使磺胺类药物有选择性地在有机相与水相之间进行分配。

（四）分析方法

生物样品中磺胺类药物的分析，光谱法（分光光度法、荧光光谱法）和色谱法具有灵敏、快速、方便等优点。

主要现行标准：

(1) GB 29694-2013 食品安全国家标准 动物性食品中13种磺胺类药物多残留的测定 高效液相色谱法。

(2) GB 31658.17-2021 食品安全国家标准 动物性食品中四环素类、磺胺类和喹诺酮类药物残留量的测定 液相色谱－串联质谱法。

(3) GB/T 5009.140-2003 饮料中乙酰磺胺酸钾的测定。

(4) GB/T 8381.10-2005 饲料中磺胺喹啉的测定 高效液相色谱法。

(5) GB/T 19542-2007 饲料中磺胺类药物的测定 高效液相色谱法。

(6) GB/T 20759-2006 畜禽肉中十六种磺胺类药物残留量的测定 液相色谱-串联质谱法。

(7) GB/T 21173-2007 动物源性食品中磺胺类药物残留测定方法 放射受体分析法。

(8) GB/T 21316-2007 动物源性食品中磺胺类药物残留量的测定 液相色谱-质谱/质谱法。

(9) GB/T 22966-2008 牛奶和奶粉中16种磺胺类药物残留量的测定 液相色谱-串联质谱法。

(10) 农业部781号公告-12-2006 牛奶中磺胺类药物残留量的测定 液相色谱-串联质谱法。

(11) 农业部1025号公告-7-2008 动物性食品中磺胺类药物残留检测 酶联免疫吸附法。

(12) 农业部1025号公告-15-2008 鸡蛋中磺胺喹啉残留检测高效液相色谱法。

(13) 农业部1025号公告-23-2008 动物源食品中磺胺类药物残留检测 液相色谱-串联质谱法。

(14) 农业部1025号公告-24-2008 动物源食品中磺胺二甲嘧啶残留检测 酶联免疫吸附法。

(15) 农业部1486号公告-7-2010 饲料中9种磺胺类药物的测定 高效液相色谱法。

(16) 农业部1879号公告-2-2012 饲料中磺胺氯吡嗪钠的测定 高效液相色谱法。

(17) 农业部2349号公告-5-2015 饲料中磺胺类和喹诺酮类药物的测定 液相色谱-串联质谱法。

(18) NY/T 3411-2018 畜禽肉中磺胺二甲嘧啶、磺胺甲恶唑的测定。

(19) SN/T 5140-2019 出口动物源食品中磺胺类药物残留量的测定。

(20) SB/T 10924-2012 动物组织中磺胺类药物残留的快速筛查检测。

(21) SN/T 2320-2009 进出口食品中百菌清、苯氟磺胺、甲抑菌灵、克菌灵、灭菌丹、敌菌丹和四溴菊酯残留量检测方法 气相色谱-质谱法。

（22）SN/T 1960-2007 进出口动物源性食品中磺胺类药物残留量的检测方法 酶联免疫吸附法。

（23）SN/T 4057-2014 出口动物源性食品中磺胺类药物残留量的测定 免疫亲和柱净化-HPLC 和 LC-MS/MS 法。

（24）SN/T 1765-2006 动物组织中磺胺类抗生素残留量检测方法 放射免疫受体筛选法。

（25）SN/T 4816-2017 进出口食用动物中磺胺类药物残留量的测定 液相色谱-质谱/质谱法。

（26）SN/T 4808-2017 进出口食用动物、饲料中磺胺类药物的测定 酶联免疫吸附法。

（27）SN/T 4922-2017 进出口食用动物、饲料中磺胺类药物的测定 放射受体分析法。

（28）DB12/T 987-2020 鲜、冻畜禽肉中磺胺类、喹诺酮类和四环素类兽药残留量的测定 液相色谱-串联质谱法。

（29）DB34/T 1034-2009 动物组织中呋喃唑酮和磺胺类药物的残留测定-高效液相色谱法。

（30）DB33/T 2481-2022 畜禽排泄物中磺胺类药物残留量的测定 液相色谱-串联质谱法。

（31）DB22/T 417-2005 动物性食品中的磺胺二甲嘧啶残留量液相色谱法测定。

（32）DB13/T 1384.10-2011 饲料中 20 种磺胺类药物的测定。

（33）T/SATA 0003-2017 动物源性食品中多种药物（8 种 β-受体激动剂、18 种磺胺类药物、14 种喹诺酮类药物）残留量的测定 液相色谱-串联质谱法。

（34）T/SATA 012-2019 蛋制品中多种药物（磺胺类、喹诺酮类、四环素类、氯羟吡啶、金刚烷胺）残留量的测定 液相色谱-串联质谱法。

（35）T/JZNX 002-2019 鸡蛋中磺胺类药物残留检测 高效液相色谱法。

（36）T/JZNX 006-2020 牛奶中四环素类、大环内酯类、头孢菌素类、酰胺醇类、喹诺酮类、磺胺类兽药多残留的测定 液相色谱-串联质谱法。

（37）T/KJFX 001-2021 畜禽肉中磺胺类、氯霉素和硝基呋喃代谢物残留量的同时快速测定 酶联免疫微阵列生物芯片法。

六、β-内酰胺类抗生素

（一）概述

β-内酰胺类抗生素（Beta-lactam antibiotic）指化学结构中具有 β-内酰胺环的一大类抗生素，是现有的抗生素中使用最广泛的一类，其中包括青霉素及其衍生物、头孢菌素、单酰胺环类、碳青霉烯类和青霉烯类酶抑制剂等。

（二）药动学及残留情况

1. 青霉素类（Penicillins）

（1）青霉素 G（Penicillin G）

青霉素 G 钠（钾）不耐酸，内服易被胃酸和消化酶破坏，仅有少量被吸收，故不宜内服。肌内注射后吸收迅速，约 0.5 h 达血药峰浓度，对多数敏感菌的有效血药浓度可维持 6 h～8 h。青霉素的长效制剂（普鲁卡因盐或二苄基乙二胺盐）吸收缓慢，可维持较低的有效血药浓度达 24 h 以上。青霉素外用不易从完整的黏膜或皮肤吸收。注入乳室后，在最初几小时可大量吸收，泌乳量愈高的乳腺吸收愈多。不仅如此，在注入一定量的青霉素后，乳中仍可维持抗菌浓度至相当长的时间，例如在乳室内注入 10 万单位青霉素水溶液，其在乳中可保留 4.26 单位/mL 至 24 h。

青霉素 G 在血中约有 50%以上（马为 52%～54%）与血浆蛋白（主要是白蛋白）结合，但不牢固，能持续释放出游离青霉素。在血中未结合的和游离的青霉素可通过被动扩散分布于组织、体液中，以肾、肺、横纹肌和脾的含量较高；也可进入胸膜腔、关节腔、胆汁及胎畜循环，胸膜腔和关节腔液中浓度约为血清浓度的 50%。但不易透入眼、骨组织、脑脊液和脓肿腔中，易透入有炎症的组织。其在正常脑脊液中的浓度仅为血药浓度 1%～3%，但有炎症时，脑脊液中浓度可达血药浓度的 5%～30%。乳汁中可含有 5%～20%血药浓度的青霉素。青霉素小部分在肝内代谢，猪的半衰期为 0.7h，在肾功能正常情况下，约 50%～75%自肾脏排出，其中 90%通过肾小管分泌，因排出迅速，故体内消除较快，尿中浓度也很高。丙磺舒、磺胺药、阿司匹林等可抑制青霉素的肾小管分泌，提高其血药浓度，延长其半衰期。少量活性药物自胆汁中排泄。

（2）青霉素 V（Penicillin V）

青霉素 V 耐酸，但不耐青霉素酶，口服吸收率为 60%，不受食物影响，内服后 0.5 h～1 h 血药浓度达峰值，56% 经肝代谢失活，20%～40% 经肾排泄，半衰期为 1 h。

（3）氨苄西林（Ampicillin）

氨苄西林注射后吸收迅速，血药浓度高，但下降亦快。给犊牛静脉注射（5 mg/kg）后，5 min 出现血药峰浓度（16.2 mg/L），2 h 降到 1 mg/L，肌内注射或皮下注射的起始浓度较低，即使增大剂量（12 mg/kg）也不能产生比静脉注射（5 mg/kg）高的血药浓度。成年黄牛按 10 mg/kg 肌内注射后，5 min 血药浓度可达 14.54 mg/L，于 14 min 达血药峰浓度 18.46 mg/L，猪按 6.6 mg/kg 肌内注射，1 h 血中浓度达 5.7 mg/L，随之很快下降，6 h 大部分消失。如按 10 mg/kg 肌内注射，则于 13 min 血中达峰浓度 12.06 mg/L。氨苄西林消除半衰期较短，猪为 1.06 h，黄牛 0.98 h，犬、猫 0.75 h～1.33 h。

氨苄西林在体内分布广泛，各主要器官内均可达到有效浓度，约有 20%与血浆蛋白（主要是白蛋白）结合。乳汁中含量低。一部分经胆排泄，胆汁中药物浓度为血清浓度的数倍，部分通过肝肠循环。约 80%以原形经肾排泄。部分在体内代谢为无活性的青霉噻唑酸。

对蜂房中蜂蜜喷雾，剂量 30 mg，结果蜂蜜中含高药物残留量，14 天后残留量才低于分析方法的检测限。对蜂胶喷雾，同样剂量，蜂蜜中残留量较低，幼蜂和蜂王体内残留量也很低。

（4）阿莫西林（Amoxicillin）

阿莫西林内服，吸收良好，食物不降低其吸收速率和数量，优于氨苄西林。单胃动物吸收 74%～92%，等剂量阿莫西林内服，血药浓度比氨苯西林高 1.5～3 倍，食物虽降低吸收速率，但不影响吸收量，能透过胎盘屏障。乳中药物浓度很低。消除半衰期分为：马 0.66 h、驹 0.74 h、山羊 1.12 h、绵羊 0.77 h、犬 1.25 h、牛 1.5 h、猪 1.56 h。阿莫西林在肝、肺、前列腺、肌肉、胆汁和腹水、胸水、关节液等组织和体液中广泛分布。

主要经肾以原形排泄，肾和尿中药物浓度很高，比血清中浓度高100倍。药物在乳汁中浓度很低，比血清中浓度低10倍。可与血浆蛋白（主要是白蛋白）结合，部分在肝内代谢水解成无活性青霉噻唑酸排入尿中。

与多黏菌素联用，给火鸡连续皮下注射4天，药物在体内残留量很高，24h时肌肉和注射部位残留量分别为389 $\mu g/kg$ 和440 $\mu g/kg$，但下降很快，10天时在肝和肾中检测不出药物残留。给健康的和有病的肉仔鸡同剂量阿莫西林，连续5天，药物消除半衰期无明显差异。1 h和24 h时肾中药物残留分别为2 mg/kg～7 mg/kg和低于0.05 mg/kg，4 h时肌肉和脂肪及8 h时肝和表皮中残留量均低于0.05 mg/kg。给蛋鸡每日剂量16 mg/kg，连续5天，鸡蛋中药物残留量约为0.007 mg/kg。

（5）海他西林（Hetacillin）

口服应用，血浓度比氨苄西林高，体内分布情况与氨苄西林相似，肌内注射则远低于氨苄西林。内服和肌内注射后有相当数量从尿排出。

（6）苯唑西林（Oxacillin）和氯唑西林（Cloxacillin）

苯唑西林口服，0.5 h～1 h血药浓度达峰值，6 h即不能测出。胃内食物影响其吸收。肌注血液浓度0.5 h达峰值。广泛分布于各组织间液中，可部分代谢为活性和无活性代谢物，原药和代谢物主要经肾排泄，少量通过胆汁排泄。

苯唑西林与氯唑西林内服吸收率为50%，肌注半小时血浓度达峰值。血浆蛋白结合率高达95%，原药和代谢物主要经肾排泄，少量通过胆汁排泄。

苯唑西林和氯唑西林注射后吸收迅速，消除半衰期（$t_{1/2}$）短，苯唑西林 $t_{1/2}$ 0.4h，氯唑西林 $t_{1/2}$ 0.6h。给产乳期奶牛乳管注入苯唑西林200 mg（历时24 h），停药后60 h时牛奶中可检测到药物残留量（方法检测限3$\mu g/kg$）。给挤完奶的奶牛乳管注入苯唑西林500 mg（历时15 min），停药后5天时血清中药物残留量低于25$\mu g/kg$，牛奶中残留量低于5$\mu g/kg$，这一残留水平对牛崽和人体不会造成任何的危害。

（7）甲氧西林（Methicillin）

注射后吸收快，0.5 h血药浓度达峰值，消除半衰期0.6 h，主要以原型经肾排泄，少量经胆汁排泄。

（8）萘夫西林（Nafcillin）

口服生物利用度为36%，肌注后0.5 h血药浓度达峰，消除半衰期0.5 h～1 h。广泛分布于各组织中，相较于甲氧西林，萘夫西林在组织中药物浓度高、滞留期长，显示有肝肠循环。小量药物经肝脏代谢，原药和代谢物主要通过肾和胆汁排泄。奶牛乳管注入后，大部分药量随乳汁排出，小部分药量被乳房吸收。血液和牛奶中均可检出药物残留量，例如，停药后72 h时可食组织中残留量为300 $\mu g/kg$，牛奶中低于30 $\mu g/kg$。

（9）美西林（Mecillinam）

口服不吸收，肌注后，血浆中药物消除半衰期0.8 h～1 h，肾和肝中药物浓度最高。主要以原形经肾排泄，尿中发现有7个代谢物。产后母牛宫腔注入后，1 h～4 h时血浓度达峰值，但浓度很低，表明宫腔吸收很小。初乳中偶可检出药物的残留，12 h后肝、肾、肌肉、脂肪中残留量均低于50 $\mu g/kg$。

2. 头孢菌素类（Cephalosporins）

(1) 头孢氨苄（Cephalexin）

本品内服吸收快而完全，1.5 h～2.5 h 犬、猫血药浓度达峰，生物利用度为 78%。广泛分布于细胞外液，血浆蛋白结合率为 10%～15%，犬、猫的消除半衰期为 1 h～2 h。原药和代谢物主要经肾排泄，少量通过胆汁排泄。牛、羊、猪肌肉注射 7mg/kg/d，连续 5 日，牛、羊停药后 4 天、猪停药后 10 天，组织中残留量均低于 60 μg/kg。羊、猪肌肉注射 10mg/kg/d，连续 5 日，羊停药后 3 天、猪停药后 2 天，组织中残留量均低于 60 μg/kg。奶牛乳房注入 200 mg（历时 15min），停药后挤奶 4 次，12 h 时乳房、肾、肝、脂肪和肌肉中药物残留量分别为 513 μg/kg～1267 μg/kg、553 μg/kg～1378 μg/kg、47 μg/kg～94 μg/kg、37 μg/kg～29 μg/kg 和 20 μg/kg～199 μg/kg；4 天时乳房、肾和其他组织中的残留量分别为 21 μg/kg～174 μg/kg、20 μg/kg～24 μg/kg 和低于 20 μg/kg；9 天时乳房中残留量为 53 μg/kg～89 μg/kg，其他组织中残留量低于 20 μg/kg。奶水中药物残留量最高可达 37320 μg/kg，但很快下降，如用完药后的头奶残留量为 1181 μg/kg～37061 μg/kg，第 13～15 次采的奶其残留量降低至 10 μg/kg。

(2) 头孢匹林（Cephapirin）

药动学研究表明，头孢匹林在鼠、狗体内迅速代谢为去乙酰头孢匹林（desacetyl-cephapirin），代谢程度和速率从鼠到狗呈下降趋势。原药和代谢物的消除半衰期为 0.4 h～0.9 h。主要经肾排泄，少量通过胆汁排泄。

奶牛肌注苄星青霉素 G 剂型 8.5 mg/kg，用药后 4.5 h 时肾、肌肉和肝中残留量分别为 1 mg/kg～5 mg/kg、0.008 mg/kg～0.024 mg/kg 和低于 0.045 mg/kg。奶牛肌注钠盐剂型 10 mg/kg，完药后 1 h～4 h 时牛奶中残留量为 0.03 mg/kg～0.11 mg/kg；4 h～8 h 时残留量为 0.0～1mg/kg。乳猪肌注钠盐剂型 20 mg/kg，24 h 后肝、肾、脾、肺和肌肉中检测不出药物的残留量。奶牛乳房注入后，药物迅速代谢为去乙酰头孢匹林，16 h 时乳汁中的母药和代谢物浓度相当，24 h 时主要是代谢物，64 h 时乳汁中的母药浓度仅为 0.005 mg/kg。奶牛乳房注入 381 mg 苄星青霉素 G 剂型后，21 天时脂肪、肌肉、乳房、肾和肝中残留量均低于测定方法的检测限（0.04 μg/kg）。乳房注入 261 mg 钠盐剂型后，第一次采奶中残留量为 5 mg/kg～20 mg/kg，第四次采奶为 2.5 mg/kg，第五次采奶低于测定方法的检测限。乳房注入 500 mg 苄星青霉素 G 剂型后，第四、五次采奶中残留量从 0.13 mg/kg 降至 0.02 mg/kg，第六次采奶残留量低于 0.02 mg/kg。

(3) 头孢乙氰（Cephacetrile）

内服吸收小，胃肠道吸收仅 3%～15%。肌注，牛、羊的消除半衰期小于 1 h。小量药物代谢，代谢物为去乙酰头孢乙氰和内酯物。原药和代谢物主要由肾排出。山羊肌注 10 mg/kg，12 h 内尿排出给药量的 80%，24 h 内排出给药量的 90% 以上。乳房吸收中等，药物乳房注入后，5 日内乳汁排出给药量的 54.6%，尿和粪排出 21%，其他组织排出 2.55%；5 天时肾、乳房和肝中残留量分别为 232 μg/kg、227 μg/kg 和 33 μg/kg。乳房注入 250 mg（历时 15min），隔天注入 2 次，给药完后第一次、第二次、第五次、第七次和第九次采奶，牛奶中的残留量分别为 14257 μg/kg、1860 μg/kg、208 μg/kg、20 μg/kg 和低于 5 μg/kg。

（4）头孢洛宁（Cephalonium）

产犊后药物很快被释出，用药后的牛只在产犊后 4 天内的乳汁中含有抗生素。

（5）头孢唑啉（Cefazolin）

头孢唑啉内服吸收差，乳房注入后血药浓度低，主要与血浆蛋白结合，几乎不被代谢。肌注后，24 h 内近 100% 药量以原形经肾排泄。头孢唑啉在体内很快被释出，奶牛第 7 次采奶的残留量低于 50 μg/kg，第 8 次采奶低于 25 μg/kg。用药后 3 h 时，只有肝和肾组织中能被检测出有残留量，而 24 h 时肾脏中残留量极低。奶牛用药后，第 7 天乳房中残留量为 3500 μg/kg～16500 μg/kg，第 14 天乳房中残留量为 40 μg/kg～1400 μg/kg，第 21 天乳房中残留量为 25 μg/kg～600 μg/kg。母牛产犊前 28～40 天用药，产后初奶和第二次奶中均检测不出残留量；21 天时可食组织中亦检测不出残留量。

按药品推荐方法给母羊用药，产犊后初乳中残留量低于检测方法的检测限（25 μg/kg），21 天时可食组织中残留量低于检测方法的检测限。

（6）头孢噻吩（Cephalothin）

本品内服吸收很差，只有注射才能取得有治疗作用的血药浓度，在组织和体液中分布广泛，约有 20% 与血浆蛋白（主要是白蛋白）结合。吸收后部分在肝中代谢为去乙基头孢噻吩，其抗菌活性约为母药的 25%。母药和代谢物主要经肾排泄。犬和马消除半衰期为肌肉注射 0.82 h，静脉注射 0.25 h。

（7）头孢西丁（Cefoxitin）

内服不吸收，静脉或肌内注射后吸收迅速。静脉注射后约 5 min 达血药浓度峰值，肌内注射后 0.5 h 血药浓度达峰值。药物吸收后可广泛分布到体内各组织器官中，以肾、肺中浓度最高。极少向乳汁移行，也不易透过脑膜，但可透过胎盘屏障进入胎儿血循环。头孢西丁在体内几乎不发生生物代谢，其与血浆蛋白结合率约为 37%，血清半衰期约为 0.8h。给药 24 h 后，约 80%～90% 药量以原形随尿液排泄，极少量从胆汁排泄。

（8）头孢呋辛（Cefuroxime）和头孢呋辛酯（Cefuroxime axetil）

内服吸收差，肌注或静注后分布到体内各组织器官中，体内药物浓度峰值过后，乳汁中可检测出残留量。在体内几乎不发生生物代谢，主要与血浆蛋白结合，血清半衰期约 80 min。主要以原形随尿液排泄，极少量从胆汁排泄。

头孢呋辛酯为头孢呋辛的酯化物，内服吸收良好，吸收后迅速在肠黏膜和门脉循环中被非特异性酯酶水解为头孢呋辛而显抗菌活性，分布至全身细胞外液。血清蛋白结合率约为 50%。餐后内服本品后，血药峰浓度于 2.5 h～3 h 到达。食物可促进其吸收，空腹和餐后内服本品的生物利用度分别为 37% 和 52%。血清消除半衰期为 1.2 h～1.6 h。空腹和餐后内服后，24 h 内尿中排泄量分别为给药量的 32% 和 48%。

（9）头孢哌酮（Cefoperazone）

口服不吸收，肌注或静注后分布广泛，尤以胆汁、尿液、血清中浓度最高。肌注后，1 h～2 h 血药峰浓度达峰值。血浆消除半衰期为 2 h，血浆蛋白结合率为 70%～90%。本品约 40% 以上从胆汁中排出，胆汁中浓度为血药浓度的 12 倍。本品在体内不代谢，主要经胆汁排泄。

（10）头孢噻呋（Ceftiofur）

本品内服不吸收，肌注或静注吸收强，在体内迅速代谢为脱呋喃甲酸头孢噻呋（desfuroylceftiofur，DFC）和呋喃甲酸，其中 DFC 为标志残留物，DFC 可与血浆蛋白结合。肌注后，0.5 h～1 h 血药峰浓度达峰值，2 h～4 h 血液中检测不出母药，12 h 时肾脏中残留量达最高。24 h 尿中排出给药量的 90% 以上。尿液和粪便中残留物主要为 DFC 和 DFC 半胱氨酸二硫化物（desfuroylceftiofur cysteine disulfide），以及少量母药。

猪肌注后，12 h 时肝、肾、肌肉、表皮/脂肪和注射部位中总残留量分别为 590 $\mu g/kg$、1190 $\mu g/kg$、250 $\mu g/kg$、400 $\mu g/kg$ 和 1320 $\mu g/kg$。牛肌注射 8 h、3 天、21 天和 39 天时，肝中总残留量分别为 1294 $\mu g/kg$、250 $\mu g/kg$、60 $\mu g/kg$ 和 60 $\mu g/kg$；肾中总残留量为 3508 $\mu g/kg$、853 $\mu g/kg$、159 $\mu g/kg$ 和 159 $\mu g/kg$；肌肉中总残留量为 208 $\mu g/kg$、20 $\mu g/kg$、小于 10 $\mu g/kg$ 和小于 10 $\mu g/kg$；脂肪中总残留量为 324 $\mu g/kg$、37 $\mu g/kg$、小于 10 $\mu g/kg$ 和小于 10 $\mu g/kg$；注射部位总残留量为 3924 $\mu g/kg$、766 $\mu g/kg$、399 $\mu g/kg$ 和 399 $\mu g/kg$。

奶牛肌注后 12 h 和 24 h 时，奶水中总残留量分别为 103 $\mu g/kg$ 和 50 $\mu g/kg$，但检测不出母药。按药品推荐方法使用，奶水中总残留量是不会超出最大残留限量（MRL）100 $\mu g/kg$，因此头孢噻呋不需要休药期。

（11）头孢喹诺（Cefquinome）

内服吸收差，肌注或皮注吸收快，体内分布一般，以肾和肝为最高。几乎不被代谢，肌注后主要以原形经肾排泄，乳房注入后主要通过乳汁排泄。

牛肌注后，残留物浓度以注射部位、肾和肝为最高，12 h 时注射部位、肾和肝中残留物不再显抗菌活性，母药不被检出，80%～100% 的残留物呈结合态。奶牛乳房注入后，24 h 时组织中只有肾能被检测出残留物，其浓度低于 208 $\mu g/kg$；虽然第一次采奶的药物残留量比较高，但是第十次采奶的残留量降低至 72 $\mu g/kg$。按药品使用方法给猪肌肉注射后，24 h 时注射部位含药物残留量 208 $\mu g/kg$，但 144 h 时检测不出有残留物；24 h 时肾中残留量为 88 $\mu g/kg$～293 $\mu g/kg$，48 h 后检测不出；72 h 时肝、脂肪、皮、肌肉中均检测不到有残留物。

3. β-内酰胺酶抑制剂

青霉素和头孢霉素等 β-内酰胺类抗生素的发现与使用为人类抵抗细菌感染作出了贡献，挽救了无数人的生命。但是在长期使用中，细菌逐渐对其产生抗药性，特别是 β 内酰胺酶，能够破坏抗生素中的内酰胺环结构，经常出现使用效果不理想的现象。尤其作为传统的优异抗生素青霉素更为明显。针对这种情况，人们开发出 β-内酰胺酶抑制剂，对 β-内酰胺酶的活性进行抑制，使抗生素发挥原有的抗菌作用。目前，有多种 β-内酰胺酶抑制剂投放市场，其中克拉维酸和舒巴坦是典型代表。

（1）克拉维酸（Clavulanic acid）

本品内服易吸收，吸收率约 34%，1～2h 出现血药峰浓度。肌注吸收完全，广泛分布到组织间液中，鸡消除半衰期较火鸡、鸽为长。血浆蛋白结合率 13%，部分药物在体内代谢，代谢物为 1-氨基-4-羟基-丁酮。约 30%～45% 药物以原形或代谢物经肾随尿液排出，粪中排出 25%～27%，也有 16%～33% 从呼吸器中排出。犊牛日服克拉维酸/氨比西林制剂 8 mg/kg，连服 3 日，3 天后屠宰，在组织中检测不到有残留物（小于 0.01mg/kg）。犊牛、猪和羊日肌注 1.75 mg/kg，连注 5 日，分别于第 1 天、第 7 天和第 14 天屠宰，在组织中检测不到有残留物（小于 0.01 mg/kg）。

克拉维酸在奶中浓度低。奶牛日肌注 1.75 mg/kg，连注 5 日或乳房注入 50mg（历时 15min），24 h 后奶中检测不到有残留物。

(2) 舒巴坦（Sulbactam）

内服吸收很少，其与氨苄西林所成之酯类可吸收。注射后广泛分布于各组织及体液中，尤以血液、心、肺、肾、脾中浓度较高。几乎不被代谢。70%～80%以原型经肾排泄，少量经胆汁排泄。其药代动力学和氨苄西林等相似，肌注 1 h 内达峰值，消除半衰期约 1 h。

(三) 样品处理

1. 理化性质

本类抗生素包括青霉素类和头孢菌素类，由于它们的分子中都含有 β-内酰胺环，故统称为 β 内酰胺类抗生素。β 内酰胺类具有一定极性，不挥发，热稳定性一般。一方面，由于分子中含游离的羧基，因此有相当强的酸性，能与无机碱或某些有机碱形成盐；另一方面，β 内酰胺化合物如氨苄青霉素的侧链带有氨基属于两性化合物。β-内酰胺类对酸对碱的稳定性取决于侧链的属性。β-内酰胺的盐类在 pH6～pH7 时最稳定，而两性化合物在等电点时最稳定。青霉素类分子中含有三个手性碳原子，头孢菌素类含有两个手性碳原子，故都具有旋光性。青霉素类分子中的母核部分无紫外吸收，但其侧链大多具有苯环类共轭体系，因此仍具紫外吸收特性。干燥、纯净的青霉素类抗生素的盐很稳定，对热也稳定。

2. 提取和脱蛋白

在检测牛奶之类液体样品时，一般采取离心方法除去脂肪。样品的提取一般使用水或酸性有机溶剂，以此达到同时脱蛋白和萃取的目的。样品经提取后要进行脱蛋白，其目的就是阻止 β-内酰胺类与组织中的蛋白质分子形成共价键。

3. 净化

初提取液中被分析物的浓度往往都很低，还含有许多共萃取物，如果这些物质在最终的溶液中存在，那么不仅会损害色谱仪器，也会增加检测的噪声，无法测定痕量浓度的分析物。为了降低共萃取化合物的干扰，通常需要对初提取液进行净化与浓缩。常用的净化/浓缩方法有液-液分配、固相萃取法（SPE）、基质固相分散法（MSPD）、在线痕量富集技术和液相色谱法等。

本类药物的初提取液大都为水性溶剂，水性提取液酸化后，β-内酰胺类结构中液酸基的电离被抑制，使药物呈中性分子，因此可先用氯仿或二氯甲烷提取，然后再用 pH 值为 7 的磷酸盐缓冲液抽提氯仿相。

(四) 分析方法

生物样品中 β 内酰胺类抗生素的分析方法有分光光度法、液相色谱法、薄层色谱法、气相色谱法等。

主要现行标准：

(1) GB 5009.185-2016 食品安全国家标准 食品中展青霉素的测定。

(2) GB 5009.222-2016 食品安全国家标准 食品中桔青霉素的测定。

(3) GB 29682-2013 食品安全国家标准 水产品中青霉素类药物多残留的测定 高效液相色谱法。

(4) GB 31656.12-2021 食品安全国家标准 水产品中青霉素类药物多残留的测定 液相色谱-串联质谱法。

(5) GB 31658.1-2021 食品安全国家标准 动物性食品中头孢噻呋残留量的测定 高效液相色谱法。

(6) GB/T 20755-2006 畜禽肉中九种青霉素类药物残留量的测定 液相色谱-串联质谱法。

(7) GB/T 21174-2007 动物源性食品中β-内酰胺类药物残留测定方法 放射受体分析法。

(8) GB/T 21314-2007 动物源性食品中头孢匹林、头孢噻呋残留量检测方法 液相色谱-质谱/质谱法。

(9) GB/T 21315-2007 动物源性食品中青霉素族抗生素残留量检测方法 液相色谱-质谱/质谱法。

(10) GB/T 22975-2008 牛奶和奶粉中阿莫西林、氨苄西林、哌拉西林、青霉素G、青霉素V、苯唑西林、氯唑西林、萘夫西林和双氯西林残留的测定 液相色谱-串联质谱法。

(11) GB/T 23385-2009 饲料中氨苄青霉素的测定 高效液相色谱法。

(12) GB/T 23585-2009 预防和降低苹果汁及其他饮料的苹果汁配料中展青霉素污染的操作规范。

(13) SN/T 1988-2007 进出口动物源食品中头孢氨苄、头孢匹林和头孢唑啉残留检测方法 液相色谱-质谱/质谱法。

(14) SN/T 2488-2010 进出口动物源食品中克拉维酸残留量检测方法 液相色谱-质谱/质谱法。

(15) SN/T 2050-2008 进出口动物源食品中14种β-内酰胺类抗生素残留检测方法 液相色谱-质谱/质谱法。

(16) SN/T 2127-2008 进出口动物源性食品中β-内酰胺类药物残留检测方法 微生物抑制法。

(17) SN/T 3256-2012 出口牛奶中β-内酰胺类和四环素类药物残留快速检测法 ROSA法。

(18) SN/T 4532.1-2016 商品化试剂盒检测方法 β-内酰胺类 方法一。

(19) SN/T 4532.2-2016 商品化试剂盒检测方法 β-内酰胺类 方法二。

(20) SN/T 4532.3-2017 商品化试剂盒检测方法 β-内酰胺类 方法三。

(21) SN/T 4532.4-2017 商品化试剂盒检测方法 β-内酰胺类 方法四。

(22) SN/T 4532.5-2017 商品化试剂盒检测方法 β-内酰胺类 方法五。

(23) SN/T 4923-2017 进出口食用动物中β-内酰胺类药物残留量的测定 液相色谱-质谱/质谱法。

(24) SN/T 4810-2017 进出口食用动物 β-内酰胺类药物残留量的测定 放射受体分析法。

(25) SN/T 4480-2016 出口原奶中β-内酰胺类抗生素的检测方法 胶体金法。

(26) NY/T 829-2004 牛奶中氨苄青霉素残留检测方法 HPLC。

（27）NY/T 830-2004 动物性食品中阿莫西林残留检测方法 HPLC。

（28）农业农村部公告第 316 号-5-2020 饲料中 17 种头孢菌素类药物的测定 液相色谱-串联质谱法。

（29）农业农村部公告第 358 号-3-2020 饲料中 7 种青霉素类药物含量的测定。

（30）农业部 781 号公告-11-2006 牛奶中青霉素类药物残留量的测定 高效液相色谱法。

（31）农业部 958 号公告-7-2007 猪鸡可食性组织中青霉素类药物残留检测方法 高效液相色谱法。

（32）农业部 1025 号公告-13-2008 动物性食品中头孢噻呋残留检测 高效液相色谱法。

（33）农业部 1163 号公告-5-2009 动物性食品中氨苄西林残留检测 高效液相色谱法。

（34）DB32/T 1533-2009 饲料中桔青霉素的检测 酶联免疫吸附法。

（35）DB13/T 1384.1-2011 饲料中 4 种 β-内酰胺类药物的测定。

（36）DB32/T 714-2004 牛乳中青霉素残留量快速检测 酶联免疫吸附测定法。

（37）T/JPMA 004-2019 生活饮用水中 16 种 β-内酰胺类药物残留的测定 液相色谱-串联质谱法。

（38）T/TDSTIA 016-2019 生乳中 β-内酰胺类兽药残留控制技术规范。

（39）T/PIAC 00001-2021 抗生素菌渣及有机肥基料、作物、环境介质中青霉素检测方法。

（40）T/SATA 032-2022 食品中桔青霉素的测定 液相色谱-串联质谱法。

（41）T/PIAC 00002-2021 抗生素菌渣及有机肥基料、作物、环境介质中头孢菌素检测方法。

（42）T/JZNX 006-2020 牛奶中四环素类、大环内酯类、头孢菌素类、酰胺醇类、喹诺酮类、磺胺类兽药多残留的测定 液相色谱-串联质谱法。

（43）BJS 201702 原料乳及液态乳中舒巴坦的测定。

七、喹诺酮类

（一）概述

喹诺酮类（Quinolones）药物是 20 世纪 60 年代开发的一类较新的合成抗菌药。

（二）药动学及残留情况

1. 萘啶酸（Nalidixic acid）

内服后自胃肠道迅速吸收，部分在肝脏代谢成为具抗菌活性的与萘啶酸相仿的羟化萘啶酸 并经肾脏快速排泄。其他代谢物包括与萘啶酸、羟化萘啶酸结合的葡萄糖醛酸及二羧酸衍生物。羟化萘啶酸占血液中药物生物学活性的 30%，尿液中活性的 85%。内服 1 g 后 2 h 在血浆中的峰浓度为 20 mg/L～50 mg/L，血消除半衰期约 1 h～2.5 h。萘啶酸的血浆蛋白结合率为 93%，羟化萘啶酸的血浆蛋白结合率为 63%。给药后 3 h～4 h 尿液中的峰浓度为 150 mg/L～200 mg/L，半衰期约 6 h。主要以原形及代谢物经尿排泄，约 4% 经粪便排泄，也可从乳汁中分泌。

2. 吡哌酸（Pipemidic acid）

内服吸收良好，体内分布广，组织中浓度高于血中浓度，尿和胆汁中浓度最高。半衰期 3.3 h，在体内不被代谢，主要以原形从尿中排出，少量随粪便排泄。亦有少量通过胎盘进入胎畜循环中。

3. 恶喹酸（Oxolinic acid）

内服吸收快，生物利用度跟动物品种、制剂、饮食及疾病有关。健康鸡内服 10 mg/kg，生物利用度约 82%，病鸡接近 100%。猪、牛内服生物利用度比鱼类高。肉鸡一次内服 5 mg/kg，休药 1、3、6 天，肝中平均残留量分别为 2160 μg/kg、490 μg/kg、50 μg/kg，肾中平均残留量分别为 2380 μg/kg、910 μg/kg、160 μg/kg，肌肉为 1460 μg/kg、570 μg/kg、20 μg/kg。蛋鸡连服 5 日剂量 15mg/kg/d，休药 1、3、6 和 9 天，蛋中平均残留量分别为 5610 μg/kg、1240 μg/kg、80 μg/kg 和小于 10 μg/kg。崽猪连续饲喂 7 日，剂量 15mg/kg/d，休药 1 天，肝、肾和肌肉中平均残留量为 1080 μg/kg、1350 μg/kg 和 1500 μg/kg，休药 3 天所有组织中的残留量均低于 25 μg/kg。

4. 达氟沙星（Danofloxacin）

肌内注射和皮下注射均能较迅速而完全地被吸收，生物利用度约 98%。组织中浓度高于血浓度，尤以肝中药物浓度最高，其次是肾、肺和肌肉。在肝内发生代谢，肝中残留物主要为母药和去氮（N-desmethyl）代谢物。大部分经肾排泄，猪与犊牛肌内注射后尿中可分别排出 43%~51% 与 38%~43% 的原药。

鸡内服或犊牛肌注放射性标记达氟沙星，组织中残留量迅速下降；6 h~24 h 时鸡肝中 47%~61% 残留量为母药，14%~20% 为代谢物。牛肝中 14%~32% 为母药，在 12 h~72 h，代谢物从 30%~40% 降至 14%。鸡用药后，肌肉：6 h 时母药残留量 36 μg/kg~90 μg/kg，代谢物小于 25 μg/kg；18 h 时母药 25 μg/kg，代谢物小于 25 μg/kg。肝：6 h 时母药 157 μg/kg~319 μg/kg，代谢物 35 μg/kg~193 μg/kg；36 h 时母药 18 μg/kg~66 μg/kg，代谢物小于 10 μg/kg。牛用药后 12 h~5 d，肝中母药残留量为 372 μg/kg~13 μg/kg，注射部位母药残留量为 669 μg/kg~小于 10 μg/kg，肾母药残留量 426 μg/kg~5 μg/kg，肌肉母药残留量 112 μg/kg~小于 10 μg/kg。猪日肌注放射性标记达氟沙星 1.25 mg/kg，连续 5 日，期间 72%~81% 药量以原形由粪便和尿液排出。粪便中 5%~7% 放射性物为 N-desmethyl danofloxacin。尿中 2%~3% 为 N-desmethyl danofloxacin，10%~14% 为氧化达氟沙星（danofloxacin-N-oxide），3% 为达氟沙星葡糖醛酸苷（danofloxacin glucuronide）。猪日肌注 1.25 mg/kg，连续 3 日，停药 2 天时，肝中母药残留量 27 μg/kg，2 天后残留量<10 μg/kg；2 天时肾 36 μg/kg，6 天时 5.5 μg/kg，6 天后小于 5 μg/kg；2 天时肌肉、脂肪、注射部位母药残留量为 15 μg/kg、小于 15 μg/kg、17 μg/kg，2 天后均未检出；N-desmethyl danofloxacin 残留只在肝中被检出，2 天时 622 μg/kg，6 天时 221 μg/kg，18 天时 79 μg/kg。

5. 二氟沙星（Difloxacin）

内服吸收快，并迅速分布各组织，半衰期长，可在血液中较长时间保持在高浓度水平，且重复给药不蓄积，从而确保了该药的安全性。犬内服后约 3 h 达血药峰浓度，血清半衰期约 9 h，与血浆蛋白的结合率为 16%~52%。猪、鸡肌注或内服后吸收迅速，1.3 h~4.3 h 血药浓度达峰值，鸡消除半衰期为 5.6 h~8.2 h，猪消除半衰期为 16.7 h~25.8 h。猪吸收完全，而鸡则不完全。经肾排泄，尿中浓度高。鸡、火鸡日喂服放射性标记二氟沙星 10 mg/kg 连续 5 日，停药 6 h 时，鸡和火鸡肝中放射性残留物达最高 1878

μg/kg 和 2660 μg/kg。12 h 时可食组织中残留量低于 MRL 值。在肝内发生代谢，代谢过程为葡萄苷酸化、硫酸化、去甲基化生成沙氟沙星（sarafloxacin）、氧化生成氮氧化二氟沙星（NpxidLdifloxacin），其中葡萄苷酸结合物为主要代谢物。

6. 恩诺沙星（Enrofloxacin）

内服吸收良好，广泛分布于各组织，以肝和肾中浓度最高。主要经肾和胆汁途径消除，近 15%～50% 以原形通过肾小管分泌和肾小球滤过排入尿中。本品在体内代谢较为复杂，不同种属动物存在差异，但均可不同程度地先脱乙基代谢为环丙沙星，再代谢为氧代环丙沙星等。恩诺沙星和环丙沙星为标志残留物。尿液中的残留物大部分为母药、恩诺沙星酰胺（enrofloxacin amide）和环丙沙星（ciprofloxacin），以及少量的氧代环丙沙星（oxocipro-floxacin）、二氧代环丙沙星（dioxociprofloxacin）、去乙基环丙沙星（des-ethylene ciprofloxacin）、去乙基恩诺沙星（desethylene eniofloxacin）、甲酰环丙沙星（N-formyl ciprofloxacin）、氧代恩诺沙星（oxoenrofloxacin）和羟基氧代恩诺沙星（hydroxy oxoenrofloxacin）。

消除半衰期在不同种属动物及不同给药途径之间存在显著差异。如猪静脉注射、肌内注射和内服分别为 3.45 h、4.06 h 和 6.93 h；鸡静脉注射、内服分别为 5.26 h、9.14 h；奶山羊静脉注射、肌内注射和乳房灌注分别为 1.21 h、0.95 h 和 0.69 h；犊牛静脉注射、皮下注射分别为 2.2 h、3.6 h；奶牛静脉注射、肌内注射和皮下注射分别为 1.68h、5.9 h、5.5 h；马静脉注射、肌内注射分别为 4.4 h、9.9 h。由于静脉注射的半衰期均短于其他给药途径，故对生物利用度较高的动物，宜选用非静脉注射途径，以延长给药的间隔时间。泌乳母畜和产蛋家禽连续应用本品后，其乳汁及蛋白、蛋黄中均存在高浓度药物。

鸡、火鸡剂量 10mg/kg/d，连服 7 日，鸡停药后第 3～15 天肝中标志残留物 42 μg/kg～11 μg/kg；火鸡停药后第 1～7 天肝中标志残留物 1250 μg/kg～10 μg/kg。鸡内服 7 mg/kg，停药后 1 天，肌肉、肝和肾中恩诺沙星残留量分别为 9 μg/kg、88 μg/kg 和 154 μg/kg。蛋鸡内服后，第 11 天产蛋中可检测到母药残留量。牛皮下注射 7.5 mg/kg，停药后第 3 天肝、肾、肌肉和脂肪中标志残留物分别为 30 μg/kg、20 μg/kg、小于 10 μg/kg 和小于 10 μg/kg，第 7 天各组织中标志残留物均小于 10 μg/kg。牛静脉注入后，体内环丙沙星的浓度高出母药恩诺沙星，且滞留时间长。患乳腺炎奶牛注入 5 mg/kg，停药后第 4 天奶中标志残留物 30 μg/kg。母兔静脉注入后，奶中环丙沙星残留量较高。

7. 氟甲喹（Flumequine）

内服吸收良好，生物利用度 40%～50%。在鼠、狗、犊牛体内发生糖脂化作用，形成葡萄苷酸结合物，以及少量羟基化物，7-羟基氟甲喹（7-hydroxyflumequine）。在羊体内分布广泛，以肾脏中浓度最高，其次为肝和肌肉。蛋鸡饮服 200 mg/L，休药 2～11 天，蛋中可检测到残留量，蛋清中残留量比蛋黄高。

8. 马波沙星（Marbofl6xacin）

内服、肌肉或皮下注射，吸收均迅速而完全，血浆蛋白结合率低，组织分布广，在肾、肝、肺及皮肤中分布良好。生物利用度高，猪、猫的口服生物利用度约 80%，犊牛则达 100%。消除缓慢，内服给药的吸收及消除都慢于肌注给药。仔猪分别静注、肌注及内服 2.5 mg/kg，血浆半衰期为 16.2 h、17.4 h 和 23 h。本品有较大的分布容积，除中枢神经外，所有被检测的组织浓度均高于血浆中药物浓度。部分在肝中被代谢转化为无活性的代谢物（N-脱甲基马波沙星和N-氧马波沙星）。主要排泄途径为肾脏。犬在尿中排出占30%的原形药。猪、犊牛静注后，第4天肝和肾中可检测到残留量，肌肉和脂肪中残留物主要为母药，肝和肾中除母药外还有代谢物。奶牛用药后，奶中73%~89%的残留物为母药。

9. 诺氟沙星（Norfloxacin）

内服后吸收迅速，体内分布广泛，除脑组织和骨组织外，其在肝、肾、胰、脾中的浓度均高于在血浆中浓度，并可渗入胸水、腹水和乳汁中。与动物血浆蛋白的结合率均不超过45%。肌注在肉鸡体内的生物利用度为69.8%，略高于内服60.5%这一比例，可代谢为乙基诺氟沙星、甲酸诺氟沙星、氨基诺氟沙星和去乙基诺氟沙星。主要转化为N-去乙基代谢物和氧化代谢物。诺氟沙星主要通过肾在尿中排泄，在尿中的活性成分少于30%。鸡的消除半衰期较长，内服的消除半衰期10.4 h，肌注6.9 h。火鸡饮服后72 h，血清、肺、肝、肾、肌肉、脾、皮、脂肪和粪中残留量分别为0.48 mg/kg、0.56 mg/kg、3.2 mg/kg、0.68 mg/kg、0.34 mg/kg、0.40 mg/kg、0.52 mg/kg、0.32 mg/kg和50 mg/kg，但72 h后各组织中残留量均未被检出。给健康肉鸡和被大肠杆菌感染的肉鸡用药后，组织中均可检出其残留量，病鸡残留量更高。胆汁、肾和肝中残留量较高，胆汁滞留期4天。肉鸡和蛋鸡给药5日，停药后当日组织中残留量达峰值，肝为4867 μg/kg和4496 μg/kg。1天后残留量迅速下降，肝为76 μg/kg，心脏为17.5 μg/kg；3天时肝为13 μg/kg，肌肉为21.3 μg/kg；6天后除肌肉中可检测到残留量外，其他组织均未被检出；9天时肌肉中残留量为7.5 μg/kg。蛋中残留量随着给药日的增加而增高，最高为停药后1天，蛋黄103.5 μg/kg，比用药第3天、第4天的残留量还高；休药4天后残留下降很快，休药6天时蛋黄12.2 μg/kg，蛋清3.5 μg/kg。犊牛肌注后4 h，肾、肝和肌肉中残留量较高，尤以肝为最高。体液残留量比胆汁、尿液残留量高，血清残留量较低；24 h后各组织中残留量均低于1 mg/kg，72 h和120 h时肝中残留量为60 μg/kg和80 μg/kg，120 h时未检出肌肉中的残留量。

10. 沙拉沙星（Sarafloxacin）

内服和注射吸收迅速。体内分布广泛，表观分布容积大，内服生物利用度较高，消除半衰期亦较长。给一日龄鸡皮下注射0.1 mg沙拉沙星，0.5 h达血药峰浓度，随后几小时内下降和消失。在此期间的平均血清浓度为0.45 mg/L。给鸡内服亦迅速被吸收，1.12 h达血药峰浓度，生物利用度为60%。在体内广泛分布，组织浓度通常超过血清浓度。如在饮水中按每升20 mg、30 mg和40 mg的浓度给鸡投饮三天，测定其血清浓度分别为0.05 mg/L、0.06 mg/L和0.08mg/L，而相应的肺组织浓度分别为0.07 mg/L、0.13 mg/L和0.18 mg/L。给肉鸡单次内服（每1 kg体重10 mg）和连续5日混饮（每1 L饮水含50 mg），鸡单次内服盐酸沙拉沙星后，24 h内各组织中均可检出药物，48 h后肝脏、肾脏、肌肉中药物残留量均低于0.05 mg/g；混饮停药后，6 h内肝脏、肾脏中可检出残留药物，12 h后3种组织中残留量均低于0.05mg/g。结果表明，盐酸沙拉沙星在肉鸡组织中消除迅速，连续治疗剂量用药后组织中无药物蓄积。给猪肌内注射后吸收迅速而完全，0.94 h达血药峰浓度，生物利用度达87%，但内服则吸收缓慢且不完全，2.45 h达血药峰浓度，生物利用度为52%。猪体内消除缓慢，其肌内注射和内服的半衰期分别为 3.53 h 和 6.72 h。

11. 环丙沙星（Ciprofloxacin）

内服后在大多数动物中易于吸收。犬内服环丙沙星的生物利用度明显低于恩诺沙星。成年马内服生物利用度仅为 2%～12%。反刍前犊牛（四周龄）内服生物利用度为 53%。鸡内服生物利用度为 52%。肌注生物利用度均显著高于内服给药。消除半衰期约 3.5 h。环丙沙星在体内组织中浓度常高于血药浓度。主要在肝中代谢，形成不同的代谢产物，其抗菌活性均弱于母药。大部分以原形经肾排泄，少量经胆和肠道排出。猪静脉注射给药后 24 h 内尿中排出 47.3%原药，内服仅排出 26.2%。牛静脉注射后 24 h 内排出 45%原药，内服只有 25.7%。犬尿中排出的原药量低于其他动物，仅为 37%。

（三）样品处理

1. 提取

喹诺酮类分子中含有一个喹诺酮环和一个羧基，氟喹诺酮类是喹诺酮类经结构改造后的衍生物。喹诺酮类药物大多不溶于非极性有机溶剂，难溶于水、乙醇，易溶于冰醋酸、稀矿酸或稀碱溶液；溶液对光不稳定，应避光保存。组织样品（如肌肉、肝脏、肾脏）提取前，样品需要粉碎或均质，加入无水硫酸钠有利于样品的充分提取。液体样品（奶、尿、血浆）需用缓冲液稀释。

2. 净化

为降低内源性杂质对测定的干扰，初提取液还需要净化处理，包括液-液分配、固相萃取、基质固相分散、在线透析和痕量富集等方法。有时为了达到更高的净化效果，可将几种方法结合应用。

（四）分析方法

喹诺酮类药物残留的测定方法主要为色谱法。

主要现行标准：

（1）GB 29692-2013 食品安全国家标准 牛奶中喹诺酮类药物多残留的测定 高效液相色谱法。

（2）GB 31656.3-2021 食品安全国家标准 水产品中诺氟沙星、环丙沙星、恩诺沙星、氧氟沙星、恶喹酸、氟甲喹残留量的测定 高效液相色谱法。

（3）GB 31658.17-2021 食品安全国家标准 动物性食品中四环素类、磺胺类和喹诺酮类药物残留量的测定 液相色谱—串联质谱法。

（4）GB/T 20366-2006 动物源产品中喹诺酮类残留量的测定 液相色谱-串联质谱法。

（5）GB/T 21312-2007 动物源性食品中 14 种喹诺酮药物残留检测方法 液相色谱-质谱/质谱法。

（6）GB/T 22985-2008 牛奶和奶粉中恩诺沙星、达氟沙星、环丙沙星、沙拉沙星、奥比沙星、二氟沙星和麻保沙星残留量的测定 液相色谱-串联质谱法。

（7）SB/T 10925-2012 动物组织中氟喹诺酮类药物残留的快速筛查检测。

（8）SN/T 1921-2007 进出口动物源性食品中氟甲喹残留量检测方法 液相色谱-质谱/质谱法。

（9）SC/T 1083-2007 诺氟沙星、恩诺沙星水产养殖使用规范。

（10）SN/T 1751.2-2007 进出口动物源食品中喹诺酮类药物残留量检测方法 第 2 部

分：液相色谱-质谱/质谱法。

（11）SN/T 1751.3-2011 进出口动物源性食品中喹诺酮类药物残留量的测定 第 3 部分：高效液相色谱法。

（12）SN/T 3649-2013 饲料中氟喹诺酮类药物含量的检测方法 液相色谱-质谱/质谱法。

（13）SN/T 5122-2019 进出口食用动物、饲料喹诺酮类筛选检测 胶体金免疫层析法。

（14）KJ 201906 动物源性食品中喹诺酮类物质的快速检测 胶体金免疫层析法。

（15）农业部 781 号公告-6-2006 鸡蛋中氟喹诺酮类药物残留量的测定 高效液相色谱法。

（16）农业部 1025 号公告-8-2008 动物性食品中氟喹诺酮类药物残留检测 酶联免疫吸附法。

（17）农业部 1025 号公告-14-2008 动物性食品中氟喹诺酮类药物残留检测 高效液相色谱法。

（18）农业部 1025 号公告-25-2008 动物源食品中恩诺沙星残留检测 酶联免疫吸附法。

（19）农业部 1077 号公告-7-2008 水产品中恩诺沙星、诺氟沙星和环丙沙星残留的快速筛选测定 胶体金免疫渗滤法。

（20）农业部 2086 号公告-4-2014 饲料中氟喹诺酮类药物的测定 液相色谱-串联质谱法。

（21）农业部 2349 号公告-5-2015 饲料中磺胺类和喹诺酮类药物的测定 液相色谱-串联质谱法。

（22）DB13/T 1384.7-2011 饲料中恩诺沙星、环丙沙星、诺氟沙星的测定。

（23）DB43/T 702-2012 饲料中氟喹诺酮的测定 高效液相色谱法。

（24）DB37/T 3421-2018 混合型饲料添加剂中氟喹诺酮类药物的测定 高效液相色谱法。

（25）DB22/T 1997-2014 饲料中恩诺沙星、环丙沙星、诺氟沙星的测定 液相色谱-串联质谱法。

（26）DB12/T 987-2020 鲜、冻畜禽肉中磺胺类、喹诺酮类和四环素类兽药残留量的测定 液相色谱-串联质谱法。

（27）T/SATA 0003-2017 动物源性食品中多种药物（8 种 β-受体激动剂、18 种磺胺类药物、14 种喹诺酮类药物）残留量的测定 液相色谱—串联质谱法。

（28）T/SATA 012-2019 蛋制品中多种药物（磺胺类、喹诺酮类、四环素类、氯羟吡啶、金刚烷胺）残留量的测定 液相色谱—串联质谱法。

（29）T/FSAS 20-2018 畜禽产品及水产品中喹诺酮类药物残留的快速检测方法。

（30）DB44/T 665-2009 蛋中喹诺酮类药物的多残留检测方法。

（31）T/JZNX 001-2019 生鲜乳中氟喹诺酮类药物残留检测 高效液相色谱法。

（32）T/JZNX 006-2020 牛奶中四环素类、大环内酯类、头孢菌素类、酰胺醇类、喹诺酮类、磺胺类兽药多残留的测定 液相色谱-串联质谱法。

（33）DB33/T 2482-2022 畜禽排泄物中喹诺酮类药物残留量的测定 液相色谱-串联质谱法。

(34) T/KJFX 002-2021 畜禽肉中喹诺酮类、四环素族、甲砜霉素和氟苯尼考残留量的同时快速测定 联免疫微阵列生物芯片法。

(35) T/NAIA 0150-2022 动物源性食品中 4 种喹诺酮类残留量的测定 液相色谱-质谱/质谱法。

(36) T/JAASS 17-2021 液态乳和乳粉中氯霉素、氟苯尼考、甲砜霉素、林可霉素、替米考星、诺氟沙星、环丙沙星、恩诺沙星残留量的测定 液相色谱-串联质谱法。

八、硝基呋喃类

(一) 概述

硝基呋喃类原形药在生物体内代谢迅速，无法检测。但其代谢产物因和蛋白质结合而相当稳定，故其代谢物的检测结果可反映硝基呋喃类药物的残留状况。呋喃他酮、呋喃唑酮、呋喃西林和呋喃妥英的代谢物分别为 AOZ、SEM、AMOZ 和 AHD。

(二) 药动学及残留情况

1. 呋喃唑酮（Furazolidone）

内服很少吸收，故胃肠中的药物浓度高。吸收后大部分发生代谢，母药在肌肉、肾和肝中的残留量低于 0.5 μg/kg。在鸡和猪尿液中，母药浓度极低，代谢物为主要残留物。大部分代谢物已被鉴别，其中以 3-氨基-2-恶唑烷酮（3-amino-2-oxazolidone，AOZ）的蛋白结合物最为常见。

猪和犊牛饲服（每千克饲料添加 300 mg）后，肌肉中母药残留极低，几乎检测不出，即使刚用完药也是一样。家禽饲服（每千克饲料添加 440 mg）后，4 天内肌肉中母药残留为 μg/kg 水平。蛋鸡喂服 100 mg/kg、200 mg/kg 和 400 mg/kg（14~28 天）后，第 9 天、10 天和 11 天蛋中母药残留量小于 1 μg/kg。不同组织残留消除期也不一致，蛋清比蛋黄残留量低，残留消除期亦短。

通过放射性标记呋喃唑酮的残留消除研究，发现体内药物几乎全部降解，生成蛋白结合物，其生物利用度约 16%~41%。蛋白结合物不易被有机溶剂提取，肌肉样品总放射性物提取率为给药量的 86.3%~78.2%，肝脏样品总放射性物提取率为给药量的 8.3%~44%。猪内服放射性标记呋喃唑酮 16.5 mg/kg/d，连续 14 日，停药后当日肝、肾、肌肉和脂肪中放射性总残留量分别为 41.1 mg/kg、34.4 mg/kg、13.2 mg/kg 和 6.2 mg/kg；停药 21 天总残留量下降较快，但停药 45 天时总残留量仍在 mg/kg 水平。

2. 呋喃西林（Nitrofurazone）

内服吸收良好，生物利用度与呋喃唑酮相似。体内主要代谢产物为氨基脲（semicarbazide，SEM）的蛋白结合物。鸡喂服后当日，肝中母药残留量最高为 113 μg/kg，肌肉中残留最低为 0.7~9 μg/kg；停药后 2 天，组织中母药残留检测不出。蛋鸡喂服混合饲料（每千克饲料添加 100 mg 呋喃唑酮、呋喃他酮、呋喃妥英和呋喃西林）7 日，蛋黄中呋喃西林残留量最高为 0.5 mg/kg。猪喂服后，肌肉中未检出呋喃西林残留量。

3. 呋喃他酮（Furaltadone）

用于治疗禽沙门菌等感染，可按 400 mg/kg 浓度混饮给药；治疗禽支原体（霉形体）病，可按 263 mg/kg 混饮给药，或按 440 mg/kg 浓度混饲给药；治疗牛乳腺炎可于挤乳后每乳室灌注 500 mg。内服吸收良好，体内主要代谢产物为 5-吗啉代甲基-3-氨基-2-恶唑烷酮（5－morpholin－omethyl-3-amino-2-oxazolidone，AMOZ）的蛋白结合物。

蛋鸡喂服混合饲料（每千克饲料添加 100mg 呋喃唑酮、呋喃他酮、呋喃妥英和呋喃西林）7 日，蛋黄中呋喃他酮残留量最高为 0.2mg/kg。

4. 呋喃妥英（Nitrofurantoin）

内服吸收迅速完全，排泄也快。与食物同服可增加生物利用度。血清中药物浓度甚低，尿中的浓度较高。血清蛋白结合率为 60%。血消除半衰期为 0.3 h～1 h。体内主要代谢产物为 1-氨基乙内酰脲（1-aminohydantoin，AHD）的蛋白结合物。肾小球滤过为主要排泄途径，少量自肾小管分泌和重吸收。30%～40% 的呋喃妥英迅速以原形经尿排出，大结晶型的排泄较慢。本品亦可经胆汁排泄，并经透析清除。蛋鸡喂服混合饲料（每千克饲料添加呋喃唑酮 100 mg、呋喃他酮 50 mg、呋喃妥英 100 mg 和呋喃西林 100 mg）一次，第 6～15 天产蛋中的残留量为呋喃唑酮 164 μg/kg、呋喃他酮 171 μg/kg、呋喃妥英 84 μg/kg 和呋喃西林 20 μg/kg。

（三）样品处理

1. 提取及脱蛋白

液体样品如牛奶在提取前先用氯化钠溶液稀释，或冷冻脱水，鸡蛋样品可用水稀释。组织样品，如肌肉、肾脏、肝脏等需先加入水、氯化钠溶液或稀盐酸溶液均质，再进行提取和净化。

2. 净化

为了减少共萃取物对测定的干扰，需要对样品进行净化处理。净化方法包括液－液分配、固相萃取、基质固相分离等。有时为了达到更好的净化效果，可将几种净化方法结合应用，以提高仪器的检测灵敏度。

（四）分析方法

硝基呋喃类药物残留的测定方法主要有薄层色谱法和液相色谱法，采用紫外、荧光、电化学和质谱检测。

主要现行标准：

（1）GB 31656.13-2021 食品安全国家标准 水产品中硝基呋喃类代谢物多残留的测定 液相色谱－串联质谱法。

（2）GB/T 20752-2006 猪肉、牛肉、鸡肉、猪肝和水产品中硝基呋喃类代谢物残留量的测定 液相色谱-串联质谱法。

（3）GB/T 21166-2007 肠衣中硝基呋喃类代谢物残留量的测定 液相色谱-串联质谱法。

（4）GB/T 21311-2007 动物源性食品中硝基呋喃类药物代谢物残留量检测方法 高效液相色谱/串联质谱法。

（5）GB/T 22987-2008 牛奶和奶粉中呋喃它酮、呋喃西林、呋喃妥因和呋喃唑酮代谢物残留量的测定 液相色谱-串联质谱法。

（6）GB/T 39670-2020 宠物饲料中硝基呋喃类代谢物残留量的测定 液相色谱-串联质谱法。

（7）SB/T 10926-2012 动物组织中呋喃唑酮代谢物残留的测定 酶联免疫吸附法。

（8）SN/T 3648-2013 饲料中呋喃唑酮、呋喃妥因、呋喃它酮、呋喃西林含量的检测方法 液相色谱法。

（9）SN/T 4541.1-2016 商品化试剂盒检测方法 硝基呋喃类 方法一。

（10）SB/T 10927-2012 动物组织中硝基呋喃类代谢物残留的测定 酶联免疫吸附法。

（11）SN/T 3380-2012 出口动物源食品中硝基呋喃代谢物残留量的测定 酶联免疫吸附法。

（12）NY/T 3410-2018 畜禽肉和水产品中呋喃唑酮的测定。

（13）NY/T 727-2003 饲料中呋喃唑酮的测定 高效液相色谱法。

（14）农业部 783 号公告-1-2006 水产品中硝基呋喃类代谢物残留量的测定 液相色谱-串联质谱法。

（15）农业部 781 号公告-4-2006 动物源食品中硝基呋喃类代谢物残留量的测定 高效液相色谱－串联质谱法。

（16）农业部 1077 号公告-2-2008 水产品中硝基呋喃类代谢物残留量的测定 高效液相色谱法。

（17）农业部 1025 号公告-17-2008 动物源性食品中呋喃唑酮残留标示物残留检测 酶联免疫吸附法。

（18）农业部 1486 号公告-8-2010 饲料中硝基呋喃类药物的测定 高效液相色谱法。

（19）农业部 2349 号公告-6-2015 饲料中硝基咪唑类、硝基呋喃类和喹啉类药物的测定 液相色谱串联质谱法。

（20）DB34/T 1034-2009 动物组织中呋喃唑酮和磺胺类药物的残留测定-高效液相色谱法。

（21）DB34/T 1838-2013 动物源性组织中硝基呋喃类药物代谢物残留量检测方法 高效液相色谱荧光法。

（22）T/KJFX 001-2021 畜禽肉中磺胺类、氯霉素和硝基呋喃代谢物残留量的同时快速测定 酶联免疫微阵列生物芯片法。

九、苯并咪唑类

（一）概述

苯并咪唑类（Benzimidazoles）是一种驱虫剂，被广泛应用于动物寄生虫的治疗，同时还被作为杀霉菌剂应用于庄稼存贮和运输期间，使其免受霉菌污染。苯并咪唑类中的帕苯达唑、坎苯达唑、阿苯达唑和奥芬达唑对妊娠早期（约妊娠三周）绵羊的胎儿有致畸作用，因此用于孕畜时应特别慎重。

（二）药物残留和残留限量

1. 药物残留情况

（1）噻苯达唑（Thiabendazole，TBZ）

内服吸收快，广泛分布于各组织中。猪、羊、牛给药后 2 h～7 h 达到药峰浓度。在体内迅速代谢成 5-羟噻苯达唑（5-OH-TBZ），部分 5-羟噻苯达唑再与硫酸或糖苷酸结合。48 h 内，有 90% 的药量以代谢物形式自尿液排出，5% 自粪便排出，以原形排泄的不足 1%，亦可经乳腺排泄。一次给药，5 日内几乎可排净。犊牛用药后，肾中药物浓度最高，但肝的滞留期比肾长；噻苯达唑、5-羟噻苯达唑在肝和肾中的残留量分别为 57 μg/kg、581 μg/kg 和 153 μg/kg、19 μg/kg；休药 6 天只有肝中有 5-羟噻苯达唑残留量（63 μg/kg）；噻苯达唑在肌肉和脂肪中未被检出，但 5-羟噻苯达唑在用药后 1 日内可被检出，其残留量分别为肌肉 54 μg/kg、脂肪 64 μg/kg。奶牛用药后 12 h，噻苯达唑、5－羟噻苯达唑在奶中的残留量分别为 5007 μg/kg 和 168 μg/kg，84 h 时分别为 20 μg/kg 和 25 μg/kg。山羊内服后休药 7 日，肌肉、肝和肾中无组织残留。猪饲喂 40 mg/kg/d，连喂 2 周，休药 2 天，肌肉、肝、肾和脂肪中的残留量分别为 0 μg/kg、120 μg/kg、190 μg/kg 和 170 μg/kg；休药 7 日所有组织均无残留。

（2）坎苯达唑（Cambendazole，CAM）

内服后在体内迅速代谢，原药和代谢物主要经胆汁排泄，尿中占给药量的 25%，其中以原型排泄的不足 5%。牛内服后 30 日内，肝中可检出残留物，其中一部分为结合态。坎苯达唑有致畸性，因此休药期要求适当的延长。牛休药期 21 天，羊休药期 28 天。

（3）苯硫脲酯（Thiophanate）

内服吸收快而完全，8 h 达血药峰浓度。用药后 24 h，几乎能从所有组织器官中（特别是肝、肾）测出药物。用药后 72 h 内，大部分药量经粪和尿排出体外。

苯硫脲酯在动物体内易发生环化（代谢），形成 2-乙酯基氨基-2-苯并咪唑（2-ethoxy-carbonylamino-benzimidazole），即洛苯达唑（lobendazole）。牛体内的代谢率约为 57%。绵羊内服 40 mg/kg 后 65 h，只有母药和主要代谢物洛苯达唑在血浆中能被检出。羊肝内约有 34% 的母药代谢为洛苯达唑，其他代谢物为 2-氨基苯并达唑（2-aminobenzimidazole）、小分子脂肪酸及少量的硫酸或糖苷酸结合物。山羊内服 11 mg/kg 后，血中代谢率约为 52%，24 h 内尿和奶中的主要代谢物为 5-羟基洛苯达唑（5-hydroxy-lobendazole）和 2-氨基苯并达唑，各占 30% 的给药量。猪内服后，尿中主要代谢物为 2-氨基苯并达唑和一些少量的 2－氨基苯并达唑糖苷酸结合物、洛苯达唑，而母药量极微。粪中含洛苯达唑、5-羟基洛苯达唑及微量的母药。肝中含 4 个代谢物。

畜禽用药后，残留量在肝和肾中较高，而在其他可食组织中相对较低。绵羊一次内服 100 mg/kg 后，休药 1 日，肝、肾、肌肉和脂肪中的残留量分别为 930 μg/kg、1060 μg/kg、670 μg/kg 和 2930 μg/kg；休药 3 日后，残留量均低于 100 μg/kg。犊牛一次内服 100 mg/kg 后，休药 7 日，肝、肾和肌肉中的残留量均低于 200 μg/kg。猪一次内服 75 mg/kg 后休药 1 日，肝、肾、肌肉和皮/脂肪中的平均残留量分别为 5550 μg/kg、6600 μg/kg、2600 μg/kg 和 16200 μg/kg；休药 3 日分别为 180 μg/kg、100 μg/kg、小于 100 μg/kg 和 250 μg/kg；休药 7 日，组织中残留量均低于 100 μg/kg。奶牛一次内服 100 mg/kg 后，休药 6 h、20 h 和 30 h，奶中残留量分别为 440 μg/kg、320 μg/kg 和 140 μg/kg；休药 44 h，奶中未检出残留量（方法检测限 50 μg/kg）。

（4）非班太尔（Febantel，FEB）

牛内服后 18 h，肝中约占总残留量的 90%，其中苯芬达唑 30%～41%、奥芬达唑 4%～19%、奥芬达唑砜 14%～15%、非班太尔 3%～6%，以及一些微量的氨基代谢物。休药 10 日，肝中残留量下降很多，其中以结合态的约占 75%。鼠、羊、牛和猪内服后，组织中的残留量由多到少依次为肝、肾、脂肪、肌肉。牛内服后 7 日，肝、脂肪、肾和肌肉中的残留量分别为 115 μg/kg、10 μg/kg、6 μg/kg 和 5 μg/kg。羊内服后 7 日，肝、脂肪、肾和肌肉中的残留量分别为4617 μg/kg、133 μg/kg、199 μg/kg和40 μg/kg；休药21日，只有肝中能检测到残留量；休药28日，所有组织均未检出（方法检测限5 μg/kg）。猪内服后，肝中的残留量较其他组织的残留量高出10倍，休药12日、20 0和30日，肝中残留量分别为402 μg/kg、245μg/ kg和57 μg/kg。休药期为：牛、羊7日，弃奶期48 h；猪10日。

(5) 芬苯达唑（Fenbendazole，FBZ）

由于芬苯达唑溶解度较低，因而给动物内服时吸收极少，如给绵羊、牛、猪内服，因吸收少，经粪便排泄的原形药约占44%~50%，而经尿排泄的不足1%。家畜内服后血药浓度达峰值的时间分别为：家兔8 h，仔猪8 h~12 h，狗24 h，牛、羊2~3 h。半衰期分别为：家兔15 h，仔猪10 h，牛、羊25 h~30 h。鼠、兔、犬用药后3~7天可从体内排净。吸收后芬苯达唑在动物体内迅速代谢为芬苯达唑亚砜（FBZ-SO），即奥芬达唑（OFZ）、芬苯达唑砜（FBZ-SO_2）、芬苯达唑-2-氨砜（FEB-NH_2-SO_2）和一些少量的其他代谢物。原药和代谢物主要经胆汁排泄。在绵羊体内的代谢产物，由胆汁分泌后可再经肝肠循环。

猪用药5 mg/kg后休药7天，肝中母药残留量为0.28 mg/kg，其他无组织残留。牛用药10 mg/kg后休药2天，肝、肾、肌肉和脂肪中的母药残留量分别为8.4 mg/kg、1.04 mg/kg、0.47 mg/kg和0.95 mg/kg；休药7天，只在肝中能检测到残留量0.67 mg/kg。牛用药7.5 mg/kg后休药7天，芬苯达唑、奥芬达唑和芬苯达唑砜在肝中的残留量分别为l.29 mg/kg、1.92 mg/kg和0.08 mg/kg。与牛不同，绵羊刚用药后肝中奥芬达唑浓度是芬苯达唑浓度的2倍，休药7天，则为10倍。奶牛内服10 mg/kg后，12 h~24 h奶中芬苯达唑浓度达峰值，休药7天降至100 μg/kg，12 h芬苯达唑亚砜浓度达峰值，然后迅速下降，96 h时未检出；48 h芬苯达唑砜浓度达峰值，96 h时未检出。在体内芬苯达唑砜峰值浓度出现较晚，这是因为其经历了两步氧化过程，芬苯达唑首氧化为芬苯达唑亚砜，再氧化为芬苯达唑砜。由乳汁排出的残留物，在36 h内主要成分为芬苯达唑亚砜，而在48 h~84 h内则为芬苯达唑砜。

(6) 奥芬达唑（Oxfendazole，OFZ）

奥芬达唑与阿苯达唑同为苯并咪唑类，属内服吸收量较多的驱虫药。反刍兽吸收量明显低于单胃动物，且舍饲反刍兽比放牧时吸收量多。绵羊内服治疗量，30 h血药浓度达峰值，7天后血样中仍含微迹。对单胃动物奥芬达唑主要经尿排泄，而对反刍兽有65%给药量经粪便排泄。经乳汁排泄的虽仅占给药量的0.6%，但用药后1~2周仍呈微迹。吸收后奥芬达唑在体内主要的代谢产物是在苯硫基4-碳处发生羟基化以及氨基甲酸酯的水解和亚砜的氧化和还原。4-羟代谢物与糖苷酸和硫酸结合并经尿排泄。

残留消除研究表明，牛用药后10~18天，牛肝中残留量从55.5 μg/kg降低至10 μg/kg。羊用药后10~24天，羊肝中残留量从476 μg/kg降低至12 μg/kg。奶牛内服2.5 mg/kg后1天，奶中的残留量为最高（0.49 mg/kg），休药8日则降低至0.005 mg/kg；在48 h~72 h内奶中主要代谢物为芬苯达唑砜。休药期为：牛11天、羊21天。产奶期禁用。

(7) 萘托必明（Netobimin，NETO）

牛皮注或肌注后吸收迅速，但血药浓度低于内服。牛、羊、犊牛经肾排出量分别为给药量的 45%、48% 和 31%，随粪排出的约为给药量的 37%、40% 和 46%。犊牛一次内服 20 mg/kg 后，肝中残留量最高，持续达 10 h，休药 10 天时肝中残留量为 3500 μg/kg；肾中残留量较高，休药 10 h 时残留量约 22000 μg/kg，但消除迅速，休药 10 天时残留量降至 620 μg/kg；肌肉和脂肪中的残留量较低，休药 10 天时残留量仅为 43 μg/kg 和 97 μg/kg。奶牛内服同剂量药后 8 h，奶中残留量超过 5000 μg/kg，但 71 h 时降低至 60 μg/kg。绵羊内服同剂量药后，除奶外，羊组织中的残留量都比牛组织中残留量要低。

(8) 阿苯达唑（Albendazole，ABZ）

本品不溶于水，在肠道内吸收缓慢。原药在动物体内的主要代谢产物为阿苯达唑亚砜（ABZ-SO）、阿苯达唑砜（ABZ-SO_2）和阿苯达唑-2-氨砜（ABZ-NH_2-SO_2），前者为杀虫的活性成分。在体内分布量依次为肝、肾和肌肉。内服后血药达峰时间为 2 h～4 h，并且持续 15 h～24 h。原药与亚砜代谢物在血中的浓度极低，半衰期为 8.5 h～10.5 h。24 h 内约 85% 的给药量经肾排出，13% 随粪排出。

牛一次内服 15 mg/kg 后，肝中残留量最高，休药 1 天，肝中总残留量超过 20 mg/kg，休药 4 天和 20 天，残留量降至 6 mg/kg 和 2 mg/kg。休药 1 天、4 天和 20 天，肌肉中的残留量分别为 5 mg/kg、64 μg/kg 和 20 μg/kg。羊一次内服 15 mg/kg 后，消除模型与牛相似，只是在组织中的残留量较低。休药 1 天、4 天和 20 天，肝中的总残留量分别为 16 mg/kg、700 μg/kg 和 170 μg/kg。奶牛内服 15 mg/kg 后 11 h，奶中的总残留量为 5 mg/kg，休药 35 h、72 h 奶中总残留量为 640 μg/kg、35 μg/kg。蛋鸡饮服后，母药和砜类代谢物在体内很快消除。休药 96 h，总残留在肝中为 50 μg/kg，而在肌肉、皮和脂肪中为 10 μg/kg。同样，砜类代谢物在休药 3～7 天中所产的蛋中也存在，但未发现有母药的成分。牛和羊残留消除研究表明，用药后数日内，组织中的代谢物浓度变化很大，刚开始时主要为亚砜代谢物，接着是砜类和氨砜类代谢物。用药后 4 日内，牛肝和牛肾中的残留物有 95% 为结合态，但羊组织中结合态代谢物很少。奶牛内服 10 mg/kg 后，12 h 奶中亚砜代谢物残留量达峰值，然后迅速下降，36 h 未被检出；24 h 砜类代谢物残留量达峰值，但消除缓慢，需 156 h 可排净；氨砜代谢物在奶中的量很低，36 h 达峰值，消除期为 180 h。其他代谢物在服后 24 h 达峰值，48 h 低于方法的检测限，但消除期为 156 h。

(9) 甲苯达唑（Mebendazole，MBZ）

内服后胃肠道吸收差（5%～10%），吸收后迅速分布于血浆、肝、肺等，血药达峰时间为 2 h～4 h，半衰期 2.5 h～5.5 h。在动物肝内很少代谢，代谢物为极性很强的羟基（MBZ-OH）和氨基代谢物（MBZ-NH_2）。在 24 h～48 h 内经粪便排泄的原形药物约占 80% 左右，经尿排泄的约为 5%～10%。吸收后药物，仅有极少量以脱羧基衍生物形式排泄。羊羔用药后在组织中残留较低，以肝和肾中的总残留最高，且滞留期长，在 15 日均能被检出。脂肪中母药残留量最高，皮中母药和代谢物较高而肌肉最少。母药和羟基代谢物在肌肉和皮中 5 日内可排净，但羟基代谢物在脂肪中 14 日内仍可被检出。

(10) 奥苯达唑（Oxibendazole，OXI）

内服吸收极少。一次给绵羊内服，6 h 血药浓度达峰值，24 h 内经尿排泄占给药量的 34%。216 h 经尿排泄的占给药量的 40%。一次给牛内服，12 h 血浓度呈峰值，144 h 后经尿排泄占给药量的 32%。在动物肝内迅速代谢，主要代谢产物为 5-羟丙基咪唑（5-OH-OXI）和 6－羟丙基咪唑（6-OH-OXI）。由于代谢物与母药结构差异悬殊，因此标志残留物很难确定。动物经放射性标记奥苯达唑用药后2日，肝中母药残留量只占总放射性物的1%，肾中母药残留量与肝相似，但肌肉中残留物主要为母药。母药和代谢物主要经肾排泄。残留消除研究表明，奥苯达唑在牛、羊、猪和马体内迅速消除。用药后4日，肌肉和脂肪中的总残留低于0.1 mg/kg，而肝和肾中的总残留量则更低。

猪内服放射性同位素后24 h，肝和肾中的放射性物浓度最高（24 mg/kg），且持续时间长，7日后放射性物浓度约1.8 mg/kg，期间放射性物的提取率从35%降至11%。

（11）氟苯达唑（Flubendazole，FLU）

内服几乎不被胃肠道黏膜吸收。吸收后肝中浓度最高且滞留时间长，血药浓度不到内服剂量的0.1%。体内代谢产物主要为FLU水解代谢物（FLU-HMET）和FLU还原代谢产物（FLU-RMET）。残留物主要分布在肝和肾，肌肉、皮和脂肪残留量低。主要经胆汁排泄，3日内由粪便排出给药量的80%。蛋鸡连续用药后（2.7 mg/kg/d，7日），停药后24 h，肝和肾组织中母药占总残留量的3%以下，主要残留物为FLU-HMET和FLU-RMET。鸡蛋中主要残留物为母体药物，蛋黄比蛋清残留量高且滞留时间长，停药1~9天内，累计可达40%的总残留。火鸡连续用药后（1.2 mg/kg/d，7日），肌肉中主要代谢物为FLU-HMET，但其残留量低于母药残留量。母猪内服30 mg/kg/d，喂服10日，休药7日，肝、肾、肌肉和脂肪中的母药平均残留量分别为59 μg/kg、67 μg/kg、13 μg/kg和33 μg/kg。

（12）三氯苯达唑（Triclabendazole，TCB）

内服吸收好，生物利用度较高。山羊和绵羊内服10 mg/kg的^{14}C标记的三氯苯达唑，用药后24 h~36 h血药峰值达15 mg/kg，三氯苯达唑及其代谢物的血药峰值为其他苯并咪唑类驱虫药的5~20倍，半衰期约22 h。在体内迅速降解，大部分氧化成亚砜（TCB-SO）和砜类衍生物（TCB-SO$_2$），以及少量的4-羟基三氯苯达唑（TCB-OH）。砜和亚砜衍生物与蛋白结合率高，可在血浆中持续7天以上。羊用药10日后，约有95%的药物由粪便排泄，2%经尿排泄，由乳汁排出的不足1%。三氯苯达唑的标志残留物为5-氯-6-(2′,3′-二氯苯氧)-苯并咪唑-2-酮（Keto-TCB），它是三氯苯达唑及其相关残留物在90℃~100℃碱性条件下水解得到的共同产物。以标志残留量代表总残留量需乘上系数1.09。犊牛用药后休药28日，肝、肾、肌肉和脂肪中的标志残留量分别为109 μg/kg、103 μg/kg、104 μg/kg和40 μg/kg。羊用药后休药10日，肝、肾、肌肉和脂肪中的标志残留量分别为440 μg/kg、260 μg/kg、180 μg/kg和40 μg/kg。

（13）鲁苯达唑（Luxabendazole，LUX）

内服吸收较好，血清蛋白结合率约95%。约71%的给药量自粪便排出，其中代谢物占12%；13%的给药量自尿液排出，其中母药占5%。

2. 组织中苯并咪唑残留和限量

苯并咪唑类药物在动物体内的残留物除与药物本身有关外，还与给药途径、靶组织和消除期有关。标志残留定义为母体药物及其主要代谢产物的总和。ABZ用药后，在停药初期，残留物主要为ABZ-SO和ABZ-SO$_2$；在较长的停药期，主要残留物为ABZ-NH$_2$-SO$_2$，因此标志残留为ABZ-SO、ABZ-SO$_2$和ABZ-NH$_2$-SO$_2$的总和，以ABZ计。对FEB、FBZ和OFZ，标志残留为FBZ、OFZ和FBZ-SO$_2$的总和，以FBZ-SO$_2$计。药物消除研究表明，OFZ和FBZ-SO$_2$是组织中最常见的残留物。在蛋中，FLU标志残留主要为母体药物,而在鸟类和猪可食组织中标志残留为 FLU 和 FLU-HMET,因此以 FLU 和 FLU-HMET 的总量来定义 FLU 的标志残留。MBZ 标志残留定义为 MBZ、MBZ-OH 和 MBZ-NH_2 的总和,以 MBZ 计。残留消除研究表明,MBZ-NH_2 和 MBZ-OH 是组织中最持久的残留物,对 MRL 的影响最大。TBZ 标志残留定义为 TBZ 和 5-OH-TBZ 的总和。在动物可食组织中,TBZ 的母体药物是最常见的残留物,但在牛奶中,5-OH-TBZ 的硫酸酯结合物为主要残留。TCB 标志残留定义为 TCB、TCB-SO 和 TCB-SO_2 的总和。TCB 禁止用于泌乳期动物,由于 TCB-SO_2 消除时间长,因此它可以作为残留监测的目标化合物。OXI 标志残留为母体药物。其他苯并咪唑类药物,如 CAM、LUX、PAR 和 BEN,在欧盟禁止用于动物源食品,因此欧盟未规定 MRL 值。

(三)样品处理

1. 理化特性

苯并咪唑类药物是一个庞大的化学家族,包括噻苯达唑的同系物、苯并咪唑氨基甲酸酯类,以及苯并咪唑环上的各种侧链取代物。苯并咪唑类分子含咪唑环结构,两个氮原子具有酸碱两性,在适当的 pH 条件下,分子可以质子化或去质子化。

2. 水解

肝和奶样中苯并咪唑类药物与蛋白结合率较高,不易被有机溶剂提取,因此可先将样品水解后再提取游离的药物。常用的水解方法有酸水解和酶水解两种。酸水解通常使用无机酸,例如用 4 mol/L 盐酸于 80℃～110℃,在 1 h～4 h 即可完成水解。酸水解具有简便、快速、水解完全等优点,因而被广泛采用。酶水解通常使用伊葡糖苷酸酶或芳基硫酸酯酶,前者可专一地水解葡萄糖醛酸苷结合物,后者可水解硫酸酯结合物。由于肝样中通常存在上述两种结合物,因此常使用伊葡糖苷酸酶和芳基硫酸酯混合酶,控制 pH 值在 4.5～7.0,于一定温度下孵育 18 h～72 h。与酸水解相比,酶水解比较温和,一般不会引起药物的分解,但有时水解不完全和实验费用高是使用该法的缺点。

3. 提取和净化

液-液分配(LLP)是提取苯并咪唑类药物的最常用方法,通常将水性溶液调节至适当的 pH 值,用与水不相溶的有机溶剂提取。

(四)分析方法

主要现行标准:

(1) GB 29687-2013 食品安全国家标准 水产品中阿苯达唑及其代谢物多残留的测定 高效液相色谱法。

(2) GB 31658.11-2021 食品安全国家标准 动物性食品中阿苯达唑及其代谢物残留量的测定 高效液相色谱法。

(3) GB/T 20742-2006 牛甲状腺和牛肉中硫脲嘧啶、甲基硫脲嘧啶、正丙基硫脲嘧啶、它巴噻、硫基苯并咪唑残留量的测定 液相色谱-串联质谱法。

(4) GB/T 21324-2007 食用动物肌肉和肝脏中苯并咪唑类药物残留量检测方法。

(5) GB/T 22955-2008 河豚鱼、鳗鱼和烤鳗中苯并咪唑类药物残留量的测定 液相色谱-串联质谱法。

(6) GB/T 22972-2008 牛奶和奶粉中噻苯达唑、阿苯达唑、芬苯达唑、奥芬达唑、苯硫氨酯残留量的测定 液相色谱-串联质谱法。

(7) NY/T 1680-2009 蔬菜水果中多菌灵等 4 种苯并咪唑类农药残留量的测定 高效液相色谱法。

(8) SN/T 1753-2016 出口浓缩果汁中甲基硫菌灵、噻菌灵、多菌灵和 2-氨基苯并咪唑残留量的测定 液相色谱-质谱/质谱法。

(9) SN/T 2559-2010 进出口食品中苯并咪唑类农药残留量的测定 液相色谱-质谱/质谱法。

(10) 农业部 958 号公告-9-2007 动物可食性组织中阿苯达唑及其主要代谢物残留检测方法 高效液相色谱法。

(11) 农业部 1163 号公告-4-2009 动物性食品中阿苯达唑及其标示物残留检测 高效液相色谱法。

(12) 农业部 1730 号公告-1-2012 饲料中 8 种苯并咪唑类药物的测定 液相色谱-串联质谱法和液相色谱法。

十、抗生素生长促进剂

（一）概述

抗生素生长促进剂（Antimicrobial Growth Promoters）是不仅用于增加禽畜的生长速率和改善饲料效率，还能降低禽畜的发病率及死亡率。抗生素的作用机理主要是改变病原微生物的结构和干扰其代谢过程，如阻碍细胞壁的合成，影响胞浆膜的通透性，阻碍蛋白质的合成，改变核酸代谢等，对于提高消化率和改善生产性能的全部好处都可被认为是其对胃肠道菌群的作用并减轻了免疫刺激的结果。抗生素通过降低基础免疫刺激而改善蛋白质和能量的消化率，从而导致免疫介体的合成和分泌。此外，抗生素可降低细菌的氨和其他抑生长代谢物的产生量，并减少体内总的细菌生存量。

（二）药动学及残留情况

1. 有机砷（Organic arsenicals）

含砷饲料添加剂的使用，虽然促进了畜牧业的发展，取得了较好的社会经济效益。但是大量含砷的畜禽排泄物进入环境，对环境也造成了污染。在生态环境日趋恶化的今天，人们越来越关注含砷饲料添加剂随畜禽排泄物进入环境后在环境中的降解、转化、迁移、归趋以及对环境生物造成的影响，并在国际上形成了一个新的研究热点。畜禽给予洛克沙砷后，绝大多数以原形随粪便排出动物体外，然后随粪便进入土壤、地表水和地下水中。2001 年，Garbarino 等人认为，在 42 天生长期中，每只肉鸡按正常剂量给予洛克沙砷，将总共向周围环境排出 150 mg 洛克沙砷，从鸡场废弃物样品中检测到 30 mg/kg~50 mg/kg 的砷，如果一个养殖场每年养殖 2 亿羽肉鸡，则每年将向环境排放 8 吨以上的砷。在美国一个叫 Delmarva Peninsula 的盆地地区，每年养殖约 6 亿羽肉鸡，约产生 15 亿吨粪便，每年向周围排放 20 吨~50 吨砷，这个数量是惊人的。

Garbarino 等人（2001 年）研究了洛克沙砷在环境中的降解，他用去离子水在室温下萃取火鸡排泄物中的洛克沙砷 1 h，离心后，检测到萃取物中的砷含量是火鸡排泄物中总砷含量的 70%，而萃取物中砷的主要形态是洛克沙砷，还有 AS^{3+}、3-氨基-4-羟基苯胂酸（DMA）以及一些未知成分。这个实验表明，当堆肥或进行农业灌溉时，洛克沙砷很容易进入环境中。进一步研究表明，洛克沙砷迁移入环境之后，可以对其进行生物的和非生物的降解。在室温、厌氧条件下，从畜禽粪便中用水萃取出的洛克砂砷在 48 h 内被转化成各种不同的含砷成分。转化率与温度有关，温度升高时，降解速度加快，相反，温度降低时，降解变慢。但如果萃取液被灭菌，则洛克砂砷至少可以稳定 10 天。这表明，洛克砂砷的降解过程主要是由微生物进行的。对降解产物进行电喷雾离子源质谱分析表明，产物中的最主要成分是 DMA。

有证据表明，洛克沙砷进入土壤后会经历更多的其他降解过程。从养鸡场附近以及农田中采集用过禽粪便的土壤样品，同时采集不含禽粪的土壤样品，用以进行对照。用水分离萃取这些土壤样品 24 h。萃取到的砷主要是 As^{5+}，而且在含药土壤萃取到的砷是非含药土壤的 5~10 倍。但是一次性水萃取只萃取到样品中总砷的 1%~3%。而用其他试剂萃取的结果表明，大多数水能萃取到的砷是与有机质结合在一起的。在与农田相连的沟渠底泥中萃取到的砷中，As^{3+} 的含量是最多的。这可能揭示了另一个规律，在底泥这样的厌氧环境中，细菌可促进 As^{5+} 还原到 As^{3+}，并使 As^{5+} 甲基化而成 DMA。以上试验证明了洛克砂砷在环境中可以从有机砷转化成无机砷，毒性增强。

(1) 阿散酸（Arsanilicacid）

内服后胃肠道吸收差，大部分药物自粪便排出。吸收后体内分布广泛，迅即以原形自尿液排出。注射后体内药物于 24 h~48 h 内可排净，内服后胃肠道药物排净需数天。

阿散酸的使用虽有研究表明含砷量小于 1 mg/kg，不影响人体健康，但此结果已被众多国际权威机构否认（如 WHO、FOA 等），认为含有砷的食品对机体的众多功能毫无益处，且对神经系统有损伤。

(2) 洛克沙砷（Roxarsone）

虽然洛克沙砷的毒性很低，但是有机砷可使动物中枢神经系统失调，使脑病和视神经萎缩的发病率升高，且洛克沙砷可能降解为其他含砷的化合物。因此不能忽视洛克沙砷残留的安全性。当使用剂量过大时，休药后期砷不能全部排出，因此会造成肉品中砷的残留。猪饲喂洛克沙砷后，以肝脏中砷的残留量最多，其次为肾脏，肌肉中含量最低，但停喂 5 天后，肝脏中的砷的残留量下降很快，10 天后各组织砷都恢复到安全水平。

分别在肉鸡日粮中添加 0 mg/kg、20 mg/kg、50 mg/kg、80 mg/kg 的洛克沙砷，饲喂 7 周后宰杀，其肌肉含砷量依次为 0.0005 mg/kg、0.0005 mg/kg、0.215 mg/kg、0.28 mg/kg，肝脏中含量为 0.647 mg/kg、3.128 mg/kg、3.513 mg/kg 和 5.763 mg/kg。这已超过世界卫生组织规定食品含砷量的数倍。若人们长期食入含砷超标的食品，就会带来严重隐患。

2. 肽类抗生素（Peptide antibiotics）

(1) 阿伏霉素（Avoparcin）

阿伏霉素的毒性小，牛饲喂后不被胃肠道吸收，迅捷以原形排出体内，故残留量少，不需要休药期。

(2) 杆菌肽（Bacitracin）

杆菌肽在动物肠道吸收很差，排泄迅速，约 95% 的给药量自粪便排出，3% 自尿液排出，故不留体内。奶牛乳房注入后，在完药后前几次采奶中能检测到残留，但在第 6 次采奶中便检测不出，其他部分无组织残留。体内主要代谢产物为脱酰胺杆菌肽（desamidobacitracin），继而分解为小分子肽和氨基酸。粪便中含有杆菌肽 A、B_1、B_2、F、脱酰胺杆菌肽及水解的肽等成分，尿液和胆汁中只含杆菌肽的水解断裂片段，如小分子肽等。

（3）依罗霉素（Efrotomycin）

依罗霉素是由链霉菌 Streptomyces lactamdurans 培养液中制得，对大多数革兰氏阳性菌有抗菌效果。按猪每吨饲料添加 4 g～8 g 的推荐剂量使用，具有促进生长、提高饲料转化率等作用。

（4）恩拉霉素（Enramycin）

本品内服吸收率差。肌注约 6 h 可达血药峰浓度，以后逐渐下降，24 h 内仍有相当的浓度存在。血中浓度降低后，体内各脏器中浓度逐渐升高，以肾脏中浓度上升最快，肝脏、脾脏等脏器浓度上升较缓慢。主要由尿液排出体外。

（5）硫肽菌素（Thiopeptin）

内服可被肠道吸收，如鸡一次给予 388 mg 时，其脏器如心、肺、肝、胆汁、肾、脾、肌肉组织于 0.5 h～24 h 内均可检出其存在，在消化道中的硫肽菌素于 24 h 后可完全排净。饲料中添加 100 mg/kg 时，在鸡的主要脏器检不出硫肽菌素存在，猪的情况亦同。

（6）维吉霉素（Virginiamycin）

内服后几乎不被畜禽肠道吸收，绝大部分药物自粪便排出，故其在畜禽组织中残留量很少。肌注后广泛分布于各组织中，尤以肝、脾、肾等脏器中浓度较高，主要由尿液排出体外。蛋鸡饲喂放射性标记药物 10 mg/kg 后，在蛋中含有 0.05% 的吸收药物，蛋清和蛋黄的残留量分别为 5.1 μg/kg 和 31.8 μg/kg。在蛋清中，约 17% 为原形，18% 与卵清蛋白结合。在蛋黄中，约 31% 与蛋白结合，58% 与脂肪酸结合，4% 与不皂化物质结合。

3. 喹噁啉类（Quinoxalines）

卡巴氧具有潜在致突变、致癌作用。喹乙醇在动物体内的残留时间长，蓄积毒性大。食用含有该类药物残留的肉类产品，会对人体造成危害。

（1）卡巴氧（Carbadox）

内服后卡巴氧在猪体内迅速代谢为喹恶啉-2-羧酸（quinoxaline-2-carboxylic acid）、醛和脱氧代谢物。血中有母药和三个代谢物，24 h 内可完全消除。尿中主要代谢物为喹恶啉-2-羧酸，以轭合形式随尿液排出，粪便中有喹恶啉-2-羧酸代谢物，但不含母药。仔猪饲喂 1 周，停药 24 h 时血液和肌肉组织中的母药残留量分别为 20 μg/kg 和 26 μg/kg，48 h 后降至 2 μg/kg，72 h 内可完全消除。脱氧卡巴氧（deoxycarbadox）代谢物在血液中不存在，但在肌肉中可检出。停药 24 h，肌肉中脱氧卡巴氧的含量为 17 μg/kg，48 h 为 9 μg/kg，72 h 时低于方法检测限。肾组织中母药残留量极低，但可检出脱氧卡巴氧。停药 24 h、48 h、72 h 时肾组织中的脱氧卡巴氧残留分别为 186 μg/kg、34 μg/kg 和低于方法检测限。肝组织主要含喹恶啉-2-羧酸代谢物，停药 30、45 和 70 天，肝组织中的代谢物残留量分别为 18.9 μg/kg、5.5 μg/kg 和 1.3 μg/kg。

（2）喹乙醇（Olaquindox）

喹乙醇内服吸收迅速，生物利用度高，喂鸡的药物有 53% 被吸收，进入血液循环。体内药物排泄迅速，48 h 内 90% 以上的药物经肾随尿排出，其中原形药占 60%，不足 0.1% 随粪便以原形排出体外。主要在肝脏代谢，已经分离到的代谢产物有 5 种，其中标志性代谢物为甲基-3 喹恶啉-2 羧酸（methyl-3-quinoxaline-2-carboxylic acid，MQCA）。用 2 mg/kg 及 6 mg/kg 浓度的饲料连续饲喂蛋鸡 21 天后检测，蛋中药物残留量随着用药时间增加而增高。蛋中残留物除含母药外，还有一个单氧代谢物。蛋清总残留量较蛋黄高。蛋清中单氧代谢物可达总残留的 15%～20%。

猪只内服放射性标记药物后，停药 2 天，肾（110 μg/kg）和肝（52 μg/kg）中浓度达最高，血浆（10 μg/kg）和肌肉（9 μg/kg）中浓度较低，脂肪中未检出；停药 28 天，肝和肾组织中的浓度分别为 2 μg/kg 和 1 μg/kg，肌肉和脂肪为未检出。

4. 其他

具有动物生长促进作用的其他抗生素包括阿维霉素 A、哈喹诺、莫匹罗星和硝呋烯腙等。阿维霉素（Avilamycin）是寡聚糖抗生素的混合物，约有 A、A'、B、C、D 等十多个组分，其中阿维霉素 A 为主要成分。主要对革兰氏阳性菌有效，对革兰氏阴性菌效果较差，与其他抗生素不存在交叉抗药性。阿维霉素促生长效果显著，明显高于杆菌肽锌。使用剂量：4 月龄以内仔猪，添加量为 20 mg/kg～40 mg/kg，6 月龄的猪添加量为 10 mg/kg～20 mg/kg。猪和鼠内服后排泄迅速，约 95% 的药物自粪便排出，5% 自尿液排出。粪便中残留物绝大部分为代谢产物，母药只占 8%。猪内服放射性标记药物后，粪便中有三个未知代谢产物，它们分别从结构中寡糖和丙戊酸酯（eurekanenate）衍生而得。粪便和肝中的主要代谢物为福兰克酸（flambic acid）。肌肉的总残留低于 0.2 mg/kg，其他可食组织低于 1 mg/kg。组织中的残留物大部分为寡糖和丙戊酸酯衍生物，极少部分为母药。

哈喹诺（Halquinol）是 8-喹啉醇（8-quinolinol）的氯化产物，有 5,7-二氯-8-喹啉醇（57%～74%）、5-氯-8-喹啉醇（23%～40%）和 7-氯-8-喹啉醇（<3%）三种成分组合而成。对革兰氏阳性菌、革兰氏阴性菌、真菌和原虫有效。促进畜禽生长，防治畜禽下痢及微生物感染。内服后几乎不被肠道吸收，因此可有效预防和治疗畜禽肠道感染。使用剂量：猪饲料添加量 100 mg/kg～600 mg/kg，鸡饲料添加量 120 mg/kg～300 mg/kg。

莫匹罗星（Mupirocin）是由荧光假单胞菌（*Pswdamoncis fluorescens*）制得的天然抗生素。莫匹罗星透皮吸收极微，即使进入循环，也会因通过副链与核之间的醋键的去酯化作用转变为单胞菌酸的形式而失活，并迅速从肾脏排泄。尿中主要代谢产物相当用药量的 0.4%～0.6%。

（三）分析方法

生物样品中抗生素生长促进剂的残留分析主要采用液相色谱法和气相色谱法。

主要现行国内标准：

（1）GB/T 8381.7-2009 饲料中喹乙醇的测定 高效液相色谱法（含第 1 号修改单）。

（2）GB/T 20743-2006 猪肉、猪肝和猪肾中杆菌肽残留量的测定 液相色谱-串联质谱法。

（3）GB/T 20746-2006 牛、猪的肝脏和肌肉中卡巴氧和喹乙醇及代谢物残留量的测定 液相色谱-串联质谱法。

（4）GB/T 20797-2006 肉与肉制品中喹乙醇残留量的测定。

（5）GB/T 21542-2008 饲料中恩拉霉素的测定 微生物学法。

(6) GB/T 22981-2008 牛奶和奶粉中杆菌肽残留量的测定 液相色谱-串联质谱法。

(7) GB/T 22984-2008 牛奶和奶粉中卡巴氧和喹乙醇代谢物残留量的测定 液相色谱-串联质谱法。

(8) SN/T 2316-2019 出口动物源食品中阿散酸、硝苯砷酸、洛克沙砷残留量的检测方法。

(9) SN/T 4807-2017 进出口食用动物、饲料中杆菌肽的检测方法。

(10) SC/T 3019-2004 水产品中喹乙醇残留量的测定 液相色谱法。

(11) SN/T 0197-2014 出口动物源性食品中喹乙醇代谢物残留量的测定 液相色谱-质谱/质谱法。

(12) SN/T 5115-2019 进出口食用动物、饲料中卡巴氧测定 液相色谱-质谱/质谱法。

(13) NY/T 726-2003 饲料中杆菌肽锌的测定高效液相色谱法。

(14) 农业部 1077 号公告-5-2008 水产品中喹乙醇代谢物残留量的测定 高效液相色谱法。

(15) 农业部 2086 号公告-5-2014 饲料中卡巴氧、乙酰甲喹、喹烯酮和喹乙醇的测定 液相色谱-串联质谱法。

(16) DB22/T 1615-2012 肉和水产品中喹乙醇的测定 液相色谱-质谱/质谱法。

(17) DB33/T 538-2016 饲料中卡巴氧的测定 高效液相色谱法。

(18) DB34/T 3476-2019 饲料中恩拉霉素的测定 高效液相色谱法。

(19) DB34/T 1359-2011 饲料中阿维霉素的测定高效液相色谱法。

(20) DB43/T 788-2013 饲料中阿散酸、洛克沙胂的测定 高效液相色谱。

(21) DB43/T 789-2013 饲料中喹乙醇的测定 酶联免疫吸附法。

(22) DB43/T 891-2014 饲料中喹乙醇、氰乙基-（2-亚甲基肼喹啉基）-N，N-二氧化物（喹赛多）、卡巴氧的测定 液相色谱-串联质谱法。

(23) T/SDAA 0048-2021 阿莫西林可溶性粉中非法添加卡巴氧的测定 高效液相色谱法。

十一、抗真菌药（Antifungal drugs）

（一）性状、药动学及残留情况

真菌种类很多，根据其感染部位不同可分为体表浅部真菌感染和深部真菌（全身）感染两大类。兽医临床上用于治疗浅部真菌感染的药物有灰黄霉素、制霉菌素、水杨酸、十一烯酸、水杨酸苯胺、发癣退或局部应用的咪康唑和克霉唑等；治疗深部真菌感染的药物有两性霉素 B、制霉菌素及咪唑类抗真菌药等。此外，还有添加于饲料、食品、药剂中防霉的山梨酸、苯甲酸、富马酸、丙酸等及其制剂等。

1. 两性霉素 B（Amphotericin B）

由链霉菌（StrepLomycesnodosus）的培养液中分离而得的一类多烯类抗真菌药。国产庐山霉素与本药是同一物质。内服吸收少而不稳定，仅能用于肠道真菌感染。肌内注射液吸收不良，治疗深部真菌感染的主要给药途径是静脉注射。注射后两性霉素 B 有效血药浓度可维持 18 h～24 h，大部分（90%～95%）与血浆蛋白发生结合。分布较广泛，虽不易进入胰脏、肌肉、骨、体液、胸膜、心包、滑液、腹膜和脑脊液，但炎症时可进入胸腔和关节腔。本品代谢途径不明,但为双相消除。血浆起始半衰期为 24 h~48 h,但组织半衰期长达 15 天。停药后 7~8 周,仍能在尿中检测到两性霉素 B。大部分由肾缓慢消除排出。

2. 制霉菌素（Nystatin）

由链霉菌（Streptomyces rtouseri）的培养液中分离而得,主要由生物活性的制霉菌素 A1、A2 和 A3 组成,其中 A1 为主要成分。内服不易吸收,几乎全部由粪便排出。静脉注射、肌内注射毒性大,故一般不用于全身真菌感染的治疗。火鸡和肉鸡按正常剂量用药后,肌肉、肝脏、肾脏脂肪和皮中的残留量均低于 2500 $\mu g/kg$,血液中的残留量低于 500 $\mu g/kg$。蛋鸡用药后,蛋中的残留量低于 500 $\mu g/kg$。

3. 灰黄霉素（Griseofulvin）

由灰黄青霉菌（Penicillinu mgriseo fivum）培养液中提取获得。内服后主要在小肠尤其是十二指肠段吸收,吸收后广泛分布于全身各组织,其中以皮肤、毛发、趾（指）甲（爪）、脂肪、骨骼肌和肝脏中浓度较高。用药后 4h 内可进入角质层沉积,与皮肤毛囊及趾（指）甲（爪）等的角蛋白结合,防止皮肤癣菌的继续侵入。大部分经胆汁由粪便排出,不足 1% 的药量经尿排泄。大部分在肝内被代谢成 6-二甲基灰黄霉素及其葡萄糖苷结合物而灭活。

4. 游霉素（Natamycin）

由纳塔尔链霉菌（Streptamyces nctalensis）培养液中分离得到,主要由游霉素 A_1、A_2、A_3 三种成分组成。本品不能由动物或人的胃肠道吸收,主要由粪便排出。火鸡或肉鸡用药后,肌肉、肝、肾、脂肪和皮组织中的残留量均低于 2500 $\mu g/kg$,血药浓度低于 500 $\mu g/kg$。蛋鸡用药后,蛋中残留量低于 500 $\mu g/kg$。

（二）分离分析

两性霉素 B 易与胆红素形成结合物,当结合物水平较高时,加入甲醇除蛋白并不合适,其不能排除干扰物质,故可采用固相萃取操作达到目的。微生物法与 HPLC 法均用于两性霉素、制霉菌素和游霉素的分析,但 HPLC 法更准确、选择性更强。在 HPLC 法中,反相色谱较常用。两性霉素 B 在 410 nm 处有强的吸收峰。制霉菌素在 240 nm~320 nm 处有强的紫外吸收。游霉素在 313 nm 有紫外吸收。灰黄霉素在 254 nm 处有紫外吸收。